中国科学院教材建设专家委员会规划教材
全国高等医药院校规划教材

有机化学创新教程

主　编　贾云宏　蔡　东　闫乾顺
副主编　李银涛　秦志强　胡英婕
编　者（以姓氏笔画为序）
王冠男　济宁医学院
云学英　内蒙古医科大学
石秀梅　牡丹江医学院
付彩霞　滨州医学院
任群翔　沈阳医学院
闫乾顺　宁夏医科大学
孙莹莹　沈阳医学院
李　江　宁夏医科大学
李银涛　长治医学院
杨殿深　锦州医科大学
吴运军　皖南医学院
陈大茴　温州医科大学
赵延清　锦州医科大学
胡英婕　锦州医科大学医疗学院
钟　阳　中国医科大学
秦志强　长治医学院
徐乃进　大连医科大学
蔡　东　锦州医科大学
陈连山　锦州医科大学

科学出版社
北　京

内 容 简 介

本书是中国科学院教材建设专家委员会规划教材·全国高等医药院校规划教材《有机化学》（案例版，第3版）（贾云宏、闫乾顺主编，科学出版社）的配套辅助教材。

本书凝聚了多所高校一线教师多年的教学经验，旨在帮助学生归纳有机化学基础知识点和提高解决问题的能力。全书共分17章，每一章包括本章基本要求、本章要点、本章课后习题参考答案、强化训练及参考答案，使学生更容易掌握好各章的基本知识并能使用所学知识。书后编写了4套期末考试模拟试题及参考答案，内容覆盖了有机化学课程中各知识点，可帮助学生考前复习，拓宽思路，提高其综合分析和解决问题的能力。

本书作为全国高等医药院校规划教材，适用于临床医学及相关各专业本科学生使用。

图书在版编目（CIP）数据

有机化学创新教程 / 贾云宏,蔡东,闫乾顺主编. —北京 ：科学出版社，2020.1

中国科学院教材建设专家委员会规划教材·全国高等医药院校规划教材

ISBN 978-7-03-059864-6

Ⅰ. ①有… Ⅱ. ①贾… ②蔡… ③闫… Ⅲ. ①有机化学－医学院校－教材 Ⅳ. ①O62

中国版本图书馆CIP数据核字(2018)第281396号

责任编辑：朱 华 / 责任校对：郭瑞芝

责任印制：赵 博 / 封面设计：范 唯

科学出版社出版

北京东黄城根北街16号

邮政编码: 100717

http://www. sciencep. com

石家庄名伦印刷有限公司 印刷

科学出版社发行 各地新华书店经销

*

2020年 1 月第 一 版 开本：787×1092 1/16

2020年 1 月第一次印刷 印张：15

字数：347 000

定价：52.00 元

（如有印装质量问题，我社负责调换）

前　言

本书是中国科学院教材建设专家委员会规划教材暨全国高等医药院校规划教材《有机化学》（案例版，第3版）的配套辅助教材。我们组织编写的《有机化学创新教程》一书凝聚了多所高校一线教师多年的教学经验，旨在帮助学生归纳有机化学基础知识点和提高学习效率。为更好地配合教材使用，本书在章节编排顺序上与《有机化学》（案例版，第3版）同步。

有机化学是全国高等院校化学化工、医学、药学及生物学等相关专业本科教学以及研究生入学考试的一门重要基础课。这门课程具有知识理论性和实践性强、知识点零散和内容灵活等特点，在客观上造成课程内容头绪繁杂的局面，不利于学生形成完整的知识结构。《有机化学创新教程》将“思维导图”引入各章知识点归纳总结中，利用“思维导图”对各类化合物的结构、分类、命名、基本反应、重要反应机制和制备方法进行简明扼要的归纳小结，演绎并建立一个网状、分级连贯关系图，帮助学生梳理知识点，从宏观上把握课程的章节结构，提高学习效率，同时还可培养学生的发散思维和创新能力。

习题训练是学习有机化学过程中一个必不可少的环节。各章强化训练习题是按照有机化学考试经常采用的题型编排，内容覆盖了有机化学课程中各知识点，帮助学生考前复习，拓宽思路，提高其综合分析和解决问题的能力。通过有代表性例题的解析，帮助学生拓宽解题思路，达到举一反三的目的，同时指出学生在学习过程中容易混淆的概念和易出现的错误。

限于编者的教学经验和水平，虽竭力编写、审校，书中仍恐有疏漏和不妥之处，恳请广大读者批评、指正。

贯云宏

2018年6月3日

目　录

翻转课堂教学设计

1. 学生针对性地课前预习（2学时）

（1）通过阅读本书各章“一、本章基本要求”，学生清楚该章需要掌握、熟悉的知识点，了解既定的学习目标。

（2）学生根据自身情况来调控和安排自己观看学习教学视频。

（3）学生阅读理论教材《有机化学》（案例版，第3版）（贾云宏、闫乾顺主编，科学出版社），结合本章“二、本章要点”部分，参照“思维导图”，理清本章知识点脉络。

（4）认真练习并行理论教材中“课后习题”部分，答案见“四、知识点答疑”。

（5）每位学生在本章中“二、本章要点”部分的思维导图中标注不理解的重点难点，以及理论教材中“课后习题”中的难题，通过QQ群，截图发给老师留作课前预习作业，存档。以班级为单位统计最需要老师课堂详细讲解的“前五”知识点，教师掌握学生预习情况。

2. 在课堂教学环节（2学时）

（1）通过预先选定，让学生走上讲台，让学生自己讲述重点、难点的学习体会，其他学生可以对讲述内容进行质疑、讨论。

（2）依据理论教材，教师重点讲解学生感觉难理解的“前五”知识点。

3. 教学检查和反馈（2学时）

（1）师生共同利用本章中“五、强化学习”部分复习、检测本章所学知识点，查缺补漏。对照“六、导师指路”检查强化学习的效果。

（2）回收每次教学环节的评价表。

（3）利用网络平台对学生进行答疑。

学时分配（理论教学参考学时）

序号	教学内容	学时	序号	教学内容	学时
1	第一章：绪论	2	10	第十章：羧酸及其衍生物	2
2	第二章：烷烃	2	11	第十一章：取代羧酸	3
3	第三章：烯烃	2	12	第十二章：含氮有机化合物	3
4	第四章：二烯烃和炔烃	2	13	第十三章：杂环化合物和生物碱	2
5	第五章：环烃	3	14	第十四章：脂类	2
6	第六章：对映异构	2	15	第十五章：糖类化合物	2
7	第七章：卤代烃	2	16	第十六章：氨基酸和蛋白质	2
8	第八章：醇、酚、醚	3	17	第十七章：核酸	2
9	第九章：醛、酮、醌	4	合计		40

翻转课堂听课意见反馈表

执教教师：________________
学生班级：________________ 学号________________
教学章节：________________
日　　期：________________

1. 您对“翻转课堂”教学的印象？（请在评价等次后画√号）
满意（　　） 基本满意（　　） 不满意（　　）

2. 听课人简要评价：
（1）学习目标——清晰度：A(　　) B(　　) C(　　) D(　　);
（2）课前学习——投入度：A(　　) B(　　) C(　　) D(　　);
（3）课堂活动——参与度：A(　　) B(　　) C(　　) D(　　);
（4）学习目标——达成度：A(　　) B(　　) C(　　) D(　　);
（5）学习体验——满意度：A(　　) B(　　) C(　　) D(　　)。
注释：A 为 90～100 分; B 为 80～90 分; C 为 70～80 分; D 为及格。

3. 您觉得“翻转课堂”此章节教学有何优点与不足？

4. 此章节中，您有哪些知识点感觉理解困难，还需要进一步讲解？

第一章 绪 论

一、本章基本要求

1. 掌握 有机化合物分子中共价键的形成、种类及共价键参数。

2. 了解 有机化合物和有机化学的概念及有机化合物的分类。

二、本 章 要 点

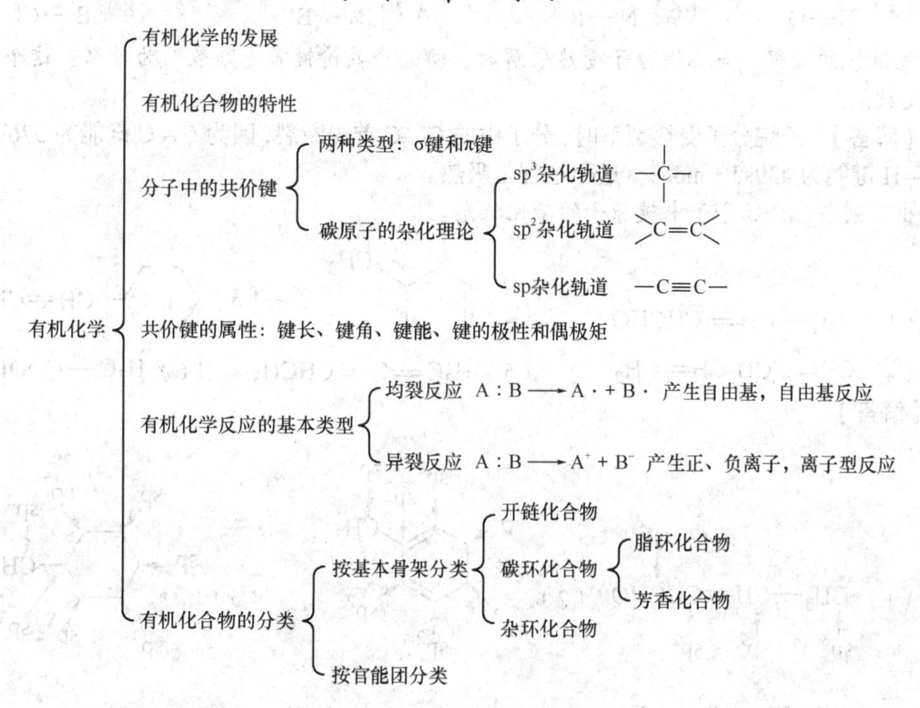

三、名词双语对照

有机化学 organic chemistry

有机化合物 organic compound

共价键 covalent bond

键长 bond length

键角 bond angle

键能 bond energy

键的极性 polarity of bond

键的极化 polarization of bond

电负性 electronegativity

均裂反应 homolytic reaction

自由基 free radical

异裂反应 heterolytic reaction

碳正离子 carbocation

碳负离子 carbanion

四、知识点答疑

1. 什么是有机化合物？它有哪些特性？

【解答】 有机化合物是指碳氢化合物及其衍生物。

有机化合物的特性：①数目众多、结构复杂；②易燃；③熔沸点较低；④难溶于水，易溶于有机溶剂；⑤反应慢，副反应多。

2. 什么是σ键和π键?

【解答】 沿着轨道对称轴方向重叠形成的键叫σ键。p轨道“肩并肩”平行重叠形成的共价键叫π键。

3. 根据电负性指出下列共价键偶极矩方向。

（1）C—Cl　（2）C—O　（3）C—S　（4）N—Cl

（5）N—O　（6）N—S　（7）N—B　（8）B—Cl

【解答】

（1）$\overset{+\longrightarrow}{\text{C—Cl}}$　（2）$\overset{+\longrightarrow}{\text{C—O}}$　（3）$\overset{+\longrightarrow}{\text{C—S}}$　（4）$\overset{+\longrightarrow}{\text{N—Cl}}$

（5）$\overset{\longleftarrow+}{\text{N—O}}$　（6）$\overset{\longleftarrow+}{\text{N—S}}$　（7）$\overset{\longleftarrow+}{\text{N—B}}$　（8）$\overset{\longleftarrow+}{\text{B—Cl}}$

4. 根据键能的数据，当乙烷分子受热裂解时，哪一个共价键首先断裂？为什么？这个过程是吸热还是放热?

【解答】 乙烷分子受热裂解时，分子中的C—C首先断裂，因为C—C键能为376kJ·mol^{-1}，而C—H键能为439kJ·mol^{-1}。这个过程是吸热。

5. 指出下列各化合物分子中碳原子的杂化状态。

（1）$H_3C—CH═CHCHO$　（2）$C_6H_5—CH_3$　（3）$C_6H_{11}—CH═CH_2$

（4）$CH≡CCH_2CH═CH_2$　（5）$H_2C═C═CHCH_3$　（6）$H_3C—COOH$

【解答】

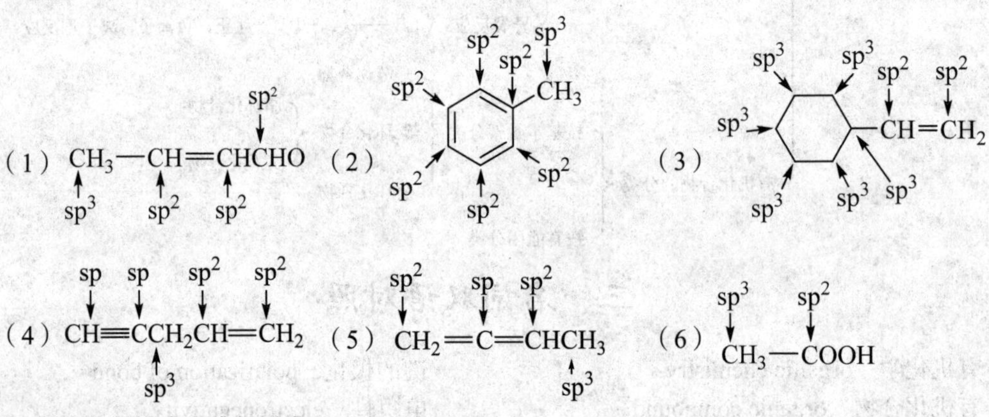

6. 判断下列化合物是否为极性分子。

（1）HBr　（2）NH_3　（3）CH_4　（4）I_2

（5）$CHCl_3$　（6）O_2　（7）$CH_3—O—CH_3$　（8）CH_3CH_2OH

【解答】 （3）（4）（6）是非极性分子；其他都是极性分子。

（杨殿深）

第二章　烷　烃

一、本章基本要求

1. 掌握　重点掌握烷烃的命名、化学反应，卤化反应的机制。

2. 熟悉　烷烃的通式、同系列和碳链异构，烷烃碳原子的 sp^3 杂化和甲烷分子的形成；σ 键的特点；烷烃的氧化反应。

3. 了解　游离基的稳定性，烷烃的物理性质。

二、本 章 要 点

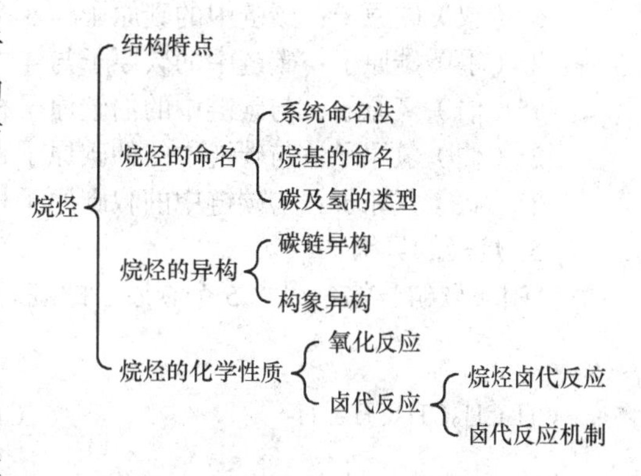

1. 烷烃的通式　C_nH_{2n+2}。烷烃分子中的碳原子的外层发生 sp^3 杂化。而由 sp^3 杂化轨道所构成的 C—C σ 键和 C—H σ 键，是沿轨道对称轴正面交叠形成的，结合得较为牢固；σ 键可以自由旋转，而键不会破裂，因此烷烃的化学性质稳定。

2. 烷烃的系统命名法

（1）选择含支链最多的最长碳链作为主链，按主链碳原子数命名为“某”烷。

（2）从距离支链最近的一端对主链进行编号，若有两种以上的编号方法，则以取代基位次之和最小为原则。

（3）在烷烃名称之前写明取代基的位次和名称，位次号之间用逗号“,”隔开，数字和名称之间用半字线“-”隔开。不同的取代基按次序规则所规定的顺序排列。相同的取代基合并写明数目。

3. 烷基的命名　烃分子去掉氢原子剩下的基团叫烷基，常见烷基的命名如下所示。

R—H	烷	alkane	CH_4	甲烷	methane	CH_3CH_3	乙烷	ethane
R—	烷基	alkyl	CH_3—	甲基	methyl	CH_3CH_2—	乙基	ethyl

含有多个碳原子的烷烃，从不同碳原子上去掉氢原子，得到不同的烷基。例如，丙烷有两种不同的烷基：

$CH_3CH_2CH_2$—　（正）丙基 *n*-propyl

$CH_3\underset{|}{C}HCH_3$　异丙基 *iso*-propyl

丁烷有两种异构体 $CH_3CH_2CH_2CH_3$ 和 $CH_3CH(CH_3)CH_3$，每种异构体有两种不同的烷基：

$CH_3CH_2CH_2CH_2$—　（正）丁基 *n*-butyl

$CH_3CH_2\underset{|}{C}HCH_3$　仲丁基 *sec*-butyl

$$-CH_2CHCH_3(CH_3)$$

异丁基

iso-butyl

$$CH_3-C(CH_3)-CH_3$$

叔丁基

tert-butyl

4. 碳及氢的类型 根据烷烃分子中碳原子直接结合的碳原子的数目，可将碳原子分为 4 种类型。

1°（伯）碳原子（primary carbon）；2°（仲）碳原子（secondary carbon）；3°（叔）碳原子（tertiary carbon）和 4°（季）碳原子（quaternary carbon）。

各类碳及氢的类型的详细说明如下：

1°（伯）碳原子：碳链中的碳原子只与 1 个碳原子相连。

2°（仲）碳原子：碳链中的碳原子与 2 个碳原子直接相连。

3°（叔）碳原子：碳链中的碳原子与 3 个碳原子直接相连。

4°（季）碳原子：碳链中的碳原子与 4 个碳原子相连。

1°（伯）氢原子：与碳链中的伯碳原子相连。

2°（仲）氢原子：与碳链中的仲碳原子相连。

3°（叔）氢原子：与碳链中的叔碳原子相连。

5. 烷烃的异构

（1）碳链异构：以含 5 个碳原子的烷烃为例，即分子式为 C_5H_{12} 的烷烃有 3 个异构体。

$CH_3CH_2CH_2CH_2CH_3$ （1）

$CH_3CH_2CH(CH_3)CH_3$ （2）

$H_3C-C(CH_3)_2-CH_3$ （3）

上述各异构体之间的差异在于碳原子所构成的骨架不同。

（2）构象异构：构象异构体常用透视式和 Newman 投影式表示。

当烷烃分子中的 C—C 单键绕轴旋转时，连在碳原子上的原子（基团）在空间呈现无数的立体形象，这种由于绕 σ 键旋转而产生的立体异构称为构象（conformation），这种异构现象称为构象异构，所形成的异构体互称构象异构体。

乙烷的异构

1）锯架式

（Ⅰ）重叠式 （Ⅱ）交叉式

2）Newman 投影式

（Ⅰ）重叠式 （Ⅱ）交叉式

6. 烷烃的化学性质

（1）氧化反应

$$C_{10}H_{22} + \frac{31}{2}O_2 \xrightarrow{\text{燃烧}} 10\,CO_2 + 11\,H_2O + 6778\text{kJ}\cdot\text{mol}^{-1}$$

$$C_nH_{2n+2} + O_2 \xrightarrow{\text{燃烧}} CO_2 + H_2O + \text{热量}$$

$$CH_4 + O_2 \xrightarrow{460℃，20atm} CH_3OH + HCHO$$

（2）卤代反应

1）甲烷的氯代反应

$$CH_4 + Cl_2 \xrightarrow{h\nu} CH_3Cl + HCl$$

$$CH_3Cl + Cl_2 \xrightarrow{h\nu} CH_2Cl_2 + HCl$$

$$CH_2Cl_2 + Cl_2 \xrightarrow{h\nu} CHCl_3 + HCl$$

$$CHCl_3 + Cl_2 \xrightarrow{h\nu} CCl_4 + HCl$$

2）其他烷烃的卤代反应

$$CH_3CH_2CH_3 \xrightarrow[h\nu]{Cl_2} CH_3CH_2CH_2Cl + CH_3CH(Cl)CH_3$$

1-氯丙烷（43%） 2-氯丙烷（57%）

若从丙烷分子中 1°氢原子（6 个）和 2°氢原子（2 个）被取代的平均概率考虑，1-氯丙烷的产率应为 75%，2-氯丙烷的产率应为 25%，而实验得到的两种产物分别为 43%和 57%，即 2°氢原子被取代的概率比 1°氢原子大，说明 2°氢原子的活性比 1°氢原子大。2°氢原子与 1°氢原子这两种类型氢相对活性比为（57/2）：（43/6）= 4：1

异丁烷的一氯代可得到 36%的 2-甲基-2-氯丙烷和 64%的 2-甲基-1-氯丙烷：

$$CH_3-C(CH_3)_2-H + Cl_2 \xrightarrow{h\nu} CH_3-C(CH_3)_2-Cl + CH_3-CH(CH_3)-CH_2Cl$$

36% 64%

3°氢原子与 1°氢原子的相对活性比为（36/1）：（64/9）= 5.1：1

根据上述结果，可以排出三种氢的反应活性次序：3°氢原子＞2°氢原子＞1°氢原子

卤代反应的产率除与烷烃结构有关外，还与卤素活性有关。例如

$$CH_3CH_2CH_3 \xrightarrow[h\nu]{Br_2} CH_3CH_2CH_2Br + CH_3CH(Br)CH_3$$

3% 97%

烷烃的溴代反应，3°氢原子、2°氢原子、1°氢原子的相对反应活性比为 1600：82：1。

这是由于溴对三类氢的选择性比氯大，活性小的试剂有较强的选择性，这在有机化学反应中是常见的现象。

3）烷烃的卤代反应机制（自由基链锁反应）：反应机制（reaction mechanism）就是反应的途径或过程，了解反应机制，对认识反应的实质、理解反应条件、控制和利用化学反应都十分有用。烷烃的卤代反应机制为自由基链锁反应（free radical chain reaction）。

甲烷的氯代必须在光照或高温下进行，根据这一事实及其反应，归纳出甲烷的氯代反应机制，反应分三个阶段进行：

A. 链的引发（chain initiation）：氯分子吸收能量，发生共价键均裂，生成带单电子的氯原子。

$$Cl:Cl \xrightarrow{h\nu} Cl^{\bullet} + Cl^{\bullet} \qquad \triangle H = +242.5\ kJ \cdot mol^{-1} \tag{1}$$

这种带单电子的原子或基团叫自由基（free radical）。自由基非常活泼，有获取一个电子形成八隅体而稳定的倾向。

B. 链的增长（chain propagation）：氯自由基与甲烷分子有效碰撞，使C—H键均裂，并与氢原子结合，形成氯化氢分子，同时产生新的甲基自由基。甲基自由基与氯分子碰撞，形成一氯甲烷和新的氯自由基。新的氯自由基又可重复进行（2）、（3）反应，这样周而复始反复进行着自由基的消失和生成的反应，取代产物不断生成。

$$Cl^{\bullet} + H:CH_3 \longrightarrow HCl + {}^{\bullet}CH_3 \qquad \triangle H = +4.1\ kJ \cdot mol^{-1} \tag{2}$$

$${}^{\bullet}CH_3 + Cl:Cl \longrightarrow CH_3Cl + Cl^{\bullet} \qquad \triangle H = -109.3\ kJ \cdot mol^{-1} \tag{3}$$

C. 链的终止（chain termination）：随着甲烷量的减少，氯自由基与甲烷碰撞的机会减少，而氯自由基相互碰撞的机会增多，两个氯自由基相遇则形成氯分子。同样，甲基自由基与氯自由基结合生成氯甲烷，甲基自由基相互碰撞生成乙烷。因此，反应的第三个阶段为两个自由基结合生成稳定的分子。

$$Cl^{\bullet} + Cl^{\bullet} \longrightarrow Cl_2 \tag{4}$$

$$Cl^{\bullet} + {}^{\bullet}CH_3 \longrightarrow CH_3Cl \tag{5}$$

$${}^{\bullet}CH_3 + {}^{\bullet}CH_3 \longrightarrow CH_3CH_3 \tag{6}$$

由于自由基的消失，反应（2）、（3）不能进行下去，反应到此终止。

甲烷氯代反应的过程像一条锁链，一经自由基（ $Cl^{\bullet}$ ）引发，就一环扣一环地进行下去，所以称为自由基链锁反应。反应的第一个阶段是产生自由基、启动反应的一步，即链的引发阶段。第二个阶段为链的增长，即（2）和（3）反应反复进行，不断地有新自由基和氯甲烷生成。这是关键的一步，也是决定整个反应速率的一步。第三个阶段是链的终止，自由基因相互碰撞而消失，反应链被打断，反应也终止。

自由基链锁反应中间过程产生自由基，并且其产生的速率和稳定性相关，直接影响反应速率。常见自由基的相对稳定性如下所示：

$$(CH_3)_3\dot{C} > (CH_3)_2\dot{C}H > CH_3\dot{C}H_2 > \dot{C}H_3$$

三、名词双语对照

烃 hydrocarbon

构象 conformation

反应机制 reaction mechanism

自由基链锁反应 free radical chain reaction

四、知识点答疑

1. 写出下列化合物的构造式。

（1）3-乙基庚烷　　（2）2,2,4-三甲基戊烷

（3）4-甲基-5-乙基辛烷　　　　（4）3-甲基-3-乙基-5-丙基-4-异丙基辛烷

【解答】

（1）（2）（3）

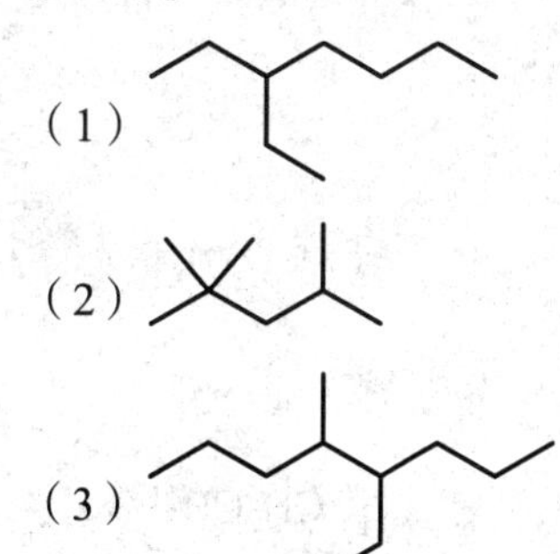

（4）

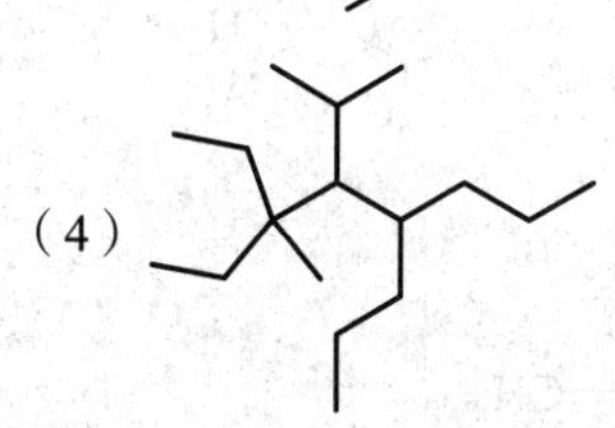

2. 用系统命名法命名下列化合物。

（1）$CH_3CH(CH(CH_3)CH_3)CH_2CH_2CH_2CH_2CH_3$

$$\begin{array}{l} CH_3\underset{|}{C}HCH_2CH_2CH_2CH_2CH_3 \\ \quad CH_3CHCH_3 \end{array}$$

（2）

$$\begin{array}{l} \qquad\qquad\qquad\qquad\qquad\quad CH_3 \\ CH_3CH_2CHCH_2CH_2CHCH_2CHCH_3 \\ \qquad\quad | \qquad\qquad\quad | \\ \qquad\; CH_3 \qquad\quad CH_2CH_3 \end{array}$$

（3）

$$\begin{array}{l} CH_3CH_2CHCH_2CH_2CHCH_2CH_2CH_3 \\ \qquad\quad | \qquad\qquad\quad | \\ \qquad\; CH_3 \qquad\qquad CH_3 \end{array}$$

【解答】

（1）2,3-二甲基辛烷　　（2）2,7-二甲基-4-乙基壬烷　　（3）3,6-二甲基壬烷

3. 根据要求写出构造式，并用系统命名法命名。

（1）C_5H_{12}仅含有伯氢，没有仲氢和叔氢。

（2）C_5H_{12}仅含有一个叔氢。

（3）C_5H_{12}仅含有伯氢和仲氢。

【解答】

（1）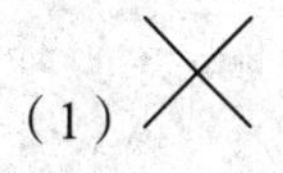

新戊烷

（2）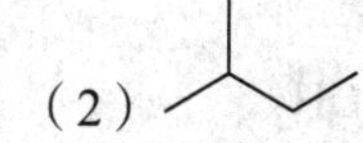

异戊烷

（3）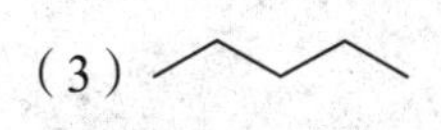

戊烷

4. 写出下列化合物的构造式。

（1）由一个丁基和一个异丙基组成的烷烃。

（2）含一个侧链和分子量为 86 的烷烃。

（3）分子量为 100，同时含有伯、叔、季碳原子的烷烃。

【解答】

（1）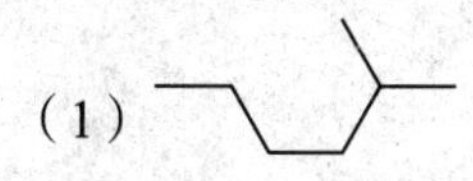　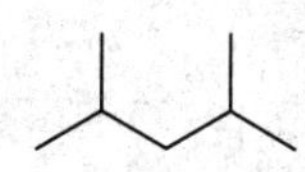　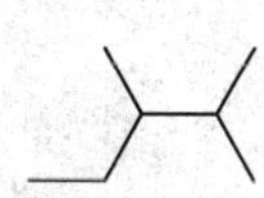　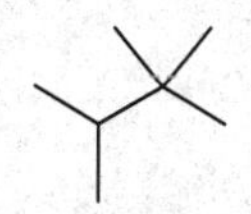

（2）

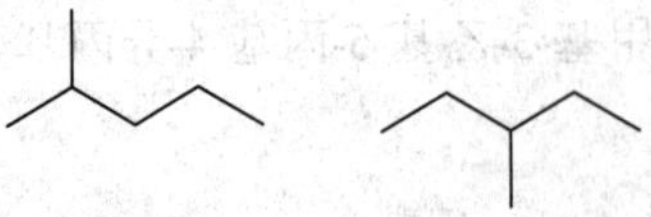

（3）

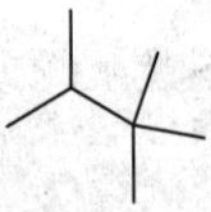

5. 写出戊烷的优势构象式（用 Newman 投影式表示）。

【解答】

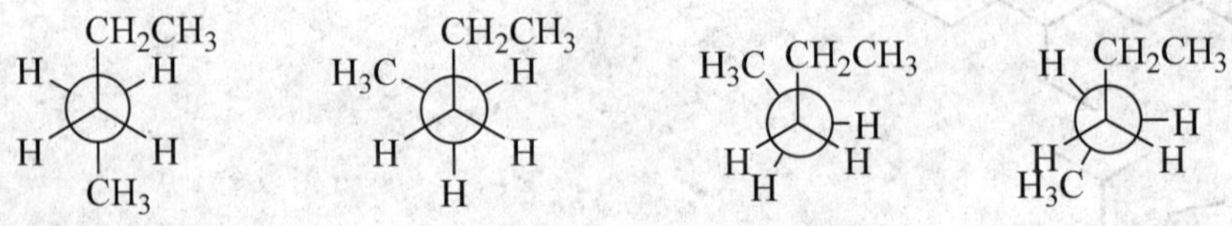

6. 排列下列烷基自由基稳定性顺序。

（1）$\dot{C}H_3$　　（2）$CH_3\dot{C}HCH_3$

（3）$CH_3-\dot{C}(CH_3)-CH_3$　　（4）$CH_3-CH(CH_3)-\dot{C}H_2$

【解答】　（3）＞（2）＞（4）＞（1）

7. 分子式为 C_5H_{12}、无亚甲基的烷烃，分子中 1°氢原子、2°氢原子、3°氢原子各有多少个？

【解答】，1°氢原子 12 个，2°氢原子、3°氢原子 0 个。

8. 将下列锯木架式改写为 Newman 投影式。

【解答】

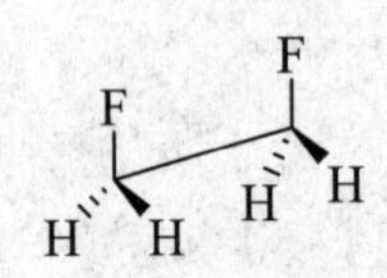

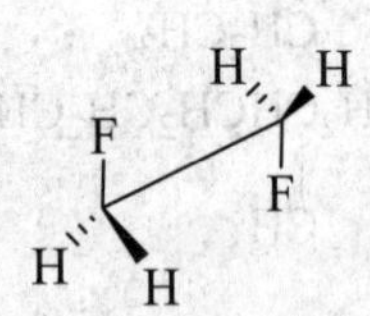

9. 写出丙烷的优势构象式（Newman 投影式）。

【解答】

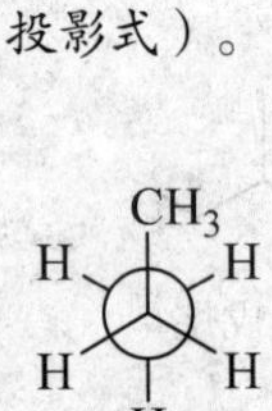

（赵延清）

第三章　烯　　烃

一、本章基本要求

1. 掌握　烯烃的结构特点及化学性质（亲电加成反应、自由基加成反应和氧化反应）。

2. 熟悉　烯烃的命名、同分异构现象、顺反异构体的命名；烯烃加成反应的历程；诱导效应和共轭效应。

3. 了解　烯烃的物理性质；烯烃的通式；不饱和烃的聚合反应；烯烃在医学上的应用等。

二、本章要点

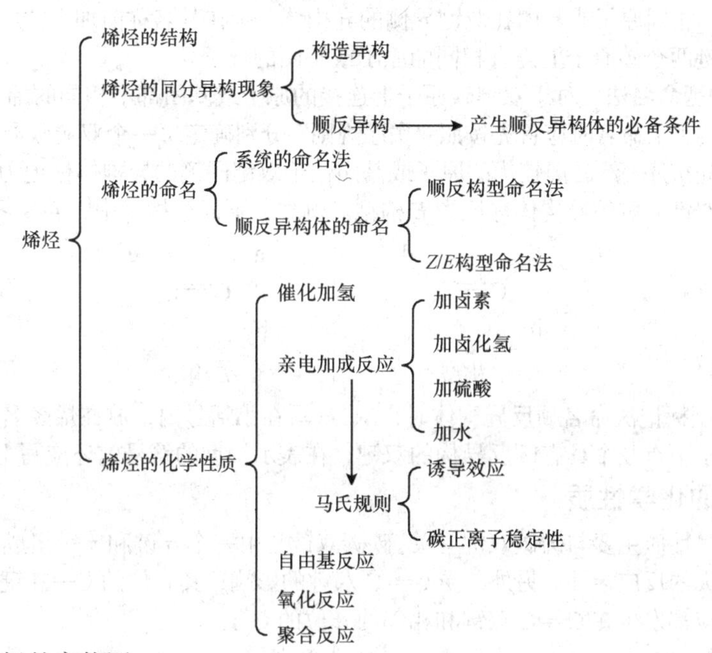

碳碳双键是烯烃的官能团。

（一）烯烃结构

碳碳双键中的碳原子均为 sp^2 杂化，两个碳原子各用一个 sp^2 杂化轨道相互重叠形成一个碳碳 σ 键，未参与杂化的 p 轨道进行侧面（肩并肩）重叠形成 π 键。双键碳及与其相连的四个原子在同一平面上。

π 键与 σ 键相比主要有以下特点。

1. π 键不能单独存在，必须与 σ 键共存。

2. π 键的键能小于 σ 键的键能，π 电子云不是密集于两原子之间，而是分布在烯烃分子平面的上下方，受核的约束力较小，键的极化度较大，是发生化学反应的主要部位。

3. 成键的两个碳原子不能沿着碳碳双键键轴“自由”旋转，否则，p 轨道的重叠程度减小，甚至会破坏 π 键。

（二）烯烃的同分异构现象

1. 构造异构

烯烃由于碳链骨架差异或双键的位置不同，导致的异构现象分别属于碳链异构或位置异构。

2. 顺反异构

因碳碳双键不能自由旋转，当双键碳原子上分别连接不同的原子或基团时，将产生顺反异构体。例如2-丁烯存在下列两种异构体：

$$\begin{matrix} H_3C & & CH_3 \\ & C{=}C & \\ H & & H \end{matrix} \qquad \begin{matrix} H_3C & & H \\ & C{=}C & \\ H & & CH_3 \end{matrix}$$

（三）烯烃的命名

1. 系统命名法 选择含有双键在内的最长碳链作为主链，依主碳链中所含碳原子的数目命名为某烯；编号时从靠近双键的一端开始，依次对主链碳原子编号；把双键的位次写在母体名称之前，再将取代基的位次、数目及名称写在双键位次之前。

2. 顺反构型命名法 具有相同原子或基团在双键同侧的异构体，在其名称前加上“顺”字或“*cis*”命名；相同原子或基团在双键异侧的异构体，则在其名称前加上“反”字或“*trans*”命名。适用于双键两个碳原子上连有相同的原子或基团的分子。

3. *Z*/*E* 构型命名法 对于双键碳原子上连接的原子或基团都不相同的烯烃，则采用 *Z*/*E* 命名法来表示其构型。命名时应首先按照“次序规则”分别确定每一个双键碳原子上连有的两个原子或基团的优先次序，然后把较优的原子或基团位于双键同侧的异构体标记为 *Z* 构型；较优的原子或基团位于双键异侧的异构体标记为 *E* 构型。例如，下面结构式中，若 a>b，d>e，则：

$$\begin{matrix} a & & d \\ & C{=}C & \\ b & & e \end{matrix} \qquad \begin{matrix} a & & e \\ & C{=}C & \\ b & & d \end{matrix}$$

Z 构型　　　　*E* 构型

用 *Z*/*E* 构型标记法命名顺反异构体时，*Z*、*E* 写在小括号内，放在烯烃名称之前，并用半字线相连。如分子中有几个具有顺反异构的双键，在表示构型的符号前还应写上双键的位次。

（四）烯烃的化学性质

烯烃的化学性质主要与碳碳双键有关。碳碳双键是由一个 σ 键和 π 键组成，因 π 键容易断裂，因此表现出较大的反应活性。另外，受 C═C 双键的影响，其 α 位的 C—H 键也比较活泼，因此烯烃的主要反应都发生在 C═C 双键和相邻的 α 位的 C 上。

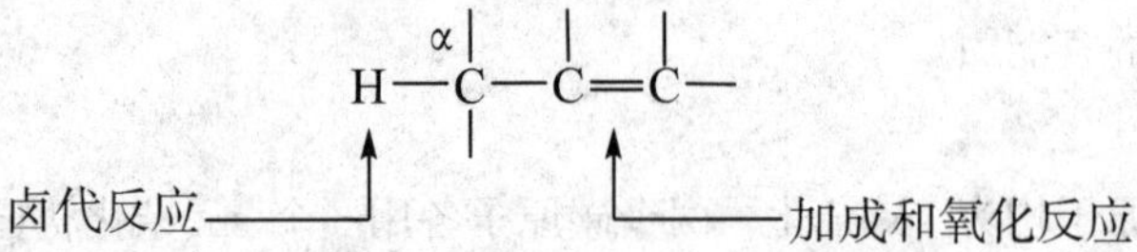

$$H-\overset{\alpha}{C}-C{=}C-$$

卤代反应（α-H）　　加成和氧化反应（C═C）

1. 催化加氢

$$RCH_2CH{=}CH_2 + H_2 \xrightarrow{\text{催化剂}} RCH_2\underset{H}{\underset{|}{C}H}-\underset{H}{\underset{|}{C}H_2}$$

常用的催化剂为 Ni、Pt、Pd、Rh 等金属细粉及某些金属配合物。反应为游离基的顺式加成反应。

2. 亲电加成反应

烯烃可以与 *E*—*Z* 类型的试剂如 HX、X_2、H_2SO_4、H_2O 及次卤酸（一般用卤素和水）发生亲电加成反应，加成方向符合马氏规则。

$$RCH_2CH{=}CH_2 + \overset{\delta^+}{E}-\overset{\delta^-}{Z} \longrightarrow RCH_2\underset{Z}{\underset{|}{C}H}-\underset{E}{\underset{|}{C}H_2}$$

$$RCH_2CH{=}CH_2 \begin{cases} + Br_2 \longrightarrow RCH_2CH(Br){-}CH_2Br \\ + H{-}X\ (Cl,Br,I) \longrightarrow RCH_2CH(X){-}CH_2H \\ + H_2SO_4 \longrightarrow RCH_2CH(OSO_3H){-}CH_2H \\ + H_2O \xrightarrow{H_3PO_4} RCH_2CH(OH){-}CH_2H \end{cases}$$

（1）亲电加成反应的机制

1）加卤素：第一步，溴分子中带部分正电荷的一端与烯烃分子中的 π 电子作用生成环状溴鎓离子。

$$>C{=}C< + \overset{\delta^+}{Br}{-}\overset{\delta^-}{Br} \xrightarrow{\text{慢}} \text{溴鎓离子}(Br^+) + Br^-$$

第二步，溴负离子从溴鎓离子的背面进攻碳原子，得到反式的加成产物。

$$\text{溴鎓离子}(Br^+) + Br^- \xrightarrow{\text{快}} >C(Br){-}C(Br)<$$

2）加卤化氢：首先是质子作为亲电试剂进攻碳碳双键的 π 电子，生成碳正离子中间体。然后负离子很快与碳正离子中间体结合形成加成产物。

$$H{-}Y \longrightarrow H^+ + Y^-$$

$$>C{=}C< + H^+ \xrightarrow{\text{慢}} -\overset{|}{\underset{H}{C}}-\overset{+}{C}- + Y^- \xrightarrow{\text{快}} -\overset{|}{\underset{H}{C}}-\overset{Y}{C}-$$

（2）区域选择性：不对称烯烃与氢卤酸等不对称试剂加成时，遵守马氏规则：即试剂带部分正电荷的氢原子加在含氢较多的双键碳原子上，卤原子或其他原子及基团加在含氢较少的双键碳原子上。

（3）烷基碳正离子的相对稳定性次序为

$$R_3\overset{+}{C} > R_2\overset{+}{C}H > R\overset{+}{C}H_2 > \overset{+}{C}H_3$$

3. 自由基加成反应（过氧化物效应）

$$RCH_2CH{=}CH_2 + HBr \xrightarrow{\text{过氧化物}} RCH_2CH(H){-}CH_2Br$$

自由基反应，只适合 HBr，生成反马氏的加成产物。

在同样的条件下，HF、HCl 和 HI 都没有过氧化物效应。

4. 烯烃双键的氧化反应

（1）高锰酸钾氧化：烯烃与稀、冷的中性或碱性高锰酸钾溶液反应时，双键中的 π 键断裂，生成顺式邻二醇。

$$>C=C< \xrightarrow[\text{稀}, OH^-]{KMnO_4} -\underset{OH}{\underset{|}{C}}-\underset{OH}{\underset{|}{C}}-$$

用热、浓的高锰酸钾溶液或酸性高锰酸钾溶液氧化烯烃，发生碳碳双键的断裂，生成酮、羧酸和二氧化碳。例如：

$$RCH{=}CH_2 \xrightarrow[H_3O^+]{KMnO_4} R-\overset{O}{\overset{\|}{C}}-OH + CO_2 + H_2O$$

$$RCH{=}CHR' \xrightarrow[H_3O^+]{KMnO_4} R-\overset{O}{\overset{\|}{C}}-OH + HO-\overset{O}{\overset{\|}{C}}-R'$$

$$RCH{=}\underset{R''}{\underset{|}{C}}-R' \xrightarrow[H_3O^+]{KMnO_4} R-\overset{O}{\overset{\|}{C}}-OH + R'-\overset{O}{\overset{\|}{C}}-R''$$

该反应是鉴别烯烃的一种常用方法，根据氧化产物可推测烯烃的结构。

（2）臭氧化反应

$$RCH{=}CH_2 \xrightarrow[(2)\ Zn\ /CH_3COOH]{(1)\ O_3} R-\overset{O}{\overset{\|}{C}}-H + H-\overset{O}{\overset{\|}{C}}-H$$

$$RCH{=}CHR' \xrightarrow[(2)\ Zn\ /CH_3COOH]{(1)\ O_3} R-\overset{O}{\overset{\|}{C}}-H + H-\overset{O}{\overset{\|}{C}}-R'$$

$$RCH{=}\underset{R''}{\underset{|}{C}}-R' \xrightarrow[(2)\ Zn\ /CH_3COOH]{(1)\ O_3} R-\overset{O}{\overset{\|}{C}}-H + R'-\overset{O}{\overset{\|}{C}}-R''$$

该反应也广泛地用于烯烃结构的推测。

（五）电子效应

诱导效应：由于分子中成键原子或基团电负性的不同，导致分子中电子云密度分布发生改变，并通过静电诱导沿分子链传递，这种通过静电诱导传递的电子效应称为诱导效应，用 I 表示。

诱导效应的大小一般以 C—H 键作为比较标准。若电负性 X>H>Y，则 X 与 H 相比具有吸电性，称为吸电子基团，所引起的诱导效应称为吸电子诱导效应（−I 效应）；同理，Y 为斥电子基团，由 Y 所引起的诱导效应称为斥电子诱导效应（+I 效应）。

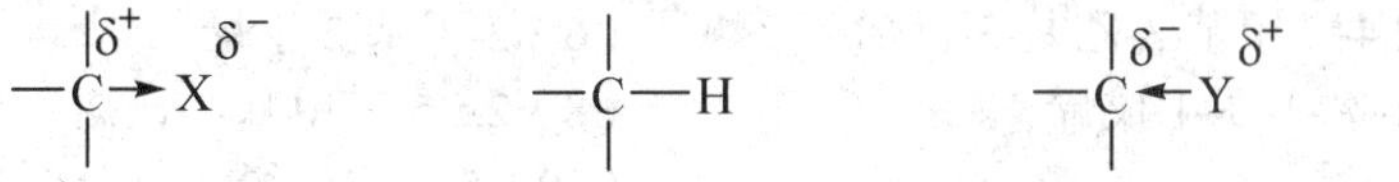

$$-\overset{|}{\underset{|}{C}}{}^{\delta^+}\rightarrow X^{\delta^-} \qquad -\overset{|}{\underset{|}{C}}-H \qquad -\overset{|}{\underset{|}{C}}{}^{\delta^-}\leftarrow Y^{\delta^+}$$

吸电子诱导效应（−I）　　标准　　斥电子诱导效应（+I）

通常用“→”表示σ电子云偏移的方向。

有机化合物中一些常见原子或基团的电负性大小顺序如下：

$$-F > -Cl > -Br > -OCH_3 > -NHCOCH_3 > -C_6H_5 > -CH{=}CH_2$$

$$> -H > -CH_3 > -C_2H_5 > -CH(CH_3)_2 > -C(CH_3)_3$$

三、名词双语对照

不饱和烃　unsaturated hydrocarbon

诱导效应　inductive effect

加成反应　addition reaction

自由基加成反应　free radical addition reaction

亲电试剂　electrophile

四、知识点答疑

1. 用系统命名法命名下列各化合物。

（1）$CH_3\underset{\displaystyle CH_3}{\underset{|}{C}H}CH_2CH{=}CH_2$

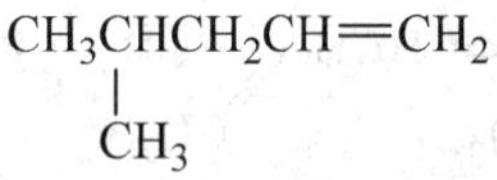

（2）$\begin{matrix} CH_3CH_2 & & C_2H_5 \\ & C{=}C & \\ CH_3 & & H \end{matrix}$

（3）$CH_3CH_2\underset{\displaystyle CH{=}CH_2}{\underset{|}{C}H}CH_2CH_3$

（4）$CH_3CH_2\overset{\displaystyle CH_2CH_3}{\overset{|}{C}}\!\!\!\!\!\!\underset{\displaystyle CHCH_2CH_3}{\underset{\|}{C}}HCH_2CH_2CH_3$

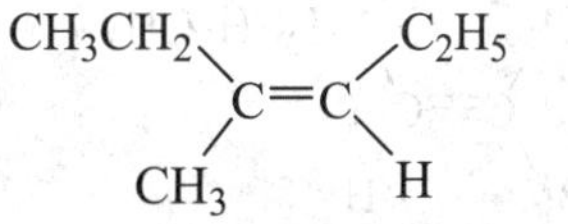

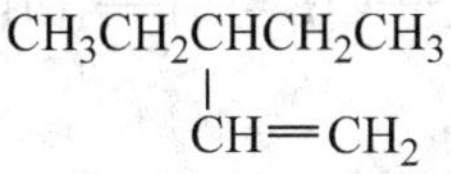

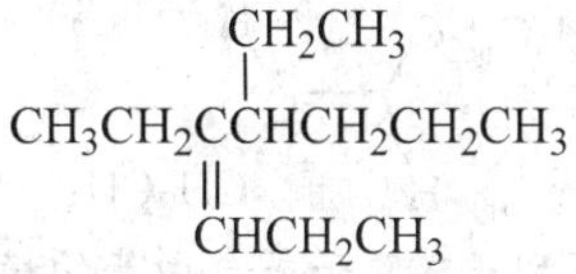

（5）$(CH_3)_3CCH{=}CHCH_2CH_2CH_3$

（6）$(C_2H_5)_2C{=}C(C_2H_5)CH_2CH_3$

（7）$CH_3CH{=}\underset{\displaystyle Cl}{\underset{|}{C}}CH_2CH_3$

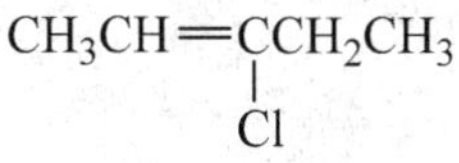

（8）$CH_3(CH_2)_{15}CH{=}CH_2$

（9）$\begin{matrix} CH_3CH_2 & & CH_3 \\ & C{=}C & \\ (CH_3)_2CHCH_2CH_2 & & H \end{matrix}$

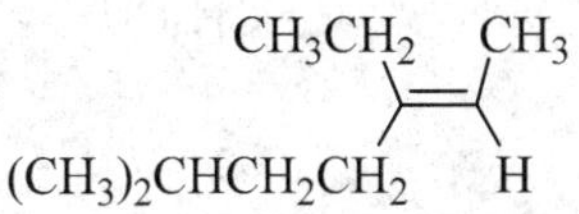

（10）$\begin{matrix} H_3C & & Cl \\ & C{=}C & \\ Cl & & H \end{matrix}$

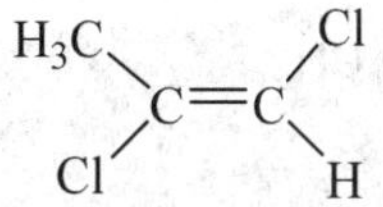

【解答】

（1）4-甲基-1-戊烯

（2）(*Z*)-3-甲基-3-己烯

（3）3-乙基-1-戊烯

（4）4,5-二乙基-3-辛烯

（5）2,2-二甲基-3-庚烯

（6）3,4-二乙基-3-己烯

（7）3-氯-2-戊烯

（8）1-十八碳烯

（9）(*E*)-6-甲基-3-乙基-庚烯

（10）反-1,2-二氯丙烯

2. 写出下列化合物的结构式。

（1）(*Z*)-3-乙基-2-己烯

（2）(*E*)-2,4-二甲基-3-乙基-3-庚烯

（3）顺-4-甲基-2-戊烯

（4）5-甲基-3-异丙基-2-己烯

（5）(*Z*)-2,4-二甲基-3-乙基-3-己烯　　（6）2-甲基-2-丁烯

（7）(*E*)-1-氯-1-溴-1-戊烯　　（8）2,5,5-三甲基-2-己烯

（9）反-3-己烯　　（10）5-十二碳烯

【解答】

（1）H_3C、H 与 $CH_2CH_2CH_3$、C_2H_5：

$$\begin{matrix} H_3C & & & & CH_2CH_2CH_3 \\ & C & = & C & \\ H & & & & C_2H_5 \end{matrix}$$

（2）

$$\begin{matrix} H_3CH_2C & & & & CH_3 \\ & C & = & C & \\ H_3C-CH & & & & CH_2CH_2CH_3 \\ \quad | & & & & \\ \quad CH_3 & & & & \end{matrix}$$

（3）

$$\begin{matrix} H & & & & H \\ & C & = & C & \\ H_3C-CH & & & & CH_3 \\ \quad | & & & & \\ \quad CH_3 & & & & \end{matrix}$$

（4）

$$\begin{matrix} & & CH_3 & & & \\ & & | & & & \\ & & HC-CH_3 & & & \\ & & | & & & \\ H_3C-CH= & = & C & -CH_2- & CH & -CH_3 \\ & & & & | & \\ & & & & CH_3 & \end{matrix}$$

（5）

$$\begin{matrix} H_3CH_2C & & & & CH_3 \\ & C & = & C & \\ H_3C-CH & & & & C_2H_5 \\ \quad | & & & & \\ \quad CH_3 & & & & \end{matrix}$$

（6）

$$\begin{matrix} H_3C- & C & =CH-CH_3 \\ & | & \\ & CH_3 & \end{matrix}$$

（7）

$$\begin{matrix} Cl & & & & CH_2CH_2CH_3 \\ & C & = & C & \\ Br & & & & H \end{matrix}$$

（8）

$$\begin{matrix} & & & & CH_3 \\ & & & & | \\ H_3C- & C & =CHCH_2- & C & -CH_3 \\ & | & & | & \\ & CH_3 & & CH_3 & \end{matrix}$$

（9）

$$\begin{matrix} H_3CH_2C & & & & H \\ & C & = & C & \\ H & & & & CH_2CH_3 \end{matrix}$$

（10）$CH_3(CH_2)_3—CH=CH—(CH_2)_5CH_3$

3. 试比较下列正碳离子或自由基的稳定性。

（1）$CH_3\dot{C}HCH_2CH_3$　　$CH_3-\dot{C}(CH_3)-CH_3$　　$CH_3CH_2CH_2\dot{C}H_2$

（2）$H_3C-\overset{+}{C}(CH_3)-CH_3$　　$H_3C-\overset{+}{C}H-CH_3$　　$CH_3\overset{+}{C}H_2$

【解答】

（1）$CH_3-\dot{C}(CH_3)-CH_3 > CH_3\dot{C}HCH_2CH_3 > \dot{C}H_2CH_2CH_2CH_3$

（2）$H_3C-\overset{+}{C}(CH_3)-CH_3 > H_3C-\overset{+}{C}H-CH_3 > CH_3\overset{+}{C}H_2$

4. 写出下列反应的主要产物。

（1）$CH_3CH_2CH_2CH=CH_2 + HBr \xrightarrow{ROOR'} CH_3CH_2CH_2CH_2CH_2Br$

（2）$CH_3CH_2CH{=}CHCCl_3 + HI \xrightarrow{ROOR'} H_3C{-}CH_2{-}CH(I)CH_2CCl_3$

（3）$(CH_3CH_2)(CH_3)C{=}CH(CH_3) + HCl \longrightarrow H_3C{-}CH_2{-}CCl(CH_3){-}CH_2CH_3$

（4）$(CH_3)_2C{=}CHCH_2CH_3 \xrightarrow[②\ H_2O]{①\ H_2SO_4} H_3C{-}C(OH)(CH_3){-}CH_2CH_2CH_3$

（5）$(CH_3CH_2)(H_3C)C{=}CH(CH_3) \xrightarrow[②\ Zn+H_2O]{①\ O_3} H_3C{-}CO{-}CH_2CH_3 + CH_3CHO$

（6）1-甲基环戊烯 $\xrightarrow[OH^-]{5\%\ KMnO_4}$ 1-甲基-顺-1,2-环戊二醇（OH, OH）

（7）$(CH_3)_2C{=}CHCH_3 + KMnO_4 \xrightarrow{H^+} H_3C{-}CO{-}CH_3 + CH_3COOH$

5. 用简便化学方法鉴别下列各组物质。

（1）2-甲基戊烷、2-甲基-1-戊烯、2-甲基-2-戊烯

（2）1-己烯、2-己烯

【解答】 答案不唯一，只要方法可行都可以。

（1）三种物质各取少许置于三支试管中，分别滴入少量酸性高锰酸钾溶液，不能使高锰酸钾溶液褪色的是 2-甲基戊烷，能使高锰酸钾溶液褪色并且有气体放出的是 2-甲基-1-戊烯，只能使高锰酸钾溶液褪色的是 2-甲基-2-戊烯。

（2）两种物质各取少许置于两支试管中，分别滴入少量酸性高锰酸钾溶液，有气体放出的是 1-己烯，不能放出气体的是 2-己烯。

6. 指出下列化合物是否有顺反异构，若有，则写出它们的异构式，并用顺反和 *Z*、*E* 法表示其构型。

（1）2-甲基-3-溴-2-己烯。

（2）1-氯-1,2-二溴乙烯。

（3）2-苯基-丁烯。

【解答】

（1）无顺反异构现象。

（2）$(Cl)(Br)C{=}C(H)(Br)$（Cl 与 H 同侧，Br 与 Br 同侧） 和 $(Cl)(Br)C{=}C(Br)(H)$（Cl 与 Br 同侧）

顺-1-氯-1,2-二溴乙烯　　反-1-氯-1,2-二溴乙烯

(*Z*)-1-氯-1,2-二溴乙烯　　(*E*)-1-氯-1,2-二溴乙烯

（3）无顺反异构现象。

7. 写出丙烯与溴在氯化钠的水溶液中发生反应的产物，并解释原因。

【解答】

反应产物除了1,2-二溴丙烷外，还有1-氯-2-溴丙烷和1-溴-2-丙醇。

因为烯烃与溴的加成反应是分两步进行的离子型反应。第一步是溴分子受到反应介质中极性物质的电场作用而极化变成了瞬时偶极分子，溴分子中带部分正电荷的一端与烯烃分子中的π电子作用生成环状溴鎓离子；第二步是溴负离子从溴鎓离子的背面进攻碳原子，得到1,2-二溴丙烷加成产物，另外，反应过程中Cl^-和OH^-与溴负离子一样，也参与了反应，生成2-氯-1-溴丙烷和1-溴-2-丙醇。

8. 化合物（A）、（B）、（C）均为庚烯的异构体，（A）经臭氧化再还原水解生成CH_3CHO和$CH_3CH_2CH_2CH_2CHO$，用同样的方法处理（B），生成$CH_3\overset{O}{\overset{\|}{C}}CH_3$和$CH_3CH_2\overset{O}{\overset{\|}{C}}CH_3$，用同样的方法处理（C），生成$CH_3CHO$和$CH_3CH_2\overset{O}{\overset{\|}{C}}CH_2CH_3$，试写出（A）、（B）、（C）的构造式或构型式，并写出相关反应。

【解答】

（A）$H_3C-CH{=}CH-(CH_2)_3CH_3$　（B）$(H_3C)_2C{=}C(CH_3)(C_2H_5)$　（C）$H_3C(H)C{=}C(C_2H_5)_2$

9. 某一烯烃的分子式为C_6H_{12}，能溶于浓硫酸，经催化加氢生成正己烷，与酸性高锰酸钾作用只生成一种羧酸，试推导出该物质的结构式并写出相关反应式。

【解答】

$C_2H_5-CH{=}CH-C_2H_5$

$CH_3CH_2CH{=}CHCH_2CH_3 + H_2 \xrightarrow{Ni/Pd} CH_3CH_2CH_2CH_2CH_2CH_3$

$CH_3CH_2CH{=}CHCH_2CH_3 \xrightarrow[H_3O^+]{KMnO_4} CH_3CH_2COOH$

10. 某烯烃经酸性高锰酸钾溶液氧化后，生成CH_3CH_2COOH和CO_2；另一烯烃同样处理后得$CH_3COCH_2CH_3$和$(CH_3)_2CHCOOH$，请写出这两个烯烃的结构。

【解答】

$H_2C{=}CHCH_2CH_3$ 和 $(CH_3)_2CHCH{=}C(CH_3)CH_2CH_3$

五、强化学习

1. 命名下列化合物

（1）$H_2C{=}CHCH_2CH(CH_3)CH_2CH_3$　（2）$CH_3CH{=}CHCH_2CH_3$

（3）$(H)(H_3C)C{=}C(H)(CH_2CH_3)$（两个H在同侧）　（4）$(H)(CH_3CH_2)C{=}C(CH_3)(CH_2CH_3)$

（5）$\begin{matrix} H_3C & & CH_3 \\ & C{=}C & \\ CH_3CH_2 & & CH_2CH_3 \end{matrix}$

（6）$H_2C{=}CHCH(C_2H_5)CH_2C(CH_3)_3$

2. 写出下列化合物的结构式

（1）顺-4-甲基-2-戊烯

（2）(*E*)-3,4-二甲基-2-己烯

（3）(*E*)-1-氯-1-溴-1-戊烯

（4）3-氯环己烯

（5）2,3-二甲基-1-己烯

（6）反-4,4-二甲基-2-戊烯

3. 写出下列反应的主要产物

（1）$(CH_3)_2C{=}CHCH_2CH_3 + HBr \longrightarrow$

（2）$CH_2{=}CHCF_3 + HBr \longrightarrow$

（3）$CH_2{=}CHCH_3 \xrightarrow{H_2SO_4} \xrightarrow{H_2O}$

（4）$CH_2{=}CHCH_2CH_3 + HBr \xrightarrow{ROOR'}$

（5）$H_3CHC{=}C(CH_3)CH_2CH{=}CH_2 \xrightarrow[H_3O^+]{KMnO_4}$

（6）$CH_2{=}C(CH_3){-}CH_3 + Br_2 \xrightarrow{CCl_4}$

（7）$CH_3{-}\overset{+}{N}(CH_3)_2{-}CH{=}CH_2 + HBr \longrightarrow$

（8）$H_3CHC{=}CHCH_3 + H_2 \xrightarrow{Ni/Pd}$

（9）$CH_2{=}CH_2 + H_2O \xrightarrow[\text{磷酸}]{270\sim310℃}$

（10）$CH_2{=}CHCH_3 + O_3 \xrightarrow[② Zn + H_2O]{① O_3}$

（11）1-甲基环己烯（CH_3）$+ HBr \longrightarrow$

4. 选择题

（1）下列化合物中哪些可能有 *E,Z* 异构体（　　）

A. 2-甲基-2-丁烯　　B. 2,3-二甲基-2-丁烯

C. 2-甲基-1-丁烯　　D. 2-戊烯

（2）实验室中常用 Br_2 的 CCl_4 溶液鉴定烯键，其反应历程是（　　）

A. 亲电加成反应　　B. 自由基加成

C. 协同反应　　D. 亲电取代反应

（3）某烯烃经臭氧化和还原水解后只得 CH_3COCH_3，该烯烃为（　　）

A. $(CH_3)_2C{=}CHCH_3$　　B. $CH_3CH{=}CH_2$

C. $(CH_3)_2C{=}C(CH_3)_2$　　D. $(CH_3)_2C{=}CH_2$

（4）分子式为 C_7H_{14} 的化合物 G 与高锰酸钾溶液反应生成 4-甲基戊酸，并有 CO_2 气体逸出，G 的结构式是（　　）

A. $(CH_3)_2CHCH_2CH_2CH=CH_2$　　B. $(CH_3)_3CCH=CHCH_3$

C. $(CH_3)_2CHCH=C(CH_3)_2$　　D. $CH_3CH_2CH=CHCH(CH_3)_2$

（5）卤化氢 HCl（Ⅰ）、HBr（Ⅱ）、HI（Ⅲ）与烯烃加成时，其活性顺序为（　　）

A. Ⅰ>Ⅱ>Ⅲ　　B. Ⅲ>Ⅱ>Ⅰ　　C. Ⅱ>Ⅰ>Ⅲ　　D. Ⅱ>Ⅲ>Ⅰ

（6）$CH_3CH=CHCH_3$ 与 $CH_3CH_2CH=CH_2$ 是什么异构体（　　）

A. 碳架异构　　B. 位置异构　　C. 官能团异构　　D. 互变异构

（7）下列烯烃和 HBr 发生加成反应所得产物有同分异构体的是（　　）

A. $CH_2=CH_2$　　B. $CH_3CH=CHCH_3$

C. $(CH_3)_2C=C(CH_3)_2$　　D. $CH_3CH=CH_2$

（8）可以用来鉴别甲烷和乙烯，又可以用来除去甲烷中混有的少量乙烯的操作方法是（　　）

A. 混合气体通过盛高锰酸钾酸性溶液的洗气瓶

B. 混合气体通过盛足量溴水的洗气瓶

C. 混合气体通过盛水的洗气瓶

D. 混合气体跟氯化氢混合

（9）某液态烃和溴水加成反应生成 2,3-二溴-2-甲基丁烷，该烃是（　　）

A. 3-甲基-1-丁烯　　B. 2-甲基-2-丁烯

C. 2-甲基-1-丁烯　　D. 1-甲基-2-丁烯

（10）工业上制取一氯乙烷（CH_3CH_2Cl）应采用（　　）

A. 由乙烯和氯气在一定条件下发生加成反应

B. 由乙烯和氯化氢在一定条件下发生加成反应

C. 由乙烷和氯气在一定条件下发生取代反应

D. 由乙烷和氯气在一定条件下发生加成反应

（11）哪个化合物不产生顺反异构（　　）

A. 3-甲基-2-戊烯　　B. 3,4-二甲基-2-己烯

C. 1-氯-1-苯基-1-丁烯　　D. 3-甲基-2-丁烯醛

（12）下列哪种化合物被酸性高锰酸钾氧化后只生成丙酮（　　）

A. 3-甲基戊烯　　B. 2,3-二甲基-2-丁烯　　C. 戊烷　　D. 异丁烯

（13）$CF_3CH=CH_2+HCl$ 的产物主要是（　　）

A. $CF_3CHClCH_3$　　B. $CF_3CH_2CH_2Cl$

C. $CF_3CHClCH_3$ 与 $CF_3CH_2CH_2Cl$ 相差不多　　D. 不能反应

（14）某烯烃经臭氧化和还原水解后只得 CH_3COCH_3，该烯烃为（　　）

A. $(CH_3)_2C=CHCH_3$　　B. $CH_3CH=CH_2$

C. $(CH_3)_2C=C(CH_3)_2$　　D. $(CH_3)_2C=CH_2$

（15）下列哪一个反应主要产物为 1-溴丁烷（　　）

A. $CH_3CH=CHCH_3 \xrightarrow{HBr}$　　B. $CH_3CH_2CH=CH_2 \xrightarrow[过氧化物]{HBr}$

C. $CH_3CH_2CH=CH_2 \xrightarrow{HBr}$　　D. $CH_3CH_2C\equiv CH \xrightarrow{HBr}$

（16）某烯烃经臭氧化和水解后生成等物质的量的丙酮和乙醛，则该化合物是（　　）

A. $(CH_3)_2C=C(CH_3)_2$　　B. $CH_3CH=CHCH_3$

C. $(CH_3)_2C=CHCH_3$　　D. $(CH_3)_2C=C=CH_2$

5. 填空题

（1）烯烃是分子里含有________键的不饱和烃的总称。烯烃的通式为________。丙烯、1-丁烯的结构简式分别是________和________。

（2）烯烃能使高锰酸钾酸性溶液和溴的四氯化碳溶液褪色，其中，与高锰酸钾发生的反应是________反应；与溴发生的反应是________反应。在一定的条件下，乙烯还能发生________反应，生成聚乙烯。

（3）已知某烃能使溴水和高锰酸钾溶液褪色，将 1mol 该烃和 1mol 溴完全反应，生成1,2-二溴-2-甲基丁烷，则烃的结构简式为________。

（4）某烯烃分子量为 70，这种烯烃与氢气完全加成后，生成三个甲基的烷烃，此烯烃化学式为________，其可能的结构简式分别为________、________、________。

（5）把 1-丁烯和氯化氢作用，其产物主要是________。

6. 推导结构

（1）某烯烃分子式为 $C_{10}H_{20}$，经臭氧化还原水解后得到 $CH_3COCH_2CH_2CH_3$，推导该烯烃的构造式。

（2）化合物 A、B、C，分子式均为 C_6H_{12}，三者都可以使 $KMnO_4$ 褪色，将 A、B、C 催化氢化都转化为 3-甲基戊烷，A 有顺反异构，B 和 C 不存在顺反异构体，A 和 C 与 HBr 加成主要得同一化合物 D，试写出 A、B、C、D 的结构式。

（3）某烯烃经催化加氢得 2-甲基丁烷，加 HCl 可得 2-甲基-2-氯丁烷；经 $KMnO_4$ 氧化后可得丙酮和乙酸。写出该烃的结构式及各步反应方程式。

（4）某化合物 A（C_5H_6），能使 Br_2/CCl_4 溶液褪色，它与 1mol HCl 加成后的产物经臭氧化和还原水解得到 2-氯戊二醛，试写出 A 可能的构造式。

（5）某烯烃催化加氢得 2-甲基丁烷，加氯化氢可得 2-甲基-2-氯丁烷，如果经臭氧化并在锌粉存在下水解只得丙酮和乙醛，写出该烯烃的结构式以及各步反应式。

（6）某化合物分子式为 C_8H_{16}，它可以使溴水褪色，也可以溶于浓硫酸，经臭氧化，锌粉存在下水解只得一种产物丁酮，写出该烯烃可能的结构式。

（7）某化合物经催化加氢能吸收一分子氢，与过量的高锰酸钾作用生成丙酸，写出该化合物的结构式。

（8）分子式为 C_5H_8 的两种化合物 A 和 B，经氢化后都可以生成 2-甲基丁烷。它们都可以与两分子溴加成，但 A 与硝酸银氨溶液反应产生白色沉淀，B 则不能。试推测 A 和 B 的结构式，并写出各步的反应式。

7. 合成题

（1）请利用丙烯和必要的常用试剂制备 1,2-二溴丙烷。

（2）以异丙醇为原料合成 2-溴丙烷。

8. 简答题

（1）写出 C_4H_8 所有烯烃异构体的构造式，并用系统命名法命名。

（2）解释下列两个反应加成位置为何不同。

$$CH_2{=}CHCF_3 \xrightarrow{HBr} CF_3CH_2CH_2Br$$

$$CH_2{=}CHCH_3 \xrightarrow{HBr} CH_3\underset{\displaystyle Br}{\overset{|}{C}}HCH_3$$

（3）经高锰酸钾氧化后得到下列产物，试写出原烯烃的结构式。

1）CO_2　和　$HOOCCH_2COOH$　　　　2）CO_2　和　$CH_3\overset{\displaystyle O}{\overset{\|}{C}}CH_3$

3）$CH_3\overset{\overset{O}{\|}}{C}CH_2CH_3$ 和 CH_3CH_2COOH　　4）只有 CH_3CH_2COOH

5）只有 $HOOCCH_2CH_2CH_2CH_2COOH$

（4）推测下列烯烃与 HCl 反应的活泼性顺序。

1）乙烯　　2）丙烯　　3）异丁烯　　4）3,3,3-三氟丙烯

（5）试写出经臭氧氧化，再经 Zn/CH_3COOH 还原分解后生成下列产物的烯烃的结构式。

1）$CH_3CH_2CH_2CHO$ 和 HCHO　　2）$CH_3\overset{\overset{O}{\|}}{C}CH_2CH_3$ 和 CH_3CHO

3）只有 $CH_3\overset{\overset{O}{\|}}{C}CH_3$　　4）$CH_3\overset{\overset{O}{\|}}{C}CH_2CH_2CH_2\overset{\overset{O}{\|}}{C}CH_3$

（6）裂化汽油中含有烯烃，用什么方法能去除烯烃？

9. 鉴别题

（1）1-庚烯、3-己烯、庚烷

（2）1-丁炔、2-甲基-丁烷、1,3-丁二烯

六、导 师 指 路

1. 命名下列化合物

【解答】

（1）4-甲基-1-己烯　　（2）2-戊烯

（3）顺-2-戊烯　　（4）(*Z*)-3-甲基-3-己烯

（5）顺-3,4-二甲基-3-己烯　　（6）5,5-二甲基-3-乙基-1-己烯

2. 写出下列化合物的结构式

【解答】

（1）$\begin{array}{ccc} H & & H \\ & C=C & \\ H_3C & & CHCH_3 \\ & & | \\ & & CH_3 \end{array}$　　（2）$\begin{array}{ccc} H_3C & & CH_3 \\ & C=C & \\ H & & CHCH_2CH_3 \\ & & | \\ & & CH_3 \end{array}$

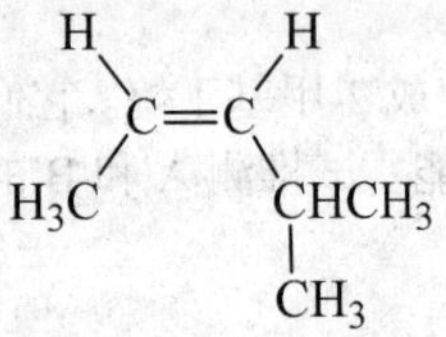

（3）$\begin{array}{ccc} Br & & H \\ & C=C & \\ Cl & & CH_2CH_2CH_3 \end{array}$　　（4）Cl

（5）$H_2C=\overset{\overset{CH_3}{|}}{\underset{\underset{CH_3}{|}}{C}}HCH_2CH_2CH_3$　　（6）$\begin{array}{ccc} H_3C & & H \\ & C=C & \\ H & & C(CH_3)_3 \end{array}$

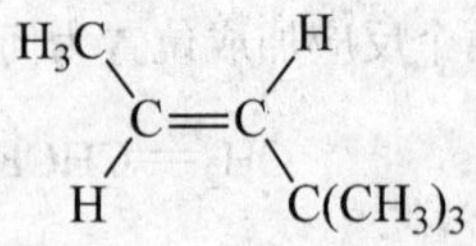

3. 写出下列反应的主要产物

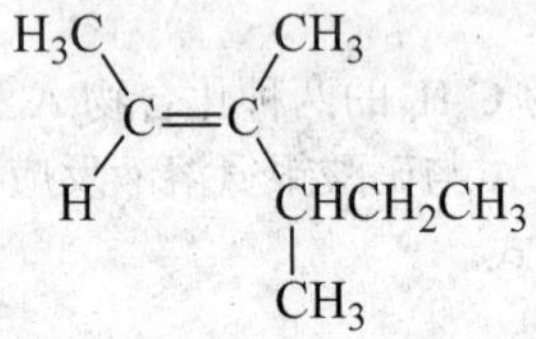

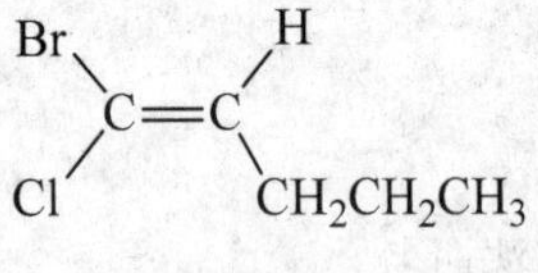

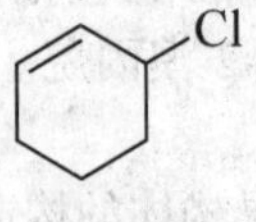

【解答】

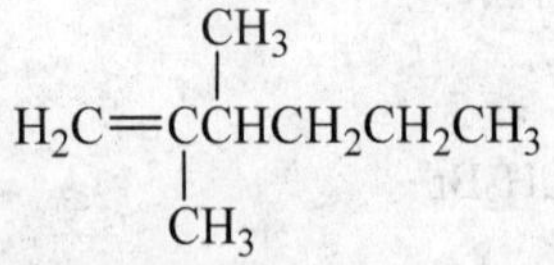

（1）+ 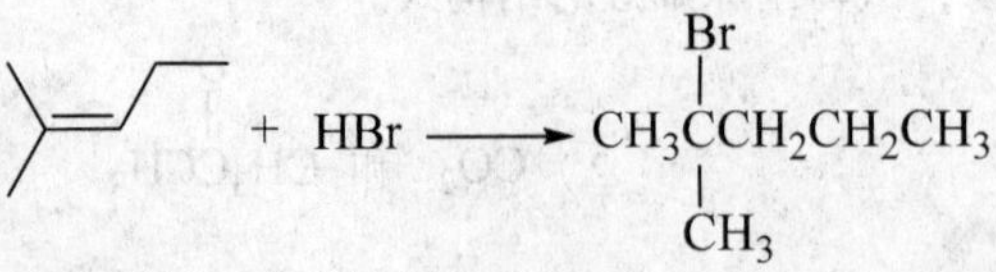 HBr $\longrightarrow$ $CH_3\overset{\overset{Br}{|}}{\underset{\underset{CH_3}{|}}{C}}CH_2CH_2CH_3$

（2）$H_2C{=}CHCF_3 + HBr \longrightarrow BrCH_2CH_2CF_3$

（3）$H_2C{=}CHCH_3 \xrightarrow{H_2SO_4} \xrightarrow{H_2O} CH_3CH(OH)CH_3$

（4）$H_2C{=}CHCH_2CH_3 + HBr \xrightarrow{ROOR'} CH_3CH_2CH_2CH_2Br$

（5）$CH_3CH{=}C(CH_3)CH_2CH{=}CH_2 \xrightarrow[H_3O^+]{KMnO_4} CH_3COOH + CH_3COCH_2COOH + CO_2$

（6）$H_2C{=}C(CH_3){-}CH_3 + Br_2 \xrightarrow{CCl_4} CH_3CBr(CH_3)CH_2Br$

（7）$H_3C{-}\overset{+}{N}(CH_3)_2{-}CH{=}CH_2 + HBr \longrightarrow H_3C{-}\overset{+}{N}(CH_3)_2{-}CH_2CH_2Br$

（8）$CH_3CH{=}CHCH_3 + H_2 \xrightarrow{Ni/Pd} CH_3CH_2CH_2CH_3$

（9）$H_2C{=}CH_2 + H_2O \xrightarrow[\text{磷酸}]{270\sim310^\circ C} CH_3CH_2OH$

（10）$H_2C{=}CHCH_3 \xrightarrow[(2)\,Zn+H_2O]{(1)\,O_3} CH_3CHO + HCHO$

（11）1-甲基环己烯 + HBr ⟶ 1-甲基-1-溴环己烷（主要产物）

4. 选择题

【解答】

（1）D; （2）A; （3）C; （4）A; （5）B; （6）B;
（7）D; （8）B; （9）B; （10）B; （11）D; （12）B;
（13）B; （14）C; （15）B; （16）C

5. 填空题

【解答】

（1）碳碳双键，C_nH_{2n}，$CH_3CH{=}CH_2$，$CH_3CH_2CH{=}CH_2$

（2）氧化，加成，聚合

（3）$CH_3CH(CH_3)CH{=}CH_2$

（4）C_5H_{10}，$H_2C{=}C(CH_3)CH_2CH_3$，$CH_3C(CH_3){=}CHCH_3$，$CH_3CH(CH_3)CH{=}CH_2$

（5）$CH_3CHCH_2CH_3$（2位连Br）

$$\underset{\displaystyle Br}{CH_3\overset{}{C}HCH_2CH_3}$$

6. **推导结构**

【解答】

（1）$H_3CH_2CH_2C—\underset{CH_3}{C}{=}\overset{CH_3}{C}—CH_2CH_2CH_3$

（2）A. $CH_3—\underset{H}{C}{=}\overset{CH_3}{C}—C_2H_5$　　B. $CH_2{=}CH\overset{CH_3}{C}HCH_2CH_3$

C. $H_2C{=}\underset{C_2H_5}{C}CH_2CH_3$　　D. $CH_3CH_2\overset{Br}{\underset{CH_3}{C}}CH_2CH_3$

（3）$CH_3\overset{CH_3}{C}{=}CHCH_3$

$$CH_3\overset{CH_3}{C}{=}CHCH_3 \xrightarrow{H_2} CH_3\overset{CH_3}{C}HCH_2CH_3$$

$$CH_3\overset{CH_3}{C}{=}CHCH_3 \xrightarrow{HCl} CH_3\overset{CH_3}{\underset{Cl}{C}}CH_2CH_3$$

$$CH_3\overset{CH_3}{C}{=}CHCH_3 \xrightarrow{KMnO_4/H^+} CH_3\overset{O}{\overset{\|}{C}}CH_3 + CH_3COOH$$

（4）环戊二烯（结构式）

（5）$CH_3\overset{CH_3}{C}{=}CHCH_3$

$$CH_3\overset{CH_3}{C}{=}CHCH_3 \xrightarrow{H_2} CH_3\overset{CH_3}{C}HCH_2CH_3$$

$$CH_3\overset{CH_3}{C}{=}CHCH_3 \xrightarrow{HCl} CH_3\overset{CH_3}{\underset{Cl}{C}}CH_2CH_3$$

$$CH_3\overset{CH_3}{C}{=}CHCH_3 \xrightarrow[(2)\ Zn/CH_3COOH]{(1)\ O_3} CH_3\overset{O}{\overset{\|}{C}}CH_3 + CH_3\overset{O}{\overset{\|}{C}}H$$

（6）$CH_3CH_2\underset{CH_3}{\underset{|}{C}}=\overset{CH_3}{\overset{|}{C}}CH_2CH_3$

（7）$CH_3CH_2CH=CHCH_2CH_3$

（8）A. $CH\equiv C-\underset{CH_3}{\underset{|}{C}}HCH_3$　　B. $CH_2=CH-\underset{CH_3}{\underset{|}{C}}=CH_2$

$CH\equiv C-\underset{CH_3}{\underset{|}{C}}HCH_3 + 2H_2 \longrightarrow CH_3\underset{CH_3}{\underset{|}{C}}HCH_2CH_3$

$CH_2=CH-\underset{CH_3}{\underset{|}{C}}=CH_2 + 2H_2 \longrightarrow CH_3\underset{CH_3}{\underset{|}{C}}HCH_2CH_3$

$CH\equiv C-\underset{CH_3}{\underset{|}{C}}HCH_3 + 2Br_2 \longrightarrow CHBr_2CBr_2\underset{CH_3}{\underset{|}{C}}HCH_3$

$CH_2=CH-\underset{CH_3}{\underset{|}{C}}=CH_2 + 2Br_2 \longrightarrow CH_2BrCHBr\underset{CH_3}{\underset{|}{C}}BrCH_2Br$

$CH\equiv C-\underset{CH_3}{\underset{|}{C}}HCH_3 + Ag(NH_3)_2NO_3 \longrightarrow AgC\equiv C\underset{CH_3}{\underset{|}{C}}HCH_3\downarrow$

7. 合成题

【解答】

（1）$CH_3CH=CH_2 + Br_2 \xrightarrow{CCl_4} CH_3\underset{Br}{\underset{|}{C}}HCH_2Br$

（2）$CH_3\underset{OH}{\underset{|}{C}}HCH_3 \xrightarrow[\text{加热}]{H_2SO_4} CH_3CH=CH_2 \xrightarrow{HBr} CH_3\underset{Br}{\underset{|}{C}}HCH_3$

8. 简答题

【解答】

（1）$CH_3CH=CHCH_3$　　$H_2C=CHCH_2CH_3$　　$H_2C=\underset{CH_3}{\underset{|}{C}}-CH_3$

2-丁烯　　1-丁烯　　2-甲基-1-丙烯

（2）碳正离子稳定性决定了生成什么产物：

$CF_3\overset{+}{C}HCH_3 < CF_3CH_2\overset{+}{C}H_2$，$-CF_3$有强的吸电子诱导效应，导致碳正离子不稳定。

$CH_3\overset{+}{C}HCH_3 > CH_3CH_2\overset{+}{C}H_2$，甲基有给电子诱导效应，会让碳正离子更稳定。

（3）1）$H_2C{=}CHCH_2CH{=}CH_2$　　2）$H_2C{=}C(CH_3){-}CH_3$

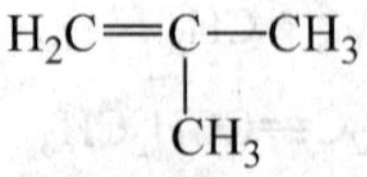

3）$C_2H_5{-}CH{=}C(CH_3){-}C_2H_5$　　4）$CH_3CH_2CH{=}CHCH_2CH_3$　　5）环己烯

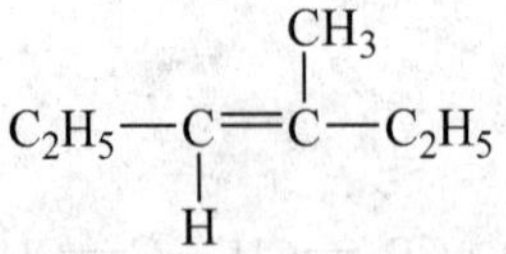

（4）3）异丁烯＞ 2）丙烯＞ 1）乙烯＞ 4）3,3,3-三氟丙烯

（5）1）$H_2C{=}CHCH_2CH_2CH_3$　　2）$C_2H_5{-}C(CH_3){=}CH{-}CH_3$

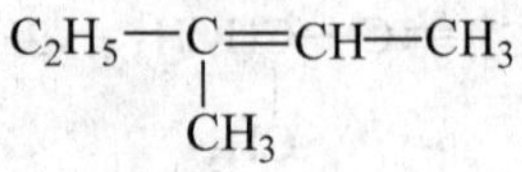

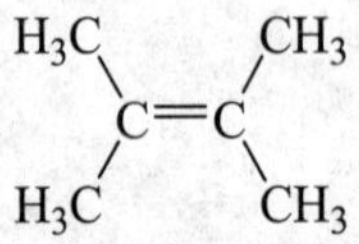

3）$(H_3C)_2C{=}C(CH_3)_2$　　4）1,2-二甲基环戊烯

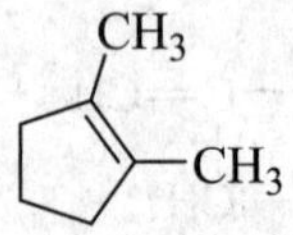

（6）可以催化加氢，将烯烃还原成烷烃。

9. **鉴别题**

【解答】

答案不唯一，只要方法可行都可以。

（1）三种物质各取少许置于三支试管中，分别滴入少量酸性高锰酸钾溶液，不能使高锰酸钾溶液褪色的是庚烷，能使高锰酸钾溶液褪色并且有气体放出的是 1-庚烯，只能使高锰酸钾溶液褪色的是 3-己烯。

（2）三种物质各取少许置于三支试管中，分别滴入少量银氨溶液，有白色沉淀的是 1-丁炔，另外两个再取少量放于试管中，加入酸性高锰酸钾溶液，不能使高锰酸钾溶液褪色的是 2-甲基-丁烷，能使高锰酸钾溶液褪色并且有气体放出的是 1,3-丁二烯。

（孙莹莹）

第四章　二烯烃和炔烃

一、本章基本要求

1. 掌握　炔烃结构；炔烃与烯烃的性质差异；1,3-丁二烯的结构特点及化学性质（1,2-加成和1,4-加成）。

2. 熟悉　炔烃的命名；炔氢的酸性和金属炔化物的生成；比较诱导效应和共轭效应。

3. 了解　炔烃的物理性质；二烯烃的通式和分类；不饱和烃的聚合反应；超共轭效应的概念。

二、本 章 要 点

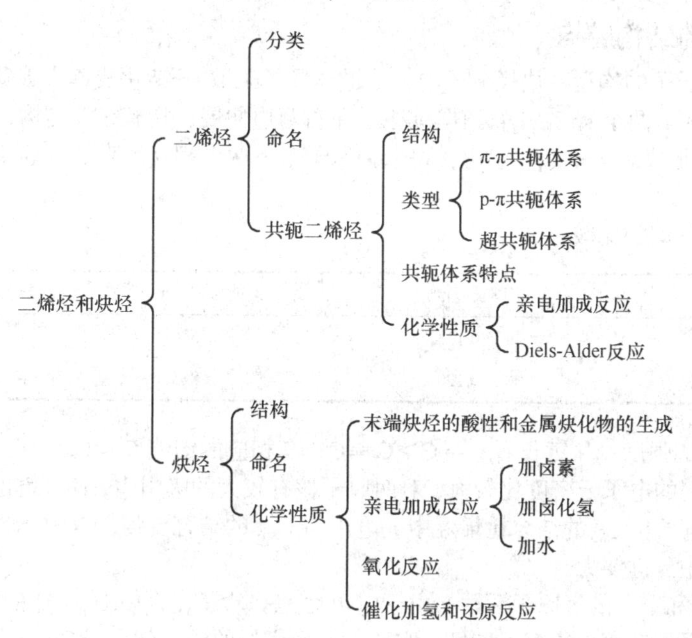

（一）二烯烃

根据分子中两个碳碳双键的相对位置，可以将其分为聚集（累积）二烯烃、隔离（孤立）二烯烃和共轭二烯烃。

1. 共轭二烯烃的结构　1,3-丁二烯是最简单的共轭烯烃。

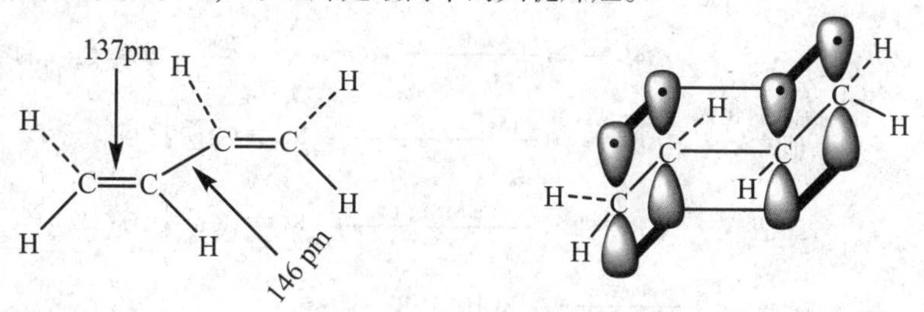

1,3-丁二烯分子中的碳碳键长　　　　1,3-丁二烯分子中的大π键

1,3-丁二烯分子中有π-π共轭体系，即分子中C_1—C_2及C_3—C_4之间可以重叠形成π键，而C_2—C_3之间也有一定程度的重叠，结果使得分子中π电子的运动范围不再局限在某两个碳原子之间，而是扩展到四个碳原子之间，这种现象称为π电子的离域，这样的π键称为大π键或共轭π键。

2. 共轭二烯烃的主要反应

共轭加成反应：

$CH_2{=}CH{-}CH{=}CH_2 \xrightarrow{HBr} CH_2Br{-}CHBr{-}CH{=}CH_2 + CH_2H{-}CH{=}CH{-}CH_2Br$

1,2-加成　低温，动力学控制

1,4-加成　高温，热力学控制

Diels-Alder反应：丁二烯 + 乙烯 $\xrightarrow{\triangle}$ 环己烯

（二）炔烃和二烯烃的命名

炔烃的系统命名法与烯烃相似。当分子中同时含有双键和三键时，应选择含有双键和三键在内的最长碳链作为主碳链，称为“某烯炔”。编号时应使双键、三键位次之和最小，若编号有选择时，应给予双键以较小的编号。

（三）炔烃的结构特点

1. 三键碳原子的构型　炔烃分子中，三键碳原子采取 sp 杂化成键，碳碳三键是由两个 π 键和一个 σ 键组成。两个 sp 杂化轨道向碳原子左右两边伸展，具有线性结构，互成 180º。碳原子以 sp 轨道重叠形成 $C_{sp}-C_{sp}$　σ 键，每个碳原子余下两个相互垂直的 p 轨道，两两重叠形成两个相互垂直的 π 键。

2. 双键与三键的比较

键型	键长（nm）	键能（$kJ\cdot mol^{-1}$）	杂化碳电负性
C═C	0.133	610	sp^2：2.75
C≡C	0.120	835	sp：3.29

（1）π 键的强度：从键长看 C═C>C≡C，其相应的键能 C≡C>C═C，电负性 $sp>sp^2$，两个碳原子之间的电子云密度比较大，对两原子核有较大的吸引力，使成键的两个原子核更加靠近，炔烃中 π 电子与 C_{sp} 的结合比烯烃中 π 电子与 $C_{sp}{}^2$ 的结合要强，C≡C 难极化。因此，三键 π 键强度比双键中 π 键要大。

（2）不饱和碳上的氢原子活性：由于电负性是 $C_{sp}>C_{sp}{}^2$，使 C_{sp}—H 的极性大于 $C_{sp}{}^2$—H，因此炔烃容易异裂解离出氢离子，显一定酸性，而烯烃的酸性就弱得多。

（四）炔烃的化学性质

性质（一）

- 炔氢反应
  - 弱酸性：$CH_3OH > H_2O > HC{\equiv}CH > NH_3 > H_2C{=}CH_2 > CH_3CH_3$

    pK_a　15.5　15.7　25　35　36.5　42
  - 金属炔化物的生成
    - $RC{\equiv}CH \xrightarrow{NaNH_2} RC{\equiv}CNa \xrightarrow{R'X} RC{\equiv}CR'$　制备高级炔烃
    - $RC{\equiv}CH \xrightarrow{[Ag(NH_3)_2]^+NO_3^-} RC{\equiv}CAg\downarrow$　白色
    - $RC{\equiv}CH \xrightarrow{[Cu(NH_3)_4]^+Cl^-} RC{\equiv}CCu\downarrow$　棕红色

    （白色、棕红色沉淀：末端炔烃的鉴别）
- 还原反应
  - $RC{\equiv}CR' \xrightarrow{H_2/Pt或Pd} RCH_2CH_2R'$
  - $RC{\equiv}CR' \xrightarrow{Pd/CaCO_3}$ (R)(H)C=C(R')(H)（顺式产物）
  - $RC{\equiv}CR' \xrightarrow{Na/NH_3}$ (R)(H)C=C(H)(R')（反式产物）

性质（二）

- 亲电加成（符合马氏规则）
  - 加卤素　$R-C\equiv C-R' + X_2 \longrightarrow R-CX_2-CX_2-R'$　鉴别叁键
  - 加HX　$R-C\equiv C-R' + HX \longrightarrow R-CH_2-CX_2-R'$
  - 加H_2O
    $R-C\equiv C-R' + H_2O \longrightarrow [R-CH=C(OH)-R'] \xrightarrow{互变异构} RCH_2-C(=O)-R'$
- 硼氢化-氧化反应
  $R-C\equiv C-R' \xrightarrow{B_2H_6} [R-CH=CR'-]B \xrightarrow{CH_3COOH}$ (R)(H)C=C(R')(H)　顺式产物
  $\xrightarrow{H_2O_2/OH^-} R-CH=C(OH)-R' \longrightarrow RCH_2-C(=O)-R'$
- 氧化反应　$R-C\equiv C-R' \xrightarrow{KMnO_4} RCOOH + R'COOH$
- 自由基加成反应　$R-C\equiv CH \xrightarrow[ROOR]{HBr} R-CH=CHBr$　反马氏规则

（五）电子效应

共轭效应。

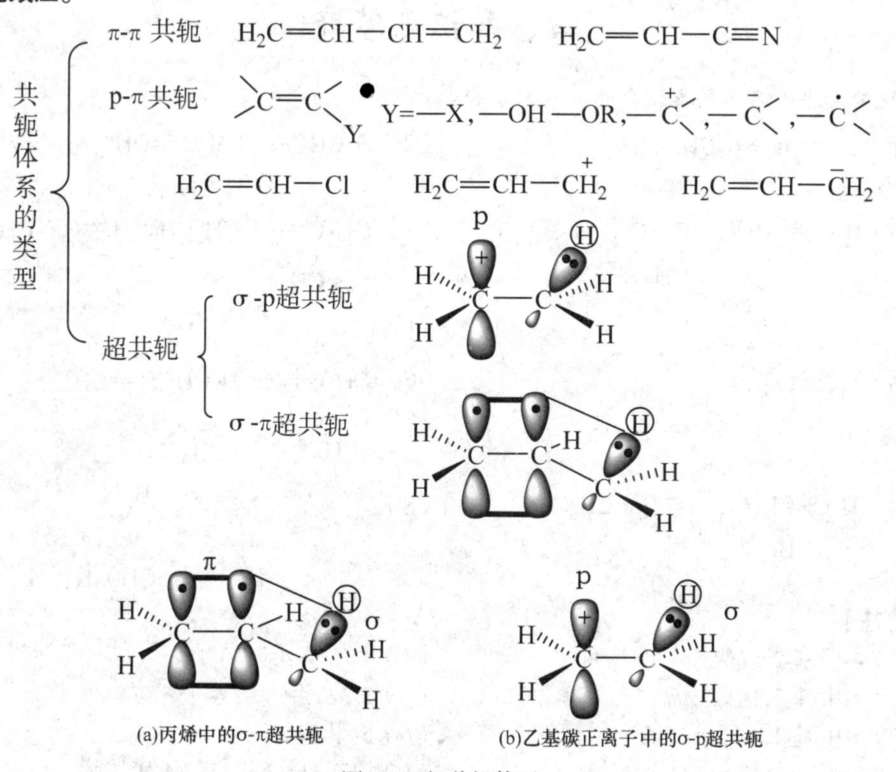

图 4-3　超共轭体系

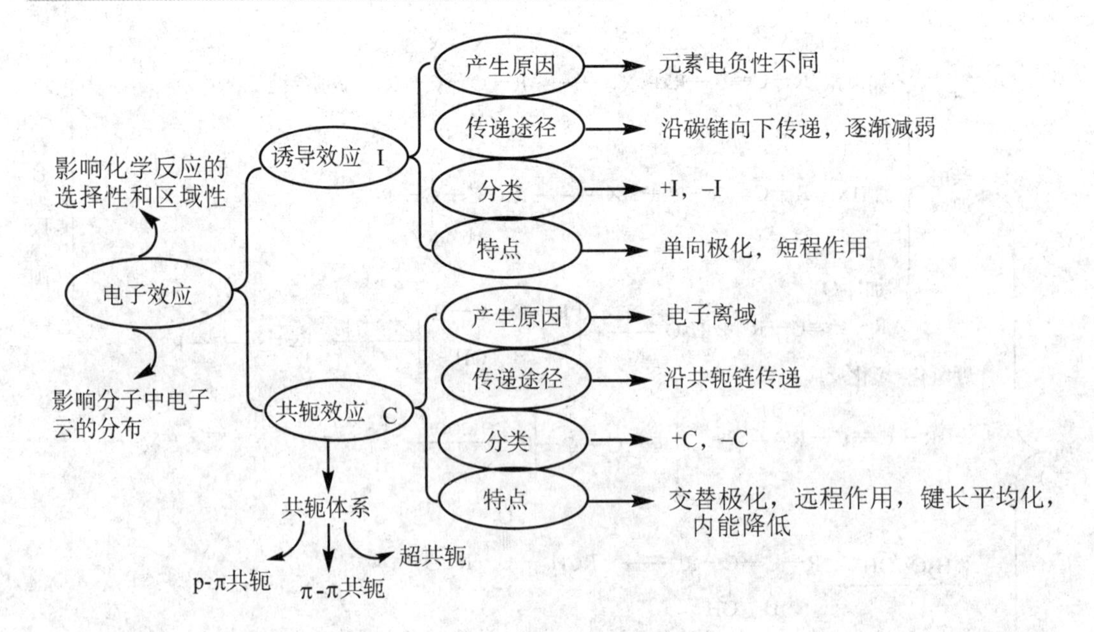

三、名词双语对照

二烯烃　diene　　　　　　　　　　共轭效应　conjugative effect

共轭二烯烃　conjugated diene　　　炔烃　alkyne

共轭体系　conjugated system　　　双烯合成　diene synthesis

四、知识点答疑

1. 用系统命名法命名下列各化合物。

（1）$CH_3\underset{\underset{CH_3}{|}}{C}HC\equiv CCH_3$　　（2）$H_3CHC{=}\underset{\underset{CH_2CH_3}{|}}{C}CH_2C\equiv CH$

（3）$H_2C{=}CHCH{=}\underset{\underset{CH_3}{|}}{C}{-}CH_3$　　（4）$CH_3\underset{\underset{CH_3}{|}}{C}{=}CHCH_2CH_2CH{=}\underset{\underset{CH_3}{|}}{C}{-}CH_3$

（5）（环己二烯环上连 CH_3 的结构）　　（6）$CH_3C\equiv CCH_2\overset{\overset{CH_3}{|}}{C}HCH{=}CH_2$

（7）$H_3C\underset{\underset{Br}{|}}{C}HCH_2C{-}C\equiv C{-}CH_3$　　（8）（结构式：H、H_3C 与 C=C 相连，另一端 C 连 CH_3；C=C 另一双键碳分别连 H、H 和 CH_2CH_3）

【解答】

（1）4-甲基-2-戊炔　　（2）4-乙基-4-己烯-1-炔

（3）4-甲基-1,3-戊二烯　　（4）2,7-二甲基-2,6-壬二烯

（5）5-甲基-1,3-环己二烯　　（6）5-甲基-2-己炔

（7）5-溴-2-己炔　　（8）(2*Z*, 4*E*)-3-甲基-2,4-庚二烯

2. 写出下列化合物的结构式。

（1）3-甲基-1-戊炔　　（2）1,4-己二炔

（3）3-氯-1,4-环己二烯　（4）3-甲基-1-庚烯-5-炔

（5）3-甲基-1-己烯-5-炔　（6）乙烯基乙炔

【解答】

（1）$CH_3CH_2CH(CH_3)C{\equiv}CH$

（2）$CH{\equiv}C-CH_2C{\equiv}C-CH_3$

（3）3-氯-1,4-环己二烯（Cl 连在环上）

（4）$CH_2{=}CHCH(CH_3)CH_2C{\equiv}CCH_3$

（5）$CH_2{=}CHCH_2CH_2C{\equiv}CH$

（6）$CH_2{=}CHC{\equiv}CH$

3. 写出下列反应的主要产物。

（1）1,3-丁二烯 + 顺-丁烯二酸二乙酯（$COOC_2H_5$，$COOC_2H_5$）$\longrightarrow$

（2）$CH_3CH_2C{\equiv}CH + HCl\,(1mol) \longrightarrow$

（3）$CH_3CH_2CH(CH_3)C{\equiv}CH + H_2O \xrightarrow[HgSO_4]{稀H_2SO_4}$

（4）$CH_3CH_2CH_2C{\equiv}CH + KMnO_4 \xrightarrow[\triangle]{H^+}$

（5）$CH_3CH_2C{\equiv}CH + AgNO_3$（银氨溶液）$\longrightarrow$

（6）$CH_2{=}C(CH_3)-CH{=}CH_2 + HCl \xrightarrow{1,4-加成}$

（7）环戊二烯 + HBr $\longrightarrow$

（8）$CH_3CH_2C{\equiv}CH + HBr \xrightarrow{光照}$

（9）环己烯 + $KMnO_4 \xrightarrow{H^+}$

（10）环戊烯 + $O_3 \longrightarrow \xrightarrow{Zn/CH_3COOH}$

【解答】

（1）1,3-丁二烯 + 顺-丁烯二酸二乙酯（$COOC_2H_5$，$COOC_2H_5$）$\longrightarrow$ 4-环己烯-1,2-二甲酸二乙酯（两个 $COOC_2H_5$）

（2）$CH_3CH_2C{\equiv}CH + HCl\,(1mol) \longrightarrow CH_3CH_2C(Cl){=}CH_2$

（3）$CH_3CH_2CH(CH_3)C{\equiv}CH + H_2O \xrightarrow[HgSO_4]{稀H_2SO_4} CH_3CH_2CH(CH_3)C(=O)-CH_3$

（4）$CH_3CH_2CH_2C\equiv CH + KMnO_4 \xrightarrow[\triangle]{H^+} CH_3CH_2CH_2COOH + CO_2$

（5）$CH_3CH_2C\equiv CH + AgNO_3$（氨溶液）$\longrightarrow CH_3CH_2C\equiv CAg\downarrow$

（6）$CH_2=C(CH_3)-CH=CH_2 + HCl \xrightarrow{1,4\text{-加成}} CH_3C(CH_3)=CHCH_2-Cl$

（7）环戊二烯 + HBr ⟶ 3-溴环戊烯

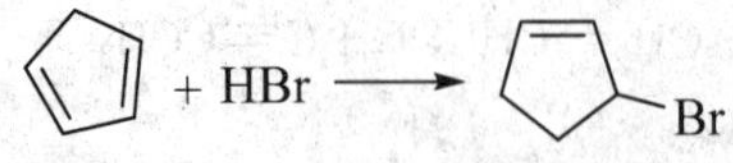

（8）$CH_3CH_2C\equiv CH + HBr \xrightarrow{\text{光照}} CH_3CH_2CH=CHBr$

（9）1,4-环己二烯 + $KMnO_4 \xrightarrow{H^+}$ 2 HOOC–CH₂–COOH

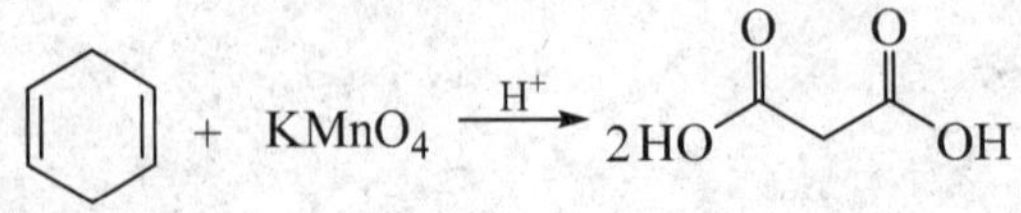

（10）环戊二烯 + $O_3 \longrightarrow \xrightarrow{Zn/CH_3COOH}$ CHO–CHO + OHC–CH₂–CHO

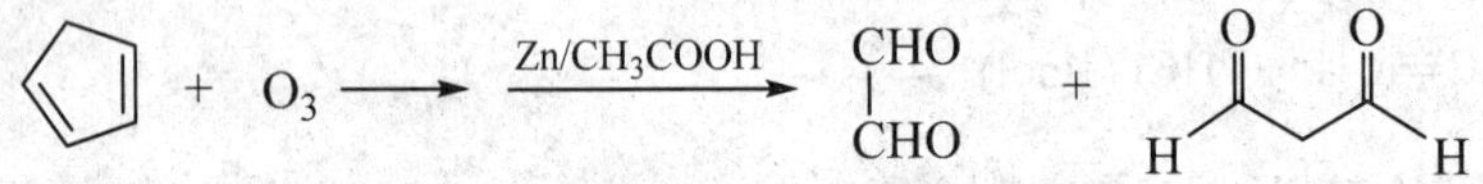

4. 写出 1mol 2-丁炔与下列试剂作用所得产物的结构式。

（1）1mol H_2，Lindlar / Ni　（2）1mol H_2，Na（液氨）　（3）稀 $H_2SO_4/HgSO_4$

（4）1mol Br_2　（5）1mol HBr　（6）$[Ag(NH_3)_2]NO_3$

【解答】

（1）顺-2-丁烯：$H_3C(H)C=C(H)CH_3$（两个 CH_3 同侧）

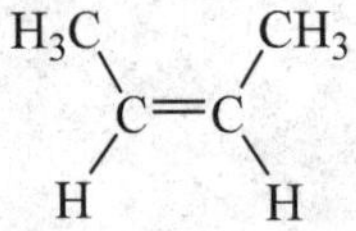

（2）反-2-丁烯：$H_3C(H)C=C(H)CH_3$（两个 CH_3 异侧）

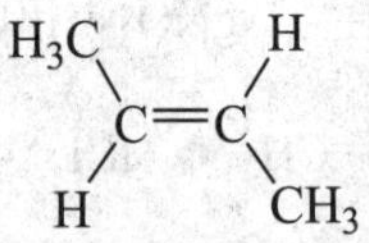

（3）$CH_3CH_2\overset{O}{\overset{\|}{C}}CH_3$

（4）$H_3C(Br)C=C(Br)CH_3$（两个 Br 异侧）

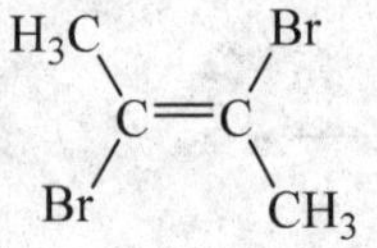

（5）$CH_3CH=C(Br)CH_3$

（6）不反应

5. 用化学方法鉴别下列各组化合物。

（1）1-庚炔、1,3-己二烯、庚烷

（2）1-丁炔、2-丁炔、1,3-丁二烯

【解答】

（1）1-庚炔、1,3-己二烯、庚烷 $\xrightarrow{Br_2(CCl_4)}$ 褪色、褪色、无变化；褪色者 $\xrightarrow{Ag(NH_3)_2NO_3}$ 1-庚炔：白色↓；1,3-己二烯：无变化

（2）1-丁炔、2-丁炔、1,3-丁二烯 $\xrightarrow{Ag(NH_3)_2NO_3}$ 白色↓、无变化、无变化；无变化者 $\xrightarrow[H^+]{KMnO_4}$ 2-丁炔：褪色；1,3-丁二烯：褪色 + $CO_2\uparrow$

6. 分子式为 C_4H_6 的链状化合物 A 和 B，A 能使高锰酸钾溶液褪色，也能与硝酸银的氨溶液发生

反应，B 也能使高锰酸钾溶液褪色，但不能与硝酸银的氨溶液发生反应，写出 A 和 B 可能的结构式。

【解答】

A. $CH_3CH_2C{\equiv}CH$

B. $CH_3C{\equiv}CCH_3$ 或 $CH_2{=}CH{-}CH{=}CH_2$ 或 $CH_2{=}C{=}CH{-}CH_3$ 聚集二烯

7. 分子式为 C_6H_{10} 的化合物 A，经催化加氢得到 2-甲基戊烷。A 与硝酸银的氨溶液作用能生成灰白色沉淀。A 在汞盐催化下与水作用得到 4-甲基-2-戊酮，推断 A 的结构式。

【解答】A 为 $CH_3CH(CH_3)CH_2C{\equiv}CH$

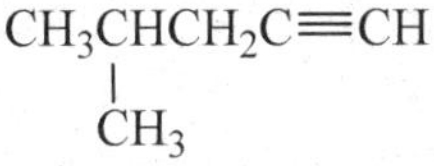

8. 具有相同分子式的两种化合物，分子式为 C_5H_8，经氢化后都可以生成 2-甲基丁烷。它们可以与两分子溴加成，但其中一种可使硝酸银氨溶液产生白色沉淀，另一种则不能。试推测这两种异构体的结构式。

【解答】

A. 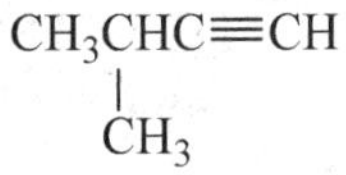 $CH_3CH(CH_3)C{\equiv}CH$

B. 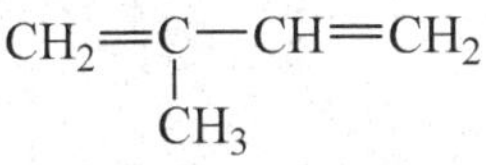 $CH_2{=}C(CH_3){-}CH{=}CH_2$

9. 化合物 A（C_6H_{12}）与 Br_2/CCl_4 作用生成 B（$C_6H_{12}Br_2$），B 与 KOH 的醇溶液作用得到两个异构体 C 和 D（C_6H_{10}），用酸性 $KMnO_4$ 氧化 A 和 C 得到同一种酸 E（$C_3H_6O_2$），用酸性 $KMnO_4$ 氧化 D 得二分子 CH_3COOH 和一分子 HOOC—COOH 可以继续氧化成 CO_2，试写出 A、B、C、D 和 E 的结构式。

【解答】

A. $CH_3CH_2CH{=}CHCH_2CH_3$

B. 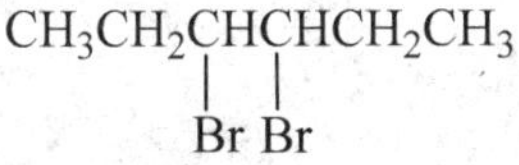 $CH_3CH_2CH(Br)CH(Br)CH_2CH_3$

C. $CH_3CH_2C{\equiv}CCH_2CH_3$

D. $CH_3CH{=}CH{-}CH{=}CHCH_3$

E. CH_3CH_2COOH

五、强化学习

1. 命名或写结构式

（1）$HC(CH_3)_2{-}C{\equiv}CH$（结构式：HC 上连两个 CH_3）

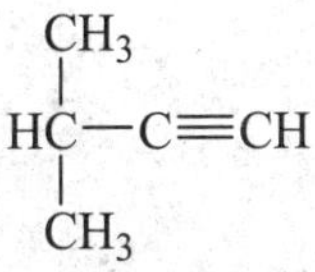

（2）$CH_2{=}CH{-}CH{=}C(CH_3)_2$

（3）$CH_3CH{=}CH{-}CH(CH_2CH_3){-}C{\equiv}CH$

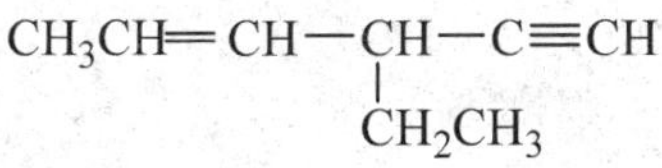

（4）（环己二烯环上连 CH_3）

（5）$CH_3CH_2CH_2(H)C{=}C(CH_3)CH_2CH_3$（H 与 CH_3 同侧，$CH_3CH_2CH_2$ 与 CH_2CH_3 同侧）

（6）$CH_3(H)C{=}C(H){-}(H)C{=}C(H)CH_2CH_3$（第一个双键上 H、H 同侧；第二个双键上 H 与 CH_2CH_3 位置如图）

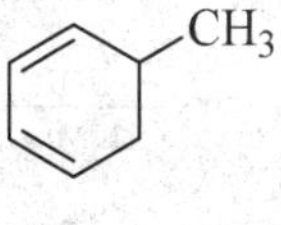

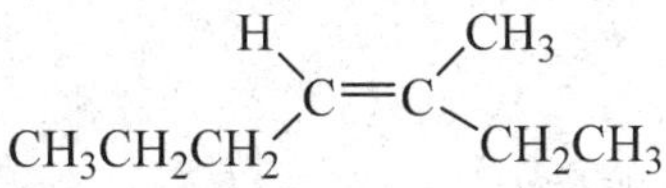

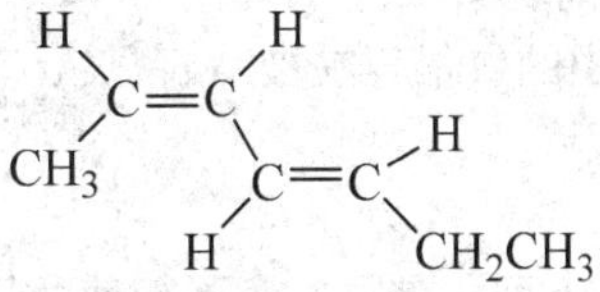

（7）3,3-二甲基-1-己炔

（8）3-乙基-1-戊烯-4-炔

（9）5-氯-1,3-环己二烯

（10）3-甲基-1-己烯-5-炔

（11）2-甲基-1,6-庚二烯-3-炔

（12）(3*E*, 6*Z*)-3,4-二甲基-3,6-壬二烯

2. 写出下列反应的主要产物

（1）+ 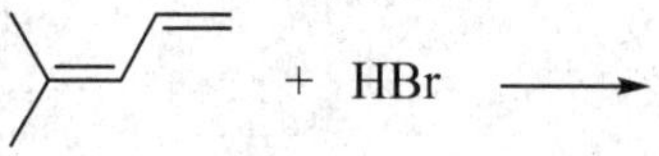 HBr ⟶

（2）+ $COOC_2H_5$ / $COOC_2H_5$ ⟶

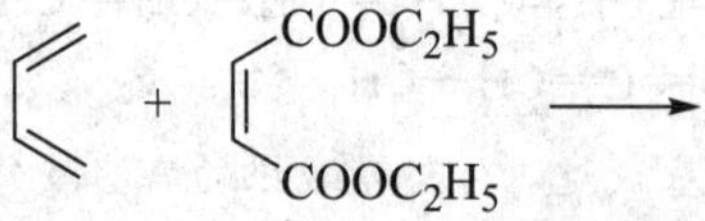

（3）$CH_3CH_2CH(CH_3)C\equiv CH + H_2O \xrightarrow[HgSO_4]{稀H_2SO_4}$

（4）$CH_3CH_2CH_2C\equiv CH + KMnO_4 \xrightarrow[\triangle]{H^+}$

（5）$CH\equiv CCH_3 + CuCl$（氨溶液）⟶

（6）$+ KMnO_4 \xrightarrow{H^+}$

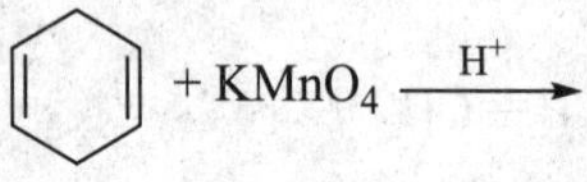

（7）$-CH_3 \xrightarrow{O_3} \xrightarrow{Zn, CH_3COOH}$

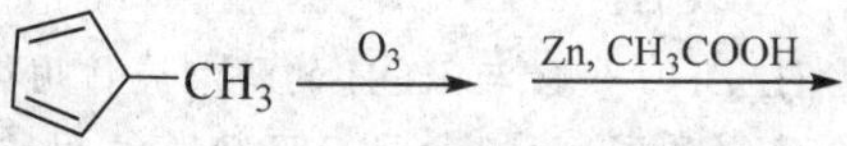

（8）$CH_2=C(CH_3)-CH=CH_2 + HCl \xrightarrow{1,2-加成}$

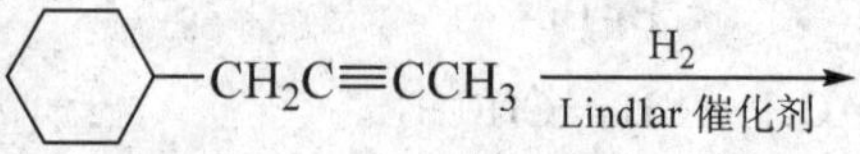

（9）$-C\equiv CCH_3 \xrightarrow[液氨]{Na}$

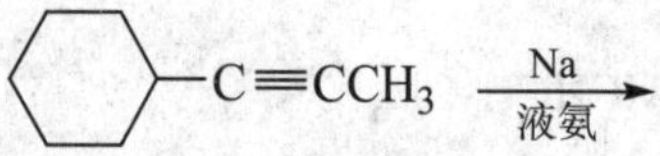

（10）$-CH_2C\equiv CCH_3 \xrightarrow[Lindlar催化剂]{H_2}$

（11）+ CN $\xrightarrow{\triangle} \xrightarrow{H^+/H_2O}$

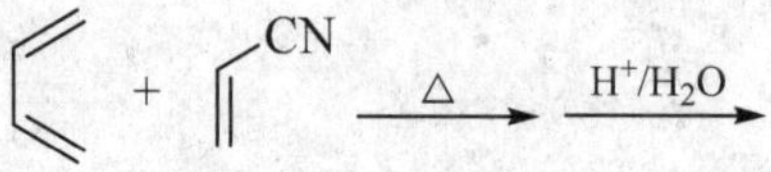

（12）$CH_3CH_2C\equiv CH \xrightarrow{HCl} \xrightarrow{HI}$

（13）$CH_3CH_2C\equiv CH \xrightarrow[H_2O_2/OH^-]{B_2H_6}$

（14）$CH\equiv CCH_2CH_2CH_3 \xrightarrow[NH_3溶液]{AgNO_3}$

（15）$CH_3CH_2C\equiv CCH_3 \xrightarrow[KMnO_4]{H^+}$

3. 解释下列现象

乙炔中的氢很容易被 Ag^+、Cu^{2+}、Na^+等金属离子所取代，而乙烯和乙烷就没有这种性质，试说明原因。

4. 选择题

（1）下列化合物中，不能使酸性高锰酸钾溶液褪色的是（　　）

A. 2-甲基-2-丁烯　　B. 2-甲基-1-丁烯　　C. 2-甲基丁烷　　D. 2-丁炔

（2）能与氯化亚铜的氨溶液作用生成砖红色沉淀的是（　　）

A. 1-丁炔　　B. 2-丁炔　　C. 1-丁烯　　D. 2-丁烯

（3）下列化合物中有顺反异构现象的是（　　）

A. 2-甲基-2-戊烯　　B. 2,3-二甲基-2-戊烯

C. 3-甲基-2-戊烯　　D. 2,4-二甲基-2-戊烯

（4）能使溴水褪色，但不能使 $KMnO_4$ 溶液褪色的是（　　）

A. 丙烷　　B. 环丙烷　　C. 丙烯　　D. 环丙烯

（5）$CH_3CH_2CH_2C\equiv CH$ 和 $CH_3CH(CH_3)C\equiv CH$ 互为（　　）

A. 碳链异构　　B. 位置异构　　C. 构象异构　　D. 顺反异构

（6）下列碳正离子最稳定的是（　　）

A. 甲基碳正离子　　B. 乙基碳正离子

C. 异丙基碳正离子　　D. 叔丁基碳正离子

（7）化合物 A 的分子式 C_5H_8，可吸收 2 分子溴，它不能与硝酸银的氨溶液作用，但能与高锰酸钾溶液作用，生成 1 分子三碳的酮酸，并放出 CO_2。化合物 A 是（　　）

A. $CH\equiv C-CH(CH_3)-CH_3$　　B. $CH_2=C(CH_3)-CH=CH_2$

C. $CH_2=C=C(CH_3)_2$　　D. $CH_3-C\equiv C-C_2H_5$

（8）$CH_2=CH-CH=CH-C_6H_5$ 分子中主要存在以下哪种共轭效应（　　）

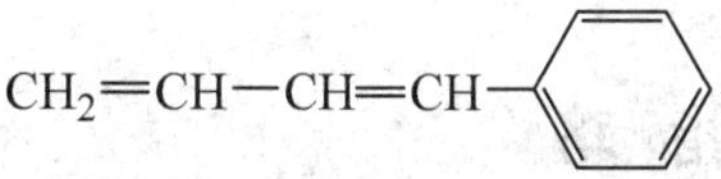

A. p-π 共轭　　B. σ-p 超共轭　　C. π-π 共轭　　D. σ-π 超共轭

（9）下列化合物发生 Diels-Alder 反应，速率最快的是（　　）

A. 1,3-丁二烯　　B. 2-甲基-1,3-丁二烯

C. 2-甲氧基-1,3-丁二烯　　D. 2-氯-1,3-丁二烯

（10）下列化合物与溴化氢发生加成反应活性最大的是（　　）

A. $CH_2=CHCH=CH_2$　　B. $CH_2=C(CH_3)-CH_3$

C. $CH_2=C(CH_3)-C(CH_3)=CH_2$　　D. $CH_2=CHCH=CHCH=CH_2$

5. 判断题

（1）双键碳原子都是 sp^2 杂化。（　　）

（2）鉴别 1-庚炔和庚烷可以用银氨溶液。（　　）

（3）炔烃对亲电试剂的反应活性比烯烃高。（　　）

（4）炔烃与金属钠在液氨中发生还原反应，产物可得到顺式烯烃。（　　）

（5）环戊二烯经酸性高锰酸钾溶液后得到丙二酸和乙二酸。（　　）

（6）1,3-丁二烯与 1mol Br_2 在温度较高时发生加成反应，以 1,4-加成为主。（　　）

（7）炔烃与烯烃一样，在过氧化物或光照作用下，能与 HBr 发生自由基加成反应，加成遵循马氏规则。（　　）

（8）臭氧也能氧化炔烃，氧化产物水解后得到相应的醛和酮。（　　）

（9）与末端炔碳直接相连的氢原子，表现出一定的弱酸性，酸性比水略强。（　　）

（10）在氯乙烯分子中存在 p-π 共轭效应。（　）

6. 推导结构

（1）某化合物的分子量为 82，1mol 该化合物能吸收 2mol H_2，它与 Cu_2Cl_2 氨溶液不生成沉淀。如与 1mol H_2 反应时，产物主要是 3-己烯，此化合物的可能结构是什么？

（2）某化合物 C（C_6H_8）加氢后可得到化合物 D（C_6H_{12}）；C 可使溴水褪色，但不能与丁烯二酸酐反应；当用臭氧与 C 作用后再经锌粉/乙酸还原分解，只得到一种化合物 E（$C_3H_4O_2$）。试写出 C、D、E 的构造式及有关的反应式。

（3）现有 3 个化合物 A、B、C，分子式均为 C_5H_8，均能使溴的四氯化碳溶液褪色，A 与硝酸银氨溶液作用可生成沉淀，B、C 不能；当用热的高锰酸钾氧化时，化合物 A 得到丁酸和二氧化碳，化合物 B 得到乙酸和丙酸，化合物 C 得到戊二酸。试写出 A、B、C 的结构式。

7. 合成题

（1）以乙炔、丙烯为原料合成 环己基-CH_2COCH_3

（2）以 1,3-丁二烯为原料合成 1,2-二溴-4,5-双(溴甲基)环己烷（Br、Br、CH_2Br、CH_2Br）

（3）以丙烯为原料合成 $H_3C(H)C{=}C(H)CH_2CH{=}CH_2$（顺式）

六、导 师 指 路

1. 命名或写结构式

【解答】

（1）3-甲基-1-丁炔

（2）4-甲基-1,3-戊二烯

（3）3-乙基-4-己烯-1-炔

（4）5-甲基-1,3-环己二烯

（5）(*Z*)-3-甲基-3-庚烯

（6）(2*Z*, 4*E*)-2,4-庚二烯

（7）$CH_3CH_2CH_2C(CH_3)_2-C{\equiv}CH$

（8）$CH{\equiv}C-CH(C_2H_5)-CH{=}CH_2$

（9）5-氯-1,3-环己二烯（环状结构，Cl）

（10）$CH_2{=}CH-CH(CH_3)-CH_2-C{\equiv}CH$

（11）$CH_2{=}C(CH_3)-C{\equiv}CCH_2CH{=}CH_2$

（12）$C_2H_5(H)C{=}C(H)CH_2-C(H_3C){=}C(CH_3)CH_2CH_3$

2. 写出下列反应的主要产物

【解答】

（1）$(CH_3)_2C{=}CH-CH{=}CH_2$ + HBr ⟶ $(CH_3)_2C{=}CH-CH(Br)-CH_2H$

（2）$+$ $COOC_2H_5$ / $COOC_2H_5$ $\longrightarrow$ $COOC_2H_5$ / $COOC_2H_5$

（3）$CH_3CH_2\underset{\displaystyle CH_3}{\underset{|}{C}}HC{\equiv}CH + H_2O \xrightarrow[HgSO_4]{稀H_2SO_4} CH_3CH_2\underset{\displaystyle CH_3}{\underset{|}{C}H}-\overset{\displaystyle O}{\overset{\|}{C}}CH_3$

（4）$CH_3CH_2CH_2C{\equiv}CH + KMnO_4 \xrightarrow[\triangle]{H^+} CO_2 + CH_3CH_2CH_2COOH$

（5）$CH{\equiv}CCH_3$ $+ CuCl$（氨溶液）$\longrightarrow CuC{\equiv}CCH_3\downarrow$

（6）$+ KMnO_4 \xrightarrow{H^+}$ HO　O　O　OH

（7）$-CH_3 \xrightarrow{O_3} \xrightarrow{Zn,\ CH_3COOH} OHC-CHO$ $+$ H　O　O　H

（8）$CH_2{=}\underset{\displaystyle CH_3}{\underset{|}{C}}-CH{=}CH_2 + HCl \xrightarrow{1,2\text{-加成}} CH_3-\underset{\displaystyle CH_3}{\underset{|}{\overset{\displaystyle Cl}{\overset{|}{C}}}}-CH{=}CH_2$

（9）$-C{\equiv}CCH_3 \xrightarrow[液氨]{Na}$ H　C　C　CH_3　H

（10）$-C{\equiv}CCH_3 \xrightarrow[\text{Lindlar 催化剂}]{H_2}$ CH_3　C　C　H　H

（11）$+$ CN $\xrightarrow{\triangle} \xrightarrow{H^+/H_2O}$ COOH

（12）$CH_3CH_2C{\equiv}CH \xrightarrow{HCl} \xrightarrow{HI} CH_3CH_2\underset{\displaystyle I}{\underset{|}{\overset{\displaystyle Cl}{\overset{|}{C}}}}CH_3$

（13）$CH_3CH_2C{\equiv}CH \xrightarrow[H_2O_2/OH^-]{B_2H_6}$ O

（14）$CH{\equiv}CCH_2CH_2CH_3 \xrightarrow[NH_3溶液]{AgNO_3} CH_3CH_2CH_2C{\equiv}CAg\downarrow$

（15）$CH_3CH_2C{\equiv}CCH_3 \xrightarrow[KMnO_4]{H^+} CH_3CH_2COOH + CH_3COOH$

3. 解释下列现象

【解答】 烷、烯、炔碳原子的杂化状态不同，随着杂化状态中 s 成分的增大，原子核对电子束缚力增加，增加了 C—H 键极性，使氢原子的解离度发生变化，当碳氢键断裂后，形成碳负离子，三种不同杂化状态的碳负离子稳定性有较大区别，碳负离子的一对电子处在 s 成分越多的杂化轨道中，越靠近原子核，因而也越稳定，它的碱性也就越弱，而相应的共轭酸就越强，因此乙炔中的氢很容易被 Ag^+、Cu^{2+}、Na^+等金属离子所取代，而乙烯、乙烷则不行。

4. 选择题

（1）C; （2）A; （3）C; （4）B; （5）A;
（6）D; （7）B; （8）C; （9）C; （10）C

5. 判断题

（1）×; （2）√; （3）×; （4）×; （5）×;
（6）√; （7）×; （8）×; （9）×; （10）√

6. 推导结构

【解答】

（1）$CH_3CH_2C{\equiv}CCH_2CH_3$

（2）C. 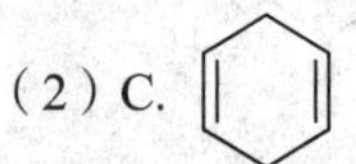 D. 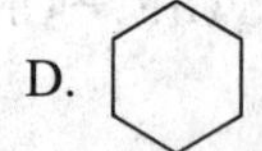 E. 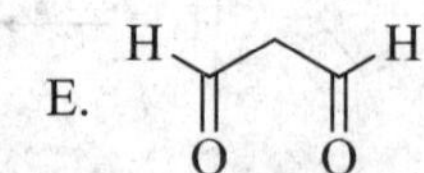

反应：

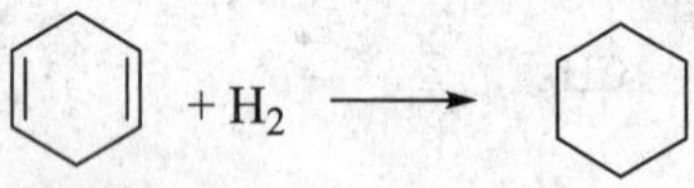

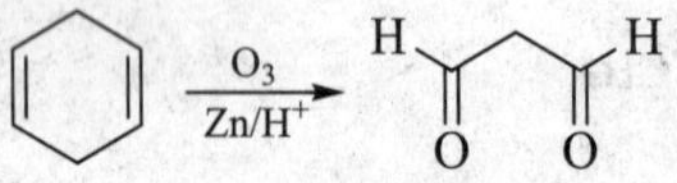

$+ H_2 \longrightarrow$

$\xrightarrow[Zn/H^+]{O_3}$ H H O O

（3）A. $CH_3(CH_2)_2C{\equiv}CH$ B. $CH_3CH_2C{\equiv}CCH_3$ C.

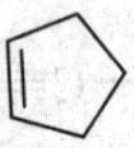

7. 合成题

【解答】

（1）

$$CH{\equiv}CH \xrightarrow{催化剂} CH_2{=}CHC{\equiv}CH \xrightarrow[Pd\text{-}CaCO_3]{H_2} CH_2{=}CHCH{=}CH_2$$

$$CH_3CH{=}CH_2 \xrightarrow{Cl_2/高温} ClCH_2CH{=}CH_2$$

$$CH_2{=}CHCH{=}CH_2 + ClCH_2CH{=}CH_2 \xrightarrow{\triangle} \text{—}CH_2Cl \xrightarrow[Ni]{H_2} \text{—}CH_2Cl$$

$$\xrightarrow{HC{\equiv}CNa} \text{—}CH_2C{\equiv}CH \xrightarrow[HgSO_4/H_2SO_4]{H_2O} \text{—}CH_2\overset{O}{\overset{\|}{C}}CH_3$$

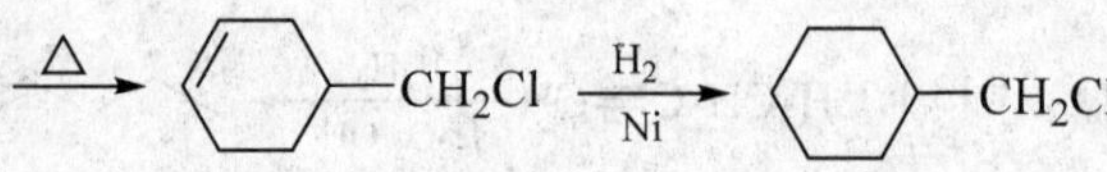

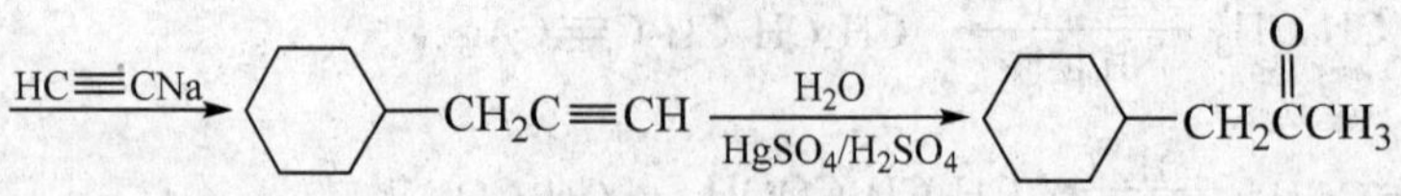

（2）1,3-丁二烯 $\xrightarrow{Br_2}$ $BrCH_2CH=CHCH_2Br$（顺式） $\xrightarrow{\text{1,3-丁二烯}}$ 4,5-二(溴甲基)环己烯 $\xrightarrow{Br_2}$ 1,2-二溴-4,5-二(溴甲基)环己烷

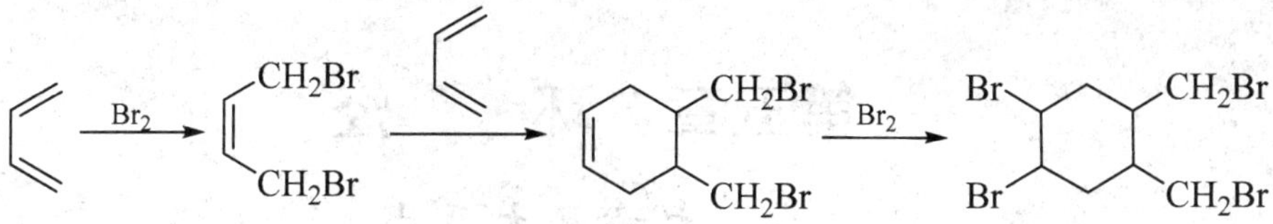

（3）

$$CH_3CH=CH_2 \xrightarrow[CCl_4]{Br_2} CH_3CHBrCH_2Br \xrightarrow[C_2H_5OH/\triangle]{KOH} CH_3C\equiv CH \xrightarrow[\text{液氨}]{NaNH_2} CH_3C\equiv CNa$$

$$CH_3CH=CH_2 \xrightarrow[CCl_4]{NBS} BrCH_2CH=CH_2 \xrightarrow{CH_3C\equiv CNa} \xrightarrow[Pd\text{-}BaSO_4]{H_2} \underset{H}{\overset{CH_3}{}}C=C\underset{H}{\overset{CH_2CH=CH_2}{}}$$

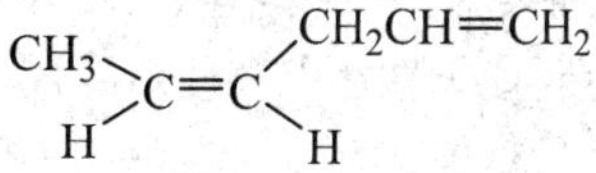

（李银涛）

第五章　环　　烃

一、本章基本要求

1. 掌握　环烷烃（小环与常见环）及双环、脂环烃（螺环和桥环）的命名；小环烷烃的化学性质；判断环烷烃是否具有顺反异构体的方法和标明构型的方法；正确书写取代环己烷的椅式构象的方法并能指出优势构象。以苯为母体的命名方法；苯的亲电取代反应及亲电取代反应历程；常见邻、对位和间位定位基和定位规则的应用；休克尔规则及应用。萜类化合物的异戊二烯规则。

2. 熟悉　环烷烃的分类和正确判断环烷烃稳定性大小次序的方法；环己烷的椅式和船式构象的排列方式、转化形式及稳定性的比较。芳香烃的分类和常见化合物的命名；苯环结构形成的经典解释；苯的加成反应和侧链反应；定位效应理论解释；稠环芳烃的化学性质。萜类化合物的分类和常见的化合物。

3. 了解　环烷烃的物理性质。十氢化萘的构象；芳香烃的物理性质；苯中毒致再生障碍性贫血的发病机制。常见萜类化合物的生理功能。

二、本 章 要 点

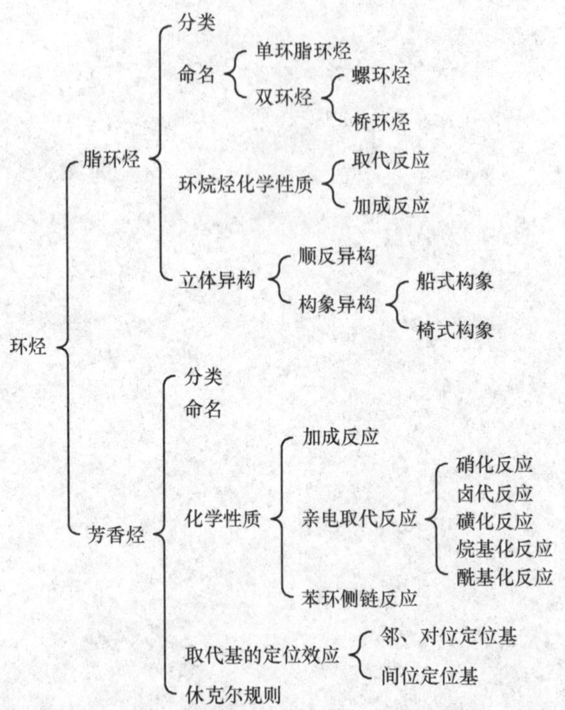

（一）脂环烃的稳定性

（1）脂环烃的稳定性是小环（3 元环、4 元环）不稳定、活泼，易发生化学反应，大环（5 元环以上）稳定，不易发生反应。

（2）多取代脂环烃化合物构象稳定性规律：①在 e 键上取代基越多越稳定；②较大的取代基在 e 键上稳定。

（二）环烃的化学性质

1. 脂环烃的加成反应

H_2,Ni

Br_2

Br Br

HBr

Br

2. 单环芳香烃的化学性质

（1）苯环上的亲电取代反应机制

$+ E^+ \rightleftharpoons$ E $^+$ $\rightleftharpoons$ E H $\longrightarrow$ E $+ H^+$

芳香烃可发生卤代、磺化、硝化、傅-克反应（又称为傅列德尔-克拉夫茨反应）等亲电取代反应，如

$\xrightarrow[FeX_3]{X_2}$ X + HX

$\xrightarrow[H_2SO_4]{HNO_3}$ NO_2 + H_2O

$\xrightarrow{H_2SO_4}$ SO_3H + H_2O

$\xrightarrow[AlCl_3]{RX}$ R + HX

（2）苯环侧链的反应

1）侧链的卤代：烷基苯在加热或光照的情况下与卤素在侧链上发生自由基取代反应。

2）侧链的氧化：苯环不易被氧化，但其侧链可被酸性高锰酸钾氧化，一般来说不论侧链多长，只要 α-C 上有 H，就都氧化成羧基，α-C 上没有 H，不被氧化。

（三）芳香烃亲电取代反应的定位效应

根据定位效应的不同，把取代基分为两类：第一类定位基主要使新导入的基团进入其邻位和对位，也叫邻、对位定位基；第二类定位基主要使新导入的取代基进入其间位，也叫间位定位基。

邻、对位定位基除卤素外，一般使苯环活化。间位定位基使苯环钝化。苯的多元取代基的定位效应常从实验中测得，归纳起来有以下规律：①活化基团的作用超过钝化基团；②取代基的作用具有加和性；③第三取代基一般不进入 1,3-取代苯的 2 位。

（四）休克尔规则和芳香性

芳香性及 $4n+2$ 规则：在一单环多烯化合物中，具有共平面的离域体系，其 π 电子数等于 $4n+2$（n=0，1，2，3，…），此化合物通常具有芳香性。此规则称为休克尔规则，又称为 $4n+2$ 规则。

（五）稠环芳香烃

萘、蒽、菲的性质与苯相似，具有芳香性。但是由于它们的π电子体系中电子云分配不像苯分子那样均匀，因此在环上的不同位置反应活性不同，一般为γ位＞β位＞α位。

（六）萜类化合物

1. **结构特征** 萜类化合物一般是指具有（C_5H_8）$_n$ 通式的烃类及其含氧和具有不同饱和程度的衍生物。

2. **分类** 按照“异戊二烯规则”的分类，分为半萜、单萜、倍半萜、二萜等。

三、名词双语对照

环烃 cyclic hydrocarbon
脂环烃 alicyclic hydrocarbon
芳香烃 aromatic hydrocarbon
饱和脂环烃 saturated cyclic hydrocarbon
不饱和脂环烃 unsaturated cyclic hydrocarbon
环烷烃 cycloalkane
螺环烃 spirocyclic hydrocarbon
桥环 bridged hydrocarbon
燃烧热 combustion heat
立体异构 stereoisomerism
顺反异构 *cis-trans* isomerism
环已烷 cyclohexane
取代环已烷 substituted cyclohexane
构象 conformation
椅式构象 chair conformation
船式构象 boat conformation
直立键 axial bond
平伏键 equatorial bond
十氢化萘 decalin
芳香性 aromaticity
苯型芳香烃 benzenoid arene
非苯型芳烃 non-benzenoid arene
化学致癌物 chemical carcinogenic compound
苯并[a]芘 benzo[a]pyrene
苯 benzene
萘 naphthalene
亲电取代反应 electrophilic substitution reaction
硝化反应 nitration
卤代反应 halogenation
磺化反应 sulfonation
酰基化反应 acylation
定位基 directing group
定位效应 directing effect
邻、对位定位基 *ortho-*、*para-*director
间位定位 *meta* director
加成反应 addition reaction
萜类化合物 terpenoid
异戊二烯 isoprene
单萜 monoterpene
二萜 diterpene
三萜 triterpene

四、知识点答疑

1. 写出下列化合物的构造式。

（1）1-甲基-2-乙基环戊烷　（2）3-甲基环戊烯
（3）异丙基环丙烷　（4）1,7,7-三甲基二环[2.2.1]庚烷
（5）5-甲基-2-乙基螺[3.4]辛烷　（6）1-甲基-4-叔丁基苯
（7）2,7-二甲基萘　（8）9-氯蒽

【解答】

（1）CH_3 C_2H_5　（2）CH_3　（3）

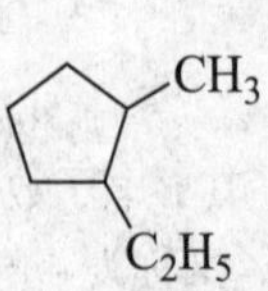

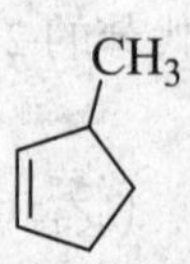

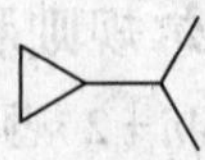

（4） （5）H_3CH_2C— （6）

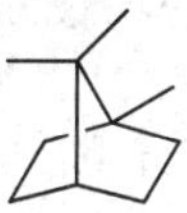

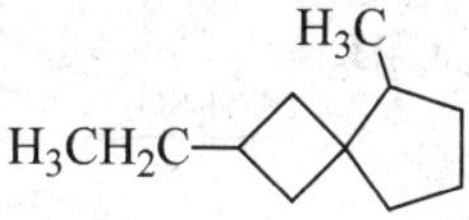

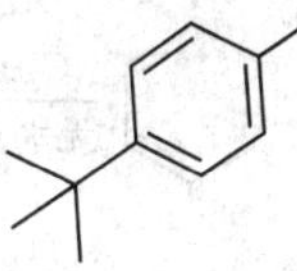

（7） 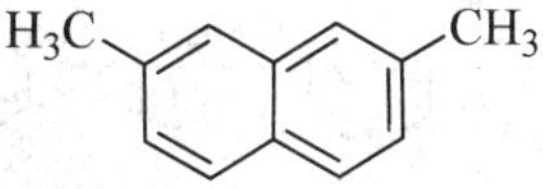 （8）

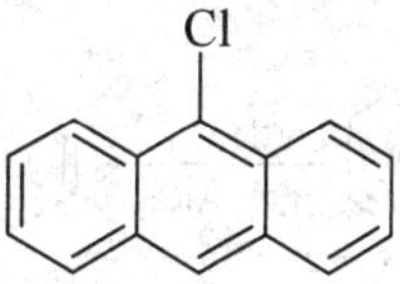

2. 命名下列化合物。

（1） 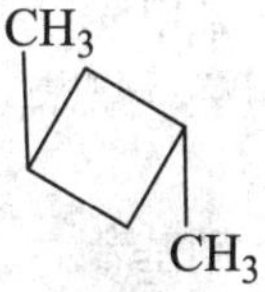 （2） 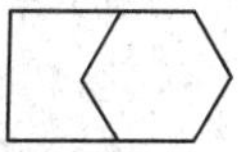 （3）

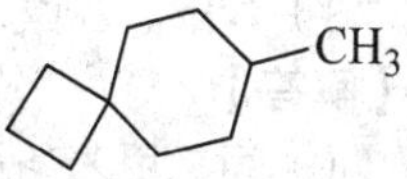

（4） 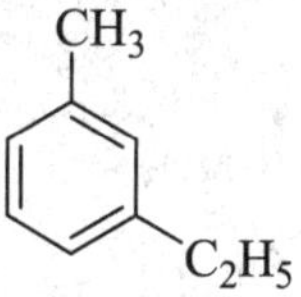 （5） 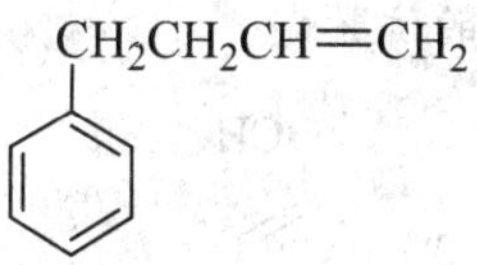 （6）

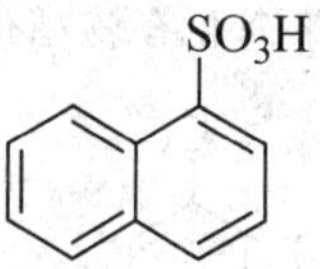

【解答】

（1）1,3-二甲基环丁烷 （2）二环[3.2.1]辛烷

（3）7-甲基-螺[3.5]壬烷 （4）间乙基甲苯

（5）4-苯基-1-丁烯 （6）α-萘磺酸

3. 画出下列化合物的优势构象。

（1）*trans*-1,3-二甲基环己烷 （2）*cis*-1-甲基-3-叔丁基环己烷

【解答】

（1） 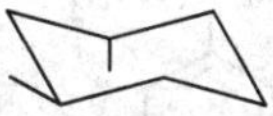 （2）

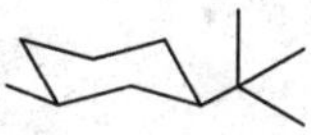

4. 以苯为原料制备下列化合物。

（1）间硝基苯甲酸 （2）对硝基苯甲酸

（3）对乙基苯磺酸 （4）3-硝基-4-溴苯甲酸

【解答】

（1） 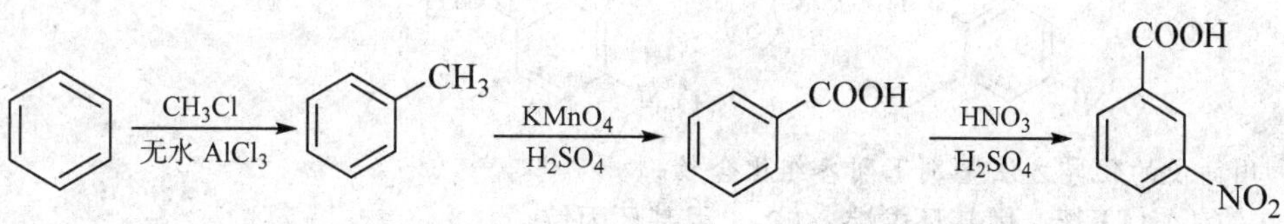 $\xrightarrow[\text{无水 }AlCl_3]{CH_3Cl}$ $\xrightarrow[H_2SO_4]{KMnO_4}$ $\xrightarrow[H_2SO_4]{HNO_3}$

（2） $\xrightarrow[\text{无水 }AlCl_3]{CH_3Cl}$ $\xrightarrow[H_2SO_4]{HNO_3}$ $\xrightarrow{\text{分离}}$ $\xrightarrow[H_2SO_4]{KMnO_4}$

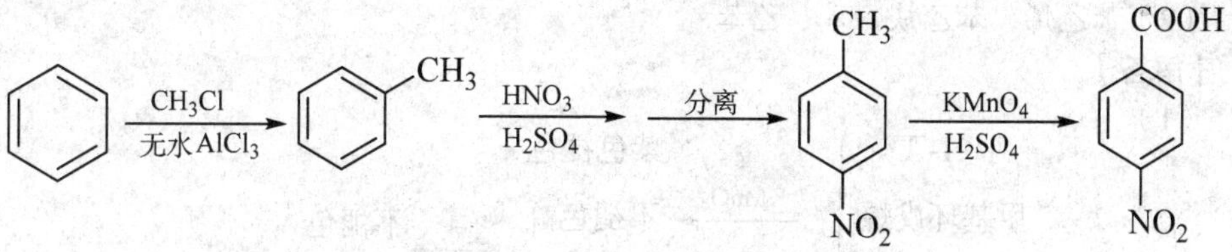

（3）苯 $\xrightarrow[\text{无水 }AlCl_3]{C_2H_5Br}$ 乙苯（$C_6H_5C_2H_5$） $\xrightarrow{\text{浓}H_2SO_4}$ $\xrightarrow{\text{分离}}$ 对乙基苯磺酸（HO_3S—C_6H_4—C_2H_5）

（4）

苯 $\xrightarrow[\text{无水 }AlCl_3]{CH_3Cl_3}$ 甲苯（$C_6H_5CH_3$） $\xrightarrow[FeBr_3]{Br_2}$ $\xrightarrow{\text{分离}}$ 对溴甲苯（CH_3，Br） $\xrightarrow[H_2SO_4]{KMnO_4}$ 对溴苯甲酸（COOH，Br） $\xrightarrow[H_2SO_4]{HNO_3}$ 4-溴-3-硝基苯甲酸（COOH，NO_2，Br）

5. 将下列各组化合物按硝化的难易程度排列成序。

（1）苯、间二甲苯、甲苯

（2）苯、氯苯、硝基苯、苯甲酸

（3）苯酚、乙酰苯胺、苯、甲苯

（4）甲苯、苯磺酸、苯甲醛、氯苯

【解答】

（1）间二甲苯＞甲苯＞苯

（2）苯＞氯苯＞苯甲酸＞硝基苯

（3）苯酚＞乙酰苯胺＞甲苯＞苯

（4）甲苯＞氯苯＞苯甲醛＞苯磺酸

6. 指出下列化合物硝化时导入硝基的位置。

（1）氯苯（Cl）

（2）苯甲醚（OCH_3）

（3）叔丁基苯（$C(CH_3)_3$）

（4）对硝基苯酚（OH，O_2N）

（5）邻甲基苯甲醛（CHO，CH_3）

【解答】

（1）Cl：箭头指向邻位和对位

（2）OCH_3：箭头指向邻位和对位

（3）$C(CH_3)_3$：箭头指向邻位和对位

（4）OH，O_2N：箭头指向羟基的两个邻位

（5）CH_3，O_2N：箭头指向两个位置

7. 用简便的化学方法鉴别下列各组化合物。

（1）1-丁烯、甲基环戊烷、1,2-二甲基环丙烷

（2）苯乙烯、苯乙炔、苯、乙苯

【解答】

（1）

	$\xrightarrow{KMnO_4}$	$\xrightarrow{\text{溴水}}$
1-丁烯	紫色褪色	
甲基环戊烷	不褪色	不褪色
1,2-二甲基环丙烷	不褪色	褪色

（2）苯乙烯、苯乙炔、苯 $\xrightarrow{溴水}$ 褪色、褪色、不褪色、不褪色；苯乙烯、苯乙炔 $\xrightarrow{银氨溶液}$ 无↓、白色↓；苯、乙苯 $\xrightarrow{KMnO_4}$ 不褪色、紫色褪去

	溴水	银氨溶液	$KMnO_4$
苯乙烯	褪色	无↓	
苯乙炔	褪色	白色↓	
苯	不褪色		不褪色
乙苯	不褪色		紫色褪去

8. 根据休克尔规则判断下列化合物是否具有芳香性。

（1）+ 　（2）− 　（3） 　（4）+ 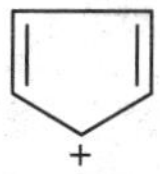　（5）• 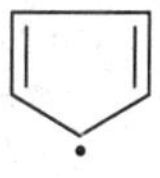　（6）−

【解答】　具有芳香性的是（1）、（2）。

9. 写出下列反应方程式的主要产物。

（1）+ 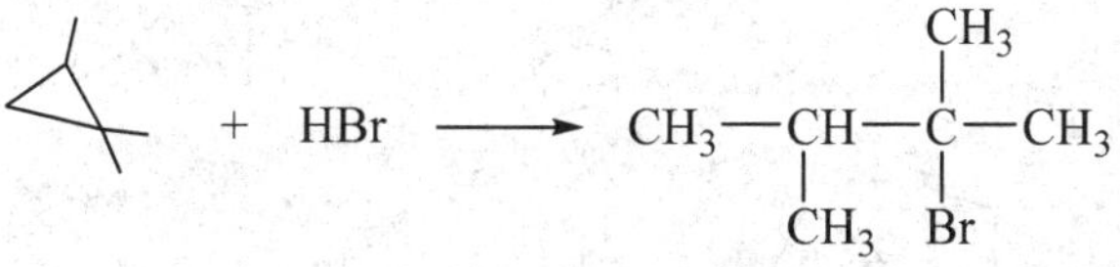 HBr ⟶ $CH_3-CH(CH_3)-C(CH_3)(Br)-CH_3$

（2）+ Cl_2 $\xrightarrow{h\nu}$ —Cl

（3）CH_3 + HBr ⟶ CH_3 Br

（4）CH_3 $\xrightarrow[\triangle]{KMnO_4,H_2SO_4}$ O OH O

（5）CH_3 $\xrightarrow[FeCl_3]{Cl_2}$ CH_3 Cl + H_3C Cl $\xrightarrow[h\nu]{Cl_2}$ CH_2Cl Cl + Cl CH_2Cl

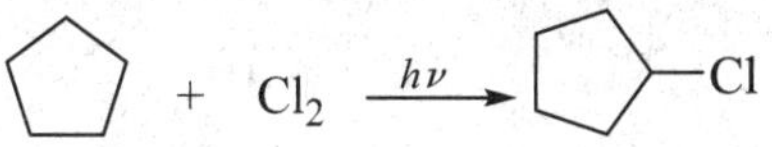

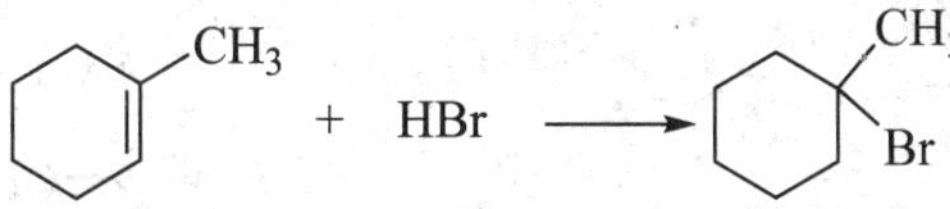

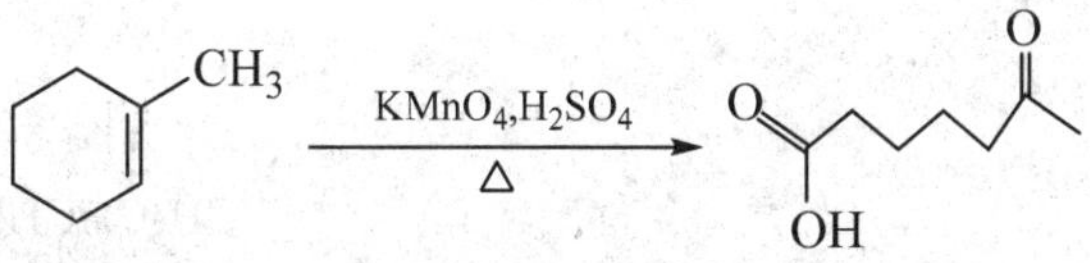

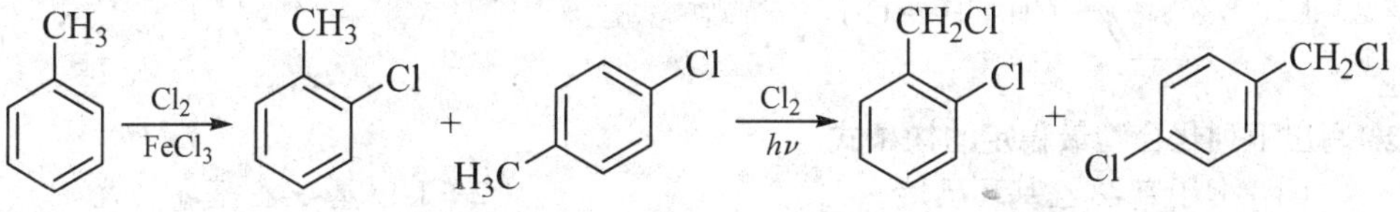

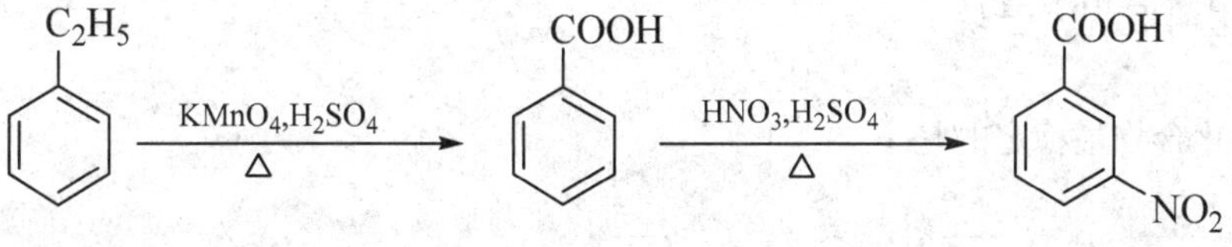

（6）C_2H_5 $\xrightarrow[\triangle]{KMnO_4,H_2SO_4}$ COOH $\xrightarrow[\triangle]{HNO_3,H_2SO_4}$ COOH NO_2

（7）—NO_2 $\xrightarrow[\triangle]{HNO_3,\ H_2SO_4}$ O_2N—　—NO_2

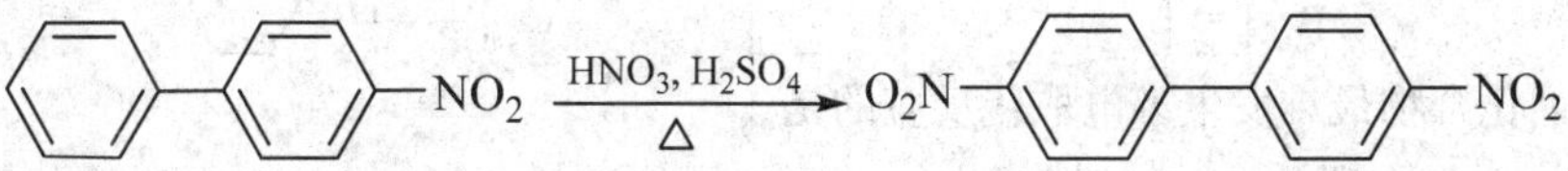

10. 根据已知条件写出 A、B、C 的构造式。

（1）某烃 A 的分子式为 C_7H_{12}，氢化时只吸收一分子氢，用酸性高锰酸钾氧化后得 $CH_3CO(CH_2)_4COOH$。

（2）某化合物 B 分子式为 C_8H_{10}，被酸性高锰酸钾氧化后得化合物 $C(C_8H_6O_4)$，C 进行硝化时，只得一种一硝基产物。

【解答】

（1）A. CH_3

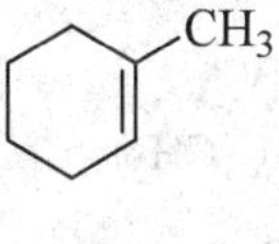

（2）B. 或 C. 或

五、强 化 学 习

1. 命名下列化合物

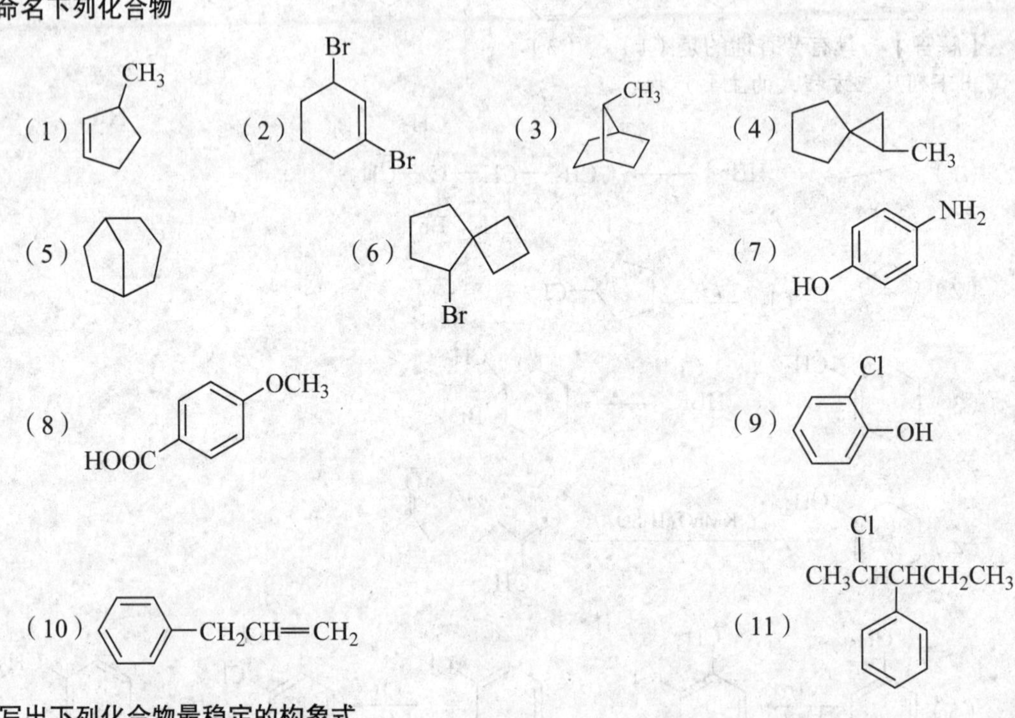

2. 写出下列化合物最稳定的构象式

（1）1-甲基-2-乙基环己烷　　（2）1-甲基-3-乙基环己烷

（3）1-甲基-4-乙基环己烷

3. 选择题

（1）下列化合物最稳定的是（　　）

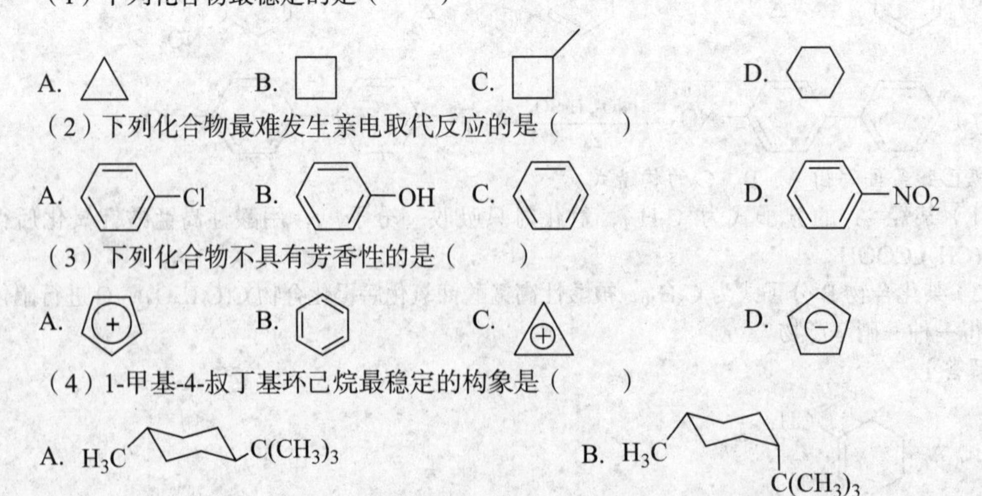

C. 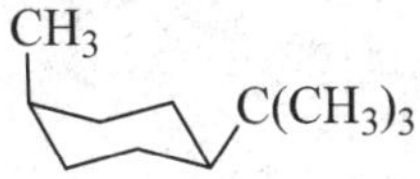 CH_3 $C(CH_3)_3$　　　　D. 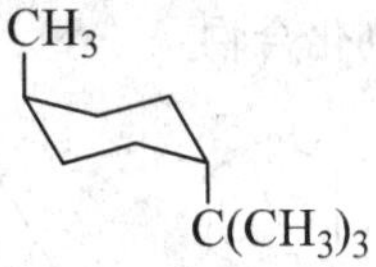 CH_3 $C(CH_3)_3$

（5）下列化合物在进行苯环上的一元溴化反应时速率最快的是（　　）

A. 硝基苯　　B. 对硝基苯甲酸　　C. 对二甲苯　　D. 间二溴苯

（6）$C_6H_5CH_2CH_2CH_2\overset{O}{\overset{\|}{C}}Cl \xrightarrow{AlCl_3}$ 主要产物是（　　）

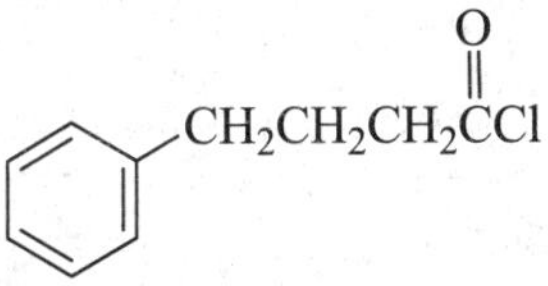

A. 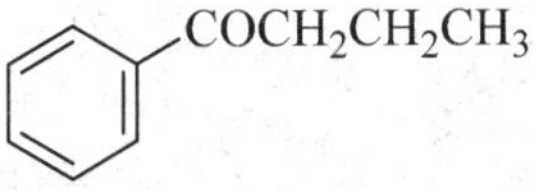 $C_6H_5COCH_2CH_2CH_3$　　　　B. 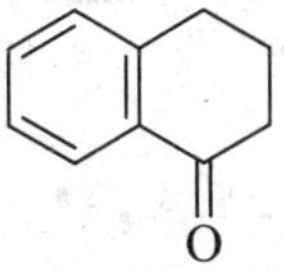 O

C. $CH_2CH_2CH_2\overset{O}{\overset{\|}{C}}$ 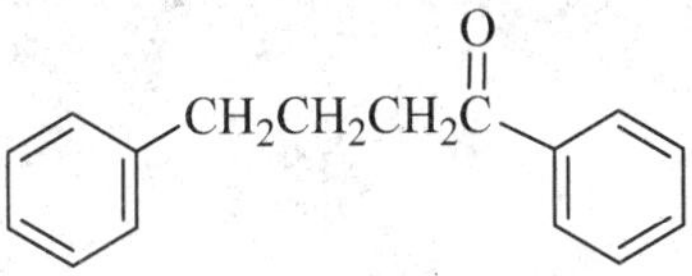　　　　D.

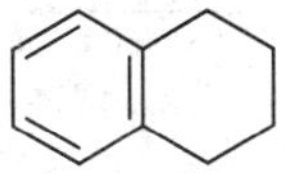

（7）CH_3 $C(CH_3)_3$ 用 $KMnO_4$ 氧化的产物是（　　）

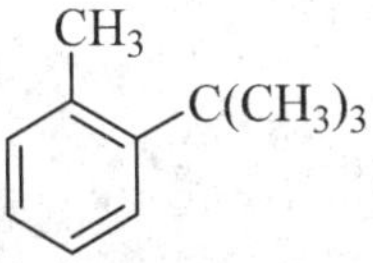

A. 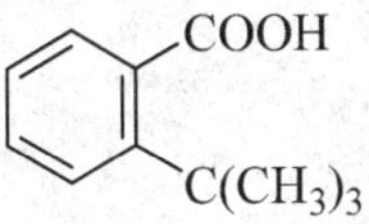 COOH $C(CH_3)_3$　　B. 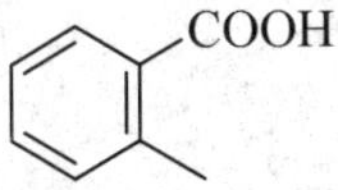 COOH　　C. 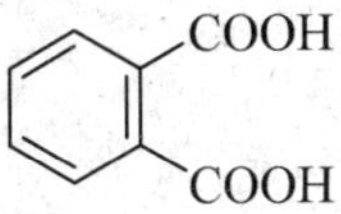 COOH COOH　　D. 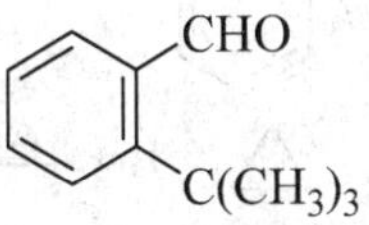 CHO $C(CH_3)_3$

（8）下列四个化合物，最容易硝化的是（　　）

A. 硝基苯　　B. 苯　　C. 乙酰基苯　　D. 1,3-二甲氧基苯

（9）$+\ CH_3Cl$（过量）$\xrightarrow[100℃]{AlCl_3}$ 不能得到什么产物（　　）

A. 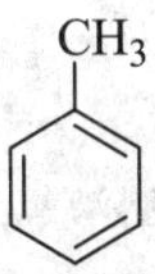 CH_3　　B. 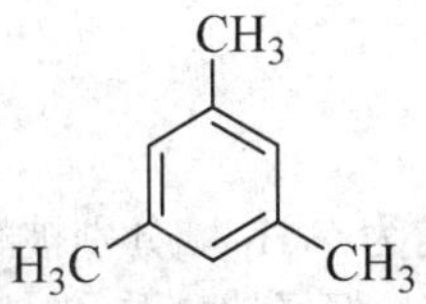 CH_3 H_3C CH_3　　C.  CH_3 CH_3　　D. 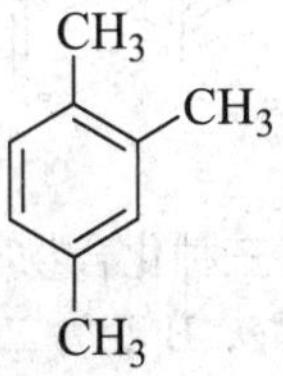 CH_3 CH_3 CH_3

（10）傅-克反应烷基易发生重排，为了得到正烷基苯，最可靠的方法是（　　）

A. 使用 $AlCl_3$ 作催化剂　　B. 使反应在较高温度下进行

C. 通过酰基化反应，再还原　　D. 使用硝基苯作溶剂

4. 写出下列化合物的苯环硝化活性顺序

（1）苯，1,3,5-三甲苯，甲苯，间二甲苯，对二甲苯。

（2）苯，溴苯，硝基苯，甲苯。

（3）2,4-二硝基苯酚，2,4-二硝基氯苯。

5. 用化学方法区别下列化合物

（1）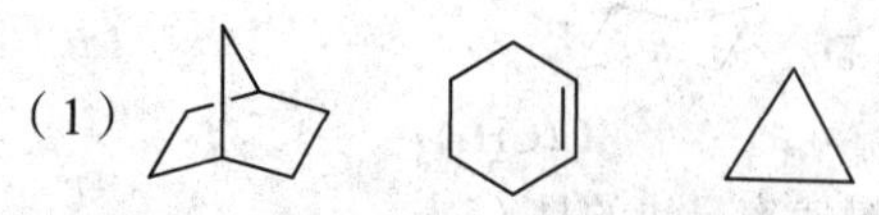

（2）苯，甲苯，环己二烯

6. 写出下列反应的主要产物

（1） + CH_3CH_2Cl $\xrightarrow[25℃]{无水AlCl_3}$

（2） + CH_3COCl $\xrightarrow{AlCl_3}$

（3） + Br_2 $\xrightarrow{FeBr_3}$

（4） + HNO_3 $\xrightarrow[55\sim60℃]{H_2SO_4}$

（5） O—C(=O)— $\xrightarrow[H_2SO_4]{HNO_3}$

（6） $CH_2CH_2CH_3$ $\xrightarrow{KMnO_4 / H^+}$

（7） $+Br_2$ $\xrightarrow{室温}$

（8） CH_3 + Br_2 $\xrightarrow{Fe}$ ； $\xrightarrow{光}$

（9） Cl + O Cl $\xrightarrow{AlCl_3}$

7. 判断结构

（1）有三种化合物 A、B、C 分子式相同，均为 C_9H_{12}。分别被酸性 $KMnO_4$ 溶液氧化后，A 变为一元羧酸，B 变为二元羧酸，C 变为三元羧酸。但经浓硝酸和浓硫酸硝化后，A 和 B 分别生成两种一硝基化合物，而 C 只生成一种一硝基化合物。试写出 A、B、C 的结构。

（2）某一化合物 A（$C_{10}H_{14}$）有五种可能的一溴衍生物（$C_{10}H_{13}Br$）。A 经 $KMnO_4$ 酸性溶液氧化生成化合物 $C_8H_6O_4$，经混酸硝化反应只生成一种硝基取代产物，试写出 A 的结构式。

（3）某芳香烃 A（C_8H_{10}），氧化得到一种二元酸，A 在 $AlCl_3$ 存在下与乙酰氯反应只生成一种产物 B（$C_{10}H_{12}O$），请写出 A、B 的结构式。

8. 合成题（以苯或甲苯为原料合成下列化合物）

（1）3,4-二溴硝基苯；（2）2,6-二溴-4-硝基甲苯

六、导 师 指 路

1. 命名下列化合物

【解答】

（1）3-甲基环戊烯　（2）1,3-二溴环己烯　（3）7-甲基二环[2. 2. 1]庚烷

（4）1-甲基螺[2. 4]庚烷　（5）二环[3. 2. 1]辛烷　（6）5-溴螺[3. 4]辛烷

（7）对氨基苯酚　（8）对甲氧基苯甲酸　（9）邻氯苯酚

（10）3-苯基丙烯　（11）2-氯-3-苯基戊烷

2. 写出下列化合物最稳定的构象式

【解答】

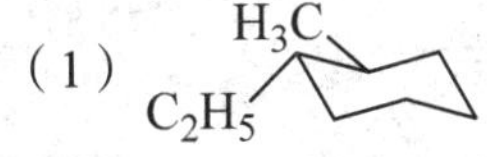

（2）H_3C—（椅式环己烷）—C_2H_5　（3）H_3C—（椅式环己烷）—C_2H_5

3. 选择题

【解答】

（1）D；　（2）D；　（3）D；　（4）A；　（5）C；

（6）B；　（7）A；　（8）D；　（9）B；　（10）C

4. 写出下列化合物的苯环硝化活性顺序

【解答】

（1）1,3,5-三甲苯＞间二甲苯＞对二甲苯＞甲苯＞苯

（2）甲苯＞苯＞溴苯＞硝基苯

（3）2,4-二硝基苯酚＞ 2,4-二硝基氯苯

5. 用化学方法区别下列化合物

【解答】

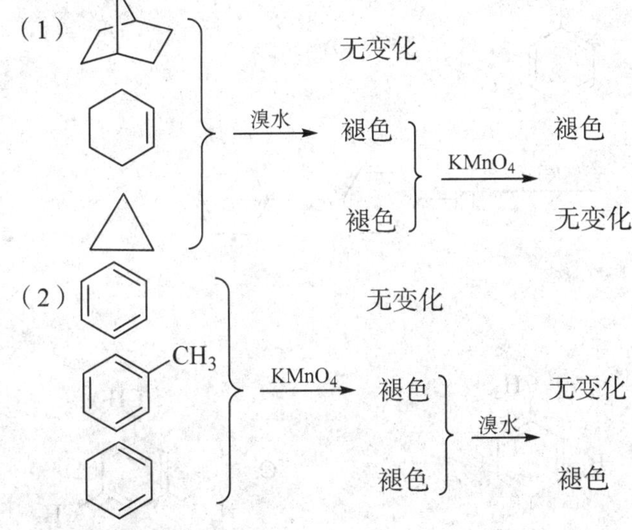

6. 写出下列反应的产物

【解答】

（1）苯 ＋ CH_3CH_2Cl $\xrightarrow[25℃]{无水AlCl_3}$ 苯环—CH_2CH_3

（2）苯 + CH_3COCl $\xrightarrow{AlCl_3}$ $C_6H_5COCH_3$（$COCH_3$）

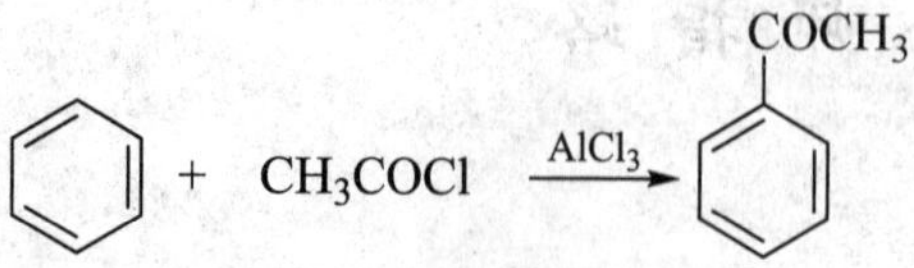

（3）苯 + Br_2 $\xrightarrow{FeBr_3}$ C_6H_5Br（Br）

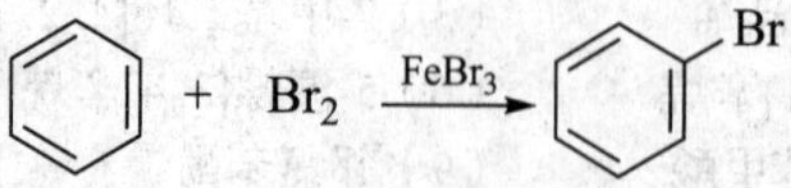

（4）苯 + HNO_3 $\xrightarrow[55\sim60℃]{H_2SO_4}$ $C_6H_5NO_2$（NO_2）

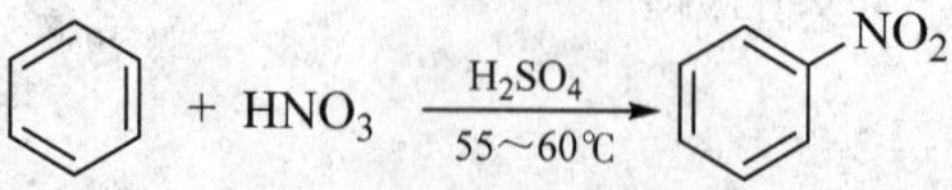

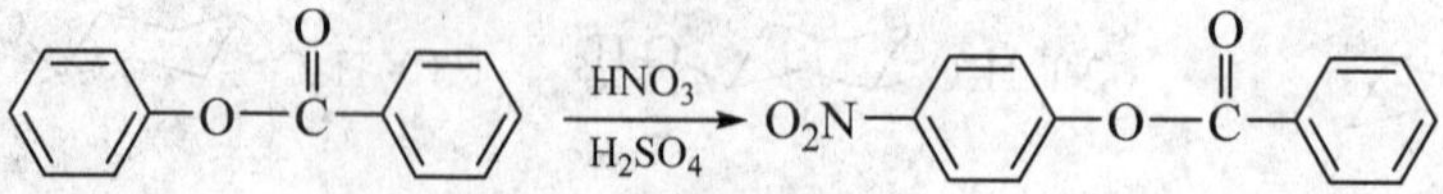

（5）$C_6H_5-O-\overset{O}{\overset{\|}{C}}-C_6H_5$ $\xrightarrow[H_2SO_4]{HNO_3}$ $O_2N-C_6H_4-O-\overset{O}{\overset{\|}{C}}-C_6H_5$

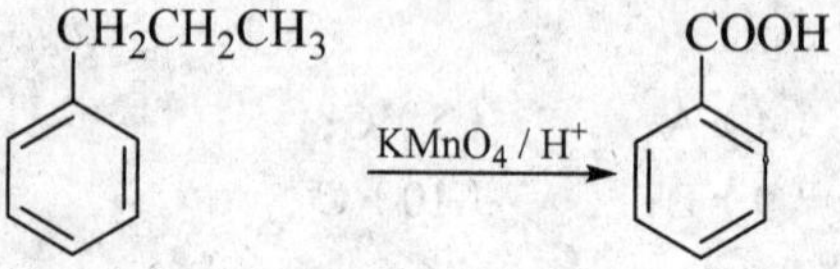

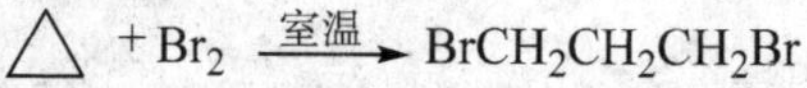

（6）$C_6H_5CH_2CH_2CH_3$ $\xrightarrow{KMnO_4 / H^+}$ C_6H_5COOH（COOH）

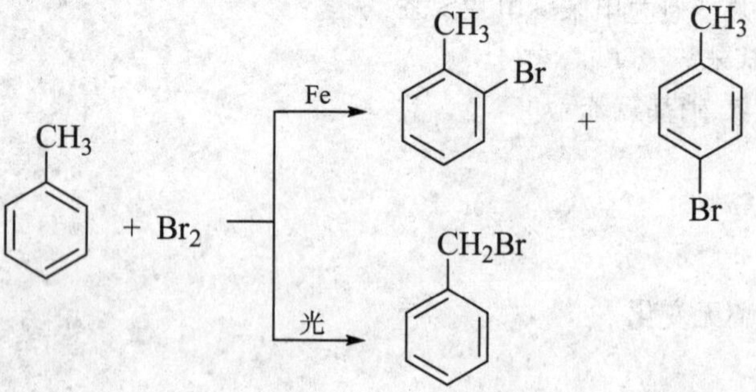

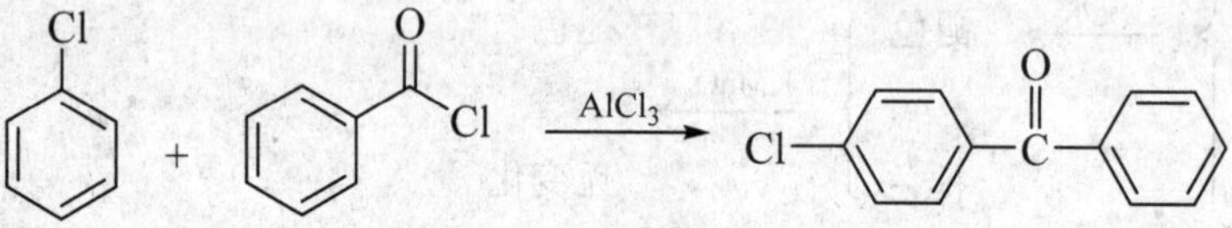

（7）环丙烷 $+ Br_2$ $\xrightarrow{室温}$ $BrCH_2CH_2CH_2Br$

（8）$C_6H_5CH_3$（CH_3）$+ Br_2$ $\xrightarrow{Fe}$ 邻溴甲苯（CH_3，Br）+ 对溴甲苯（CH_3，Br）

$C_6H_5CH_3 + Br_2$ $\xrightarrow{光}$ $C_6H_5CH_2Br$（CH_2Br）

（9）C_6H_5Cl（Cl）+ $C_6H_5-\overset{O}{\overset{\|}{C}}-Cl$ $\xrightarrow{AlCl_3}$ $Cl-C_6H_4-\overset{O}{\overset{\|}{C}}-C_6H_5$

7. 判断结构

【解答】

（1）

A. $C_6H_5C_3H_7$（C_3H_7）　　B. 对乙基甲苯（CH_3，C_2H_5）　　C. 1,3,5-三甲苯（CH_3，H_3C，CH_3）

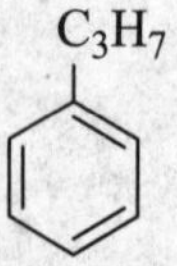

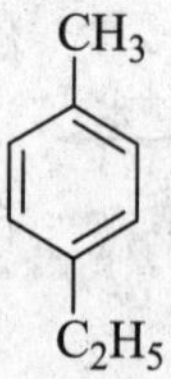

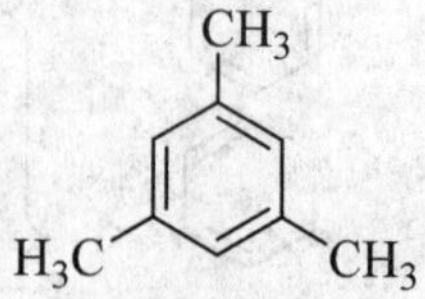

（2）对异丙基甲苯

（3）A. CH_3 CH_3　　B. CH_3 O $\overset{\|}{C}CH_3$ CH_3

8. 合成题

【解答】

（1）$\xrightarrow[Fe]{Br_2}$ Br $\xrightarrow[H_2SO_4]{HNO_3}$ O_2N Br $\xrightarrow[FeBr_3]{Br_2}$ Br Br O_2N

（2）CH_3 $\xrightarrow[H_2SO_4]{HNO_3}$ CH_3 NO_2 $\xrightarrow{Br_2/Fe}$ CH_3 Br NO_2 $\xrightarrow[\triangle]{Br_2/Fe}$ Br CH_3 Br NO_2

（闫乾顺）

第六章　对映异构

一、本章基本要求

1. 掌握　旋光性、旋光度、比旋光度、手性、手性碳原子、手性分子、对映体、非对映体、外消旋体、内消旋体等基本概念；含有一个和两个手性碳原子化合物的旋光异构体构型（D、L或*R*、*S*）的标记和命名。

2. 熟悉　物质的旋光性与其分子构型的关系，能够正确判断一个化合物是否具有旋光性；含有一个和两个手性碳原子化合物的旋光异构体费歇尔投影式的书写。

3. 了解　无手性碳原子化合物的立体异构；外消旋体拆分的一般方法；手性化合物与生物医学的关系。

二、本章要点

（一）有机化合物的同分异构

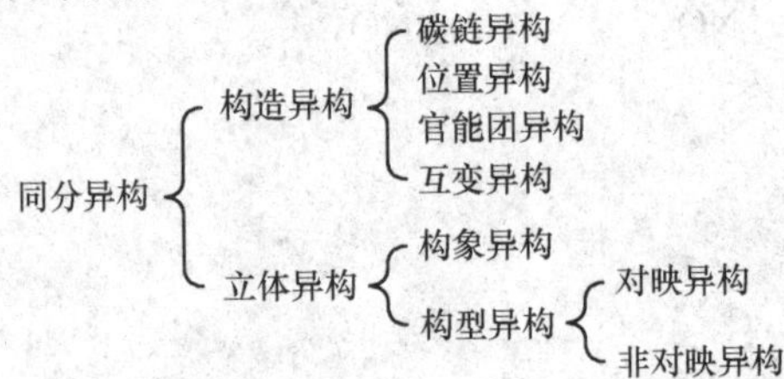

（二）对映异构

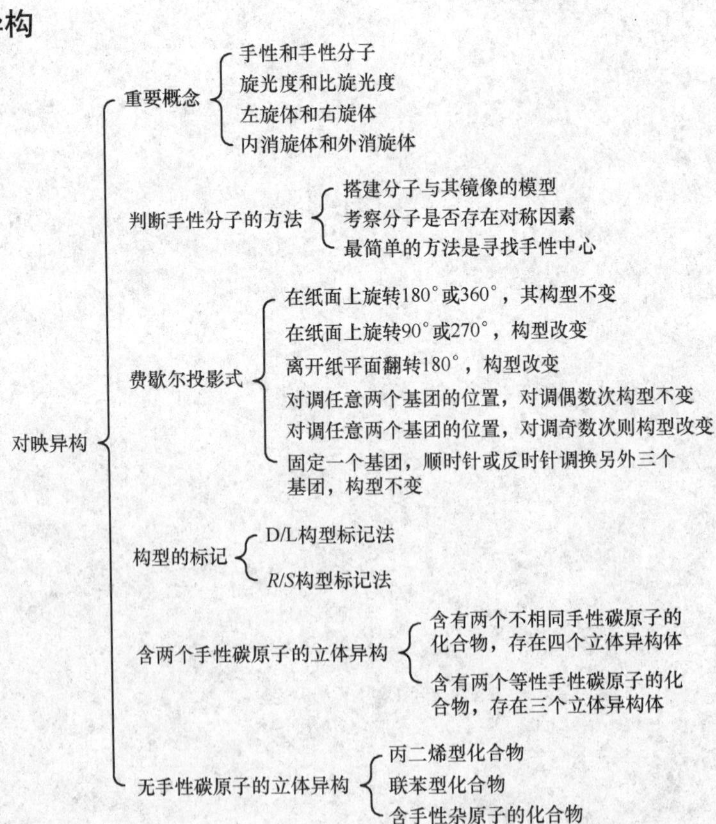

本部分要点如下。

1. **手性** 把互为实物与镜像关系但彼此又不能重合的现象称为手性。

2. **手性分子** 手性分子就是与其镜像不能重合的分子。

（三）手性物质的旋光性

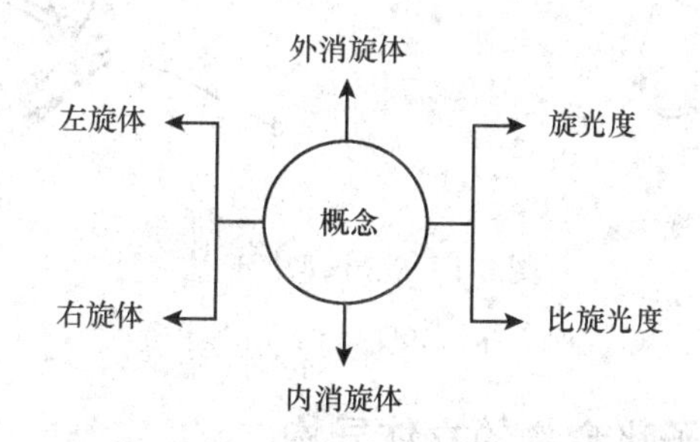

本部分要点如下。

1. **旋光度** 手性物质使偏振光的偏振面偏转的角度称为旋光度，通常用“α”表示。

2. **比旋光度** 在一定温度下，用 1dm 的旋光管，待测物质的浓度为 $1g\cdot ml^{-1}$ 时所测得的旋光度，称为比旋光度，通常用$[\alpha]_D^t$表示，即$[\alpha]_D^t=\dfrac{\alpha}{l\times c}$。

3. **右旋体** 能使偏振面向右旋转（顺时针方向）的物质称为右旋体，用“（+）”表示。

4. **左旋体** 能使偏振面向左旋转（逆时针方向）的物质称为左旋体，用“（–）”表示。

5. **外消旋体** 一对对映体中的左旋体和右旋体的比旋光度相等，旋光方向相反，由等量的左旋体和右旋体组成的混合物的旋光度为零，即没有旋光性，因此将其称为外消旋体，常用（±）表示。

6. **内消旋体** 在分子中含有多个手性碳原子，由于分子中存在对称因素而没有手性的化合物称为内消旋体。

（四）费歇尔投影式

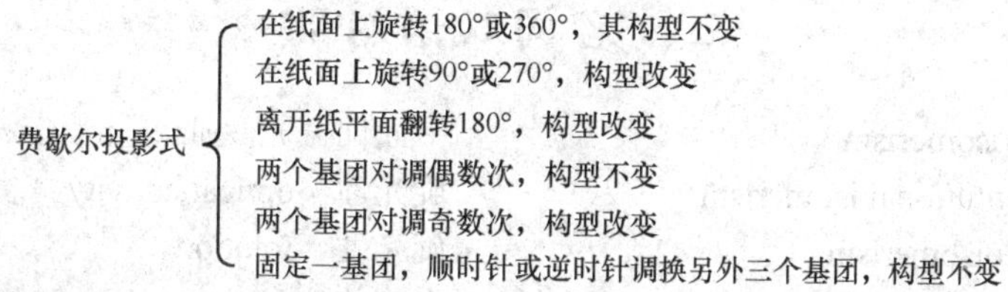

（五）构型的标记

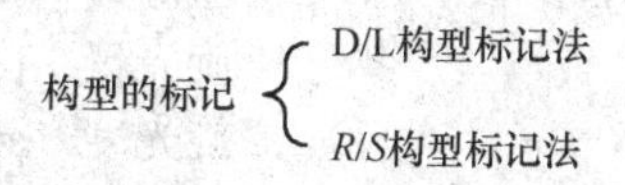

本部分要点如下。

1. **D/L 构型标记法** 在人为规定的费歇尔投影式中，手性碳原子上—OH 在右边的为(+)-甘油醛，被标记为 D 构型；手性碳原子上—OH 在左边的为(–)-甘油醛，被标记为 L 构型。其他手性化合物的构型可以通过化学转变的方法与标准化合物进行联系来确定。

2. ***R*/*S* 构型标记法** 首先把手性碳所连的四个原子或基团（a、b、c、d）按照顺序规则排列其优先顺序，如 a＞b＞c＞d。其次，将此排列次序中排在最后的原子或基团（即 d）放在距观察者最远的地方，如图 6-1 所示。这个形象与汽车驾驶员面向方向盘的情形相似，d 在“方向盘”的连杆上。然后再面对“方向盘”观察“手柄”一周，从优先次序最高的 a 开始到 b 再到 c，如果是顺时针方向排列的，这个分子的构型即用（*R*）表示；如果是逆时针方向排列的，则此分子的构型用（*S*）表示。

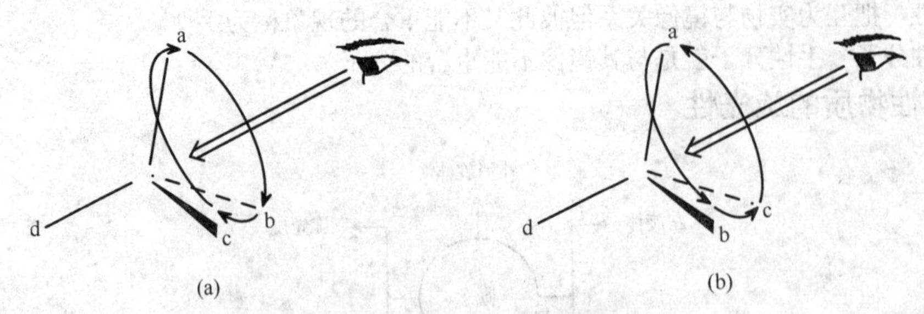

图 6-1　*R*/*S* 构型标记法

（a）(*R*)-构型；（b）(*S*)-构型

（六）含两个手性碳原子化合物的立体异构

含两个手性碳原子的化合物 {
- 含有两个不相同手性碳原子 —— 两对对映体
- 含有两个等性手性碳原子 —— 一对对映体，一个内消旋体

要点：对于含有 n 个手性碳原子的化合物，如果分子中存在对称面或对称中心，其立体异构体的数目就要小于 2^n 个。

（七）无手性碳原子的立体异构

无手性碳原子的立体异构 {
- 丙二烯化合物
- 联苯型化合物
- 含手性杂原子化合物

要点：具有旋光性的物质不一定含有手性碳原子；含有手性碳原子的化合物不一定具有旋光性（如内消旋酒石酸）。所以，判定一个物质有无旋光性主要是去判断整个分子有无对称因素，整个分子有无手性，是不是手性分子。

三、名词双语对照

同分异构现象　isomerism
构造异构　constitutional isomerism
立体异构　stereoisomerism
构型异构　constitutional isomerism
构象异构　conformational isomerism
手性　chirality
手性分子　chiral molecule
对映体　enantiomer
非手性分子　achiral molecule
手性碳原子　chiral carbon atom
不对称碳原子　asymmetric carbon atom
手性中心　chirality center
对称因素　symmetry factor
对称面　plane of symmetry
对称中心　centre of symmetry
平面偏振光　plane-polarized light
旋光性　optical activity
旋光度　rotation
右旋体　dextrorotatory isomer
左旋体　laevorotatory isomer
旋光仪　polarimeter
旋光度　specific rotation
旋光异构体　optical isomer
外消旋体　racemic mixture 或 racemate
透视式　perspective formula
费歇尔投影式　Fischer projection
非对映体　diastereomer
内消旋体　mesomer
拆分　resolution

四、知识点答疑

1. 名词解释。

（1）手性分子　　（2）比旋光度　　（3）对映异构体
（4）非对映异构体　　（5）内消旋体　　（6）外消旋体

【解答】

（1）手性分子：就是具有手性的分子，即与其镜像不能重合的分子。

（2）比旋光度：在一定温度下，用 1dm 的旋光管，待测物质的浓度为 $1g \cdot ml^{-1}$ 时所测得的旋光度，称为比旋光度，通常用$[\alpha]_D^t$表示。

（3）对映异构体：一个手性分子必然存在着另一个与其成镜像关系的异构体，互为镜像，也称为对映，因此我们把这种异构体称为对映异构体，简称对映体。

（4）非对映异构体：不呈镜像对映关系的立体异构体称为非对映异构体，简称非对映体。

（5）内消旋体：在分子中含有多个手性碳原子，由于分子内含有对称因素而没有手性的化合物称为内消旋体。

（6）外消旋体：一对对映体中的左旋体和右旋体的比旋光度相等，旋光方向相反，由等量的左旋体和右旋体组成的混合物的比旋光度为零，即没有旋光性，因此将其称为外消旋体，常用（±）表示。

2. 回答下列问题。

（1）所有具有手性碳的分子都是手性分子吗？说明原因。

（2）所有手性分子都含有手性碳吗？说明原因。

（3）产生对映异构体的条件是什么?旋光方向与 *R*、*S* 有必然联系吗?内消旋体与外消旋体之间有什么不同?

【解答】

（1）不一定。如果一个分子中只含有一个手性碳原子，则该分子一定具有手性，是手性分子，能产生对映异构体。如果分子中含有两个或两个以上的手性碳原子，则大多数是手性分子，但也有一些是非手性分子。

（2）不一定。大部分的手性化合物都含有手性碳原子，但也有一些手性化合物并不含有手性碳原子，如丙二烯型化合物、联苯型化合物和含有手性杂原子的化合物。

（3）产生对映异构体的条件是分子中不具有对称因素。旋光方向与 *R*、*S* 没有必然联系。内消旋体是纯净物，外消旋体是混合物。

3. 判断下列化合物分子中有无手性碳原子。若存在手性碳原子，请用*标出。

（1）$H_2C=CH-CH_2CH_3$

（2）$CH_3CHClCH(OH)CH_3$

（3）$HOCH_2-CHCl-CH_2OH$（结构式：CH_2OH / $HC-Cl$ / CH_2OH）

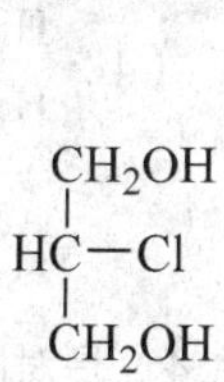

（4）$CH_3-CHOH-CH_2-CH_3$（结构式：CH_3 / $CHOH$ / CH_2 / CH_3）

（5）$CH_3CH_2CHCH_3$，CH 上连 Cl

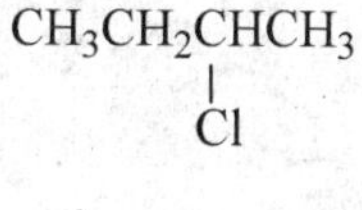

（6）$CH_3CH=C=CHCH_3$

（7）环戊基$-CH(OH)-CH_3$

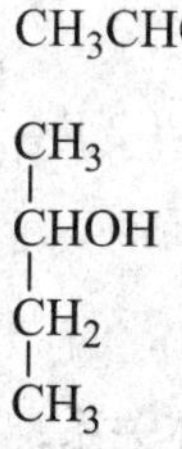

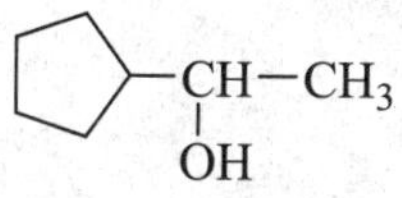

（8）$CH_3CH(OH)-CH(CH_3)-COOH$

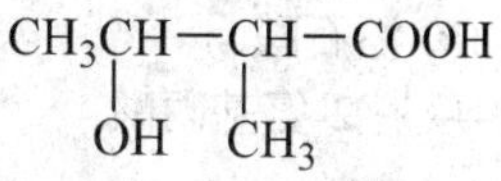

【解答】

（1）$H_2C=CH-CH_2CH_3$

（2）$CH_3\overset{*}{C}HCl\overset{*}{C}H(OH)CH_3$

（3）$HOCH_2-\overset{*}{C}H(Cl)-CH_2OH$

（4）$CH_3-\overset{*}{C}HOH-CH_2-CH_3$

（5）$CH_3CH_2\overset{*}{C}H(Cl)CH_3$

（6）$CH_3CH=C=CHCH_3$

（7）环戊基$-\overset{*}{C}H(OH)-CH_3$

（8）$CH_3\overset{*}{C}H(OH)-\overset{*}{C}H(CH_3)-COOH$

4. 指出下列结构式是 *R* 型还是 *S* 型。

（1）Cl—C(H)(CH₃)—Br（费歇尔投影式：上 H，下 CH_3，左 Cl，右 Br）

（2）费歇尔投影式：上 CH_3，下 C_6H_5，左 Cl，右 H

（3）C 上连 $CH_2CH(CH_3)_2$、H（虚线）、Cl（楔形）、CH_2CH_3

（4）C 上连 COOH、H_3C（虚线）、H（楔形）、Cl

（5）C 上连 $CH(CH_3)_2$、H_3C、CH_2CH_3（虚线）、CH_2Br（楔形）

（6）费歇尔投影式：上 Br，下 CH_2CH_3，左 H_3C，右 H

（7）费歇尔投影式：上 $CH_2CH_2CH_3$，下 CH_2CH_3，左 HO，右 H

（8）费歇尔投影式：上 $CH(CH_3)_2$，下 CH_3，左 CH_3CH_2，右 CH_2Br

【解答】

（1）*S*；（2）*R*；（3）*R*；（4）*R*；（5）*R*；（6）*S*；（7）*S*；（8）*S*

5. 指出化合物（1）与其他各式的关系：相同化合物、对映体、非对映体。

（1）费歇尔投影式：CHO；H—C—OH；H—C—OH；CH_2OH

（2）费歇尔投影式：CHO；H—C—OH；HO—C—H；CH_2OH

（3）费歇尔投影式：CH_2OH；HO—C—H；HO—C—H；CHO

（4）费歇尔投影式：CH_2OH；H—C—OH；H—C—OH；CHO

【解答】

（1）和（2）是非对映体关系，（1）和（3）是同一化合物，（1）和（4）是对映体关系。

6. 画出下列化合物的费歇尔投影式。

（1）(*S*)-1-苯基-2-溴丁烷

（2）(2*R*, 3*S*)-3-溴-2-戊醇

（3）(2*R*, 3*R*)-酒石酸

（4）(*S*)-3-羟基-2-氨基丙酸

【解答】

（1）$\begin{array}{c} H \\ | \\ C_2H_5-C-CH_2C_6H_5 \\ | \\ Br \end{array}$ （2）$\begin{array}{c} CH_3 \\ HO-\!\!\!+\!\!\!-H \\ Br-\!\!\!+\!\!\!-H \\ C_2H_5 \end{array}$

（3）$\begin{array}{c} COOH \\ H-\!\!\!+\!\!\!-OH \\ HO-\!\!\!+\!\!\!-H \\ COOH \end{array}$ （4）$\begin{array}{c} OH\ \ H \\ |\ \ \ \ \ | \\ H_2C-C-COOH \\ | \\ NH_2 \end{array}$

7. 对于下列的每一个费歇尔投影式。

A. $\begin{array}{c} CHO \\ H-\!\!\!+\!\!\!-OH \\ CH_3 \end{array}$ B. $\begin{array}{c} CH_2OH \\ Cl-\!\!\!+\!\!\!-Cl \\ C_2H_5 \end{array}$ C. $\begin{array}{c} C_2H_5 \\ HO-\!\!\!+\!\!\!-H \\ HO-\!\!\!+\!\!\!-H \\ C_2H_5 \end{array}$ D. $\begin{array}{c} CHO \\ HO-\!\!\!+\!\!\!-H \\ HO-\!\!\!+\!\!\!-H \\ C_2H_5 \end{array}$

（1）搭建模型，画出透视式。

（2）判断哪个化合物镜像与原来的结构相同？

【解答】

（1）透视式为

a. $\begin{array}{c} CHO \\ H\blacktriangleleft\!\!-\!\!\blacktriangleright OH \\ CH_3 \end{array}$ b. $\begin{array}{c} CH_2OH \\ Cl\blacktriangleleft\!\!-\!\!\blacktriangleright Cl \\ C_2H_5 \end{array}$ c. $\begin{array}{c} C_2H_5 \\ HO\blacktriangleleft\!\!-\!\!\blacktriangleright H \\ HO\blacktriangleleft\!\!-\!\!\blacktriangleright H \\ C_2H_5 \end{array}$ d. $\begin{array}{c} CHO \\ HO\blacktriangleleft\!\!-\!\!\blacktriangleright H \\ HO\blacktriangleleft\!\!-\!\!\blacktriangleright H \\ C_2H_5 \end{array}$

（2）B 与其镜像是同一物质，C 与其镜像是同一物质。

8. 在 1dm 长的旋光管里盛有 2-丁醇的溶液，其浓度为 $4g\cdot ml^{-1}$，在 20℃时用钠光观察到的旋光度 α 为 $+55.6°$，计算 2-丁醇的比旋光度。

【解答】

$$[\alpha]_D^t=\frac{\alpha}{l\times c}=\frac{+55.6°}{4g\cdot ml^{-1}\times 1dm}=+13.9°$$

9. 化合物 A 的分子式为 C_6H_{10}，有光学活性。A 与［$Ag(NH_3)_2$］NO_3 作用生成白色沉淀，A 经催化氢化后得到无光学活性的化合物 B（C_6H_{14}）。试写出 A 的费歇尔投影式并命名。

【解答】

$\begin{array}{c} H \\ | \\ HC\equiv C-C-C_2H_5 \\ | \\ CH_3 \end{array}$ 或 $\begin{array}{c} H \\ | \\ C_2H_5-C-C\equiv CH \\ | \\ CH_3 \end{array}$

R-3-甲基-1-戊炔 *S*-3-甲基-1-戊炔

10. 开链化合物 A 和 B 的分子式都是 C_7H_{14}。它们都具有旋光性，且旋光方向相同。分别催化加氢后都得到 C，C 也有旋光性。试推测 A、B、C 的结构。

【解答】

A. $CH_3CH_2-\underset{H}{\overset{CH=CHCH_3}{C}}-CH_3$　B. $CH_3CH_2-\underset{H}{\overset{CH_2CH=CH_2}{C}}-CH_3$　C. $CH_3CH_2-\underset{H}{\overset{CH_2CH_2CH_3}{C}}-CH_3$

或者，A. $H_3C-\underset{H}{\overset{CH=CHCH_3}{C}}-CH_2CH_3$　B. $H_3C-\underset{H}{\overset{CH_2CH=CH_2}{C}}-CH_2CH_3$　C. $H_3C-\underset{H}{\overset{CH_2CH_2CH_3}{C}}-CH_2CH_3$

五、强 化 学 习

1. 名词解释

（1）手性　（2）旋光度　（3）手性碳原子
（4）外消旋体　（5）立体异构

2. 选择题

（1）下列化合物中是手性分子的是（　　）
A. 甘氨酸　B. 丙氨酸　C. 乙二醇　D. 甘油

（2）下列化合物中含有两对对映异构体的是（　　）
A. 2,3-二甲基丁酸　B. 2,3-二甲基丁二酸
C. 2,3-二甲基丁烷　D. 2,3 二甲基-2-丁烯

（3）下列化合物中含有内消旋体的是（　　）
A. 2,3-二羟基丙酸　B. 2,3-二羟基二丁酸
C. 2,3-二羟基丁酸　D. 1,4-丁二酸

（4）2-羟基-3-氯丁二酸中含有（　　）对非对映异构体
A. 1　B. 2　C. 3　D. 4

（5）某旋光物质的比旋光度为＋15°，它的对映异构体的比旋光度为（　　）
A. ＋7.5°　B. –7.5°　C. –15°　D. ＋15°

（6）在某旋光物质的右旋体的溶液中加入过量的对映异构体，溶液的旋光方向将（　　）
A. 右旋　B. 左旋　C. 消失　D. 不定

（7）化合物(＋)-甘油醛和(–)-甘油醛的性质不同的是（　　）
A. 熔点　B. 相对密度　C. 折光率　D. 旋光性

（8）具有旋光异构体的化合物是（　　）
A. $(CH_3)_2CHCOOH$　B. $CH_3COCOOH$
C. $CH_3CH(OH)COOH$　D. $HOOCCH_2COOH$

（9）D-(＋)-甘油醛氧化生成左旋甘油酸，则甘油酸的名称是（　　）
A. D-(＋)-甘油酸　B. D-(–)-甘油酸
C. L-(＋)-甘油酸　D. L-(–)-甘油酸

（10）下列叙述正确的是（　　）
A. 具有手性碳原子的化合物必定具有旋光性
B. 含有一个手性碳原子且为 D 型或 L 型的化合物，其旋光方向必为右旋
C. 分子中含有 n 个手性碳原子的化合物具有 2^n 个旋光异构体
D. 手性分子必定具有旋光性

（11）指出下列化合物哪一个与 *R*-2-溴丙酸是同一化合物（　　）

A. $\begin{array}{ccc} & H & \\ HOOC & + & Br \\ & CH_3 & \end{array}$　B. $\begin{array}{ccc} & COOH & \\ H & + & Br \\ & CH_3 & \end{array}$　C. $\begin{array}{ccc} & H & \\ Br & + & CH_3 \\ & COOH & \end{array}$　D. $\begin{array}{ccc} & CH_3 & \\ H & + & Br \\ & COOH & \end{array}$

（12）指出下列化合物哪一个与(2*S*, 3*R*)-2-羟基-3-溴丙酸是对映异构体（　　）

A. $\begin{array}{ccc} & COOH & \\ H & + & OH \\ Br & + & H \\ & CH_3 & \end{array}$　B. $\begin{array}{ccc} & COOH & \\ H & + & OH \\ Br & + & CH_3 \\ & H & \end{array}$　C. $\begin{array}{ccc} & OH & \\ H & + & COOH \\ Br & + & CH_3 \\ & H & \end{array}$　D. $\begin{array}{ccc} & OH & \\ H & + & COOH \\ H & + & CH_3 \\ & Br & \end{array}$

（13）指出下列化合物哪一个是内消旋体（　　）

A. $\begin{array}{ccc} & COOH & \\ H & + & OH \\ H & + & OH \\ & CH_3 & \end{array}$　B. $\begin{array}{ccc} & COOH & \\ H & + & OH \\ H & + & Br \\ & CH_3 & \end{array}$　C. $\begin{array}{ccc} & COOH & \\ HO & + & H \\ H & + & OH \\ & COOH & \end{array}$　D. $\begin{array}{ccc} & COOH & \\ H & + & OH \\ H & + & OH \\ & COOH & \end{array}$

（14）内消旋酒石酸与外消旋酒石酸什么性质相同（　　）

A. 熔点　B. 沸点　C. 在水中溶解度　D. 比旋光度

（15）化合物 $\begin{array}{c} CHO \\ | \\ CHOH \\ | \\ CHOH \\ | \\ CH_2OH \end{array}$ 有几种旋光异构体（　　）

A. 2 种　B. 3 种　C. 4 种　D. 5 种

（16）$\begin{array}{ccc} & COOH & \\ H_3C & + & OH \\ & C_6H_5 & \end{array}$ 和 $\begin{array}{ccc} & COOH & \\ HO & + & C_6H_5 \\ & CH_3 & \end{array}$ 这对化合物的相互关系是（　　）

A. 对映异构体　B. 非对映异构体　C. 相同化合物　D. 不同的化合物

（17）$\begin{array}{ccc} & CHO & \\ H & + & OH \\ & CH_2OH & \end{array}$ 与 $\begin{array}{ccc} & CHO & \\ HO & + & CH_2OH \\ & H & \end{array}$ 这对化合物的相互关系是（　　）

A. 对映异构体　B. 非对映异构体　C. 相同化合物　D. 不同的化合物

（18）$\begin{array}{ccc} & CH_3 & \\ H & + & Br \\ & C_2H_5 & \end{array}$ 与 $\begin{array}{ccc} & H & \\ C_2H_5 & + & CH_3 \\ & Br & \end{array}$ 这对化合物的相互关系是（　　）

A. 对映异构体　B. 非对映异构体　C. 相同化合物　D. 不同的化合物

（19）$\begin{array}{ccc} & CH_3 & \\ H_2N & + & C_6H_5 \\ & H & \end{array}$ 和 $\begin{array}{ccc} & C_6H_5 & \\ H_3C & + & H \\ & NH_2 & \end{array}$ 这对化合物的相互关系是（　　）

A. 对映异构体　B. 非对映异构体　C. 相同化合物　D. 不同的化合物

（20）$\begin{array}{ccc} & COOH & \\ H & + & Br \\ H & + & Br \\ & CH_3 & \end{array}$ 和 $\begin{array}{ccc} & COOH & \\ H & + & Br \\ H & + & CH_3 \\ & Br & \end{array}$ 这对化合物的相互关系是（　　）

A. 对映异构体　B. 非对映异构体　C. 相同化合物　D. 不同的化合物

（21）$\begin{array}{c} COOH \\ H\!-\!\!\!+\!\!\!-\!OH \\ HO\!-\!\!\!+\!\!\!-\!H \\ COOH \end{array}$ 与 $\begin{array}{c} COOH \\ H\!-\!\!\!+\!\!\!-\!OH \\ H\!-\!\!\!+\!\!\!-\!OH \\ COOH \end{array}$ 这对化合物的相互关系是（　　）

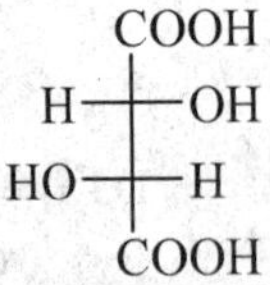

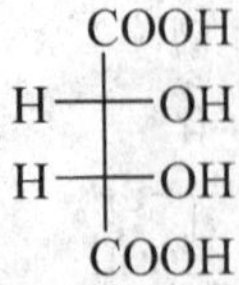

A. 对映异构体　　B. 非对映异构体　　C. 相同化合物　　D. 不同的化合物

（22）樟脑 O 分子中有几个手性碳原子（　　）

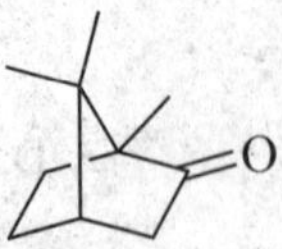

A. 1 个　　B. 2 个　　C. 3 个　　D. 无

（23）薄荷醇 HO 分子中有几个手性碳原子（　　）

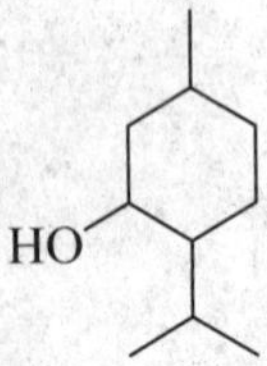

A. 2 个　　B. 3 个　　C. 4 个　　D. 1 个

（24）在化合物 $CH_3CHBrCH_2CHBrCH_2CHClCH_3$ 中含有的手性碳原子个数为（　　）

A. 1　　B. 2　　C. 3　　D. 4

（25）下列化合物中有手性的是（　　）

A. 甲苯　　B. 环己烷　　C. 1,2-二氯乙烷　　D. 2-氯丙醛

（26）下列化合物既存在顺反异构体，又存在对映异构体的是（　　）

A. 乳酸　　B. 4-溴-2-戊烯酸　　C. 丁烯二酸　　D. 丙烯酸

3. 填空题

（1）异构现象可分为两大类，一类是由于分子中的原子或基团的连接方式和顺序不同引起的________；另一类是由于构造式相同，但分子中的原子或基团的空间排列方式不同引起的________，立体异构可分为________和________。

（2）投影式在纸面上旋转 180°或 360°，其构型________。投影式在纸面上旋转 90°或 270°，构型________。投影式离开纸平面翻转 180°，构型________。

（3）在分子中含有多个手性碳原子而又没有手性的化合物称为________。内消旋体和外消旋体都无旋光性，但两者有本质的不同，内消旋体是一种________，而外消旋体是________。

（4）普通光通过尼科尔棱镜时，只允许与镜轴________的平面上振动的光线通过，这种光称为________光。

（5）比旋光度是在光源和测定温度________的条件下，溶液的浓度为________，盛液管的长度为________时的旋光度，比旋光度是________常数。

（6）含有一个手性碳原子的化合物有________个旋光异构体，含有两个不相同手性碳原子的化合物有________个旋光异构体，含有 n 个不相同手性碳原子的化合物理论上有________个旋光异构体。

4. 判断题

（1）偏振光是在偏于水平面上振动的光。（　　）

（2）某物质的比旋光度是测定的旋光度与其浓度之比。（　　）

（3）含有手性碳原子的化合物不一定是手性分子。（　　）

（4）内消旋体和外消旋体都是单一的化合物。（　　）

（5）一对对映异构体其物理性质和化学性质，如熔点、沸点、密度、折光率、酸度等完全相同。（　　）

（6）R、S标记与旋光方向有关。（　　）

（7）内消旋体和外消旋体都无旋光性，都是非手性分子。（　　）

（8）对映异构体通过单键旋转可以变为非对映异构体。（　　）

（9）一种异构体转变为其对映异构体时，必须断裂与手性碳相连的键。（　　）

（10）具有 R 构型的手性化合物都是右旋体。（　　）

5. 命名下列化合物

（1）
CH_3
HO—┼—$CH(CH_3)_2$
C_2H_5

（2）
CH_2COOH
H—┼—NH_2
CH_3

（3）
$COOH$
H—┼—NH_2
CH_2SH

（4）
CHO
H—┼—OH
HO—┼—CH_3
H

（5）
CH_2OH
H　H
H　Cl
CH_3

（6）
CH_3
H ▸ C ◂ Cl
Br ▸ C ◂ H
C_2H_5

6. 简答题

（1）下列化合物各有多少个旋光异构体？为什么？

A. $CH_3CH_2CH(OH)CHClCH_3$

B. $(CH_3)_2CHCH_2CH(CH_3)COOH$

C. $CH_3CH_2CHClCHClCH_2CH_3$

（2）指出下列化合物哪些具有旋光性？为什么？

A. $CH_3CHCH_2CH_2CH_3$（C2 上连 Cl）

B. H_3C—C—$CH_2CH_2CH_3$（C 上连 CH_3 和 Cl）

C.
COOH　HOOC
（联苯，两苯环邻位分别连 COOH 和 Br）
Br　Br

D.
H_3C　　　CH_3
　　C=C=C
H　　　　CH_3

E.
CH_2OH
H—┼—Cl
H—┼—Cl
CH_3

F.
$COOH$
HO—┼—H
H—┼—OH
$COOH$

（3）下列各对化合物哪些是相同的，哪些是对映体，哪些是非对映体，哪些是内消旋体？

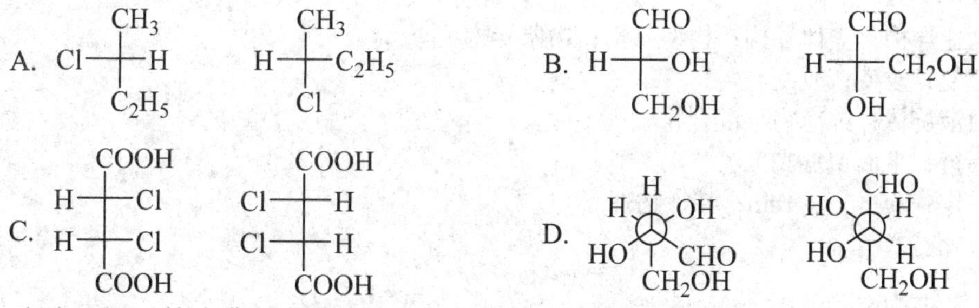

（4）D-(+)-甘油醛经过氧化变成(−)-甘油酸（$HOCH_2CHOHCOOH$），后者的构型应为 D 型还是 L 型？

（5）下列化合物只有一个手性碳原子，为什么存在四个立体异构体？

$$CH_3CH_2\overset{*}{C}HCH_2CH=CHCH_3$$
（手性碳上连 Cl）

7. 计算题

现有某旋光性物质 10%的溶液一份。

（1）将一部分该溶液放在 1dm 长的测试管中，测得旋光度为＋1.25°，试计算该物质的比旋光度。

（2）若将该溶液放在 2.2dm 长的测试管中，测得的旋光度应是多少?

8. 推导结构

（1）某醇 A（$C_5H_{10}O$）具有旋光性，催化加氢后生成的醇 B（$C_5H_{12}O$）没有旋光性，试写出 A 和 B 的结构式。

（2）①丙烷氯化已分离出二氯化合物 $C_3H_6Cl_2$ 的四种构造异构体 A、B、C、D，写出它们的构造式。②哪一个构造异构体具有旋光性?

（3）化合物 A、B 分子式都为 C_6H_{10}，都具有旋光性，但 A 可以和银氨溶液作用，B 则不能，试推测 A、B 的可能结构。

六、导 师 指 路

1. 名词解释

【解答】

（1）手性：把互为实物与镜像关系但彼此又不能重合的现象称为手性。

（2）旋光度：手性物质使偏振光的偏振面偏转的角度称为旋光度。

（3）手性碳原子：是指连有四个不同的基团（或原子）的碳原子。

（4）外消旋体：由等量的左旋体和右旋体组成的混合物的旋光度为零，即没有旋光性，将其称为外消旋体。

（5）立体异构：由于构造式相同，但分子中的原子或基团的空间排列方式不同引起的异构。

2. 选择题

【解答】

（1）B；（2）A；（3）B；（4）D；（5）C；（6）B；
（7）D；（8）C；（9）B；（10）D；（11）B；（12）D；
（13）D；（14）D；（15）C；（16）C；（17）C；（18）A；
（19）A；（20）B；（21）B；（22）B；（23）B；（24）C；
（25）D；（26）B

3. 填空题

【解答】

（1）构造异构；立体异构；构型异构；构象异构

（2）不变；改变；改变

（3）内消旋体；纯净物；混合物

（4）平行；平面偏振光

（5）一定；$1g\cdot ml^{-1}$；1dm；特征物理

（6）2；4；2^n

4. 判断题

【解答】

（1）×；（2）×；（3）√；（4）×；（5）√；
（6）×；（7）×；（8）×；（9）√；（10）×

5. 命名下列化合物

【解答】

（1）*R*-2,3-二甲基-3-戊醇　　（2）*R*-3-氨基丁酸

（3）*S*-2-氨基-3-巯基丙酸　　（4）(2*R*, 3*R*)-2,3-二羟基丁醛
（5）*R*-2-氯-1-丁醇　　（6）(2*S*, 3*S*)-2-氯-3-溴戊烷

6. 简答题

【解答】

（1）

A. 有两个不相同的手性碳原子，有 4 个旋光异构体（$2^2=4$）。

B. 有一个手性碳原子，有 2 个旋光异构体（$2^1=2$）。

C. 有两个等性的手性碳原子，有 3 个旋光异构体，包括一个左旋体、一个右旋体和一个内消旋体。

（2）A、C、E、F 有旋光性，因为无对称因素；B、D 无旋光性，因为有对称面。

（3）A 为同一化合物，B 为对映体，C 为同一化合物，且为内消旋体，D 为非对映体。

（4）D 型。

（5）因为此化合物除具有旋光异构外，还具有顺反异构。

7. 计算题

【解答】

（1）$[\alpha]_{\mathrm{D}}^{20}=\dfrac{\alpha}{l\times c}=\dfrac{(+1.25°)\times 100}{1\times 10}=+12.5°$

（2）$\alpha=[\alpha]\times l\times c=(+12.5)\times 2.2\times 10\%=+2.75°$

8. 推导结构

【解答】

（1）结构式如下：

A. $CH_3CH_2CH(OH)CH=CH_2$　　B. $CH_3CH_2CH(OH)CH_2CH_3$

（2）①A. $CH_3CH_2CHCl_2$　　B. $ClCH_2CH_2CH_2Cl$

C. $CH_3CHClCH_2Cl$　　D. $CH_3CCl_2CH_3$

②C. $CH_3CHClCH_2Cl$ 具有旋光性

（3）A. $CH_3CH_2CH(CH_3)-C\equiv CH$　　B. 3-甲基环戊烯（环戊烯环上连 CH_3）

（任群翔）

第七章　卤　代　烃

一、本章基本要求

1. 掌握　常见的卤代烃命名、结构；亲核取代反应、机制及影响因素；消除反应、机制及札依采夫（A. M. Saytzeff）规律。

2. 熟悉　常见的卤代烃的分类；亲核取代和消除反应的竞争；卤代烯烃的结构、分类及其反应活性；卤代烃的物理性质。

3. 了解　多卤烷和氟代烷。

二、本 章 要 点

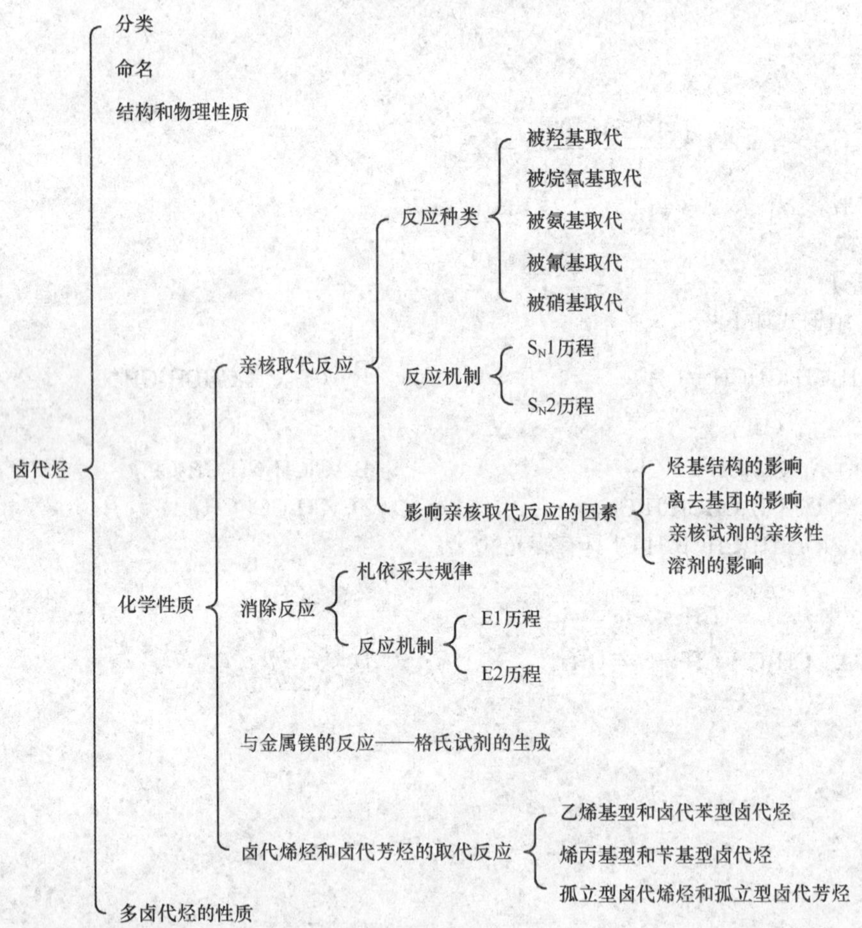

（一）卤代烃的分类和命名

卤代烃常根据与卤原子直接相连的碳原子类型的不同分为伯卤代烃、仲卤代烃和叔卤代烃。

卤代烃常采用系统命名法，把卤素当作取代基来对待。

（二）卤代烃的化学性质

卤代烃的化学反应主要为亲核取代反应、消除反应和与活泼金属的反应。

$$\underset{\text{H}\quad\text{Nu}}{-\overset{|}{\text{C}}-\overset{|}{\text{C}}-} \xleftarrow[\text{亲核取代反应}]{:\text{Nu}^-\ \text{进攻}\alpha\text{-C}} \underset{\text{H}\quad\text{X}}{-\overset{|}{\text{C}}-\overset{|}{\text{C}}-} \xrightarrow[\text{消除反应}]{\text{B}^-\text{进攻}\beta\text{-H}} -\overset{|}{\text{C}}=\overset{|}{\text{C}}-$$

与金属反应 ↓ Mg/无水乙醚

$$\underset{\text{H}\quad\text{MgX}}{-\overset{|}{\text{C}}-\overset{|}{\text{C}}-}$$

1. 亲核取代反应

R−OH（X═Cl, Br,I）

- $\xrightarrow{H_2O/OH^-}$ R−OH
- $\xrightarrow{R'ONa}$ R−OR'
- $\xrightarrow{NH_3}$ $R-NH_2 \xrightarrow{R-X} R-NH \xrightarrow{R-X} R_3N \longrightarrow R_4\overset{+}{N}X^-$
- $\xrightarrow{NaCN}$ $R-CN \xrightarrow[\triangle]{H_3O^+} R-COOH$
- $\xrightarrow{AgNO_3}$ $AgONO_2$　鉴别卤代烃

反应分为 S_N1 反应历程和 S_N2 反应历程，其反应特点及影响因素见表 7-1。

表 7-1　亲核取代反应特点及影响因素

		S_N1 反应历程	S_N2 反应历程
反应历程及特点	反应机制	$R-X \rightleftharpoons R^+ + X^-$ $R^+ + Nu^- \longrightarrow R-Nu$	$R-X + Nu^- \longrightarrow [\overset{\delta^-}{Nu}\text{--}R\text{--}\overset{\delta^+}{X}]$ $\longrightarrow R-Nu + X^-$
	反应动力学	单分子反应，分两步进行	双分子反应，反应一步完成
	活性中间体	碳正离子	无
	重排情况	可能有	无
	速率决定步骤	碳正离子的形成	过渡态的形成
	立体化学	产物可能为外消旋体	产物可能发生构型转化
影响因素	烃基结构	生成的碳正离子越稳定，越利于反应 $R_3CX>R_2CHX>RCH_2X>CH_3X$	中心碳原子的位阻越小，越利于反应 $CH_3X>RCH_2X>R_2CHX>R_3CX$
	离去基团	离去基团可极化度越大，越易于离去：R-I>R-Br>R-Cl>R-F	
	溶剂	溶剂极性大有利于 S_N1 反应	
	亲核试剂	亲核性强对 S_N2 有利	
	竞争反应	消除反应（E1）、C^+重排	消除反应（E2）

2. 消除反应　在碱催化下进行，常用的碱如 NaOH/EtOH、NaOEt/EtOH 等。卤代烃的消除反应遵守札依采夫（A.M.Saytzeff）规律，即卤原子主要和相邻含氢较少的碳原子上的氢原子共同脱去，从而生成双键碳原子上连有最多烃基的烯烃。消除反应的机制分为单分子消除反应历程

（E1）和双分子消除反应历程（E2）。两种反应特点及影响因素见表 7-2。

表 7-2 消除反应特点及影响因素

		E1 反应历程	E2 反应历程
反应历程及特点	反应机制	$\mathrm{H{-}C{-}C{-}X} \xrightarrow{慢} \mathrm{H{-}C{-}C^{+}} + X^{-}$ $B^{-} + \mathrm{H{-}C{-}C^{+}} \xrightarrow{快} \mathrm{C{=}C}$	$B^{-} + \mathrm{H{-}C{-}C{-}X} \longrightarrow [\overset{\delta^-}{B}\cdots H{-}C\cdots C{-}X^{\delta^-}] \longrightarrow \mathrm{C{=}C} + X^{-} + HB$
	反应动力学	单分子反应，分两步进行	双分子反应，反应一步完成
	活性中间体	碳正离子	无
	重排情况	可能有	无
	速率决定步骤	碳正离子的形成	过渡态的形成
	立体化学	非立体专一性的反应	被消除的 H 和 X 处于反式共平面
影响因素	烃基结构	$R_3CX > R_2CHX > RCH_2X > CH_3X$	
	离去基团	R—I＞R—Br＞R—Cl＞R—F	
	溶剂	溶剂极性大有利于 E1 反应，极性小的溶剂有利于 E2 反应	
	竞争反应	亲核取代反应（S_N1）、C^+重排	亲核取代反应（S_N2）

（三）与金属镁的反应——格氏试剂的生成

格氏（Grignard）试剂中的C—Mg键极性很强，化学性质非常活泼，是有机合成中常用的一种强亲核试剂，能和多种化合物作用生成烃、醇、醛、酮、羧酸等物质。

$$\text{R-MgX} \xrightarrow{R'-CHO} \xrightarrow{H_3O^+} R-\underset{}{CH(OH)}-R'$$

$$\text{R-MgX} \xrightarrow{R'-CO-R''} \xrightarrow{H_3O^+} R'-C(OH)(R)-R''$$

$$\text{R-MgX} \xrightarrow{CO_2} \xrightarrow{H_3O^+} R-COOH$$

$$\text{R-MgX} \xrightarrow{\text{环氧乙烷}} \xrightarrow{H_3O^+} R-CH_2CH_2OH$$

格氏试剂也可以和含活泼氢的化合物发生反应。

$$RMgX + HY \longrightarrow RH + Y-Mg-X$$

$$Y = -OH、-OR、-NH_2、-C{\equiv}CR \text{ 等}$$

三、名词双语对照

氯甲烷　chloromethane
溴甲烷　bromomethane
碘甲烷　iodomethane
氯苯　chlorobenzene
溴苯　bromobenzene
二氯甲烷　dichloromethane
氯仿　chloroform
四氯化碳　tetrachloromethane
氯丙烯（又称烯丙基氯）　allyl chloride
氯乙烯　vinyl chloride
格氏试剂　Grignard reagent

四、知识点答疑

1. 命名下列化合物。

（1）$Cl—CH_2CH_2CH_2CH_2—Cl$　（2）Br　（3）Cl

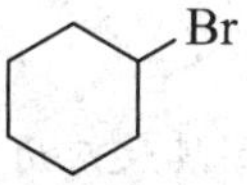

（4）Cl　（5）Cl　（6）Cl

【解答】

（1）1,4-二氯丁烷　（2）溴代环己烷
（3）3-氯代环己烯　（4）邻氯甲苯
（5）氯乙烯　（6）氯丙烯

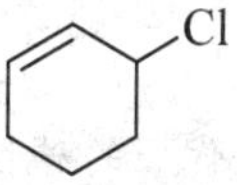

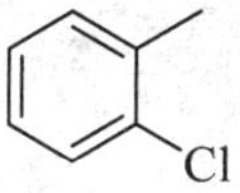

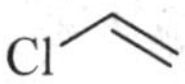

2. 写出下列化合物的结构式。

（1）2-甲基-3-溴丁烷　（2）2,2-二甲基-1-碘丙烷
（3）溴代环己烷　（4）2-氯-1,4-戊二烯
（5）烯丙基氯　（6）间氯甲苯

【解答】

（1）Br　（2）I　（3）Br

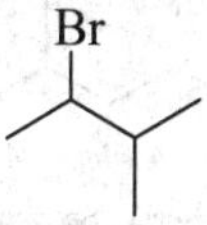

（4）Cl　（5）Cl　（6）Cl

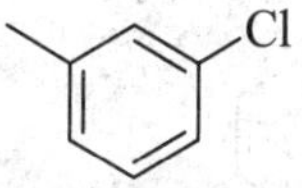

3. 写出下列反应的主要产物。

（1）$CH_3CH_2CH(CH_3)CHBrCH_3 \xrightarrow[\triangle]{KOH\ /\ C_2H_5OH} CH_3CH_2C(CH_3){=}CHCH_3$

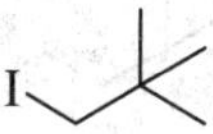

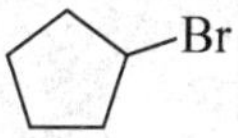

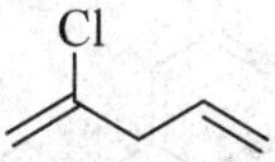

（2）$CHClCH_3$，Cl $\xrightarrow{KOH\ /\ H_2O}$ OH，$CHCH_3$，Cl

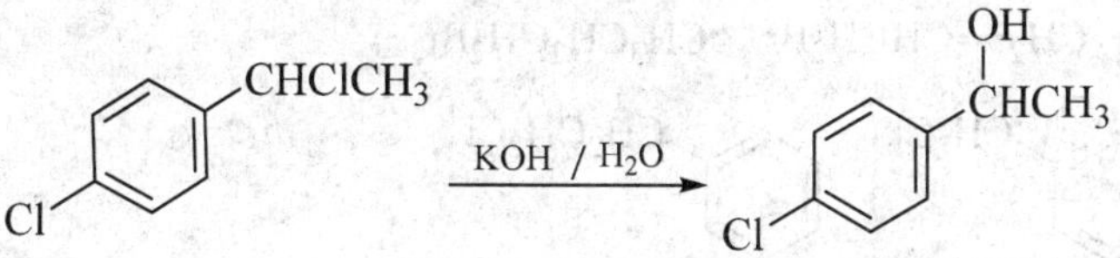

（3）Br，C_2H_5　+ NaOH $\xrightarrow[\triangle]{C_2H_5OH}$ C_2H_5

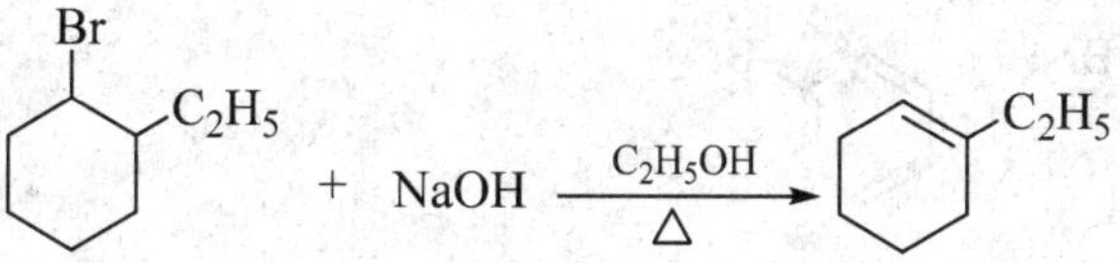

（4）

$$(CH_3)_2C{=}CH_2 \xrightarrow[\text{过氧化物}]{HBr} (CH_3)_2CHCH_2{-}Br \xrightarrow{NaCN} (CH_3)_2CHCH_2{-}CN$$

$$\xrightarrow{H_3O^+} (CH_3)_2CHCH_2{-}COOH$$

（5）

$$C_6H_5{-}CH{=}CH_2 \xrightarrow{HBr} C_6H_5{-}CHBrCH_3 \xrightarrow[\text{无水乙醚}]{Mg} C_6H_5{-}CH(MgBr)CH_3$$

$$\xrightarrow[\text{② } H_3O^+]{\text{① } CO_2} C_6H_5{-}CH(CH_3){-}COOH$$

4. 从下列卤代烃的碱性水解反应现象判断其反应历程属于 S_N1 还是 S_N2?

（1）产物的构型完全转化

（2）增加碱的浓度，可以明显加快反应速度

（3）反应一步完成

（4）实验证明反应过程中有碳正离子产生

（5）叔卤代烃的反应速度明显大于仲卤代烃

【解答】

属于 S_N1 反应现象的有（4）、（5）；属于 S_N2 反应现象的有（1）、（2）、（3）

5. 按 S_N1 历程排列下列各组化合物水解反应的活性次序。

（1）3-甲基-1-溴丁烷，2-甲基-2-溴丁烷，2-甲基-3-溴丁烷

（2）1-苯基-1-溴乙烷，苄基溴，1-苯基-2-溴乙烷

【解答】

6. 用化学方法鉴别下列各组化合物。

（1）$CH_3CH{=}CHBr$，$CH_2{=}CHCH_2Br$，$CH_3CH_2CH_2Br$

（2）C_6H_5Cl，$C_6H_5CH_2Cl$，$C_6H_5CH_2CH_2Cl$

（3）溴代环己烷（$C_6H_{11}Br$），3-溴环己烯，溴苯（C_6H_5Br）

【解答】

（1）

$$\left.\begin{array}{r}CH_3CH{=}CHBr\\ H_2C{=}CHCH_2Br\\ CH_3CH_2CH_2Br\end{array}\right\}\xrightarrow[C_2H_5OH]{AgNO_3}\begin{array}{l}\text{不生成AgBr沉淀}\\ \text{立即生成AgBr沉淀}\\ \text{加热，生成AgBr沉淀}\end{array}$$

（2）

$$\left.\begin{array}{r}C_6H_5Cl\\ C_6H_5CH_2Cl\\ C_6H_5CH_2CH_2Cl\end{array}\right\}\xrightarrow[C_2H_5OH]{AgNO_3}\begin{array}{l}\text{不生成AgCl沉淀}\\ \text{立即生成AgCl沉淀}\\ \text{加热，生成AgCl沉淀}\end{array}$$

（3）

$$\left.\begin{array}{r}\text{溴苯}\\ \text{3-溴环己烯}\\ \text{溴环己烷}\end{array}\right\}\xrightarrow[C_2H_5OH]{AgNO_3}\begin{array}{l}\text{不生成AgCl沉淀}\\ \text{立即生成AgCl沉淀}\\ \text{加热，生成AgCl沉淀}\end{array}$$

7. 按 S_N2 反应历程排列下列化合物的水解反应的活性次序。

1-溴丁烷；2,2-二甲基-1-溴丙烷；2-甲基-1-溴丁烷；3-甲基-1-溴丁烷

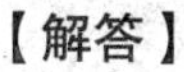

【解答】

1-溴丁烷 > 3-甲基-1-溴丁烷 > 2-甲基-1-溴丁烷 > 2,2-二甲基-1-溴丙烷

五、强 化 学 习

1. 选择题

（1）下列化合物按 S_N1 反应活性最大的为（　　）

A. 1-溴丁烷　　B. 2-溴丁烷　　C. 2-甲基-2-溴丙烷　　D. 1-溴丙烷

（2）下列物质与硝酸银的乙醇溶液反应，最先生成 AgBr 沉淀的是（　　）

A. $CH_3CH{=}C(Br)CH_2CH_3$　　B. $CH_3CH{=}CHCH_2CH_2Br$

C. $CH_3CH{=}CHCH(Br)CH_3$　　D. $H_2C(Br)CH{=}CHCH_2CH_3$

（3）下列化合物按 S_N2 历程进行亲核取代反应时，活性最大的为（　　）

A. 仲丁基溴　　B. 叔丁基溴　　C. 异丙基溴　　D. 溴丙烷

（4）下列化合物在氢氧化钾的醇溶液中最容易进行消去反应的是（　　）

A. $(CH_3)_3CBr$　　B. $(CH_3)_2CHCH_2Br$

C. 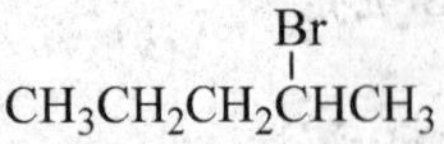　　D. $CH_3CH_2CH_2CH_2Br$

（5）下列有关叔卤代烷进行 S_N1 反应的叙述不正确的是（　　）

A. 试剂的亲核性对反应速度影响较大

B. 当中心碳原子是手性碳原子时，得到的产物发生外消旋化

C. 反应速度只与卤代烷的浓度有关，而与碱的浓度无关

D. 极性溶剂有利于反应的进行

（6）①1-苯基-3-溴丙烷，②1-苯基-2-溴丙烷，③1-苯基-1-溴丙烷，三者按 E1 反应时，其速率由大到小的顺序为（　　）

A. ①>②>③　　B. ③>①>②　　C. ②>③>①　　D. ③>②>①

（7）下列化合物最易发生水解反应的是（　　）

A. 溴乙烷　　B. 碘乙烷　　C. 氯乙烷　　D. 碘乙烯

（8）在室温下能与硝酸银的醇溶液生成沉淀的是（　　）

A. 2-溴丁烷　　B. 2-溴-2-丁烯　　C. 1-苯基-2-溴丁烷　　D. 1-苯基-1-溴丁烷

（9）下列叙述正确的是（　　）

A. 在制备 Grignard 试剂时不需要隔绝空气

B. 消除反应和亲核取代反应由于历程不同，所以不是相互竞争的

C. 在 S_N1 和 E1 反应中都有正碳离子产生

D. S_N1 反应过程中伴有构型反转

（10）札依采夫规则可以用来确定下列哪种反应的主要产物（　　）

A. 不对称烯烃与溴化氢的加成　　B. 卤代烃的消除反应

C. 甲苯的硝化反应　　D. 烷烃的卤代反应

（11）下列化合物能发生消去反应，生成物中存在同分异构体的是（　　）

A. 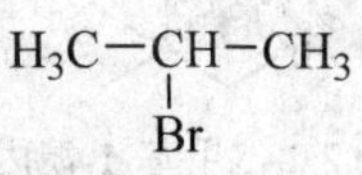　　B. 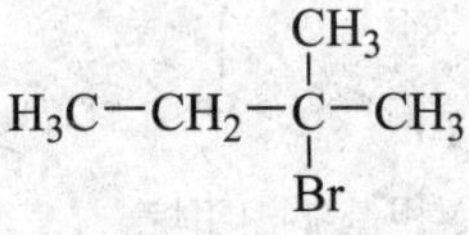

C. 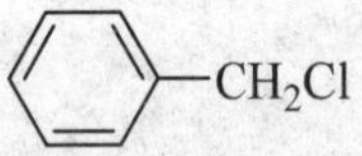　　D. CH_3Br

2. 命名并写出下列化合物的结构式

（1）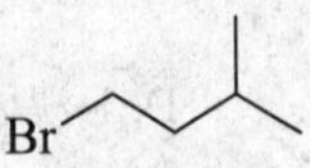　（2）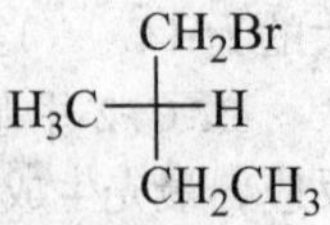　（3）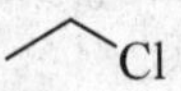

（4）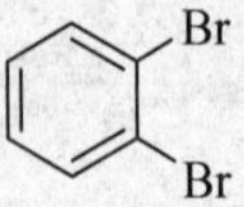　（5）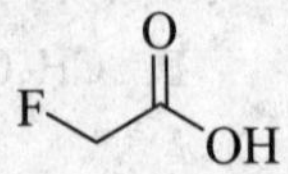　（6）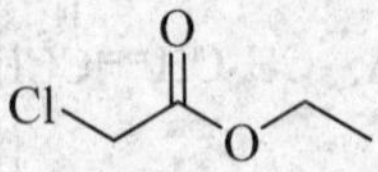

（7）$ClCH_2CH_2Cl$（键线式）　（8）（键线式：Cl 取代的烯烃）　（9）2-氯乙酰胺

（10）苄基氯　（11）碘甲烷　（12）碘仿　（13）3-氟甲苯

3. 写出下列反应的主要产物

（1）邻氯苄基氯（苯环上 Cl、CH_2Cl） + KCN $\xrightarrow{C_2H_5OH}$

（2）1-甲基-1-溴环己-2-烯（Br） + KOH $\xrightarrow[\triangle]{C_2H_5OH}$

（3）CH_3CH_2Br + 苯酚钠（ONa） $\longrightarrow$

（4）$CH_3CH_2CHBrCH_3$ $\xrightarrow[NaOH]{H_2O}$

（5）$ClCH{=}CHCH_2Cl$ $\xrightarrow[NaOH]{H_2O}$

（6）C_6H_5—$CH_2CHBrCH(CH_3)_2$ + NaOH $\xrightarrow[\triangle]{C_2H_5OH}$

（7）环氧乙烷（O） + CH_3MgBr $\xrightarrow{无水乙醚}$ $\xrightarrow{H_3O^+}$

（8）对氯苄基氯（Cl） $\xrightarrow{NaOH/H_2O}$

（9）$CH_3CH_2CHClCH_3$ $\xrightarrow[C_2H_5OH]{AgNO_3}$

（10）$H_2C{=}CHCH_2Br$ + C_2H_5ONa $\longrightarrow$

（11）$CH_3CH_2CH_2Br$ $\xrightarrow[Mg]{无水乙醚}$ $\xrightarrow{H_3O^+}$

（12）氯苯（Cl） + Mg $\xrightarrow{四氢呋喃（O）}$

（13）$(CH_3)_3C—Br$ $\xrightarrow{H_2O}$

（14）环己基—CH_2Br + NaCN $\longrightarrow$

（15）1-溴-1-甲基环己烷（Br、CH_3） + NaCN $\longrightarrow$

4. 简答题

（1）简述 S_N1 反应历程及 S_N2 反应历程的特点。

（2）不管实验条件如何，卤代新戊烷在亲核取代中的反应速度都很慢，怎样解释这个事实？

（3）卤代烷与 NaOH 在乙醇水溶液中进行反应，①增加溶剂的含水量反应明显加快，②有重排反应，③叔卤代烷反应速度大于仲卤代，④反应历程只有一步，⑤产物构型完全转化。指出哪些属于 S_N1 反应历程，哪些属于 S_N2 反应历程？

（4）下述反应能否用于合成醚？解释为什么能或不能。

$$(CH_3)_3CONa + (CH_3)_3C-Br \xrightarrow{S_N2} (CH_3)_3C-O-C(CH_3)_3$$

（5）将下列化合物按 S_N1 反应时的活性从大到小排序，并解释原因。

Cl ， Cl ， O_2N Cl

5. 推导结构

（1）化合物 A 的分子式为 C_9H_{10}，能使溴水褪色，但无顺反异构。A 与 HBr 作用得到 B，B 具有旋光性。B 用 KOH 醇溶液处理后得到与 A 分子式相同的 C，C 也能使溴水褪色，并有顺反异构。试写出 A、B、C 的可能结构式。

（2）某卤代烃 A（$C_5H_{11}Br$）无手性，与 KOH 的乙醇溶液共热生成 B（C_5H_{10}），B 被高锰酸钾氧化得丙酮和乙酸。试推断 A 和 B 的结构式。

（3）A 的分子式为 C_3H_7Br，与 KOH 的乙醇溶液共热得 B，分子式为 C_3H_6，在过氧化物的存在下使 B 与 HBr 作用，则得到 A 的异构体 C，推断 A、B 和 C 的结构。

（4）某化合物 A 的分子式为 C_6H_{12}，它和溴水不反应，在紫外线照射下与溴作用得到一产物 B（$C_6H_{11}Br$），B 可以拆分为一对对映体。B 与 KOH 的醇溶液作用得 C（C_6H_{10}），C 经臭氧化并在 Zn 粉存在下水解得到 5-羰基己醛，试写出化合物 A、B 和 C 的结构式。

6. 由 1-溴丙烷制备下列化合物

（1）二丙醚　　（2）异丙醇

（3）丙基异丙基醚　　（4）异丁酸

六、导 师 指 路

1. 选择题

【解答】

（1）C;　（2）C;　（3）D;　（4）A;　（5）A;　（6）D;

（7）B;　（8）D;　（9）C;　（10）B;　（11）B

2. 命名及写出下列化合物的结构式

【解答】

（1）3-甲基-1-溴丁烷　　（2）(*S*)-2-甲基-1-溴丁烷

（3）氯乙烷　　（4）1,2-二溴苯

（5）2-氟乙酸　　（6）2-氯乙酸乙酯

（7）1,2-二氯乙烷　　（8）(*E*)-3-氯戊-2-烯

（9）Cl O NH_2　　（10）Cl　　（11）CH_3I

（12）CHI_3　　（13）F

3. 写出下列反应的主要产物

【解答】

(1) 邻氯苄氯 (2-Cl-C₆H₄-CH₂Cl) + KCN $\xrightarrow{C_2H_5OH}$ 2-Cl-C₆H₄-CH₂CN

(2) 1-溴-1-甲基环己-2-烯 + KOH $\xrightarrow[\triangle]{C_2H_5OH}$ 1-甲基环己-1,3-二烯

(3) CH_3CH_2Br + C₆H₅ONa ⟶ C₆H₅OCH₂CH₃

(4) $CH_3CH_2CHBrCH_3 \xrightarrow[NaOH]{H_2O} CH_3CH_2CH(OH)CH_3$

(5) $ClCH{=}CHCH_2Cl \xrightarrow[NaOH]{H_2O} ClCH{=}CHCH_2OH$

(6) C₆H₅-CH₂CHBrCH(CH₃)₂ + NaOH $\xrightarrow[\triangle]{C_2H_5OH}$ C₆H₅-CH=CHCH(CH₃)₂

(7) 环氧乙烷 + $CH_3MgBr \xrightarrow{无水乙醚} \xrightarrow{H_3O^+} CH_3CH_2CH_2OH$

(8) 4-Cl-C₆H₄-CH₂Cl $\xrightarrow{NaOH/H_2O}$ 4-Cl-C₆H₄-CH₂OH

(9) $CH_3CH_2CHClCH_3 \xrightarrow[C_2H_5OH]{AgNO_3} CH_3CH_2CH(ONO_2)CH_3$

(10) $H_2C{=}CHCH_2Br + C_2H_5ONa \longrightarrow H_2C{=}CHCH_2OCH_2CH_3$

(11) $CH_3CH_2CH_2Br \xrightarrow[Mg]{无水乙醚} \xrightarrow{H_3O^+} CH_3CH_2CH_3$

(12) C₆H₅Cl + Mg $\xrightarrow{THF}$ C₆H₅MgCl

(13) $(CH_3)_3C{-}Br \xrightarrow{H_2O} (CH_3)_3C{-}OH$

(14) 环己基-CH₂Br + NaCN ⟶ 环己基-CH₂CN +

(15) 1-溴-1-甲基环己烷 + NaCN ⟶ 1-甲基环己烯 (–CH₃)

4. 简答题

【解答】

(1) S_N1 反应的特点：①反应分两步进行；②反应速度仅与卤代烃的浓度成正比，而与亲

核试剂的浓度无关，是单分子反应；③有活性中间体碳正离子产生，可能有重排产物生成；④当与卤素原子相连的碳原子是手性碳时，反应可能生成外消旋体混合物。

S_N2 反应的特点：①反应一步完成，旧键的断裂和新键的形成同时进行；②是双分子反应，反应速度与卤代烃和亲核试剂的浓度成正比；③如果中心碳原子为手性碳原子，反应过程伴随有构型的转化。

（2）对于 S_N1 反应，卤代新戊烷是一个伯卤代烷，不易形成碳正离子；当卤代新戊烷的 β 位上有相当大体积的取代基时，就相当拥挤，进攻基团很难与碳原子接触，S_N2 过渡态也存在同样问题，反应速率很小。

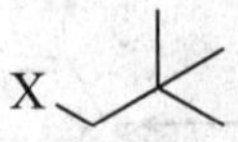

X

卤代新戊烷

（3）S_N1：①②③。S_N2：④⑤

（4）叔卤代烃不发生 S_N2 反应，在强碱作用下主要发生消去反应生成$(CH_3)_2C{=}CH_2$，以消去产物为主，得不到所需产物$(CH_3)_3COC(CH_3)_3$。故此反应不能用于合成醚。

（5）据题意，以上三个化合物进行的都是 S_N1 反应，那么反应进行的难易取决于中间体碳正离子的稳定性，如果离解后生成的碳正离子越稳定，反应越易进行，即反应活性越大。以上三个化合物离解后生成的均为苄基型碳正离子，但这些碳正离子苯环上所连的取代基不同。如果所连的取代基越有利于碳正离子的正电荷的分散，则该碳正离子越稳定，反应活性就越大；反之则越不稳定，反应活性就越小。三个化合物离解后生成的相应碳正离子的稳定次序是

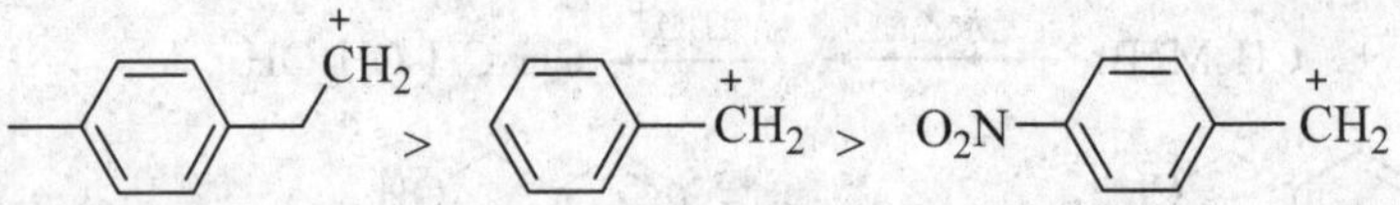

$\overset{+}{C}H_2$ > $\overset{+}{C}H_2$ > O_2N $\overset{+}{C}H_2$

所以三个化合物按 S_N1 反应时的活性从大到小排序为：

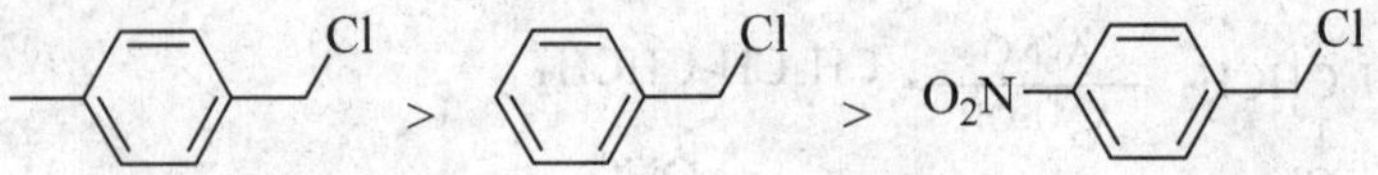

Cl > Cl > O_2N Cl

5. 推导结构

【解答】

（1）A. $CH_2CH{=}CH_2$　B. 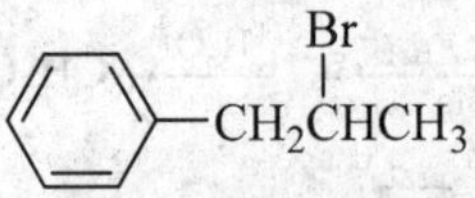 $CH_2\overset{Br}{C}HCH_3$　C. $CH{=}CHCH_3$

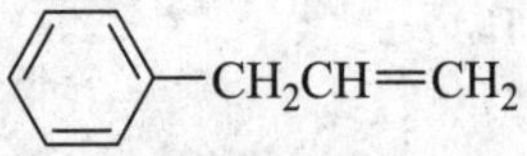

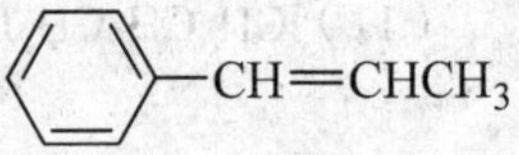

（2）A. $(CH_3)_2\overset{Br}{C}CH_2CH_3$　B. 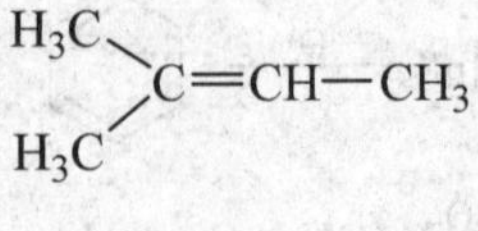 $(H_3C)_2C{=}CH{-}CH_3$

（3）A. $CH_3\overset{Br}{C}HCH_3$　B. $CH_3CH{=}CH_2$　C. $CH_3CH_2CH_2Br$

（4）A. 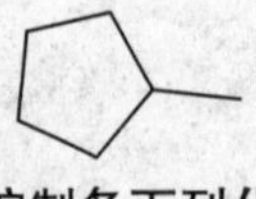　B. 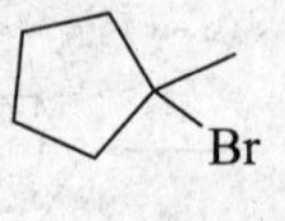 Br　C.

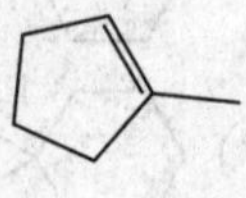

6. 由 1-溴丙烷制备下列化合物

【解答】

（1）$CH_3CH_2CH_2Br + NaOH \longrightarrow CH_3CH_2CH_2OH$

$$CH_3CH_2CH_2OH + Na \longrightarrow CH_3CH_2CH_2ONa + H_2$$

$$CH_3CH_2CH_2Br + CH_3CH_2CH_2ONa \longrightarrow CH_3CH_2CH_2OCH_2CH_2CH_3$$

（2）

$$CH_3CH_2CH_2Br \xrightarrow[\triangle]{NaOH/C_2H_5OH} CH_3CH{=}CH_2$$

$$CH_3CH{=}CH_2 + H_2O \xrightarrow{H_2SO_4} CH_3CH(OH)CH_3$$

（3）

$$CH_3CH_2CH_2Br \xrightarrow[\triangle]{NaOH/C_2H_5OH} CH_3CH{=}CH_2$$

$$CH_3CH{=}CH_2 + HBr \longrightarrow CH_3CHBrCH_3$$

$$CH_3CHBrCH_3 \xrightarrow[NaOH]{H_2O} CH_3CH(OH)CH_3$$

$$CH_3CH(OH)CH_3 + Na \longrightarrow CH_3CH(ONa)CH_3 + H_2$$

$$CH_3CH_2CH_2Br + CH_3CH(ONa)CH_3 \longrightarrow CH_3CH_2CH_2OCH(CH_3)_2$$

（4）

$$CH_3CH_2CH_2Br \xrightarrow[\triangle]{NaOH/C_2H_5OH} CH_3CH{=}CH_2$$

$$CH_3CH{=}CH_2 + HBr \longrightarrow CH_3CHBrCH_3$$

$$CH_3CHBrCH_3 + NaCN \longrightarrow (CH_3)_2CHCN$$

$$(CH_3)_2CHCN + H_2O \xrightarrow[\triangle]{H^+} (CH_3)_2CHCOOH$$

（蔡　东）

第八章　醇、酚、醚

一、本章基本要求

1. 掌握　醇、酚、醚的结构特征和命名方法。醇的亲核取代反应、酚环上的亲电取代反应、环氧化合物的开环反应。

2. 熟悉　邻二醇的化学性质、苯酚的显色反应、醚与浓酸的反应。

3. 了解　醇的脱水、成酯、脱氢、酚的氧化、醚的过氧化物。

二、本 章 要 点

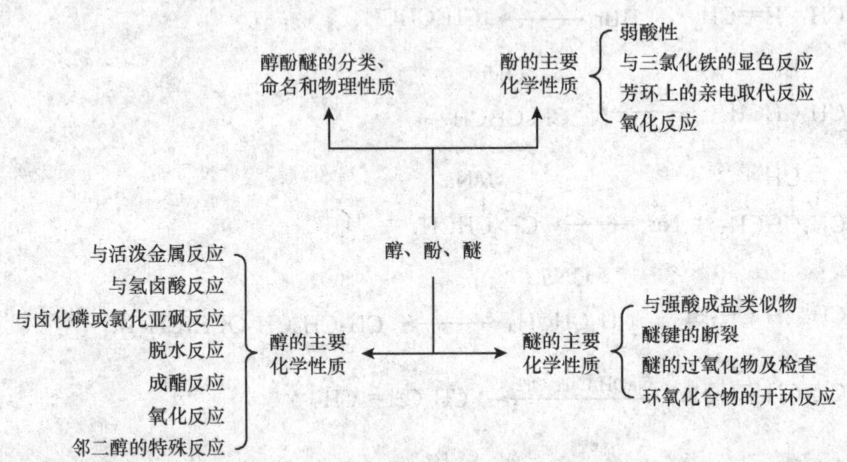

（一）醇的化学性质

醇的主要化学性质：与活泼金属（如 Na、K、Mg、Al 等）反应生成相应的醇盐，与氢卤酸、卤化磷及氯化亚砜等发生亲核取代反应生成卤代烃，分子内脱水成烯，分子间脱水成醚，成酯反应，氧化脱氢反应等。

$$\text{ROH} \xrightarrow{\text{金属 (M)}} \text{ROM}$$

$$\text{ROH} \xrightarrow{\text{H}^+,\ \text{R'OH 或 R'X 或 R'X, HO}} \text{ROR'}$$

$$\text{ROH} \xrightarrow{\text{H}_2\text{SO}_4,\ \triangle} \text{烯}$$

$$\text{ROH} \xrightarrow{\text{R'COOH}} \text{R'}-\overset{\text{O}}{\overset{\|}{\text{C}}}-\text{OR}$$

$$\text{ROH} \xrightarrow{\text{Cr(VI)}} \text{R}-\overset{\text{O}}{\overset{\|}{\text{C}}}-\text{H(R')}$$

$$\text{ROH} \xrightarrow{\text{PX}_3\ \text{or SOCl}_2} \text{RX 或 RCl}$$

（中心：$\text{C}-\text{OH}$ 或 ROH）

（二）酚的化学性质

酚羟基受苯环影响，羟基上的氢具有一定的酸性，可以与强碱成盐；酚的苯环受羟基的影响更易于发生亲电取代反应，其中与溴水的反应可以用于鉴别。

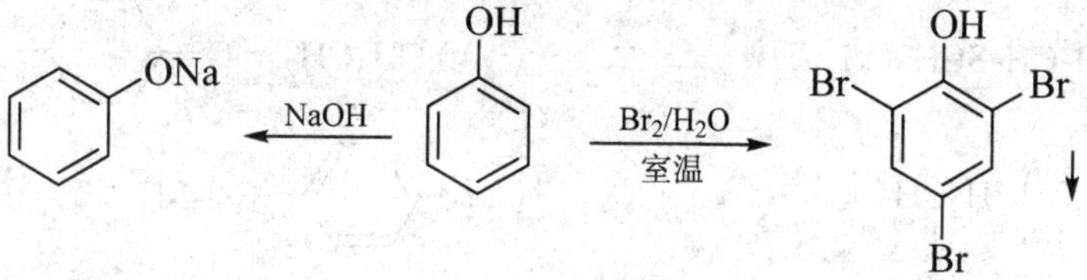

$$C_6H_5ONa \xleftarrow{NaOH} C_6H_5OH \xrightarrow[\text{室温}]{Br_2/H_2O} 2,4,6\text{-}Br_3C_6H_2OH \downarrow$$

（三）醚的化学性质

醚的化学性质主要表现为醚键的断裂，如醚与浓强酸（如氢卤酸）共热时，醚的 C—O 键断裂生成卤代烃和醇，如有过量的氢卤酸存在，则生成的醇还能进一步转变成卤代烃。

$$ROR' + HI \longrightarrow RI + R'OH$$

$$R'OH + HI \longrightarrow R'I + H_2O$$

三元环醚（环氧乙烷）化学性质非常活泼，易发生开环加成反应。

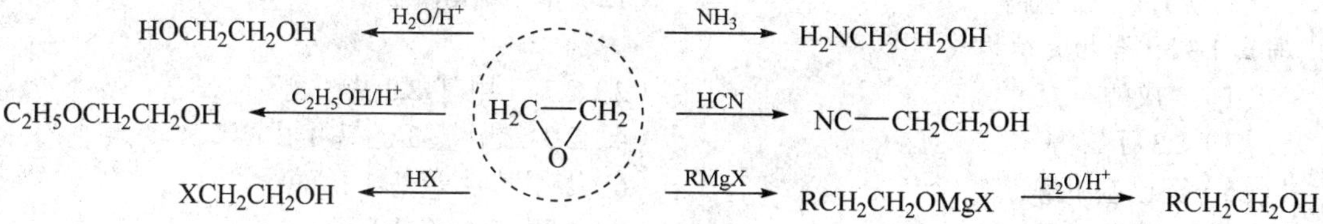

$$HOCH_2CH_2OH \xleftarrow{H_2O/H^+} \text{环氧乙烷} \xrightarrow{NH_3} H_2NCH_2CH_2OH$$

$$C_2H_5OCH_2CH_2OH \xleftarrow{C_2H_5OH/H^+} \text{环氧乙烷} \xrightarrow{HCN} NC—CH_2CH_2OH$$

$$XCH_2CH_2OH \xleftarrow{HX} \text{环氧乙烷} \xrightarrow{RMgX} RCH_2CH_2OMgX \xrightarrow{H_2O/H^+} RCH_2CH_2OH$$

三、名词双语对照

醇 alcohol
酚 phenol
醚 ether
羟基 hydroxyl
环氧化合物 epoxide
硫醚 thioether
砜 sulfone
亚砜 sulfoxide

四、知识点答疑

1. 用系统命名法命名下列化合物。

（1）$CH_3CH_2CH(OH)CH_3$

（2）$CH_3CH(CH_2CH_3)CH_2CH_2CH_2CH_2OH$

（3）$C_6H_5CH(CH_3)CH_2CH_2OH$

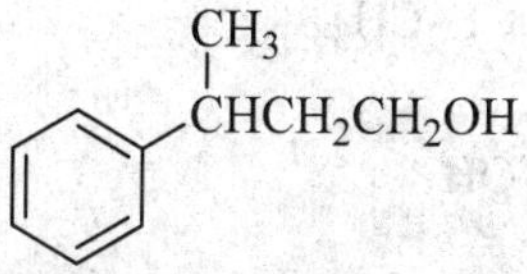

（4）$H_2C{=}CHCH_2CH_2CH_2OH$

（5）3,5-二甲基苯酚结构（H_3C、CH_3、OH 取代苯环）

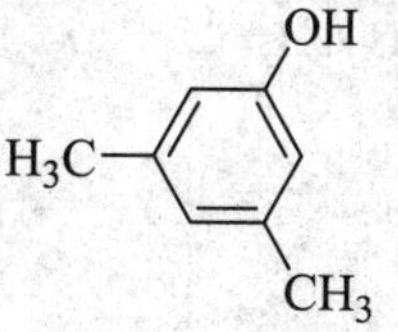

（6）邻位取代苯酚：OH 与 $CH_2CH(CH_3)CH_2CH_3$

（7）CH_3CH_2—苯环—OH（邻位另一 OH）

（8）环己醇，间位 CH_3

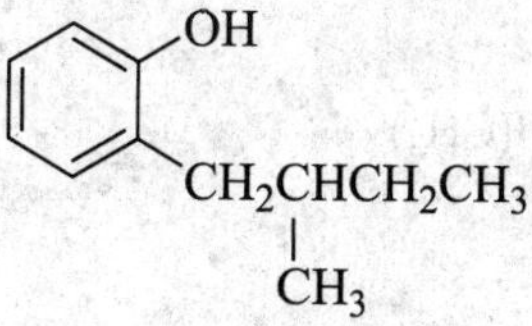

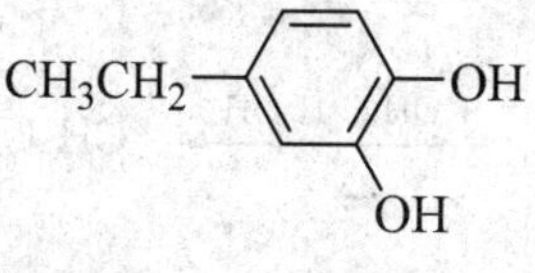

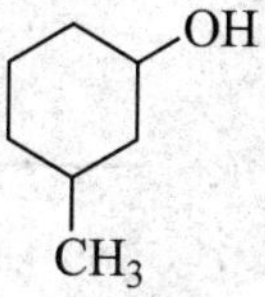

(9) $CH_3CH_2CH_2SCH_2CH_2CH_3$

(10) $CH_3CH_2-O-C_6H_4-CH_2CH_2CH_3$ (对位)

(11) $CH_3CH(SH)CH_2CH_2SH$

(12) $C_6H_5-CH_2SH$

【解答】

(1) 2-丁醇
(2) 5-甲基-1-庚醇
(3) 3-苯基-1-丁醇
(4) 4-戊烯-1-醇
(5) 3,5-二甲基苯酚
(6) 2-(2-甲基丁基)苯酚
(7) 4-乙基-1,2-苯二酚
(8) 3-甲基环己醇
(9) 丙硫醚
(10) 对丙基苯基乙基醚（或对乙氧基丙苯）
(11) 1,3-丁二硫醇
(12) 苯甲硫醇

2. 写出下列化合物的结构式。

(1) 3-戊醇
(2) 2,3-二甲基-2,3-戊二醇
(3) 2,3-丁二醇
(4) 2,3-二甲基-3-乙基-1-戊醇
(5) 环己基甲醇
(6) 2-甲基-3-苯基-1-丙醇
(7) α-萘酚
(8) 2-甲基-6-乙基苯酚
(9) 甲基异丙基硫醚
(10) 2-乙氧基甲苯

【解答】

(1) $CH_3CH_2CH(OH)CH_2CH_3$

(2) $H_3C-C(CH_3)(OH)-C(OH)(CH_3)-CH_2CH_3$

(3) $CH_3CH(OH)CH(OH)CH_3$

(4) $HO-CH_2-CH(CH_3)-C(CH_3)(CH_2CH_3)-CH_2CH_3$

(5) $C_6H_{11}-CH_2OH$（环己基甲醇）

(6) $C_6H_5-CH_2CH(CH_3)CH_2OH$

(7) （萘环上的 OH）

(8) （苯环：OH，邻位分别为 CH_2CH_3 和 CH_3）

(9) $CH_3SCH(CH_3)_2$

(10) （苯环：OCH_2CH_3，邻位 CH_3）

3. 完成下列反应式。

(1)

$$CH_3CH_2-C(CH_3)(OH)-CH_3 + HCl（浓）\longrightarrow CH_3CH_2-C(CH_3)(Cl)-CH_3 \xrightarrow[\triangle]{KOH/C_2H_5OH} CH_3CH=C(CH_3)CH_3$$

（2）$CH_3CH(CH_3)CH(OH)CH_3 \xrightarrow[\triangle]{H_2SO_4（浓）} CH_3CH{=}C(CH_3)CH_3$

（3）$CH_3CH_2CH_2OH + SOCl_2 \longrightarrow CH_3CH_2CH_2Cl$

（4）$CH_2{=}CHCH_2OH \xrightarrow{CrO_3/C_5H_5N} CH_2{=}CHCHO$

（5）$CH_3CH_2SH \xrightarrow{H_2O_2} CH_3CH_2S{-}SCH_2CH_3$

（6）2-甲基四氢吡喃 $\xrightarrow[\triangle]{HI} HOCH_2CH_2CH_2CH_2CH(I)CH_3$

（7）对甲基苯酚 $\xrightarrow{Br_2/H_2O}$ 2,6-二溴-4-甲基苯酚↓

（8）1-甲基-1,2-环己二醇 $\xrightarrow{HIO_4} HC(=O){-}CH_2CH_2CH_2CH_2C(=O)CH_3$

4. 怎样从含烃类杂质的苯酚溶液中分离出苯酚？

【解答】 可以利用苯酚与氢氧化钠反应生成溶于水的盐而与不溶于水的烃类分离，再将分离后的苯酚钠与酸反应，苯酚游离析出。

5. 为什么苯酚发生亲电取代反应比苯容易得多？

【解答】 由于苯酚的酚羟基氧原子的电子对苯环的给电子共轭效应提高了苯环的电子云密度，苯酚的羟基对于苯环的亲电取代反应来说是一个活化苯环的基团，所以苯酚发生亲电取代反应比苯容易得多。

6. 用化学方法鉴别下列各组化合物。

（1）正丁醇、2-丁醇、2-丁烯-1-醇

（2）苯甲醇、苯甲醚、对甲基苯酚

（3）正丙醇、2-甲基-2-丁醇、甘油

【解答】

（1）加入 36% $HCl/ZnCl_2$，室温：

- $CH_3CH_2CH_2CH_2OH$：不出现混浊，加热后混浊
- $CH_3CH_2CH(OH)CH_3$：数分钟后混浊
- $CH_3CH{=}CHCH_2OH$：立即混浊

（2）加入 5% NaOH：

- 苯甲醇（$C_6H_5CH_2OH$）：不溶 $\xrightarrow{浓盐酸}$ 不溶
- 苯甲醚（$C_6H_5OCH_3$）：不溶 $\xrightarrow{浓盐酸}$ 溶解
- 对甲基苯酚：溶解

（3）$CH_3CH_2CH_2OH$、$CH_3CH_2C(CH_3)_2OH$、$CH_2OH-CHOH-CH_2OH$ $\xrightarrow{Cu(OH)_2}$

$CH_3CH_2CH_2OH$：无变化；$CH_3CH_2C(CH_3)_2OH$：无变化 $\xrightarrow[\text{室温}]{36\%\ HCl/ZnCl_2}$ 不出现混浊，加热后混浊；立即混浊

$CH_2OH-CHOH-CH_2OH$：绛蓝色

7. 某化合物 A（$C_5H_{12}O$）为仲醇，脱水可得 B（C_5H_{10}），B 可与溴水加成得到 C（$C_5H_{10}Br_2$），C 与氢氧化钠的水溶液共热转变为 D（$C_5H_{12}O_2$），D 在高碘酸的作用下最终生成乙醛和丙酮。试推测 A 的结构，并写出有关化学反应式。

【解答】

$$\underset{A}{CH_3CH(OH)CH(CH_3)CH_3} \xrightarrow{-H_2O} \underset{B}{CH_3CH{=}C(CH_3)CH_3} \xrightarrow{Br_2/H_2O} \underset{C}{CH_3CHBr-CBr(CH_3)-CH_3}$$

$$\xrightarrow[\triangle]{NaOH/H_2O} \underset{D}{CH_3CH(OH)-C(OH)(CH_3)-CH_3} \xrightarrow{HIO_4} CH_3CHO + CH_3COCH_3$$

8. A、B、C 三种化合物的分子式均为 $C_4H_{10}O$，A、B 可与金属钠反应，C 不反应。B 能使铬酸试剂变色，A、C 不能。A 和 B 与浓硫酸共热可得到相同的产物，分子式为 C_4H_8。C 与过量的氢碘酸反应，只得到一种主要产物。试推测 A、B、C 的结构，并写出有关化学反应式。

【解答】

A. $CH_3C(CH_3)(OH)CH_3$　　B. $CH_3CH(CH_3)CH_2OH$　　C. $CH_3CH_2-O-CH_2CH_3$

$$CH_3C(CH_3)(OH)CH_3 \xrightarrow{Na} CH_3C(CH_3)(ONa)CH_3 \qquad CH_3CH(CH_3)CH_2OH \xrightarrow{Na} CH_3CH(CH_3)CH_2ONa$$

$$CH_3C(CH_3)(OH)CH_3 \xrightarrow{\text{浓}H_2SO_4} CH_3C(CH_3){=}CH_2 \xleftarrow{\text{浓}H_2SO_4} CH_3CH(CH_3)CH_2OH$$

$$CH_3CH_2-O-CH_2CH_3 \xrightarrow{HI} 2\ CH_3CH_2I$$

五、强 化 学 习

1. 用系统命名法命名下列化合物

（1）$CH_3CH(CH_3)CH_2CH_2OH$

（2）1-甲基环己醇结构（环己烷环上同一碳连 CH_3 和 OH）

（3）$C_2H_5CHCHCH_3$（C_2H_5CH 上连 CH_2OH，CH 上连 C_2H_5）

（4）$CH_3CH{=}CHCH_2OH$

（5）$CH_3C{\equiv}CCH_2OH$

（6）Cl⁄\⁄\OH（Cl—$CH_2CH_2CH_2$—OH 键线式）

（7）H—C(—OH)（上 CH_3，下 CH_2Ph，Fischer 投影式）

（8）环己基—CH_2—OH

（9）$C_2H_5CHCHCH_3$（C_2H_5CH 上连 OCH_3，CH 上连 OH）

（10）H_3C—苯环—OH（OH 邻位连 CH_2CH_3）

（11）苯环上 OH，邻位 OCH_3

（12）苯环—OCH_3

2. 选择题

（1）下列四个化合物的酸性顺序为（　　）

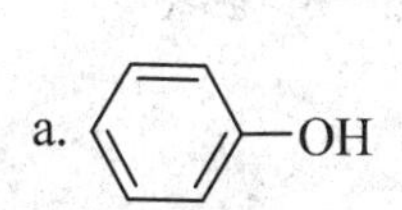

b. $CH_3C(=O)$—苯环—OH（对位）

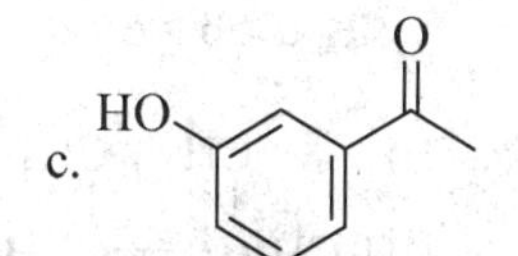

d. 苯环上 $C(=O)CH_3$，邻位 OH

A. d>b>c>a　　B. a>b>c>d　　C. b>d>c>a　　D. d>b>a>c

（2）OH^- 对下列各物的亲核取代反应的难易顺序为（　　）

a. Br—苯环—NO_2（对位）　b. Br—苯环—NO_2（2,4-二硝基）　c. Br—苯环

A. b>a>c　　B. b>c>a　　C. c>a>b　　D. a>b>c

（3）下列化合物发生消去反应（酸催化脱水）的难易顺序为（　　）

a. $CH_3CH_2CH(CH_3)CH(OH)CH_3$　　b. 环戊醇（环戊烷同一碳上连 OH 和 H）　　c. $(CH_3)_3CCH(CH_3)CH_2OH$

A. a>b>c　　B. b>a>c　　C. b>c>a　　D. c>a>b

（4）下列醇与 Lucas 试剂在室温条件下反应，立即混浊的是（　　）

A. $CH_3CH_2CH_2CH_2OH$　　B. $CH_3CH_2CHCH_3$（CH 上连 OH）

C. $CH_3CH_2CCH_2OH$（C 上连两个 CH_3）　　D. $CH_3CCH_2CH_3$（C 上连 CH_3 和 OH）

（5）下列四个化合物的酸性顺序为（　　）

a. 苯环—C≡CH　b. 苯环—OH　c. O_2N—苯环—OH　d. 苯环—CH_2OH

A. d>b>c>a　　B. c>b>d>a　　C. b>d>c>a　　D. d>b>a>c

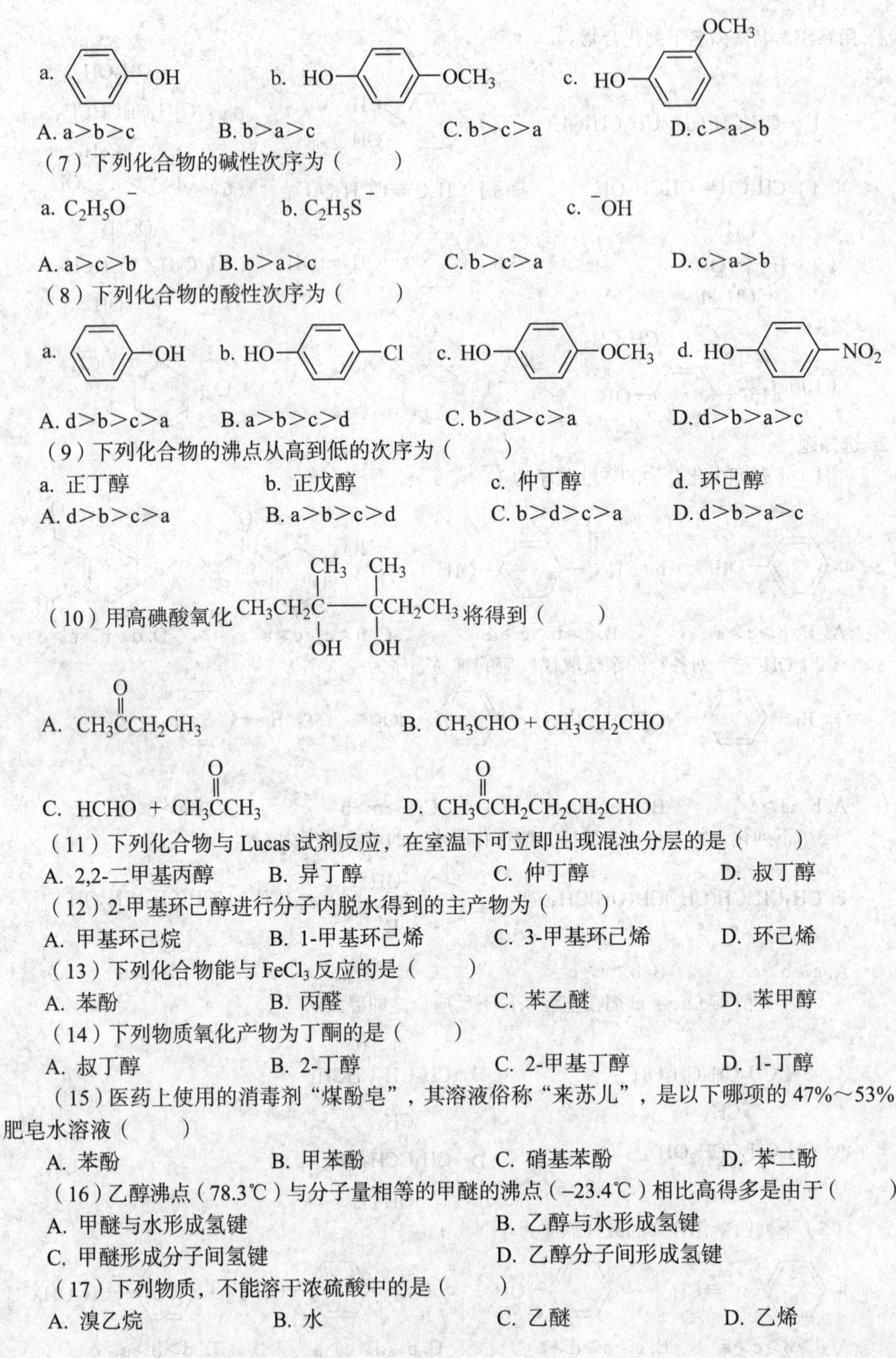

（6）下列化合物的酸性次序为（　　）

a. 苯酚（Ph—OH）　b. HO—C_6H_4—OCH_3（对位）　c. HO—C_6H_4—OCH_3（间位）

A. a>b>c　　B. b>a>c　　C. b>c>a　　D. c>a>b

（7）下列化合物的碱性次序为（　　）

a. $C_2H_5O^-$　　b. $C_2H_5S^-$　　c. ^-OH

A. a>c>b　　B. b>a>c　　C. b>c>a　　D. c>a>b

（8）下列化合物的酸性次序为（　　）

a. 苯酚（Ph—OH）　b. HO—C_6H_4—Cl　c. HO—C_6H_4—OCH_3　d. HO—C_6H_4—NO_2

A. d>b>c>a　　B. a>b>c>d　　C. b>d>c>a　　D. d>b>a>c

（9）下列化合物的沸点从高到低的次序为（　　）

a. 正丁醇　　b. 正戊醇　　c. 仲丁醇　　d. 环己醇

A. d>b>c>a　　B. a>b>c>d　　C. b>d>c>a　　D. d>b>a>c

（10）用高碘酸氧化 $CH_3CH_2C(CH_3)(OH)—C(CH_3)(OH)CH_2CH_3$ 将得到（　　）

A. $CH_3\overset{O}{\overset{\|}{C}}CH_2CH_3$　　B. $CH_3CHO + CH_3CH_2CHO$

C. $HCHO + CH_3\overset{O}{\overset{\|}{C}}CH_3$　　D. $CH_3\overset{O}{\overset{\|}{C}}CH_2CH_2CH_2CHO$

（11）下列化合物与 Lucas 试剂反应，在室温下可立即出现混浊分层的是（　　）

A. 2,2-二甲基丙醇　　B. 异丁醇　　C. 仲丁醇　　D. 叔丁醇

（12）2-甲基环己醇进行分子内脱水得到的主产物为（　　）

A. 甲基环己烷　　B. 1-甲基环己烯　　C. 3-甲基环己烯　　D. 环己烯

（13）下列化合物能与 $FeCl_3$ 反应的是（　　）

A. 苯酚　　B. 丙醛　　C. 苯乙醚　　D. 苯甲醇

（14）下列物质氧化产物为丁酮的是（　　）

A. 叔丁醇　　B. 2-丁醇　　C. 2-甲基丁醇　　D. 1-丁醇

（15）医药上使用的消毒剂“煤酚皂”，其溶液俗称“来苏儿”，是以下哪项的 47%～53% 肥皂水溶液（　　）

A. 苯酚　　B. 甲苯酚　　C. 硝基苯酚　　D. 苯二酚

（16）乙醇沸点（78.3℃）与分子量相等的甲醚的沸点（–23.4℃）相比高得多是由于（　　）

A. 甲醚与水形成氢键　　B. 乙醇与水形成氢键

C. 甲醚形成分子间氢键　　D. 乙醇分子间形成氢键

（17）下列物质，不能溶于浓硫酸中的是（　　）

A. 溴乙烷　　B. 水　　C. 乙醚　　D. 乙烯

（18）下列哪种化合物可用来检查醚中过氧化物的存在（　　）

A. 氢氧化钠　　B. 高锰酸钾　　C. 淀粉、碘化钾试纸　　D. 硫酸

（19）下面哪种醇与金属钠反应的速度最快（　　）

A. 甲醇　　B. 叔丁醇　　C. 异丙醇　　D. 正丙醇

（20）鉴别苯甲醚、苯酚最好选择（　　）

A. 高锰酸钾　　B. 浓硫酸　　C. 三氯化铁　　D. Lucas 试剂

（21）苯酚水溶液中滴加溴水，立即生成白色沉淀，经 $NaHSO_3$ 溶液洗涤后，该沉淀是(　　)

A. 对溴苯酚　　B. 邻溴苯酚　　C. 2,4-二溴苯酚　　D. 2,4,6-三溴苯酚

（22）比较苯酚（Ⅰ）、环己醇（Ⅱ）、碳酸（Ⅲ）酸性的大小（　　）

A. Ⅱ＞Ⅰ＞Ⅲ　　B. Ⅲ＞Ⅰ＞Ⅱ　　C. Ⅰ＞Ⅱ＞Ⅲ　　D. Ⅱ＞Ⅲ＞Ⅰ

（23）苯酚的结构为下列哪项（　　）

A. C_6H_5—OH　　B. C_6H_5—COOH　　C. 2-甲基苯甲酸（邻位 CH_3，COOH）　　D. 4-甲基苯甲酸（对位 CH_3，COOH）

（24）区别苯甲酸和水杨酸可用以下哪种试剂（　　）

A. NaOH 水溶液　　B. Na_2CO_3 水溶液　　C. $FeCl_3$ 水溶液　　D. I_2/OH^-溶液

（25）3-甲基-2-丁醇；2，3-二甲基-2-丁醇；3，3-二甲基-1-丁醇可用下列哪种试剂鉴别(　　)

A. Lucas 试剂　　B. 硝酸银的氨溶液　　C. 溴水　　D. $FeCl_3$ 溶液

（26）下列醇中与 Lucas 试剂反应最慢的是（　　）

A. $CH_3CH_2CH(OH)CH_3$　　B. $(CH_3)_2C(OH)CH_2CH_3$　　C. $CH_3CH_2CH_2OH$　　D. $(CH_3)_3COH$

3. 写出下列反应主要产物

（1）$(CH_3)_3CCH_2OH \xrightarrow[\Delta]{HBr}$

（2）邻甲氧基苯酚（OCH_3，OH）$\xrightarrow[\Delta]{HBr}$

（3）$(CH_3CH_2)_2CHOCH_3$ ＋ HI $\xrightarrow{\Delta}$

（4）环氧乙烷 $\xrightarrow{H_2O}$ 　　$\xrightarrow{HNO_3}$

（5）$CH_3CH(OH)CH_3$ ＋ HCl $\xrightleftharpoons{无水ZnCl_2}$ 　　$\xrightarrow[\Delta]{KOH/C_2H_5OH}$

（6）C_6H_5ONa ＋ C_2H_5I $\longrightarrow$

（7）C_6H_5—$CH_2CH(OH)CH_3$ $\xrightarrow[\Delta]{H^+}$

（8）1-甲基环己醇（CH_3，OH）$\xrightarrow[\Delta]{H^+}$

（9）$CH_3CHCH_2OCH_2CH_3$ （CH 上连 CH_3） + HI $\xrightarrow{\triangle}$

（10）$C_6H_5-CH_2MgBr$ + 环氧乙烷 $\xrightarrow{无水乙醚}$ $\xrightarrow{H^+}$

（11）$CH_2{=}CHCH_2CH_2OH$ $\xrightarrow[CH_2Cl_2]{CrO_3/吡啶}$

（12）环戊基$-CH_2OH$ $\xrightarrow[<0℃]{PBr_3}$

（13）$CH_3CHCH_2CH_3$ （CH 上连 OH） + $SOCl_2$ $\longrightarrow$

（14）正戊醇（键线式，末端 OH） + HBr（48%）$\xrightarrow{H_2SO_4}$

（15）C_6H_5-OH + Br_2 $\longrightarrow$

（16）CH_3CHCH_2OH （CH 上连 CH_3） $\xrightarrow{CrO_3/吡啶}$

（17）CH_2-OH / CH_2-OH + $Cu(OH)_2$ $\longrightarrow$

（18）$C_6H_5CH_2OH$ + HCl（浓）$\xrightarrow{ZnCl_2}$

（19）$C_6H_5-OCH_2-C_6H_5$ + HI $\longrightarrow$

（20）环己醇 $\xrightarrow[\triangle]{H_2SO_4}$ $\xrightarrow{稀冷\ KMnO_4}$

（21）邻苯二酚 $\xrightarrow{Ag_2O}$

（22）$CH_3CH_2CHCH_3$ （CH 上连 OH） $\xrightarrow[Na_2Cr_2O_7]{H_2SO_4}$

（23）$C_6H_5-O-CH_2CH_3$ + HBr $\longrightarrow$

4. 鉴别题

（1）正丁醇、2-丁醇、2-丁烯-1-醇

（2）苯甲醇、苯甲醚、对甲基苯酚

（3）正丙醇、2-甲基-2-丁醇、甘油

5. 合成题

（1）由乙炔合成CH_3CH_2—（环氧乙烷基）

（2）由丙烯合成甘油

6. 推导结构

（1）某化合物A（$C_5H_{12}O$）脱水可得B（C_5H_{10}），B可与溴水加成得到C（$C_5H_{10}Br_2$），C与氢氧化钠的水溶液共热转变为D（$C_5H_{12}O_2$），D在高碘酸的作用下最终生成乙酸和丙酮。试推测A的结构，并写出有关化学反应式。

（2）一个仲醇其分子式为$C_6H_{14}O$，经酸催化脱水得到一个烯，此烯经臭氧分解，唯一的有机产物是丙酮，推测该仲醇的结构，写出各步反应。

（3）分子式为$C_4H_{10}O$的三个异构体A、B、C分别呈现下列性质：A和B与CH_3MgBr反应都放出一种可燃性气体。B能与酸性重铬酸盐反应，A、C不反应。A和B与磷酸加热得到相同产物。C与一分子HI反应，产物之一是异丙醇。推测A、B、C的结构，并写出各步反应。

（4）化合物A分子量为60，含有60% C，13.3% H。A与氧化剂作用相继得到醛和酸，将A与溴化钾和硫酸作用生成B，B与氢氧化钠乙醇溶液作用生成C，C与溴化氢作用，生成D，D的分子量中含有65%溴，水解后生成E，E是A的同分异构体，试写出以上各化合物的结构式（溴原子量为79.90，碳的原子量为12.01）。

（5）化合物A为有光学活性的醇，与铬酸反应A可以转化为酮B。A与PBr_3反应生成C，C与镁在干醚中反应生成的Grtanard试剂与B作用，可以制得3,4-二甲基-3-己醇，试写出化合物A、B、C。

（6）化合物A分子式$C_6H_{14}O$，能与钠作用，在酸催化下脱水生成B，以冷高锰酸钾氧化B可得到C，C的分子式是$C_6H_{14}O_2$，C与高碘酸反应只得到丙酮。试推测A、B、C的结构并写出相关的反应方程式。

（7）化合物A分子式为$C_6H_{14}O$，能与金属钠作用放出氢气；A氧化后生成一种酮B；A在酸性条件下加热，则生成分子式为C_6H_{12}的两种异构体C和D。C经臭氧作用再还原水解可得到两种醛；而D经同样反应只得到一种醛。试写出化合物A、B、C、D的构造式。

（8）有一化合物A，分子式为$C_6H_{14}O$，常温下，不与金属钠作用，和过量的浓氢碘酸共热时，生成碘代烷，此碘代烷与NaOH的水溶液共热生成正丙醇，试推测化合物A的构造式，并写出反应方程式。

（9）某化合物A叔醇（$C_5H_{12}O$）脱水可得B（C_5H_{10}），B可与溴水加成得到C（$C_5H_{10}Br_2$），C与氢氧化钠的水溶液共热转变为D（$C_5H_{12}O_2$），D在高碘酸的作用下最终生成乙醛和丙酮。试推测A、B、C、D的结构。

（10）有A、B两种液态化合物，分子式都是$C_4H_{10}O$，在室温下分别与Lucas试剂作用时，A能迅速地生成2-甲基-2-氯丙烷，B却不能发生反应；当分别与浓的氢碘酸充分反应后，A生成2-甲基-2-碘丙烷，B生成碘乙烷，试写出A和B的构造式。

（11）某醇$C_5H_{12}O$氧化后生成酮，脱水则生成一种不饱和烃，将此烃氧化可生成酮和羧酸两种产物的混合物，推测该化合物的结构。

（12）从某伯醇依次和溴化氢、氢氧化钾醇溶液、硫酸和水、$K_2Cr_2O_7+H_2SO_4$作用，可得到2-丁酮，试推测原化合物的可能结构，并写出各步反应式。

7. 问答题

（1）为什么苯酚发生亲电取代反应比苯容易得多？

（2）为什么苯酚的酸性比醇的酸性强？

（3）什么是Lucas试剂？试述该试剂的作用及实验现象。

六、导 师 指 路

1. 用系统命名法命名下列化合物

【解答】

（1）3-甲基-1-丁醇　　（2）1-甲基环己醇
（3）3-甲基-2-乙基-1-戊醇　　（4）2-丁烯-1-醇
（5）2-丁炔-1-醇　　（6）3-氯-1-丙醇
（7）5,1-苯基-2-丙醇　　（8）环己基甲醇
（9）3-甲氧基-2-戊醇　　（10）4-甲基-2-乙基苯酚
（11）2-甲氧基苯酚　　（12）苯甲醚

2. 选择题

【解答】

（1）A;　（2）A;　（3）A;　（4）D;　（5）B;　（6）D;
（7）A;　（8）D;　（9）D;　（10）A;　（11）D;　（12）B;
（13）A;　（14）B;　（15）B;　（16）D;　（17）A;　（18）C;
（19）A;　（20）C;　（21）D;　（22）B;　（23）A;　（24）C;
（25）A;　（26）C

3. 写出下列反应主要产物

【解答】

（1）$(CH_3)_3CCH_2OH \xrightarrow[\triangle]{HBr} (CH_3)_2CBrCH_2CH_3$

（2）$o\text{-}CH_3O\text{-}C_6H_4\text{-}OH \xrightarrow[\triangle]{HBr} o\text{-}C_6H_4(OH)_2 + CH_3Br$

（3）$(CH_3CH_2)_2CHOCH_3 + HI \xrightarrow{\triangle} (CH_3CH_2)_2CHOH + CH_3I$

（4）$\overset{O}{\triangle} \xrightarrow{H_2O} HOCH_2CH_2OH \xrightarrow{HNO_3} O_2NOCH_2CH_2ONO_2$

（5）$CH_3CH(OH)CH_3 + HCl \underset{}{\overset{无水ZnCl_2}{\rightleftharpoons}} CH_3CHClCH_3 \xrightarrow[\triangle]{KOH/C_2H_5OH} CH_2{=}CHCH_3$

（6）$C_6H_5ONa + C_2H_5I \longrightarrow C_6H_5OC_2H_5$

（7）$C_6H_5CH_2CH(OH)CH_3 \xrightarrow[\triangle]{H^+} C_6H_5CH{=}CHCH_3$

（8）1-甲基环己醇（CH_3、OH） $\xrightarrow[\triangle]{H^+}$ 1-甲基环己烯

（9）$CH_3CH(CH_3)CH_2OCH_2CH_3 + HI \xrightarrow{\triangle} CH_3CH(CH_3)CH_2OH + CH_3CH_2I$

（10）$C_6H_5CH_2MgBr$ + 环氧乙烷 $\xrightarrow{\text{无水乙醚}}$ $C_6H_5CH_2CH_2CH_2OMgBr$

$\xrightarrow{H^+}$ $C_6H_5CH_2CH_2CH_2OH$

（11）$CH_2{=}CHCH_2CH_2OH \xrightarrow[CH_2Cl_2]{CrO_3/\text{吡啶}} CH_2{=}CHCH_2CHO$

（12）环戊基$-CH_2OH \xrightarrow[<0℃]{PBr_3}$ 环戊基$-CH_2Br$

（13）$CH_3CH(OH)CH_2CH_3$ + $SOCl_2$ ⟶ $CH_3CH_2CHClCH_3$

（14）$CH_3CH_2CH_2CH_2CH_2OH$ + HBr（48%）$\xrightarrow{H_2SO_4}$ $CH_3CH_2CH_2CH_2CH_2Br$

（15）C_6H_5OH + Br_2 ⟶ 2,4,6-三溴苯酚 ↓

（16）$CH_3CH(CH_3)CH_2OH \xrightarrow{CrO_3\ /\text{吡啶}} CH_3CH(CH_3)CHO$

（17）$HOCH_2CH_2OH$ + $Cu(OH)_2$ ⟶ 乙二醇铜（环状螯合物，$-OCH_2CH_2O-$与Cu成环）

（18）$C_6H_5CH_2OH$ + HCl（浓）$\xrightarrow{ZnCl_2}$ $C_6H_5CH_2Cl$

（19）$C_6H_5OCH_2C_6H_5$ + HI ⟶ C_6H_5OH + $C_6H_5CH_2I$

（20）环己醇 $\xrightarrow[\triangle]{H_2SO_4}$ 环己烯 $\xrightarrow{\text{稀冷}\ KMnO_4}$ 1,2-环己二醇

（21）邻苯二酚 $\xrightarrow{Ag_2O}$ 邻苯醌

（22）$CH_3CH_2CH(OH)CH_3 \xrightarrow[Na_2Cr_2O_7]{H_2SO_4} CH_3COCH_2CH_3$

（23）$C_6H_5{-}O{-}CH_2CH_3$ + HBr ⟶ C_6H_5OH + CH_3CH_3OBr

4. 鉴别题

【解答】

（1）

正丁醇、2-丁醇、2-丁烯-1-醇 $\xrightarrow{\text{Lucas试剂}}$ 数小时后混浊（正丁醇）；数分钟后混浊（2-丁醇）；立即混浊（2-丁烯-1-醇）

（2）

苯甲醇、苯甲醚、对甲基苯酚 $\xrightarrow{FeCl_3}$ 无反应（苯甲醇）、无反应（苯甲醚）；蓝色（对甲基苯酚）

无反应（苯甲醇）、无反应（苯甲醚） $\xrightarrow{KMnO_4}$ 褪色（苯甲醇）；无反应（苯甲醚）

（3）

正丙醇、2-甲基-2-丁醇、甘油 $\xrightarrow{Cu(OH)_2}$ 无反应（正丙醇）、无反应（2-甲基-2-丁醇）；绛蓝（甘油）

无反应（正丙醇）、无反应（2-甲基-2-丁醇） $\xrightarrow{\text{Lucas试剂}}$ 无反应（正丙醇）；立即混浊（2-甲基-2-丁醇）

5. 合成题

【解答】

（1）

$$CH{\equiv}CH + NaNH_2 \longrightarrow CH{\equiv}CNa$$

$$CH{\equiv}CH \xrightarrow[\text{喹啉}]{H_2,\ Pb,\ CaCO_3} CH_2{=}CH_2 \xrightarrow{HCl} CH_3{-}CH_2Cl \xrightarrow{HC{\equiv}CNa} CH_3{-}CH_2{-}C{\equiv}CH$$

$$\xrightarrow[\text{喹啉}]{H_2,\ Pd,\ CaCO_3} CH_3{-}CH_2{-}CH{=}CH_2 \xrightarrow{HOCl} CH_3{-}CH_2{-}CH(Cl){-}CH_2(OH) \xrightarrow{KOH} CH_3CH_2{-}\underset{\text{环氧}}{\overset{O}{\triangle}}$$

（2）

$$CH_3CH{=}CH_2 \xrightarrow[500^{\circ}C]{Cl_2} \underset{Cl}{CH_2}CH{=}CH_2 \xrightarrow{HOCl} \underset{Cl}{H_2C}{-}\underset{OH}{CH}{-}\underset{Cl}{CH_2}$$

$$\xrightarrow[-HCl]{Ca(OH)_2}\ \xrightarrow[-NaCl]{NaOH/H_2O} \underset{OH}{H_2C}{-}\underset{OH}{CH}{-}\underset{OH}{CH_2}$$

6. 推导结构

【解答】

（1）A 的结构式为 $CH_3CH_2\overset{CH_3}{\underset{OH}{C}}CH_3$

有关反应如下：

$$CH_3CH_2\underset{\displaystyle OH}{\overset{\displaystyle CH_3}{C}}CH_3 \xrightarrow{-H_2O} CH_3CH{=}\overset{\displaystyle CH_3}{C}CH_3 \xrightarrow{Br_2} CH_3\underset{\displaystyle Br}{CH}\underset{\displaystyle Br}{\overset{\displaystyle CH_3}{C}}CH_3 \xrightarrow{NaOH/H_2O}$$

$$CH_3\underset{\displaystyle OH}{CH}-\underset{\displaystyle OH}{\overset{\displaystyle CH_3}{C}}-CH_3 \xrightarrow{HIO_4} CH_3COOH + CH_3\overset{\displaystyle O}{\overset{\|}{C}}CH_3$$

（2） $$CH_3\overset{\displaystyle OH}{CH}C(CH_3)_3 \xrightarrow[-H_2O]{H^+} (CH_3)_2C{=}C(CH_3)_2 \xrightarrow[2)\ Zn/CH_3COOH]{1)\ O_3} CH_3COCH_3$$

（3）A. $(CH_3)_3COH$　　B. $(CH_3)_2CHCH_2OH$　　C. $(CH_3)_2CHOCH_3$

$$\text{A. } (CH_3)_3COH + CH_3MgBr \xrightarrow{\text{无水乙醚}} (CH_3)_3CO{-}Mg{-}Br + CH_4\uparrow$$

$$\text{B. } (CH_3)_2CHCH_2OH + CH_3MgBr \xrightarrow{\text{无水乙醚}} (CH_3)_2CHCH_2O{-}Mg{-}Br + CH_4\uparrow$$

$$\text{C. } H_3C-\underset{\displaystyle H}{\overset{\displaystyle CH_3}{C}}-OCH_3 + HI \longrightarrow H_3C-\underset{\displaystyle H}{\overset{\displaystyle CH_3}{C}}-OH + CH_3I$$

（4）A. $CH_3CH_2CH_2OH$　　B. $CH_3CH_2CH_2Br$　　C. $CH_3CH{=}CH_2$

D. $CH_3\underset{\displaystyle Br}{CH}CH_3$　　E. $CH_3\underset{\displaystyle OH}{CH}CH_3$

（5）A. $CH_3\overset{\displaystyle OH}{CH}CH_2CH_3$　　B. $CH_3\overset{\displaystyle O}{\overset{\|}{C}}CH_2CH_3$　　C. $CH_3\overset{\displaystyle Br}{CH}CH_2CH_3$

（6）A. $(CH_3)_2\overset{\displaystyle OH}{C}CH(CH_3)_2$　　B. $(CH_3)_2C{=}C(CH_3)_2$　　C. $(CH_3)_2\overset{\displaystyle OH}{C}\underset{\displaystyle OH}{C}(CH_3)_2$

$$(CH_3)_2\overset{\displaystyle OH}{C}CH(CH_3)_2 \xrightarrow[\triangle]{\text{浓}H_2SO_4} (CH_3)_2C{=}C(CH_3)_2 \xrightarrow{\text{碱性}KMnO_4\text{的稀冷溶液}} (CH_3)_2\overset{\displaystyle OH}{C}\underset{\displaystyle OH}{C}(CH_3)_2$$

$$(CH_3)_2\overset{\displaystyle OH}{C}\underset{\displaystyle OH}{C}(CH_3)_2 + HIO_4 \longrightarrow CH_3-\overset{\displaystyle O}{\overset{\|}{C}}-CH_3$$

（7）

A. $CH_3CH_2\overset{\displaystyle OH}{CH}CH_2CH_2CH_3$　　B. $CH_3CH_2\overset{\displaystyle O}{\overset{\|}{C}}CH_2CH_2CH_3$

C. $CH_3CH{=}CHCH_2CH_2CH_3$　　D. $CH_3CH_2CH{=}CHCH_2CH_3$

（8）A. $CH_3CH_2CH_2OCH_2CH_2CH_3$

$$CH_3CH_2CH_2OCH_2CH_2CH_3 \xrightarrow{HI} 2CH_3CH_2CH_2I \xrightarrow{NaOH/H_2O} CH_3CH_2CH_2OH$$

（9）

A. $CH_3C(OH)(CH_3)CH_2CH_3$　　B. $CH_3C(CH_3){=}CHCH_3$

C. $H_3C-CH(Br)-C(Br)(CH_3)-CH_3$　　D. $H_3C-CH(OH)-C(OH)(CH_3)-CH_3$

（10）A. $CH_3-C(OH)(CH_3)-CH_3$　　B. $CH_3CH_2OCH_2CH_3$

（11）$CH_3CH(CH_3)CH(OH)CH_3 \xrightarrow{[O]} CH_3CH(CH_3)C(=O)CH_3$

$CH_3CH(CH_3)CH(OH)CH_3 \xrightarrow{-H_2O} CH_3C(CH_3){=}CHCH_3 \xrightarrow{[O]} CH_3C(=O)CH_3 + CH_3COOH$

（12）化合物结构式为：$CH_3CH_2CH_2CH_2OH$

$$CH_3CH_2CH_2CH_2OH \xrightarrow{HBr} CH_3CH_2CH_2CH_2Br \xrightarrow[\triangle]{KOH/C_2H_5OH}$$

$$CH_3CH_2CH{=}CH_2 \xrightarrow{H_2SO_4/H_2O} CH_3CH_2CH(OH)CH_3 \xrightarrow{K_2Cr_2O_7/H_2SO_4} CH_3CH_2C(=O)CH_3$$

7. 问答题

【解答】

（1）由于酚羟基中的氧原子可以和苯环发生 p-π 共轭，p 电子云向苯环转移。这种作用可使苯环上的电子云密度大为增加，则发生亲电取代反应比苯容易得多。

（2）酚羟基中的氧原子可以和苯环发生 p-π 共轭，使 O—H 键的极性增大，易给出质子生成苯氧负离子，其负电荷分散到整个苯环上，所以比较稳定。醇分子中无此作用。

（3）Lucas 试剂是由浓盐酸与无水 $ZnCl_2$ 组成，用来鉴别醇。低级的一元醇（六碳以下）可溶于 Lucas 试剂，生成的相应的卤代烃则不溶，从出现混浊所需要的时间可以衡量醇的反应活性。不同的醇类化合物与 Lucas 试剂反应的现象：叔醇立即反应，并生成氯代烃的油状物而分层；仲醇在 5min 内反应，溶液变混浊；伯醇在数小时后亦不反应。

（吴运军）

第九章 醛、酮、醌

一、本章基本要求

1. **掌握** 醛、酮的命名；化学性质。
2. **熟悉** 醛和酮的结构、分类、制备；亲核加成反应历程。
3. **了解** 醛、酮的物理性质；醌的结构、命名和化学性质；个别代表物。

二、本章要点

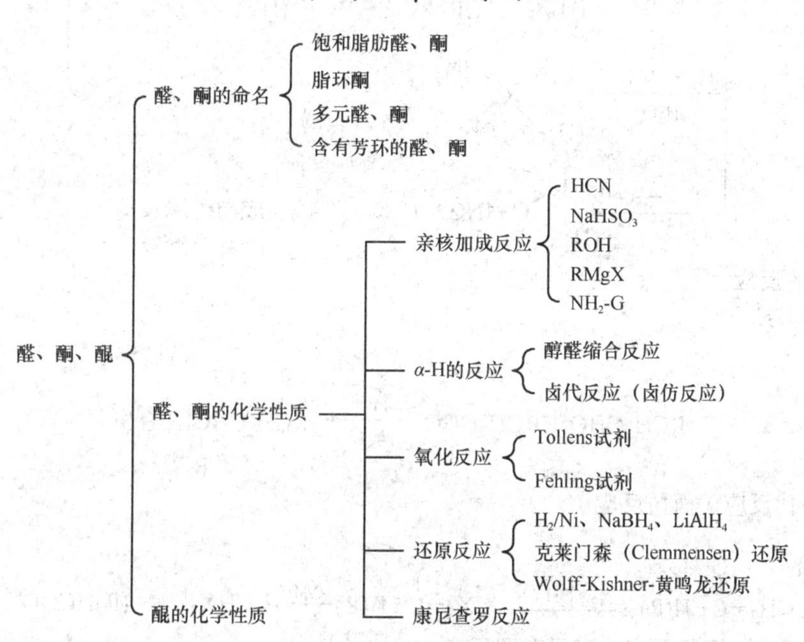

（一）醛、酮的结构

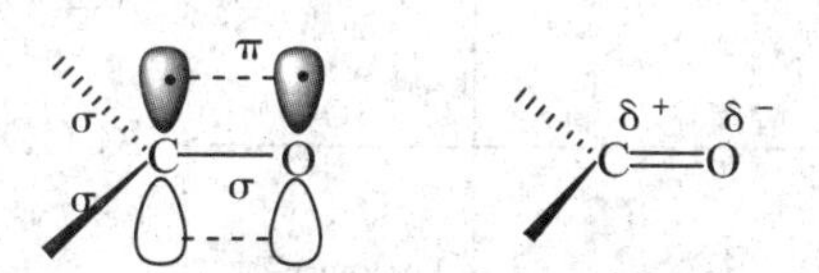

（二）醛、酮的命名

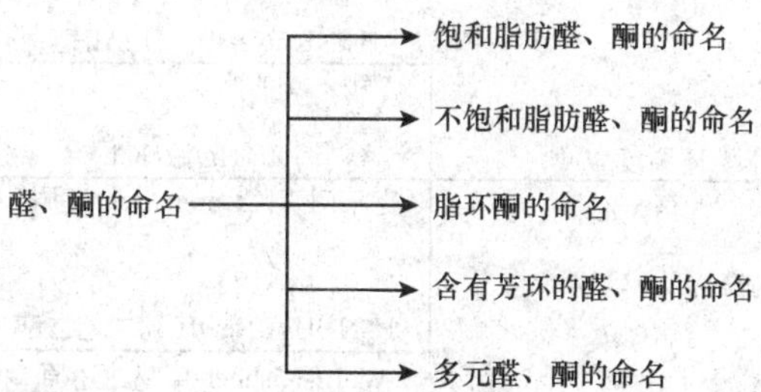

（三）醛、酮的化学性质

醛、酮的化学反应主要为亲核加成反应、α-H 的反应和还原反应等。

1. 亲核加成反应

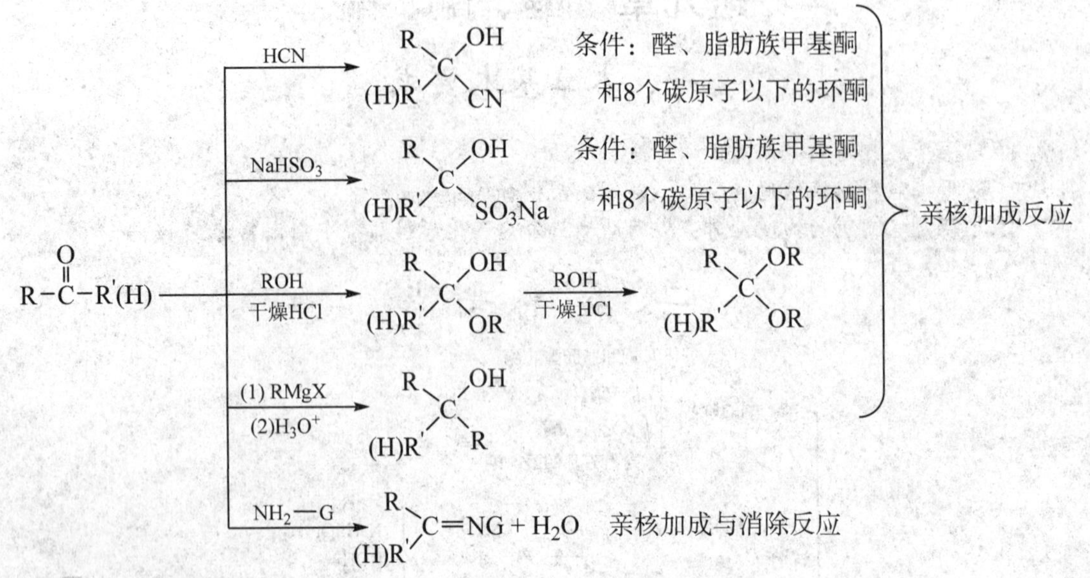

2. α-H 的反应

（1）醇醛缩合反应

$$RCH_2CHO + RCH_2CHO \xrightarrow[H_2O]{OH^-} RCH_2CH(OH)CH(R)CHO$$

（2）卤代反应（卤仿反应）

$$CH_3-\overset{O}{\overset{\|}{C}}-H(R) \xrightarrow{X_2,\ OH^-} CX_3-\overset{O}{\overset{\|}{C}}-H(R) \xrightarrow{OH^-} CHX_3 + (R)HCOO^-$$

3. 氧化反应、还原反应、康尼查罗反应

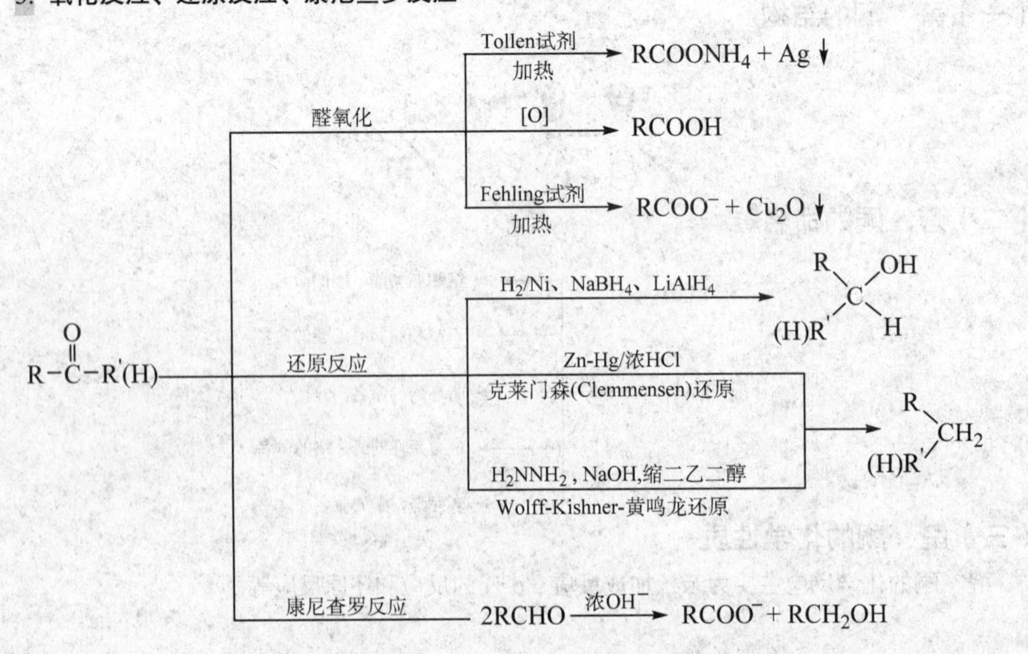

醌是一类不饱和的环二酮，在分子中含有两个双键和两个羰基，具有烯烃和酮的双重性质。

三、名词双语对照

醛　aldehyde

酮　ketone

醌　quinone

羰基　carbonyl group

羰基化合物　carbonyl compound

亲核加成　nucleophilic addition

偕二醇　germinal diol

茚三酮　ninhydrin

缩醛　acetal

缩酮　ketal

醇醛缩合　aldol condensation

四、知识点答疑

1. 命名下列化合物。

（1）$(CH_3)_2CHCH_2\overset{O}{\overset{\|}{C}}CH(CH_3)_2$

（2）$(CH_3)_2CH\overset{O}{\overset{\|}{C}}CH_2CH_2\overset{O}{\overset{\|}{C}}C(CH_3)_3$

（3）$C_6H_5\text{—}CH{=}CH\overset{CH_3}{\overset{|}{C}H}CHO$

（4）$CH_3O\text{—}C_6H_4\text{—}CHO$

（5）（异丙基环己酮结构式）$=O$

（6）$CH_3CH{=}CH\overset{CH_3}{\overset{|}{C}H}CH_2\overset{O}{\overset{\|}{C}}CH_3$

【解答】

（1）2,5-二甲基-3-己酮　　（2）2,2,7-三甲基-3,6-辛二酮

（3）2-甲基-4-苯基-3-丁烯醛　　（4）4-甲氧基苯甲醛

（5）4-异丙基环己酮　　（6）4-甲基-5-庚烯-2-酮

2. 写出下列各化合物的结构式。

（1）4-甲基-2-乙基戊醛　　（2）4-甲基-3-戊烯-2-酮

（3）4-甲基-2-溴苯乙酮　　（4）3-甲基环己酮

（5）2,5-己二酮　　（6）4-羟基-3-甲氧基苯乙醛

【解答】

（1）$CH(CH_3)_2CH_2CH(CH_2CH_3)CHO$

（2）$CH_3COCH{=}C(CH_3)_2$

（3）$H_3C\text{—}C_6H_3(Br)\text{—}COCH_3$

（4）（H_3C 取代环己酮结构式）$=O$

（5）$CH_3COCH_2CH_2COCH_3$

（6）$HO\text{—}C_6H_3(OCH_3)\text{—}CH_2CHO$

3. 下列化合物，哪些可以与饱和亚硫酸氢钠发生反应？写出反应式。

（1）1-苯基-1-丁酮　　（2）环戊酮　　（3）苯乙醛

（4）丙醛　　（5）二苯酮　　（6）2-丁酮

【解答】

（2）（3）（4）（6）能与饱和亚硫酸氢钠发生反应。反应式如下：

（2）$(CH_2)_4C{=}O + NaHSO_3 \rightleftharpoons (CH_2)_4C(OH)SO_3Na$

（3）$C_6H_5CHO + NaHSO_3 \rightleftharpoons C_6H_5CH(OH)SO_3Na$

（4）$CH_3CH_2CHO + NaHSO_3 \rightleftharpoons CH_3CH_2CH(OH)SO_3Na$

（6）$CH_3CH_2COCH_3 + NaHSO_3 \rightleftharpoons CH_3CH_2C(OH)(SO_3Na)CH_3$

4. 下列化合物中哪些可以发生碘仿反应？写出反应式。

（1）乙醇　（2）2-戊醇　（3）3-戊醇　（4）1-丙醇

（5）2-丁酮　（6）异丙醇　（7）丙醛　（8）苯乙酮

【解答】

（1）（2）（5）（6）（8）可以发生碘仿反应。反应式如下：

（1）$CH_3CH_2OH \xrightarrow{NaOI} CH_3CHO \xrightarrow{I_2 + NaOH} CHI_3\downarrow + HCOONa$

（2）

$CH_3CH(OH)CH_2CH_2CH_3 \xrightarrow{NaOI} CH_3COCH_2CH_2CH_3 \xrightarrow{I_2 + NaOH}$

$CHI_3\downarrow + CH_3CH_2CH_2COONa$

（5）$CH_3COCH_2CH_3 \xrightarrow{I_2 + NaOH} CHI_3\downarrow + CH_3CH_2COONa$

（6）$CH_3CH(OH)CH_3 \xrightarrow{NaOI} CH_3COCH_3 \xrightarrow{I_2 + NaOH} CHI_3\downarrow + CH_3COONa$

（8）$C_6H_5COCH_3 \xrightarrow{I_2 + NaOH} C_6H_5COONa + CHI_3\downarrow$

5. 用适当的 Grignard 试剂制备下列醇。

（1）3-甲基-3-己醇　（2）4-甲基-3-己醇　（3）1-苯基-1-丙醇

【解答】

（1）a. $CH_3CH_2CH_2COCH_3 + CH_3CH_2MgBr$

b. $CH_3CH_2CH_2COCH_2CH_3 + CH_3MgBr$

c. $CH_3CH_2COCH_3 + CH_3CH_2CH_2MgBr$

$\xrightarrow[(2)H_3O^+]{(1)无水乙醚} CH_3CH_2CH_2C(OH)(CH_3)CH_2CH_3$

（2）

a. $CH_3CH_2CHO + CH_3CH_2CH(MgBr)CH_3$

b. $CH_3CH_2CH(CH_3)CHO + CH_3CH_2MgBr$

$\xrightarrow[(2)\ H_3O^+]{(1)\ 无水乙醚}$ $CH_3CH_2CH(CH_3)CH(OH)CH_2CH_3$

（3）

a. $C_6H_5CHO + CH_3CH_2MgBr$

b. $C_6H_5MgBr + CH_3CH_2CHO$

$\xrightarrow[(2)\ H_3O^+]{(1)\ 无水乙醚}$ $C_6H_5CH(OH)CH_2CH_3$

6. 试用简便的化学方法鉴别下列各组化合物。

（1）甲醛、乙醛、苯甲醛

（2）2-戊酮、3-戊酮、环已酮

（3）苯乙醛、苯乙酮、丙酮

【解答】

（1）甲醛、乙醛、苯甲醛 $\xrightarrow[\triangle]{Fehling试剂}$ 甲醛：$Cu_2O\downarrow$；乙醛：$Cu_2O\downarrow$；苯甲醛：无变化

甲醛、乙醛 $\xrightarrow{I_2/NaOH}$ 甲醛：无变化；乙醛：黄色↓

（2）2-戊酮、3-戊酮、环已酮 $\xrightarrow{I_2/NaOH}$ 2-戊酮：黄色↓；3-戊酮：无变化；环已酮：无变化

3-戊酮、环已酮 $\xrightarrow{饱和NaHSO_3}$ 3-戊酮：无变化；环已酮：白色↓

（3）苯乙醛、苯乙酮、丙酮 $\xrightarrow[\triangle]{Tollen试剂}$ 苯乙醛：Ag↓；苯乙酮：无变化；丙酮：无变化

苯乙酮、丙酮 $\xrightarrow{饱和NaHSO_3}$ 苯乙酮：无变化；丙酮：白色↓

7. 完成下列反应式。

【解答】

（1）$CH_3COCH_3 + HCN \longrightarrow CH_3C(OH)(CN)CH_3 \xrightarrow[H^+]{H_2O} CH_3C(OH)(COOH)CH_3$

（2）$CH_3CHO + 2CH_3CH_2OH \xrightarrow{干燥HCl} CH_3CH(OC_2H_5)_2$

（3）$2CH_3CHO \xrightarrow[加热]{稀NaOH} CH_3CH{=}CHCHO \xrightarrow{NaBH_4} CH_3CH{=}CHCH_2OH$

（4）$C_6H_5CHO + HCHO \xrightarrow{浓NaOH} C_6H_5CH_2OH + HCOONa$

（5）$C_6H_5CHO + H_2NNH\text{-}C_6H_3(2\text{-}NO_2)(4\text{-}NO_2) \longrightarrow C_6H_5CH{=}NNH\text{-}C_6H_3(2\text{-}NO_2)(4\text{-}NO_2)$

（6）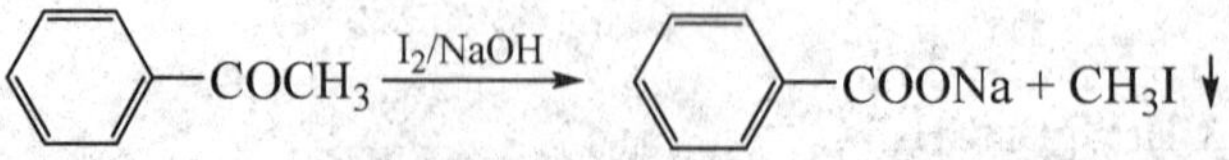

（7）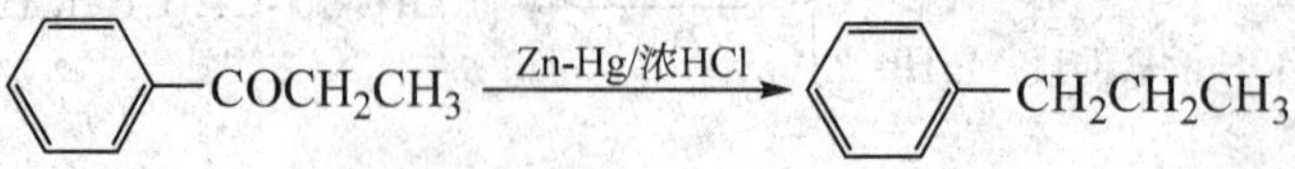

8. 合成题。

（1）由正丙醇合成 2-甲基-2-戊烯-1-醇

（2）由  合成 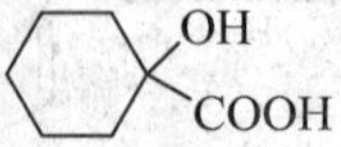

【解答】

（1）$CH_3CH_2CH_2OH \xrightarrow[CH_2Cl_2]{\text{Sarrett试剂}} CH_3CH_2CHO \xrightarrow[\triangle]{\text{稀}OH^-} CH_3CH_2CH{=}C(CH_3)CHO$

$\xrightarrow[C_2H_5OH]{NaBH_4} CH_3CH_2CH{=}C(CH_3)CH_2OH$

（2）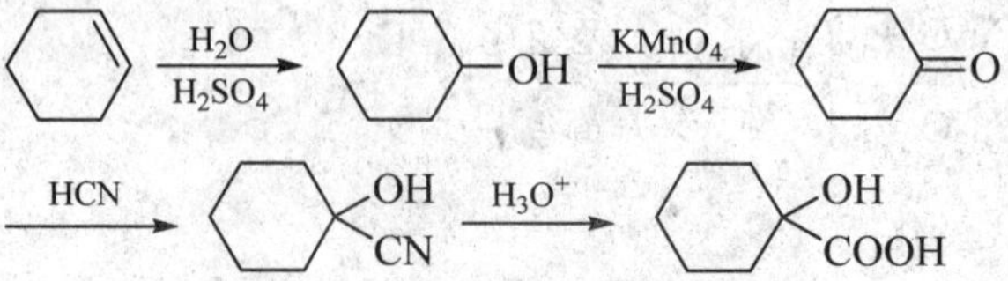

9. 某未知化合物 A，Tollen 试验呈阳性，能形成银镜。A 与乙基溴化镁反应随即加稀酸得化合物 B，分子式为 $C_6H_{14}O$，B 经浓硫酸处理得化合物 C，分子式为 C_6H_{12}，C 与臭氧反应并接着在锌存在下与水作用，得到丙醛和丙酮两种产物。试写出 A、B、C 的结构。

【解答】

A. $(CH_3)_2CHCHO$　　B. $(CH_3)_2CHCH(OH)CH_2CH_3$　　C. $(CH_3)_2C{=}CHCH_2CH_3$

10. 某未知化合物 A，与 Tollen 试剂无反应，与 2,4-二硝基苯肼反应可得一橘红色固体，A 与氰化钠和硫酸反应得化合物 B，分子式为 C_4H_7ON，A 与硼氢化钠在甲醇中反应可得非手性化合物 C，C 经浓硫酸脱水得丙烯。试写出 A、B、C 的结构式。

【解答】

A. CH_3COCH_3　　B. $CH_3\overset{OH}{\underset{CN}{C}}CH_3$　　C. $CH_3CH(OH)CH_3$

11. 化合物 A、B、C 的分子式均为 C_3H_6O，其中 A 和 B 能与 2,4-二硝基苯肼作用生成黄色沉淀；A 还能发生碘仿反应。试写出 A、B 和 C 的结构式。

【解答】

A. CH_3COCH_3　　B. CH_3CH_2CHO　　C. $CH_2{=}CHCH_2OH$

五、强 化 学 习

1. 命名下列化合物

（1）$CH_3\underset{CH_2CH_3}{CH}CH_2CHO$　　（2）H 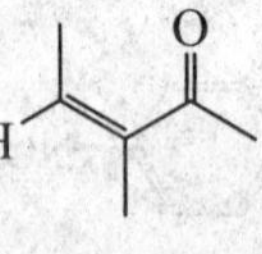　　（3）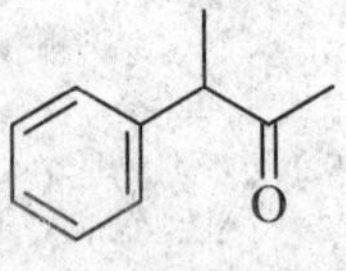

（4）$C_6H_5-CH_2\overset{O}{\overset{\|}{C}}CH_2-C_6H_5$　（5）Br—苯环（CHO，NO_2）　（6）$CH_3\overset{O}{\overset{\|}{C}}-C_6H_4-OCH_3$

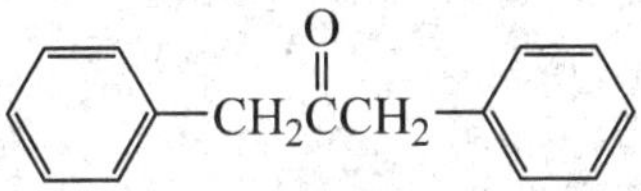

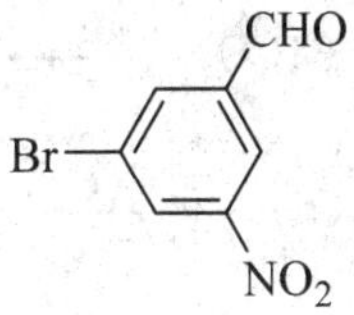

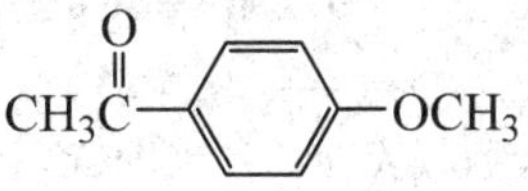

2. 写出下列化合物的结构式

（1）(*R*)-3-甲基-4-戊烯-2-酮　（2）3-己烯-2,5-二酮

（3）2-甲基-3-戊烯醛　（4）1-苯基-2-丁酮

（5）乙酰丙酮　（6）肉桂醛

3. 写出下列反应的主要产物

（1）$(CH_3)_3CCHO + HCHO \xrightarrow{浓NaOH}$

（2）邻-CH_2CH_2CHO-苯甲醛（C_6H_4(CHO)CH_2CH_2CHO）$\xrightarrow[\triangle]{Fehling试剂}$

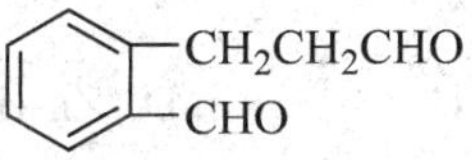

（3）$CH_3\overset{O}{\overset{\|}{C}}CH_3 + NaHSO_3 \rightleftharpoons$

（4）$2CH_3CH_2CHO \xrightarrow[4\sim5℃]{稀NaOH}$

（5）$CH_3COCH_3 + CH_3CH_2MgBr \xrightarrow[(2)H_3O^+]{(1)无水乙醚}$

（6）$CH_3\overset{OH}{\overset{|}{C}}HCH_2CH_2\overset{O}{\overset{\|}{C}}CH_3 \xrightarrow{I_2,\ NaOH}$

（7）$C_6H_5-CHO + CH_3CHO \xrightarrow{稀NaOH}$

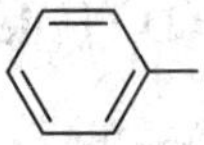

（8）$CH_3\overset{O}{\overset{\|}{C}}CH_3 + HOCH_2CH_2OH \xrightarrow{干燥HCl}$

（9）$C_6H_5COCH_3 + C_6H_5NHNH_2 \longrightarrow$

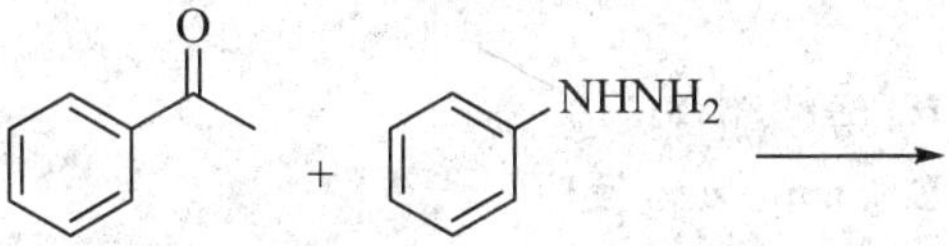

（10）$Cl_3CCHO + H_2O \longrightarrow$

（11）$CH_3CH_2\overset{O}{\overset{\|}{C}}CH_2\overset{O}{\overset{\|}{C}}CH_3 + HCN \longrightarrow$

（12）$C_6H_5COCH_2CH_3 \xrightarrow[缩二乙二醇,\triangle]{H_2NNH_2,\ NaOH}$

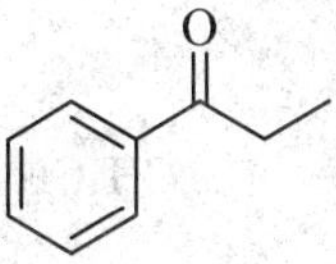

（13）$CH_2=CHCHO \xrightarrow[Ni]{H_2}$

（14）$CH_3CH_2CHO + 2[Ag(NH_3)_2]^+ + 2OH^- \xrightarrow{加热}$

（15）$CH_3CHO + 2Cu^{2+} + OH^- + H_2O \xrightarrow{加热}$

（16）$C_6H_{11}-CHO + H_2NOH \longrightarrow$

（17）$CH_3CH_2\overset{O}{\overset{\|}{C}}CH_3 \xrightarrow{I_2,\ NaOH}$

（18）环己醇（OH） $\xrightarrow{KMnO_4\ /\ H^+}$ $\xrightarrow{HCN}$

4. 选择题

（1）下列哪种试剂可把羰基还原为亚甲基（　　）

A. H_2/Ni　　B. $NaBH_4$的醇溶液　　C. 浓 NaOH　　D. Zn-Hg/浓 HCl

（2）与 Fehling 试剂反应不能生成砖红色氧化亚铜的物质是（　　）

A. 苯甲醛　　B. 乙醛　　C. 苯乙醛　　D. 3-甲基戊醛

（3）叔醇的制备可用（　　）

A. 甲醛与 Grignard 试剂反应后水解

B. 除甲醛外的其他醛与 Grignard 试剂反应后水解

C. 酮与 Grignard 试剂反应后水解

D. 醛加氢还原

（4）将邻乙烯基苯甲醛（C_6H_4(CHO)(CH=CH$_2$)）氧化为邻乙烯基苯甲酸（C_6H_4(COOH)(CH=CH$_2$)）的最合适的试剂为（　　）

A. Fehling 试剂　　B. $K_2Cr_2O_7/H^+$　　C. $KMnO_4/H^+$　　D. Tollen 试剂

（5）醛、酮分子中羰基碳、氧原子的杂化状态是（　　）

A. sp 和 sp^3　　B. sp^2 和 sp^3　　C. sp 和 sp　　D. 均为 sp^2

（6）下列哪个离子（或中性分子）不能与羰基化合物发生加成反应（　　）

A. Br^+　　B. CH_3CH_2OH　　C. CN^-　　D. H_2NOH

（7）下列哪个反应能增长碳链（　　）

A. 碘仿反应　　B. 醇醛缩合反应

C. 生成缩醛的反应　　D. Cannizzaro 反应

（8）下列化合物中，能与 C_6H_5MgX 产生苄醇的是（　　）

A. 甲醛　　B. 环氧乙烷　　C. 苯乙酮　　D. 乙醛

（9）临床上检验糖尿病患者尿液中的丙酮，常用的试剂是（　　）

A. $NaHSO_3$　　B. Fehling 试剂　　C. 亚硝酰铁氰化钠　　D. HCN

（10）下列化合物中，能发生碘仿反应的是（　　）

A. $C_6H_{11}-\overset{O}{\overset{\|}{C}}CH_2CH_3$　　B. $C_6H_5-\overset{OH}{\overset{|}{C}}HCH_3$　　C. 1-甲基环己醇（OH，CH_3）　　D. $CH_3CH_2CH_2OH$

（11）下列化合物中，不能与 $NaHSO_3$ 饱和溶液反应的是（　　）

A. 环己酮　　B. $C_6H_5CH_2CHO$　　C. $C_6H_5COCH_3$　　D. $C_6H_{11}CH_2\overset{O}{\overset{\|}{C}}CH_3$

（12）下列羰基化合物按发生亲核加成反应由易到难的顺序排列正确的是（　　）

① CHO，NO_2　② CHO，CH_3　③ CHO，Cl　④ CHO

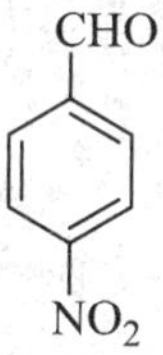

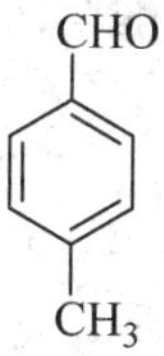

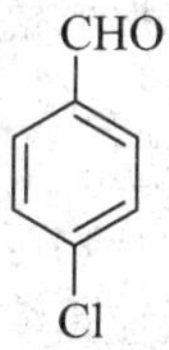

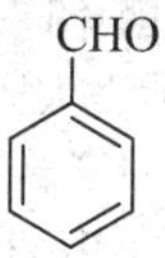

A. ③>②>①>④　　B. ①>③>④>②

C. ②>①>④>③　　D. ④>③>①>②

（13）一分子醛与两分子醇在干燥 HCl 的条件下，生成的化合物是（　　）

A. 半缩醛　　B. β-羟基醛　　C. 缩醛　　D. α, β-不饱和醛

（14）下列化合物不能发生歧化反应的是（　　）。

A. 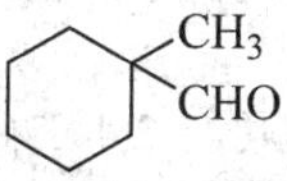 CH_3，CHO　　B. 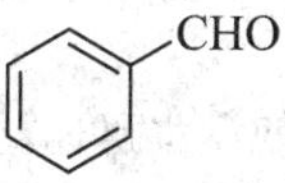 CHO　　C. $(CH_3)_3CCHO$　　D. $(CH_3)_3C\overset{O}{\overset{\|}{C}}CH_3$

（15）下列四个化合物不被稀酸水解的是（　　）

A. 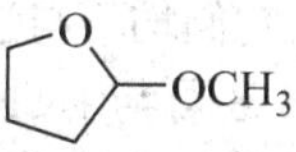 O，OCH_3　　B. 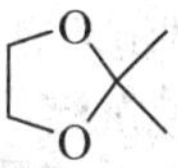 O，O　　C. 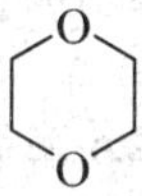 O，O　　D. 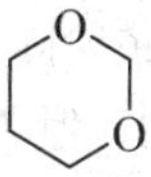 O，O

（16）下列化合物中既能发生碘仿反应又能与氢氰酸反应的是（　　）

A. 乙醛　　B. 苯甲醛　　C. 3-戊酮　　D. 异丙醇

（17）下列物质中不能发生碘仿反应的是（　　）

A. 丙酮　　B. 3-戊酮　　C. 乙醇　　D. 苯乙酮

（18）下列物质中能发生碘仿反应的是（　　）

A. 仲丁醇　　B. 环己酮　　C. 苯甲醛　　D. 乙酸

（19）下列化合物进行亲核加成反应最容易的是（　　）

A. CH_3CHO　　B. HCHO　　C. CH_3COCH_3　　D. $CH_3CH_2COCH_3$

（20）下列物质最难与苯肼反应的是（　　）

A. CH_3COCH_3　　B. CH_3CH_2CHO　　C. 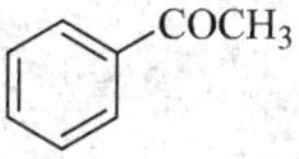 $COCH_3$　　D. 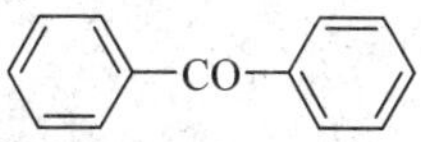 —CO—

（21）用化学方法鉴别甲醛、乙醛、丙醛和苯甲醛，应选择的试剂是哪一组（　　）

A. Fehling 试剂，I_2/NaOH，品红亚硫酸溶液，稀硫酸

B. Tollen 试剂，羟氨，品红亚硫酸溶液，稀硫酸

C. Fehling 试剂，I_2/NaOH，品红亚硫酸溶液，羰基试剂

D. Tollen 试剂；Fehling 试剂；羟氨；品红亚硫酸溶液

（22）用化学方法鉴别 OH 和 O 应选择的试剂（　　）

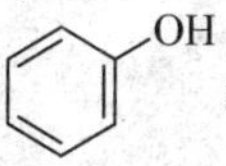

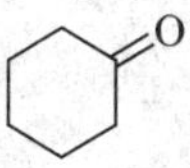

A. 饱和 $NaHCO_3$　　B. $KMnO_4$ 溶液　　C. $FeCl_3$ 溶液　　D. NaCN 溶液

5. 判断题

（1）醛酮中的碳氧双键与烯烃中的碳碳双键一样，都是含双键结构的分子，因此它们既可以发生亲核加成，又可以发生亲电加成。（　　）

（2）羰基化合物的活性既与羰基碳原子的正电性有关，与羰基碳原子上连接基团的空间阻碍有关，与电子效应有关，还与亲核试剂的亲核能力有关。（　　）

（3）Fehling 试剂可以区别醛和酮。（　　）

（4）三氯乙醛与一般醛不同，可以与水形成稳定的水合氯醛。这是由于 3 个氯原子取代后强烈的诱导效应使羰基的活性大大增强的结果。（　　）

（5）Grignard 试剂可用来鉴别或提纯醛酮。（　　）

（6）金属氢化物还原不饱和醛、酮类化合物可以制备饱和醇。（　　）

（7）在有机合成中常用于保护醛基的反应是缩醛的生成反应。（　　）

（8）二苯酮与 HCN 难发生加成反应主要是空间效应和电子效应的影响。（　　）

（9）醇醛缩合反应就是一分子醇与一分子醛在稀碱溶液中的反应。（　　）

（10）甲醛与苯甲醛在浓的氢氧化钠溶液可生成苄醇和甲酸钠。（　　）

6. 推导结构

（1）化合物 A（$C_5H_{12}O$）有旋光性，它在碱性高锰酸钾溶液作用下生成 B（$C_5H_{10}O$），无旋光性。化合物 B 与正丙基溴化镁反应，水解后得到 C。C 为互为镜像关系的两个异构体。推测化合物 A、B、C 的结构。

（2）有一酮类化合物 A 的分子式为 $C_8H_{14}O$，A 可使溴水迅速褪色，也可与 2,4-二硝基苯肼反应。A 氧化生成一分子丙酮及另一化合物 B。B 具有酸性，与碘的氢氧化钠溶液反应生成一分子碘仿和一分子丁二酸。写出 A、B 的结构式。

（3）分子式同为 $C_6H_{12}O$ 的化合物 A、B、C 和 D，其碳链不含支链。它们均不与溴的四氯化碳溶液作用；但 A、B 和 C 都可与 2,4-二硝基苯肼生成黄色沉淀；A 和 B 还可与 HCN 作用，A 与 Tollen 试剂作用，有银镜生成，B 无此反应，但可与碘的氢氧化钠溶液作用生成黄色沉淀。D 不与上述试剂作用，但遇金属钠能放出氢气。试写出 A、B、C 和 D 的结构式。

7. 合成题

（1）以乙醇为原料合成 2-丁醇

（2）以丙烯醛为原料合成 2,3-二羟基丙醛

（3）以乙炔为原料合成 2-丁酮

8. 简答题

（1）为什么醛酮易发生亲核加成而烯烃易发生亲电加成?

（2）醛酮发生亲核加成活性顺序如何?

六、导 师 指 路

1. 命名下列化合物

【解答】

（1）3-甲基戊醛　　（2）反-3-甲基-3-戊烯-2-酮

（3）3-苯基 2-丁酮　　（4）1,3-二苯基-2-丙酮

（5）3-硝基-5-溴苯甲醛　　（6）4-甲氧基苯乙酮

2. 写出下列化合物的结构式

【解答】

（1）$H-C(COCH_3)(CH_3)(CH{=}CH_2)$（Fischer 投影式：上 $COCH_3$，右 CH_3，下 $CH{=}CH_2$，左 H）　（2）$CH_3COCH{=}CHCOCH_3$　（3）$CH_3CH{=}CHCH(CH_3)CHO$

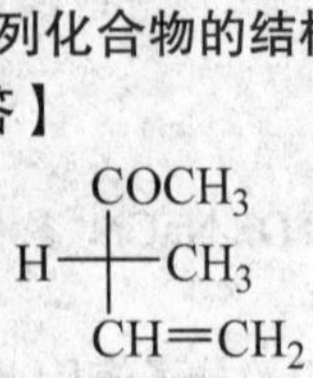

（4）$C_6H_5-CH_2COCH_2CH_3$　（5）$CH_3COCH_2COCH_3$　（6）$C_6H_5-CH{=}CHCHO$

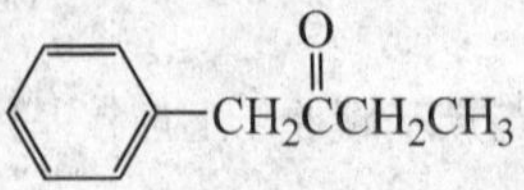

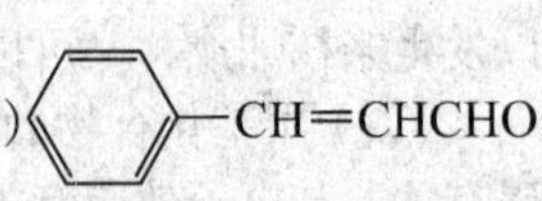

3. 写出下列反应的主要产物

【解答】

（1）$(CH_3)_3CCHO + HCHO \xrightarrow{浓NaOH} (CH_3)_3CCH_2OH + HCOONa$

（2）$C_6H_4(CH_2CH_2CHO)(CHO) \xrightarrow[\triangle]{Fehling试剂} C_6H_4(CH_2CH_2COONa)(CHO) + Cu_2O\downarrow$

（3）$CH_3\overset{\overset{O}{\|}}{C}CH_3 + NaHSO_3 \rightleftharpoons CH_3\overset{\overset{SO_3Na}{|}}{\underset{\underset{OH}{|}}{C}}CH_3$

（4）$2CH_3CH_2CHO \xrightarrow[4\sim5℃]{稀NaOH} CH_3CH_2\overset{\overset{OH}{|}}{C}H\underset{\underset{CH_3}{|}}{C}HCHO$

（5）$CH_3COCH_3 + CH_3CH_2MgBr \xrightarrow[(2)H_3O^+]{(1)无水乙醚} CH_3\overset{\overset{OH}{|}}{\underset{\underset{CH_3}{|}}{C}}CH_2CH_3$

（6）$CH_3\overset{\overset{OH}{|}}{C}HCH_2CH_2\overset{\overset{O}{\|}}{C}CH_3 \xrightarrow{I_2,\ NaOH} NaOOCCH_2CH_2COONa + CHI_3\downarrow$

（7）$C_6H_5CHO + CH_3CHO \xrightarrow{稀NaOH} C_6H_5CH{=}CHCHO$

（8）$CH_3\overset{\overset{O}{\|}}{C}CH_3 + HOCH_2CH_2OH \xrightarrow{干燥HCl} (CH_3)_2\overline{C\text{-}O\text{-}CH_2CH_2\text{-}O}$

（9）$C_6H_5COCH_3 + C_6H_5NHNH_2 \longrightarrow C_6H_5\overset{\overset{CH_3}{|}}{C}{=}NNH{-}C_6H_5$

（10）$Cl_3CCHO + H_2O \longrightarrow Cl_3C\overset{\overset{H}{|}}{\underset{\underset{OH}{|}}{C}}OH$

（11）$CH_3CH_2\overset{\overset{O}{\|}}{C}CH_2\overset{\overset{O}{\|}}{C}CH_3 + HCN \longrightarrow CH_3CH_2\overset{\overset{O}{\|}}{C}CH_2\overset{\overset{CN}{|}}{\underset{\underset{OH}{|}}{C}}CH_3$

（12）$C_6H_5COCH_2CH_3 \xrightarrow[缩二乙二醇,\ \triangle]{H_2NNH_2,\ NaOH} C_6H_5CH_2CH_2CH_3$

（13）$H_2C{=}CHCHO \xrightarrow[Ni]{H_2} CH_3CH_2CH_2OH$

（14）$CH_3CH_2CHO + 2[Ag(NH_3)_2]^+ + 2OH^- \xrightarrow{加热} CH_3CH_2COONH_4 + 2Ag\downarrow$

（15）$CH_3CHO + 2Cu^{2+} + OH^- + H_2O \xrightarrow{加热} CH_3COO^- + Cu_2O\downarrow$

（16）$C_6H_{11}\text{—}CHO + H_2NOH \longrightarrow C_6H_{11}\text{—}CH{=}N\text{—}OH$

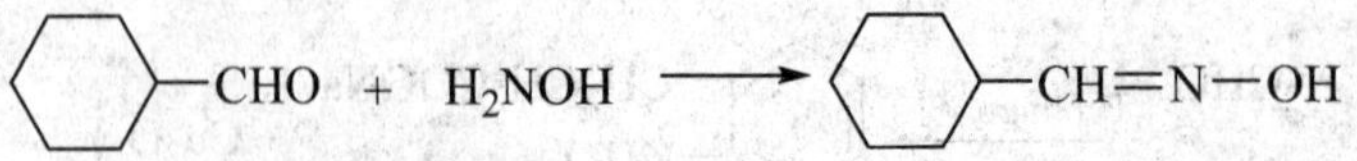

（17）$CH_3CH_2\overset{O}{\overset{\|}{C}}CH_3 \xrightarrow{I_2,\ NaOH} CH_3CH_2COONa + CHI_3\downarrow$

（18）环己醇 $\xrightarrow{KMnO_4/H^+}$ 环己酮 $\xrightarrow{HCN}$ 1-羟基环己甲腈（HO, CN）

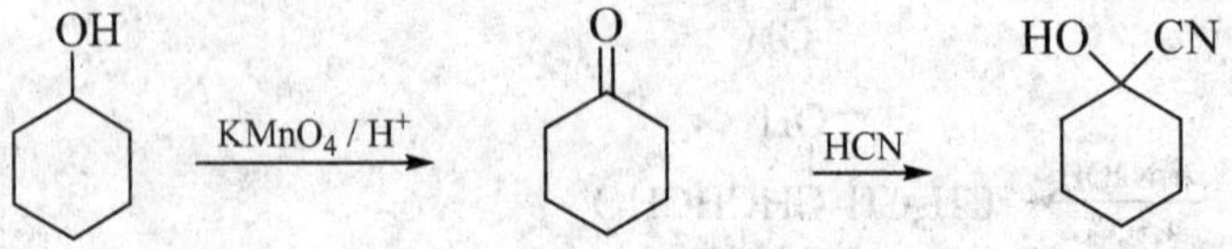

4. 选择题

【解答】

（1）D （2）A; （3）C; （4）D; （5）D;
（6）A; （7）B; （8）A; （9）C; （10）B;
（11）C; （12）B; （13）C; （14）D; （15）C;
（16）A; （17）B; （18）A; （19）B; （20）D;
（21）A; （22）C

5. 判断题

【解答】

（1）×; （2）√; （3）×; （4）√; （5）×;
（6）×; （7）√; （8）√; （9）×; （10）√

6. 推导结构

【解答】

（1）

A. $CH_3\overset{OH}{\overset{|}{C}H}CH(CH_3)_2$ B. $CH_3\overset{O}{\overset{\|}{C}}CH(CH_3)_2$ C. $CH_3CH_2CH_2\overset{OH}{\overset{|}{\underset{CH_3}{\underset{|}{C}}}}CH(CH_3)_2$

推导过程：

$\underset{A}{CH_3\overset{OH}{\overset{|}{C}H}CH(CH_3)_2} + KMnO_4 \xrightarrow{OH^-} \underset{B}{CH_3\overset{O}{\overset{\|}{C}}CH(CH_3)_2}$

$\underset{B}{CH_3\overset{O}{\overset{\|}{C}}CH(CH_3)_2} + CH_3CH_2CH_2MgBr \xrightarrow{H_3O^+} \underset{C}{CH_3CH_2CH_2\overset{OH}{\overset{|}{\underset{CH_3}{\underset{|}{C}}}}CH(CH_3)_2}$

（2）A. $CH_3\underset{CH_3}{\underset{|}{C}}{=}CHCH_2CH_2\overset{O}{\overset{\|}{C}}CH_3$ B. $CH_3\overset{O}{\overset{\|}{C}}CH_2CH_2COOH$

推导过程：

$$\underset{A}{(CH_3)_2C{=}CHCH_2CH_2COCH_3} + Br_2 \longrightarrow (CH_3)_2C(Br)CH(Br)CH_2CH_2COCH_3$$

$$\underset{A}{(CH_3)_2C{=}CHCH_2CH_2COCH_3} + O_2N\text{-}C_6H_3(NO_2)\text{-}NHNH_2$$

$$\longrightarrow O_2N\text{-}C_6H_3(NO_2)\text{-}NHN{=}C(CH_3)CH_2CH_2CH{=}C(CH_3)_2$$

$$\underset{A}{(CH_3)_2C{=}CHCH_2CH_2COCH_3} \xrightarrow{[O]} CH_3COCH_3 + \underset{B}{HOOCCH_2CH_2COCH_3}$$

$$\underset{B}{HOOCCH_2CH_2COCH_3} \xrightarrow{I_2,\ NaOH} HOOCCH_2CH_2COOH + CHI_3\downarrow$$

（3）A. $CH_3CH_2CH_2CH_2CH_2CHO$　　B. $CH_3\overset{O}{\overset{\|}{C}}CH_2CH_2CH_2CH_3$

C. $CH_3CH_2\overset{O}{\overset{\|}{C}}CH_2CH_2CH_3$　　D. 环己醇（$C_6H_{11}OH$）

推导过程：

$$\underset{A}{CH_3CH_2CH_2CH_2CH_2CHO} \xrightarrow{\text{Tollen试剂}} CH_3CH_2CH_2CH_2CH_2COOH + Ag\downarrow$$

$$\underset{B}{CH_3CH_2CH_2CH_2COCH_3} \xrightarrow{HCN} CH_3CH_2CH_2CH_2C(CN)(OH)CH_3$$

$$\underset{B}{CH_3CH_2CH_2CH_2COCH_3} \xrightarrow{I_2,\ NaOH} CH_3CH_2CH_2CH_2COONa + CHI_3\downarrow$$

$$\underset{C}{CH_3CH_2COCH_2CH_2CH_3} + H_2NNH\text{-}C_6H_3(NO_2)\text{-}NO_2 \longrightarrow CH_3CH_2CH_2C(C_2H_5){=}NNH\text{-}C_6H_3(NO_2)\text{-}NO_2$$

$$\underset{D}{C_6H_{11}OH} + Na \longrightarrow C_6H_{11}ONa + H_2\uparrow$$

7. 合成题

【解答】

（1）$CH_3CH_2OH \xrightarrow{\text{Sarrett试剂}} CH_3CHO$

$$CH_3CH_2OH \xrightarrow{HBr} CH_3CH_2Br \xrightarrow[\text{无水乙醚}]{Mg} CH_3CH_2MgBr$$

$$CH_3CHO + CH_3CH_2MgBr \xrightarrow[(2)H_3O^+]{(1)\text{无水乙醚}} CH_3\overset{OH}{\overset{|}{C}}HCH_2CH_3$$

（2）$CH_2{=}CHCHO \xrightarrow[\text{干燥}HCl]{2C_2H_5OH} CH_2{=}CHCH(OC_2H_5)_2$

$$\xrightarrow{KMnO_4/OH^-} \underset{OH}{\overset{}{CH_2}}\overset{OH}{CH}CH(OC_2H_5)_2 \xrightarrow{H_3O^+} \underset{OH}{CH_2}\overset{OH}{CH}CHO$$

（3）$CH{\equiv}CH + H_2O \xrightarrow[H_2SO_4]{HgSO_4} CH_3CHO \xrightarrow[4\sim5℃]{\text{稀}NaOH} CH_3\overset{OH}{\overset{|}{C}}HCH_2CHO$

$$\xrightarrow{Zn\text{-}Hg/\text{浓}HCl} CH_3\overset{OH}{\overset{|}{C}}HCH_2CH_3 \xrightarrow{[O]} CH_3\overset{O}{\overset{\|}{C}}CH_2CH_3$$

8. 简答题

【解答】

（1）醛、酮分子中都存在碳氧双键，由于氧的电负性强，碳氧双键中电子云偏向于氧，带部分正电荷的碳易被带负电荷或带部分未共用电子对的基团或分子进攻，从而发生亲核加成。而烯烃 C═C 的碳原子对 π 电子云的束缚较小，使烯烃具有供电性能，易受到带正电或带部分正电荷的亲电试剂进攻，易发生亲电加成。

（2）醛酮发生亲核加成活性与羰基的活性（电子效应、位阻效应）和亲核试剂有关，在亲核试剂相同情况下，羰基碳原子上正电荷越多，位阻越小，亲核加成活性越大。

（付彩霞）

第十章 羧酸及其衍生物

一、本章基本要求

1. 掌握 羧酸及羧酸衍生物的结构、命名和化学性质。

2. 熟悉 诱导效应和共轭效应对羧酸酸性的影响。

3. 了解 羧酸及其羧酸衍生物的物理性质。

二、本 章 要 点

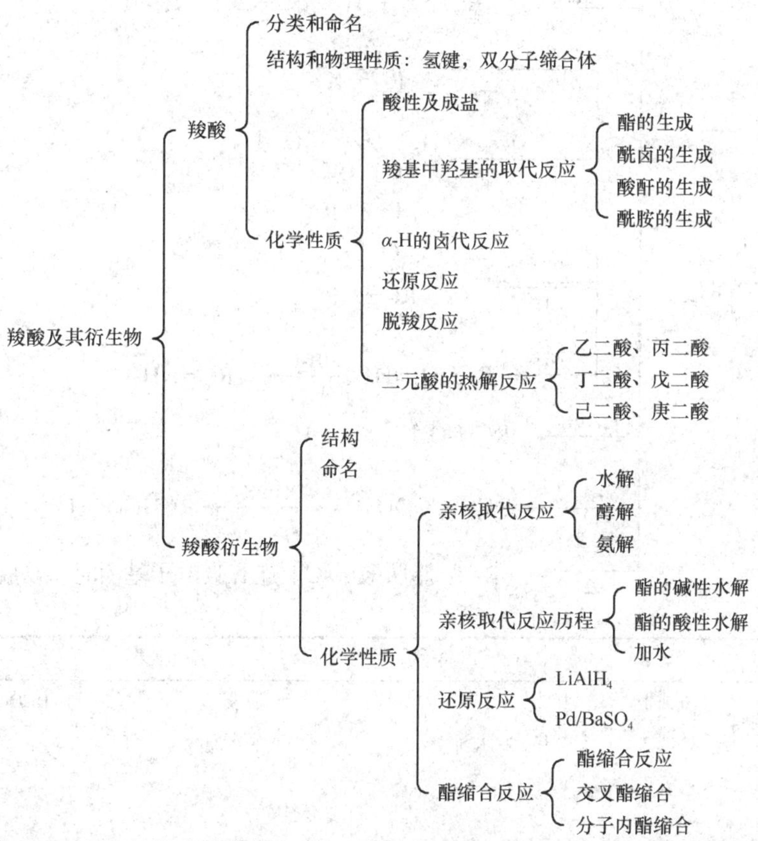

分子中含有羧基的化合物称为羧酸。其通式为 RCOOH 或 ArCOOH。羧基（—COOH）是羧酸的官能团。羧酸分子羧基中的羟基被取代后的产物称为羧酸衍生物，重要的羧酸衍生物有酰卤、酸酐、酯和酰胺。

（一）羧酸

1. 羧酸的分类和命名

（1）羧酸的分类：根据羧基所连烃基 R 的不同，羧酸可分为脂肪酸、脂环酸和芳香酸；根据羧酸分子中烃基 R 的饱和程度，可分为饱和酸和不饱和酸；根据羧酸分子中含有羧基的数目，又可分为一元酸和多元酸。

（2）羧酸的命名：羧酸多以系统命名法命名。许多羧酸根据其来源和性质而用俗名。

$$-\overset{|}{\underset{|}{C}}-\overset{|}{\underset{|}{C}}-\overset{|}{\underset{|}{C}}-\overset{|}{\underset{|}{C}}-\overset{|}{\underset{|}{C}}-\overset{O}{\overset{\|}{C}}-OH$$

6 5 4 3 2 1

ε δ γ β α

2. **羧酸的结构** 羧基是羧酸的官能团，羧基碳原子为 sp^2 杂化，氧、碳、氧三个原子在同一平面上，该碳原子除形成三个 σ 键外，余下的一个 p 轨道与羰基中的氧原子的 p 轨道和羟基中的氧原子上未共用电子对的 p 轨道相互重叠，形成 p-π 共轭体系。

3. **羧酸的物理性质** 羧酸的沸点随分子量的增大而增高，而且比分子量相同或相近醇高。

4. **羧酸的化学性质**

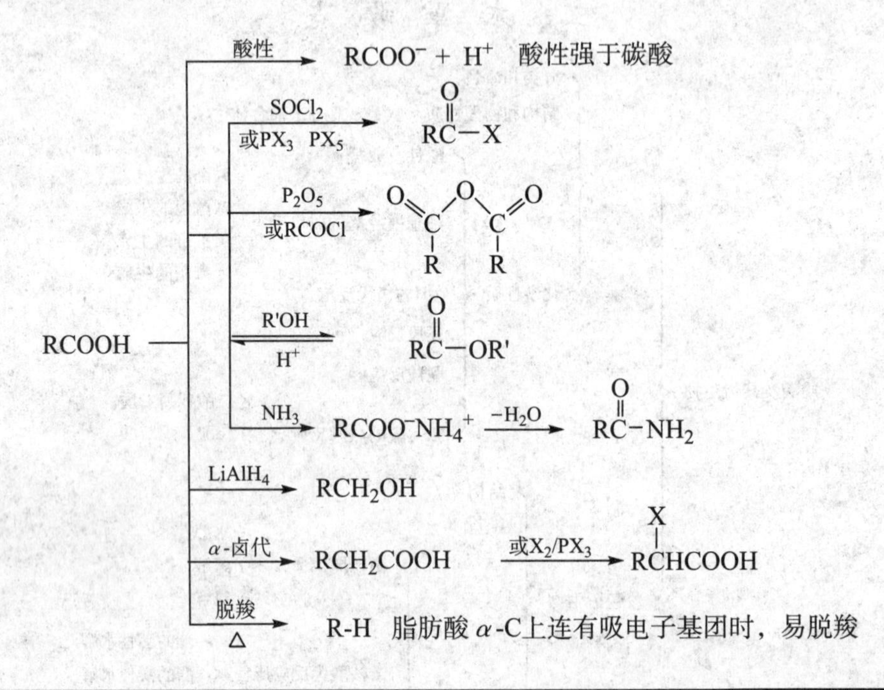

二元酸	n	条件	反应结果	反应产物
COOH—$(CH_2)_n$—COOH	0 或 1	加热	脱羧	HCOOH 或 CH_3COOH
	2 或 3	加热、脱水剂	脱水	（环状酸酐）或（环状酸酐）
	4 或 5	加热、$Ba(OH)_2$	脱羧、脱水	（环戊酮）或（环己酮）

（二）羧酸衍生物

1. **羧酸衍生物的结构**

$$R-\overset{O}{\overset{\|}{C}}- \quad 酰基$$

$R-\overset{O}{\overset{\|}{C}}-X$　酰卤　　$R-\overset{O}{\overset{\|}{C}}-O-\overset{O}{\overset{\|}{C}}-R'$　酸酐　　$R-\overset{O}{\overset{\|}{C}}-OR'$　酯　　$R-\overset{O}{\overset{\|}{C}}-NH_2$　酰胺

2. 羧酸衍生物的命名　酰卤常由酰基名称后加卤素原子名称来命名，称为“某酰卤”。

酸酐命名时，相同羧酸形成的酐为单酐，命名时“二”字可以省略，称为“某酐”（或“某酸酐”）。不同羧酸形成的酐为混酐，命名时简单的羧酸写在前面，复杂的羧酸写在后面。

酯是根据形成它的酸和醇来命名，称为“某酸某酯”。

酰胺是在酰基名称后加“胺”字，称为“某酰胺”“某酰某胺”。若酰胺氮原子上有取代基，则在取代基名称前冠以字母“N”，以表示取代基连在氮原子上。

腈是根据主链碳原子数（包括氰基碳）用“腈”命名。

3. 羧酸衍生物的物理性质　酰氯、酰酐和酯类化合物的分子间不能形成氢键，故其沸点比相应的羧酸低；酰胺能形成分子间氢键，故其熔点、沸点比相应的羧酸高。

4. 羧酸衍生物的化学性质

（1）亲核取代反应：羧酸衍生物与水、醇和氨（或胺）等发生水解、醇解和氨解反应，亲核试剂反应难易次序为氨解＞水解＞醇解；亲核取代反应难易次序为酰卤＞酸酐＞酯＞酰胺。

$RCOX$, $RCOOCOR'$, $RCOOR'$, $RCONHR'$

醇解（HOR''）→ $RCOOR''$ + { HX；$R'COOH$；HOR'；（NH_2R' 很难反应）}

水解（H_2O）→ $RCOOH^{+}$ + { HX；$HOCOR'$；HOR'；NH_2R' }

氨解（NH_2R''）→ $RCONHR''$ + { $HX \cdot NH_2R''$；$R'CO\overset{-}{O}\overset{+}{N}H_4$；$HOR'$；$NH_2R'$ }

（2）亲核取代反应历程：羧酸衍生物的水解、氨解、醇解历程都是通过加成-消除过程来完成的。

（3）还原反应、氢化铝锂还原：酰氯、酸酐和酯均能被氢化铝锂还原成伯醇，酰胺被还原成胺。用 $LiAlH_4$ 还原时，羧酸衍生物分子中存在的碳碳双键不受影响。

（4）催化氢化还原：酰卤用降低了活性的钯催化剂作用还原成醛，此反应称罗森孟德还原。分子中存在的硝基和酯基等基团不受影响。

（5）酯缩合反应：在碱（醇钠）的作用下，两分子酯失去一分子醇，生成β-羰基酯的反应，称为酯缩合反应又称克莱森缩合。具有两个α-氢原子的酯用乙醇钠处理，一般都可顺利地发生酯缩合反应。另有交叉酯缩合和分子内酯缩合（狄克曼缩合）。

三、名词双语对照

羧酸　carboxylic acid
羧酸衍生物　carboxylic acid derivative
羧基　carboxyl
酯　ester
酯化反应　esterification
酰卤　acyl halide
酸酐　anhydride
酰胺　amide
腈　nitrile
脱羧反应　decarboxylation
甲酸　methanoic acid
乙酸　ethanoic acid
苯甲酸　benzoic acid
乙二酸　ethanedioic acid
酰基　acyl group
酰基化合物　acyl compound
亲核取代反应　nucleophili substitution
水解　hydrolyze
醇解　alcoholysis
氨解　ammonolysis
酰化反应　acylating reaction
酰化剂　acylating agent
罗森孟德还原　Rosenmund reduction
克莱森缩合　Claisen condensation
狄克曼缩合　Dieckmann condensation
乙酸乙酯　acetic ester
乙酰乙酸乙酯　ethyl acetoacetate
丙二酸二乙酯　diethyl malonate

四、知识点答疑

1. 命名下列化合物。

（1）H_3CH_2C—（六元环内酯，环上 O 与 C=O）

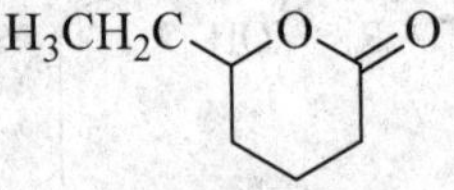

（2）$\begin{array}{c} COOH \\ | \\ COOH \end{array}$

（3）C_6H_5—$CH_2\overset{O}{\overset{\|}{C}}$—$N(CH_3)$—$CH_2CH_3$

（4）$CH_3\overset{O}{\overset{\|}{C}}CH_2\overset{O}{\overset{\|}{C}}—OCH_2CH_2CH_3$

（5）环戊基—$\underset{}{CH}(CH_2CH_3)COOH$

（6）C_6H_5—$\overset{O}{\overset{\|}{C}}$—O—$\overset{O}{\overset{\|}{C}}$—$CH_2CH_3$

（7）H—C（$CONH_2$）（NH_2）（CH_2CH_3）

（8）（苯并五元环酸酐，两个 C=O 与环内 O）

（9）$CH_3CH_2CH=C(CH_2CH_3)—COOCH_2CH_3$

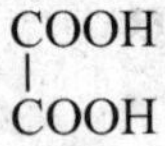

（10）（萘环）—CH_2CH_2COCl

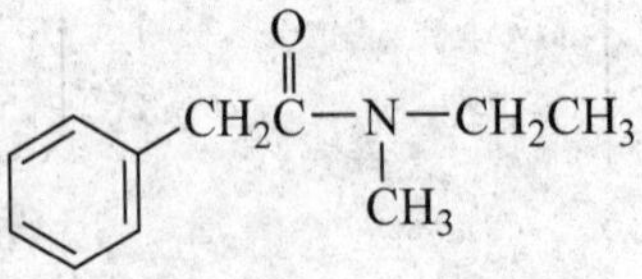

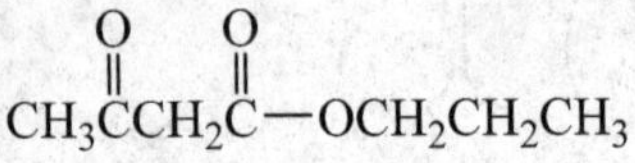

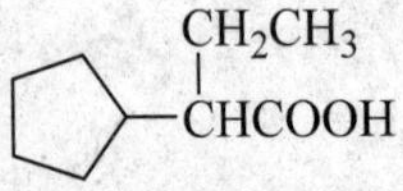

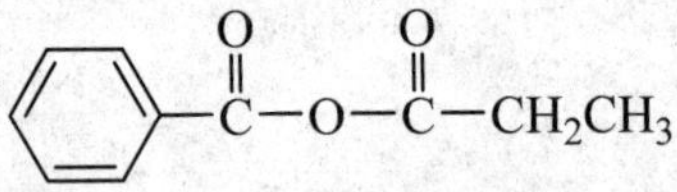

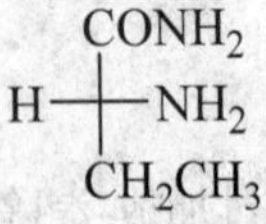

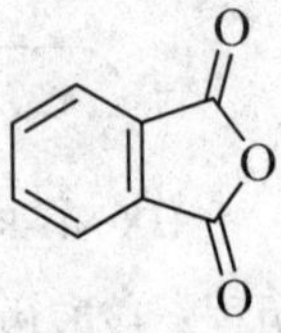

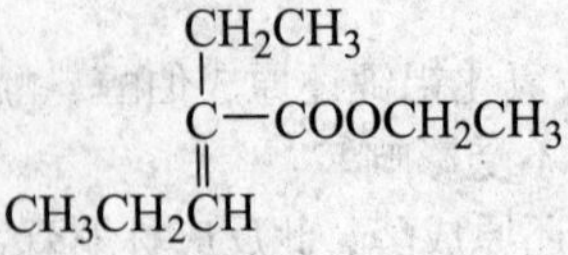

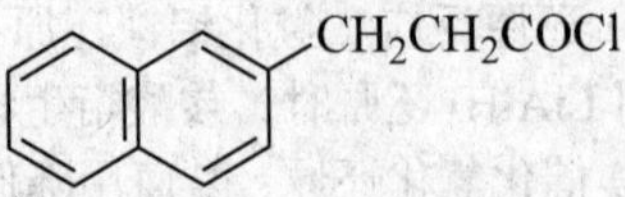

【解答】

（1）δ-庚内酯　　（2）草酸

（3）*N*-甲基-*N*-乙基苯乙酰胺　（4）乙酰乙酸丙酯

（5）2-环戊基丁酸　（6）苯甲酸丙酸酐

（7）*R*-α-氨基丁酰胺　（8）邻苯二甲酸酐

（9）2-乙基-2-戊烯酸乙酯　（10）β-萘丙酰氯

2. 写出下列化合物的结构式。

（1）3-甲基-2-丁烯酸　（2）间苯二甲酸

（3）9,12-十八碳二烯酸　（4）*N*-甲基丁酰胺

（5）β-苯基丁酸　（6）苯乙酰氯

（7）乙丙酸酐　（8）环戊烷羧酸乙酯

（9）β-萘乙酸　（10）环己烷羧酸

（11）*E*-3-己烯二酸　（12）2,3-二甲基丁酰溴

【解答】

（1）$CH_3C{=}CHCOOH$（CH_3 连于 C 上）

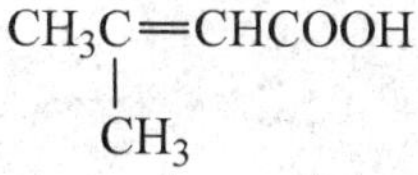

（2）HOOC　COOH

（3）COOH

（4）O　N　H

（5）O　OH

（6）Cl　O

（7）O　O　O

（8）O　O

（9）COOH

（10）COOH

（11）O　H　OH　HO　H　O

（12）O　Br

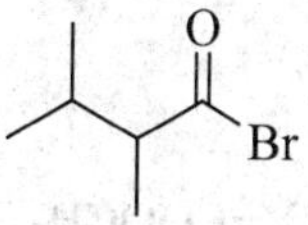

3. 写出下列反应的主要产物。

【解答】

（1）COCl　+　CH_3CHNH_2（CH_3）　⟶　O　N　H

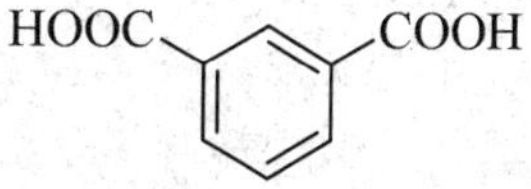

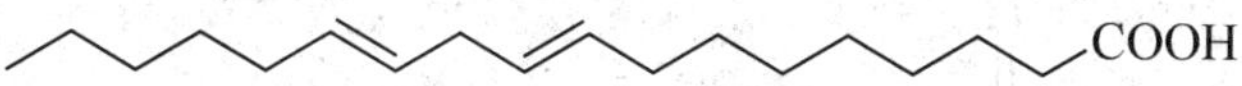

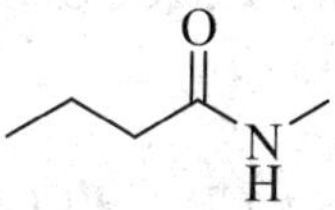

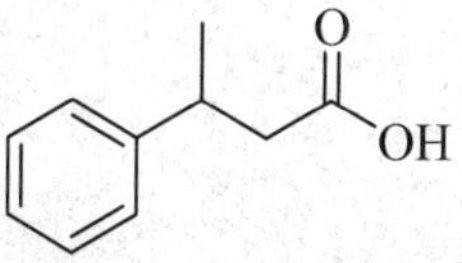

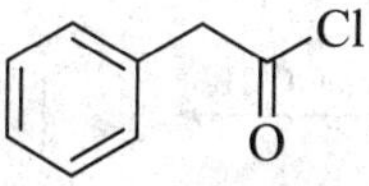

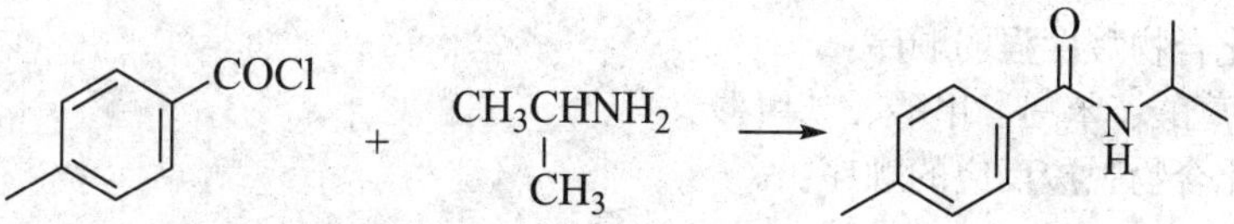

（2）$CH_3CH_2COOH \xrightarrow[P,\ \Delta]{Br_2}$　O　OH　Br

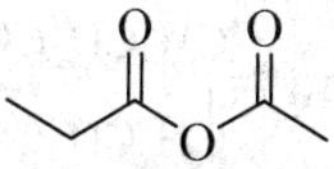

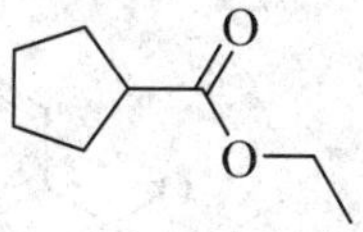

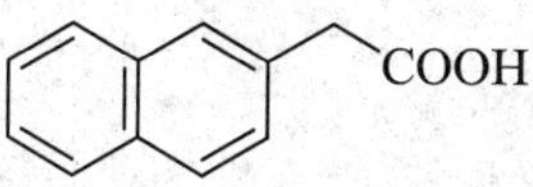

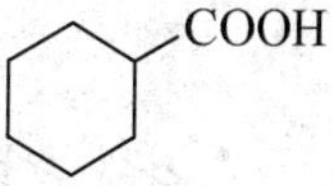

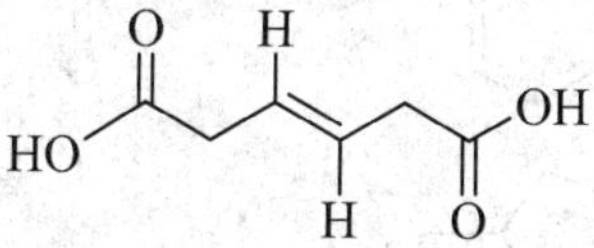

（3）CH_2COOH　CH_2COOH　$\xrightarrow[\Delta]{Ba(OH)_2}$　O

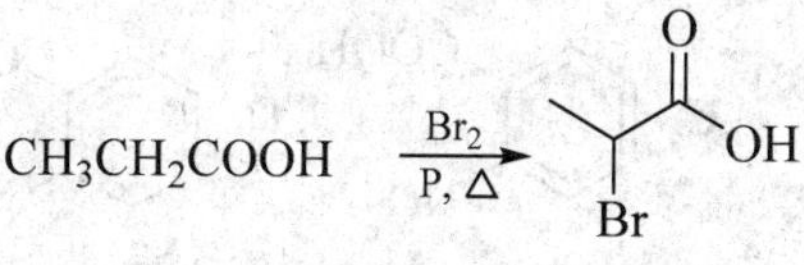

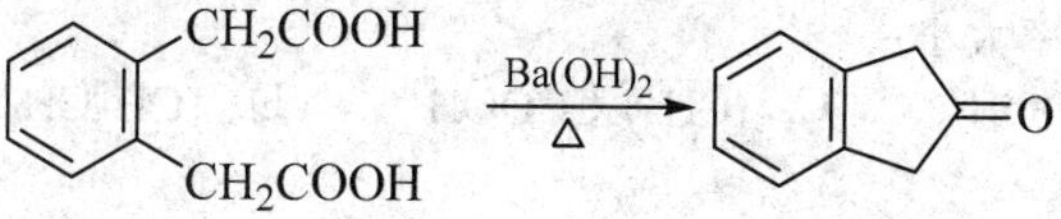

（4）（螺环二羧酸）$\xrightarrow{\triangle}$（螺环羧酸）

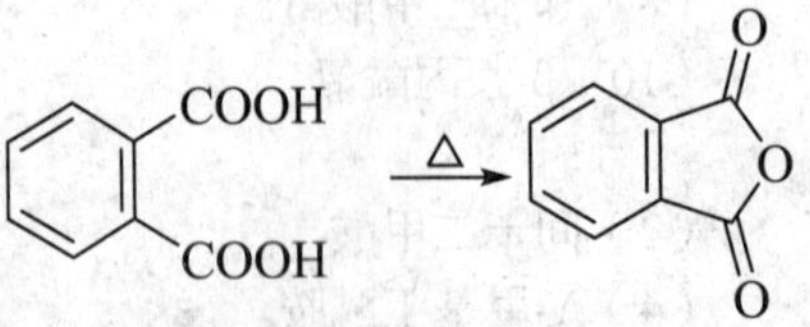

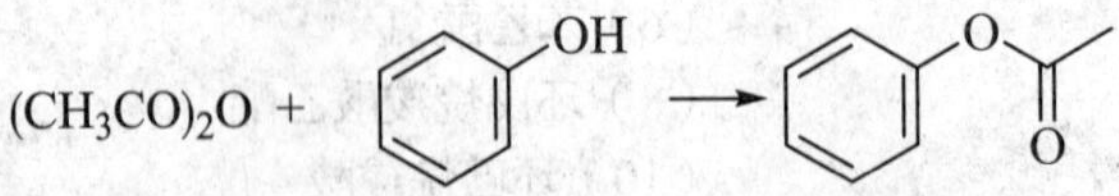

（5）邻苯二甲酸 $\xrightarrow{\triangle}$ 邻苯二甲酸酐

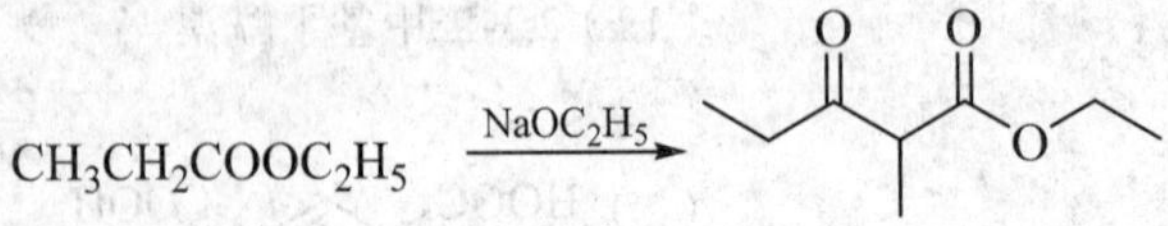

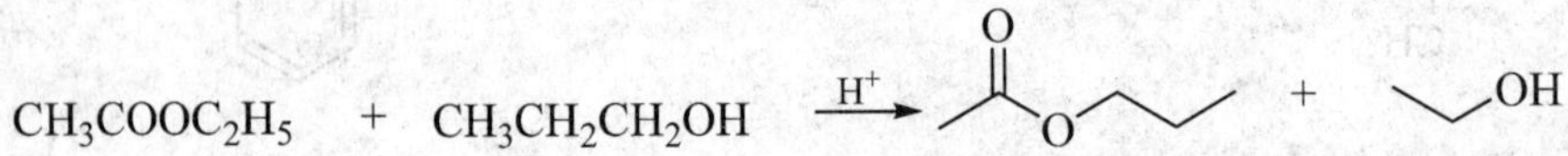

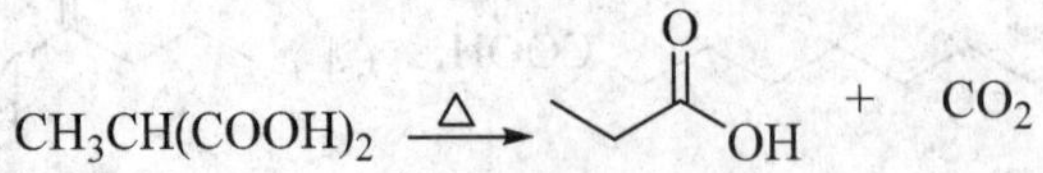

（6）$(CH_3CO)_2O$ + 苯酚 $\longrightarrow$ 乙酸苯酯

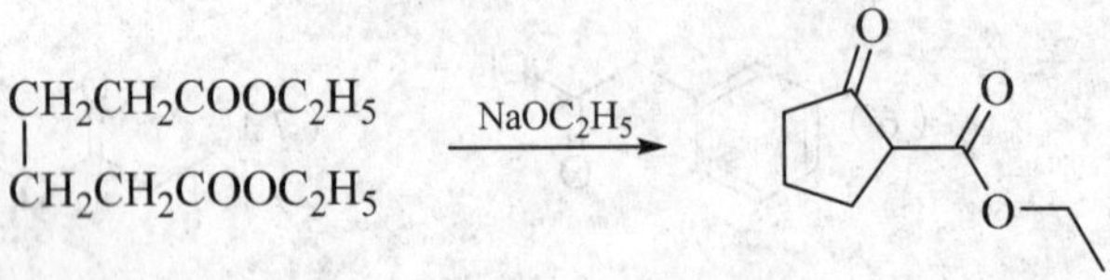

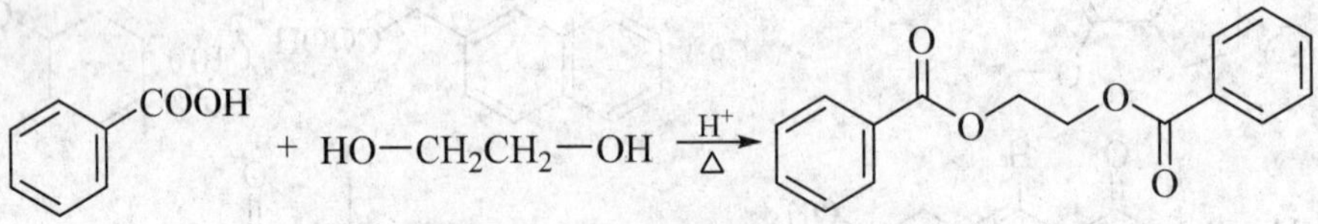

（7）$CH_3CH_2COOC_2H_5$ $\xrightarrow{NaOC_2H_5}$ 2-甲基-3-氧代戊酸乙酯

（8）$CH_3COOC_2H_5$ + $CH_3CH_2CH_2OH$ $\xrightarrow{H^+}$ 乙酸丙酯 + 乙醇

（9）$CH_3CH(COOH)_2$ $\xrightarrow{\triangle}$ 丙酸 + CO_2

（10）$\begin{matrix}CH_2CH_2COOC_2H_5\\|\\CH_2CH_2COOC_2H_5\end{matrix}$ $\xrightarrow{NaOC_2H_5}$ 2-氧代环戊烷甲酸乙酯

（11）苯甲酸 + $HO-CH_2CH_2-OH$ $\xrightarrow[\triangle]{H^+}$ 二苯甲酸乙二醇酯

（12）$-COOCH_3$ $\xrightarrow{LiAlH_4}$ $\xrightarrow{H^+}$ $-CH_2OH$

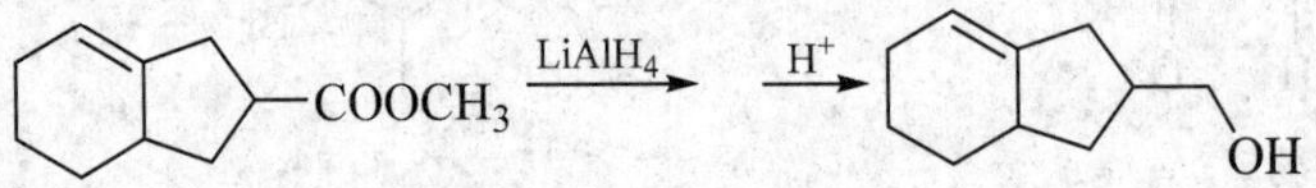

4. 按要求排序。

（1）排出下列化合物酸性强弱顺序：

乙酸、丙二酸、草酸、苯酚、甲酸、苯甲酸

（2）排出下列化合物脱羧反应的顺序：

A. 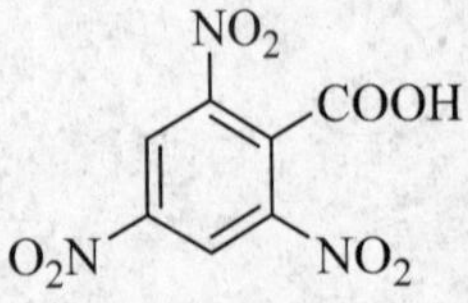 2,4,6-三硝基苯甲酸（NO_2、COOH、O_2N、NO_2） B. 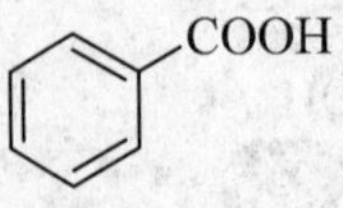 苯甲酸（COOH） C. 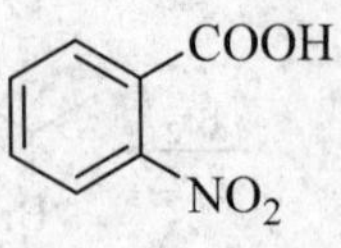 邻硝基苯甲酸（COOH、NO_2） D. 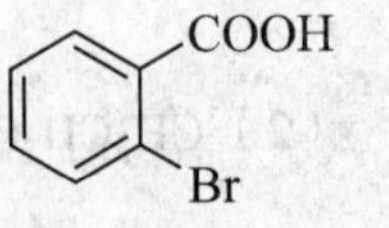 邻溴苯甲酸（COOH、Br）

（3）比较下列化合物酯化反应速率大小：

A. CH_3COOH B. CH_3CH_2COOH C. $(CH_3)_3CCOOH$ D. $(CH_3CH_2)_3CCOOH$

【解答】

（1）草酸＞丙二酸＞甲酸＞苯甲酸＞乙酸＞苯酚

（2）A>C>D>B

（3）A>B>C>D

5. 用简单化学方法鉴别下列各组化合物。

（1）甲酸、乙酸和丙二酸

（2）乙酰氯、乙酸酐和乙酰胺

【解答】

（1）

$HCOOH$、CH_3COOH、$CH_2(COOH)_2$ $\xrightarrow[\triangle]{\text{Tollen试剂}}$ $HCOOH$：$Ag\downarrow$；CH_3COOH、$CH_2(COOH)_2$：无变化 $\xrightarrow{\triangle}$ CH_3COOH：无变化；$CH_2(COOH)_2$：$CO_2\uparrow$

（2）

$CH_3C(=O)-Cl$、$CH_3C(=O)-O-C(=O)-CH_3$、$CH_3C(=O)-NH_2$ $\xrightarrow{H_2O}$ 乙酰氯：白雾；乙酸酐、乙酰胺：无变化 $\xrightarrow[\text{(2)石蕊试纸}]{\text{(1)}H_2O/OH^-}$ 乙酸酐：无变化；乙酰胺：试纸变蓝

6. 完成下列制备。

（1）$CH_3CH_2CH_2Cl \longrightarrow CH_3CH_2CH_2CONH_2$

（2）苯乙酮 $\longrightarrow$ 苯甲酰氯

【解答】

（1）

$CH_3CH_2CH_2Cl \xrightarrow{NaCN} CH_3CH_2CH_2CN \xrightarrow{H^+} CH_3CH_2CH_2COOH \xrightarrow[\triangle]{NH_3} CH_3CH_2CH_2CONH_2$

（2）

$C_6H_5COCH_3 \xrightarrow{I_2/NaOH} C_6H_5COONa \xrightarrow{H^+} C_6H_5COOH \xrightarrow{SOCl_2} C_6H_5COCl$

7. 羧酸A分子式为$C_9H_9O_3N$，与NaOH水溶液共热生成两种化合物B和C，B经酸化生成最简单的芳香酸，C则为氨基乙酸钠。试写出化合物A的结构式。

【解答】$C_6H_5CONHCH_2COOH$

8. 化合物A的分子式为$C_4H_6O_2$，有类似于乙酸乙酯的香味。不溶于氢氧化钠溶液，与碳酸钠没有作用，可使溴水褪色。A与氢氧化钠溶液共热生成CH_3COONa和CH_3CHO。另一化合物B的

分子式与 A 相同，B 和 A 一样，不溶于氢氧化钠，不与碳酸钠作用，可使溴水褪色，香味与 A 类似，但 B 和氢氧化钠水溶液共热后生成醇和羧酸盐，这种盐用硫酸酸化后蒸馏出的有机物可使溴水褪色。试写出化合物 A 和 B 的结构式。

【解答】 A. $CH_3COOCH{=}CH_2$ B. $H_2C{=}CHCOOCH_3$

9. 化合物 A 分子式为 $C_9H_7ClO_2$，可与水发生反应生成 B（$C_9H_8O_3$）。B 可溶于 $NaHCO_3$ 溶液，并能与苯肼反应生成固体衍生物，但不与 Fehling 试剂反应。把 B 强烈氧化得到 C（$C_8H_6O_4$），C 失水可得到酸酐（$C_8H_4O_3$）。试写出 A、B、C 的结构式。

【解答】A. （邻位取代苯：CHO，CH_2COCl） B. （邻位取代苯：CHO，CH_2COOH） C. （邻位取代苯：COOH，COOH）

或者 A. （邻位取代苯：$COCH_3$，COCl） B. （邻位取代苯：$COCH_3$，COOH） C. （邻位取代苯：COOH，COOH）

10. 化合物 A 和 B 的分子式均为 $C_4H_6O_4$，且都与 Na_2CO_3 作用放出 CO_2。A 受热生成 C（$C_4H_4O_3$），B 受热发生脱羧反应，生成羧酸 D（$C_3H_6O_2$）。试写出化合物 A、B、C、D 的结构式。

【解答】 A. HOOC–CH$_2$CH$_2$–COOH B. HOOC–CH(CH_3)–COOH

C. O=（五元环酸酐：丁二酸酐）=O D. CH_3CH_2COOH

五、强化学习

1. 命名下列化合物

（1）1-萘甲酸结构（萘环 1 位 COOH）（2）环己基–COOH（3）$CH_3CH_2CH(CH_3)CH_2COOH$

（4）COOH–COOH（5）$H_2C(COOH)_2$（6）HOOC–C_6H_4–NO_2（对位）

（7）C_6H_5–NH–CO–CH_3（8）$CH_3CH(CH_3)CH(CH_3)COOH$（9）$CH_3C(CH_3){=}CHCOOH$

（10）$CH_3CH_2C(=O)$—$NHCH_2CH_3$（11）C_6H_5–C(=O)–Cl（12）C_6H_5–C(=O)–N(CH_2CH_3)(CH_3)

2. 写出下列化合物的结构式

（1）*R*-2-氨基-3-氯丙酸　（2）3-甲基-3-戊烯酸　（3）三氟乙酸

（4）乙丙（酸）酐　（5）丁二酸酐　（6）丙酰氯

（7）邻甲基苯甲酸乙酯　（8）蚁酸（甲酸）　（9）*N*, *N*-二甲基甲酰胺

3. 写出下列反应的主要产物

（1）$C_6H_5NH_2$ + CH_3COCl ⟶

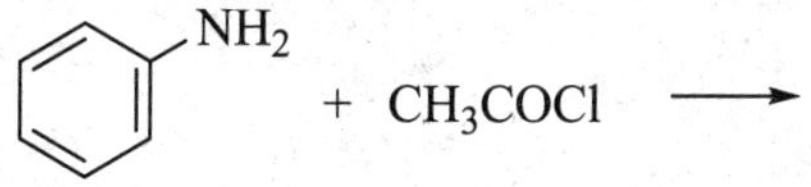

（2）$(CH_3CO)_2O$ + 邻羟基苯甲酸（OH，COOH） $\xrightarrow{\text{浓}H_3PO_4}$

（3）CH_3CH_2O—C_6H_4—NH_2（对位） + CH_3COOH $\xrightarrow{\triangle}$

（4）$H_2C(COOH)_2$ $\xrightarrow{\triangle}$

（5）$(CH_3)_2CHCH_2CH_2COCl$ + H_2 $\xrightarrow[S\text{-喹啉}]{Pd\text{-}BaSO_4}$

（6）$CH_3\overset{O}{\overset{\|}{C}}-NHC_6H_5$ $\xrightarrow[\text{乙醚}]{LiAlH_4}$ $\xrightarrow{H^+}$

（7）$HOOCCH_2CH_2CH_2COOH$ $\xrightarrow{\triangle}$

（8）邻羟基苯甲酸（OH，COOH） + $NaHCO_3$ ⟶

（9）C_6H_5OH + CH_3COCl ⟶

（10）间甲基-*N*-甲基苯胺（$NHCH_3$，CH_3） + $(CH_3CO)_2O$ ⟶

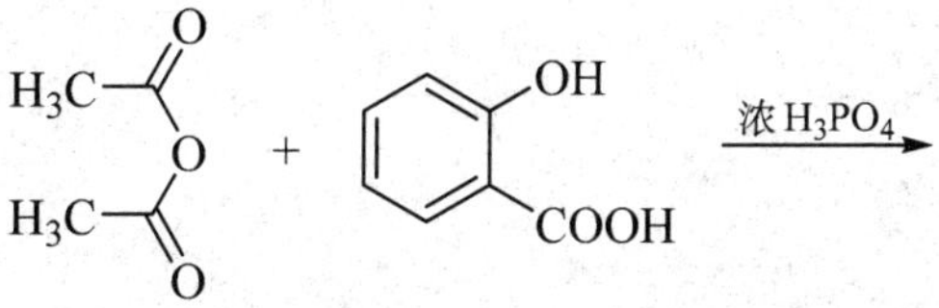

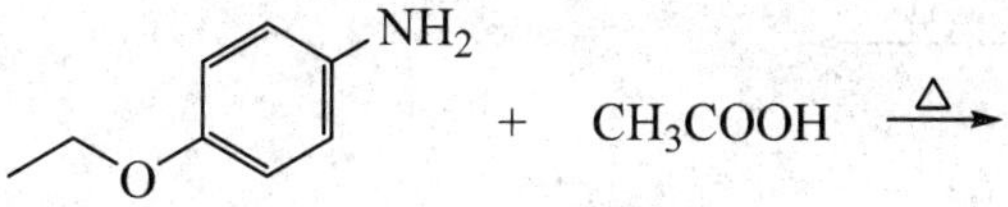

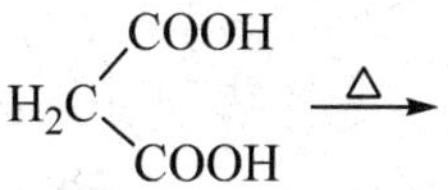

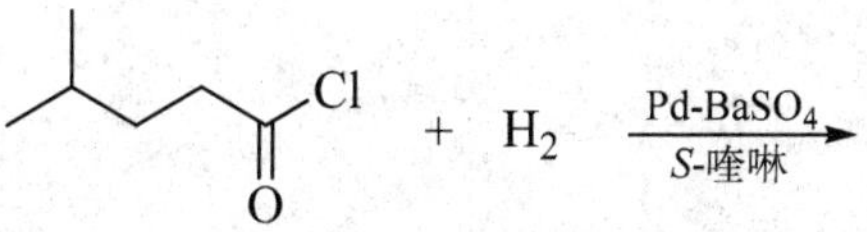

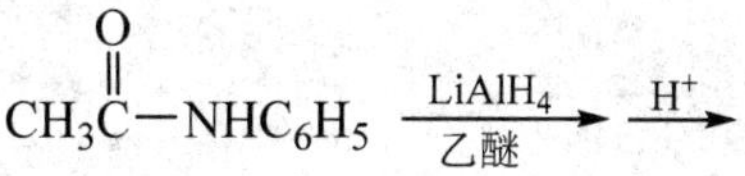

（11）CH_3COCl + H_2 $\xrightarrow[S\text{-喹啉}]{Pd\text{-}BaSO_4}$

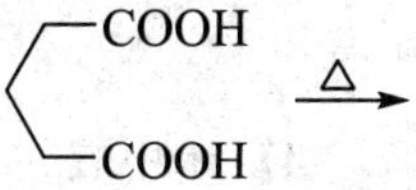

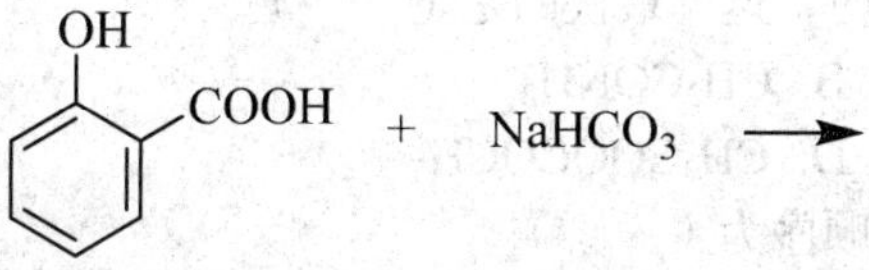

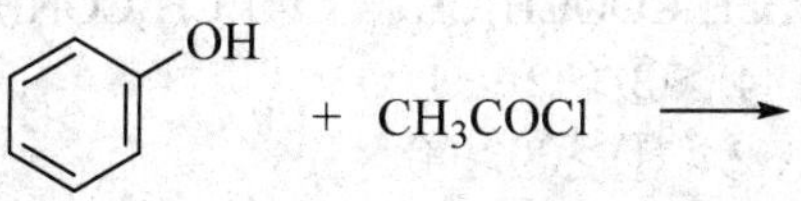

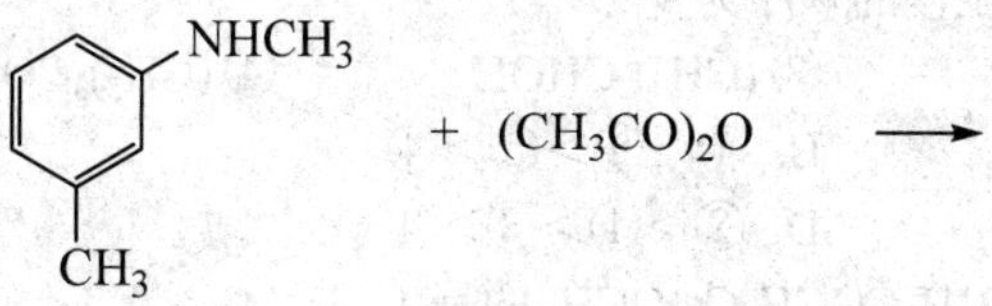

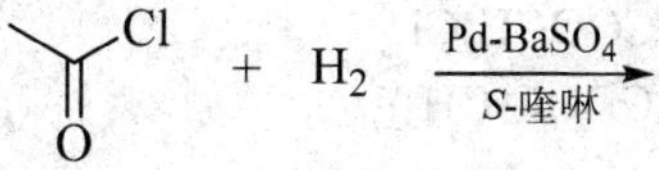

（12）$CH_3C(=O)—OC_2H_5 \xrightarrow[\text{乙醚}]{LiAlH_4} \xrightarrow{H^+}$

（13）（对甲基苯甲酸）COOH $\xrightarrow[H_2SO_4]{HNO_3}$

（14）$2\ CH_3CH_2COOH \xrightarrow[\Delta]{P_2O_5}$

（15）（邻羟基肉桂酸）$\overset{O}{\parallel}$ OH, OH $\xrightarrow[\Delta]{H^+}$

（16）$CH_3CH{=}CHCOOH \xrightarrow[\text{乙醚}]{LiAlH_4} \xrightarrow{H^+}$

（17）（环戊基）—COOH + $CH_3OH \xrightarrow[\Delta]{H^+}$

（18）$CH_3\overset{O}{\overset{\parallel}{C}}Cl$ + （苯基）—$CH_2NH_2 \longrightarrow$

（19）（丁二酸酐） + $CH_3CH_2OH \longrightarrow$

4. 选择题

（1）酸性最强又能使 $KMnO_4$ 溶液褪色的化合物是（　　）

A. 甲酸　　B. 草酸　　C. 油酸　　D. 苯甲酸

（2）下列羧酸衍生物，发生亲核取代反应时，速率最快的是（　　）

A. $CH_3COOC_2H_5$　　B. CH_3CONH_2

C. CH_3COCl　　D. $CH_3COOCOCH_3$

（3）下列化合物氨解反应速率由快至慢的顺序为（　　）

① CH_3COCl　　② $CH_3COOCOCH_3$　　③ $CH_3COOCH_2CH_3$　　④ CH_3CONH_2

A. ①>②>③>④　　B. ④>③>②>①

C. ③>①>④>②　　D. ②>①>③>④

（4）下列化合物酯化反应速率由快至慢的顺序为（　　）

① CH_3OH　　② CH_3CH_2OH　　③ $(CH_3)_2CHOH$　　④ $(CH_3)_3COH$

A. ④>③>②>①　　B. ①>②>③>④

C. ③>①>②>④　　D. ②>①>③>④

（5）下列化合物与稀碱作用，生成 $CH_3COCH_2COOCH_3$ 的是（　　）

A. CH_3COOCH_3　　B. $CH_3COOCH_2CH_3$

C. $CH_3COOCH(CH_3)_2$　　D. $CH_3COOC(CH_3)_3$

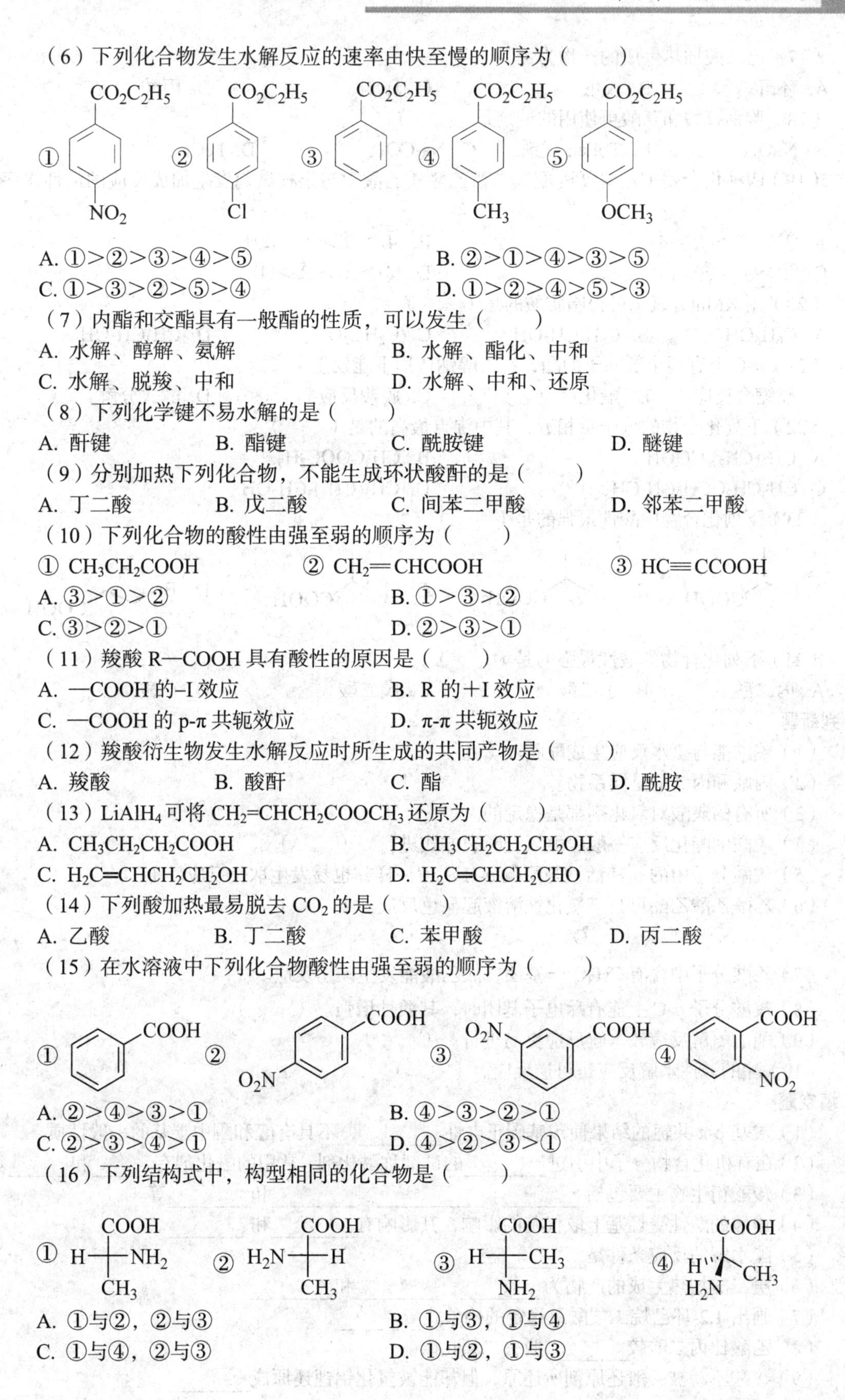

（6）下列化合物发生水解反应的速率由快至慢的顺序为（　　）

A. ①>②>③>④>⑤　　B. ②>①>④>③>⑤

C. ①>③>②>⑤>④　　D. ①>②>④>⑤>③

（7）内酯和交酯具有一般酯的性质，可以发生（　　）

A. 水解、醇解、氨解　　B. 水解、酯化、中和

C. 水解、脱羧、中和　　D. 水解、中和、还原

（8）下列化学键不易水解的是（　　）

A. 酐键　　B. 酯键　　C. 酰胺键　　D. 醚键

（9）分别加热下列化合物，不能生成环状酸酐的是（　　）

A. 丁二酸　　B. 戊二酸　　C. 间苯二甲酸　　D. 邻苯二甲酸

（10）下列化合物的酸性由强至弱的顺序为（　　）

① CH_3CH_2COOH　　② $CH_2{=}CHCOOH$　　③ $HC{\equiv}CCOOH$

A. ③>①>②　　B. ①>③>②

C. ③>②>①　　D. ②>③>①

（11）羧酸 R—COOH 具有酸性的原因是（　　）

A. —COOH 的–I 效应　　B. R 的+I 效应

C. —COOH 的 p-π 共轭效应　　D. π-π 共轭效应

（12）羧酸衍生物发生水解反应时所生成的共同产物是（　　）

A. 羧酸　　B. 酸酐　　C. 酯　　D. 酰胺

（13）$LiAlH_4$ 可将 $CH_2{=}CHCH_2COOCH_3$ 还原为（　　）

A. $CH_3CH_2CH_2COOH$　　B. $CH_3CH_2CH_2CH_2OH$

C. $H_2C{=}CHCH_2CH_2OH$　　D. $H_2C{=}CHCH_2CHO$

（14）下列酸加热最易脱去 CO_2 的是（　　）

A. 乙酸　　B. 丁二酸　　C. 苯甲酸　　D. 丙二酸

（15）在水溶液中下列化合物酸性由强至弱的顺序为（　　）

A. ②>④>③>①　　B. ④>③>②>①

C. ②>③>④>①　　D. ④>②>③>①

（16）下列结构式中，构型相同的化合物是（　　）

A. ①与②，②与③　　B. ①与③，①与④

C. ①与④，②与③　　D. ①与②，①与③

（17）己二酸加热生成的产物为（　　）

A. 环酐　　B. 戊酸　　C. 环酮　　D. 丙酸

（18）鉴别蚁酸和草酸可使用的试剂是（　　）

A. NaOH　　B. Tollen 试剂　　C. Na_2CO_3　　D. $FeCl_3$

（19）四种化合物①乙醛②丙酮③二氯乙醛④乙酸中与亲核试剂发生加成反应的活性次序是（　　）

A. ①>②>③>④　　B. ④>③>①>②

C. ②>①>③>④　　D. ③>①>②>④

（20）用 $KMnO_4$ 氧化可得脂肪酸的是（　　）

A. C_6H_5OH　　B. $C_6H_5CH_2OH$　　C. $(C_2H_5)_2O$　　D. CH_3CH_2OH

（21）*α*-C 上有两个氢原子的酯，在乙醇钠作用下能发生（　　）

A. 酯缩合反应　　B. 酯化反应　　C. 脱羧反应　　D. 酮式分解

（22）下列化合物的分子量相近，其中沸点最高的是（　　）

A. $CH_3(CH_2)_2COOH$　　B. $CH_3COOC_2H_5$

C. $CH_3CH_2OCH_2CH_2CH_3$　　D. $CH_3(CH_2)_3CH_2OH$

（23）下列化合物中酸性最强的是（　　）

A. COOH　　B. COOH　　C. Br COOH　　D. Br COOH

（24）下列化合物的酸性最强的是（　　）

A. 丙二酸　　B. 丁二酸　　C. 戊二酸　　D. 草酸

5. 判断题

（1）羧酸能与氨水反应生成酰胺。（　　）

（2）丙酸和丙二酸是同系物。（　　）

（3）所有的羧酸对氧化剂都是稳定的。（　　）

（4）羧酸的酯化反应一般以酰氧键断裂方式进行。（　　）

（5）羧酸分子中的 α-H 活性与醛酮 α-H 活性一样，也易发生取代反应。（　　）

（6）乙酰乙酸乙酯可与三氯化铁溶液起显色反应。（　　）

（7）乙酸分子中含有 $CH_3\overset{O}{\overset{\|}{C}}—$ 基团，故乙酸能发生碘仿反应。（　　）

（8）羧酸分子 α-C 上连有斥电子基团时，其酸性增强。（　　）

（9）酯的氨解反应较水解反应更易进行。（　　）

（10）酯的碱性水解反应是可逆反应。（　　）

6. 填空题

（1）羧基 p-π 共轭的结果使羧基碳正电性______，不具有醛和酮中羰基的一般性质。

（2）在有机化合物分子中引进______的试剂称酰化剂，常用的酰化剂有______和______。

（3）羧酸衍生物主要包括______、______、______和______等。

（4）羧酸的酸性受烃基上取代基的影响，其影响有______和______。

（5）酯水解的反应条件是______。

（6）庚二酸加热生成的产物为______、______和______。

（7）画出 1,2-环已烷二羧酸最稳定的构象式______。

（8）乙酸比丙二酸较______脱去二氧化碳。

（9）羧酸不易被一般还原剂所还原，但却能被氢化铝锂还原成______。

（10）羧酸的沸点比分子量相近的酰氯的沸点________，比分子量相近的酰胺沸点________。

7. 推导结构

（1）化合物 A 的分子式为 $C_4H_6O_4$，既可在强酸催化下发生酯化反应，又可与碳酸氢钠溶液反应放出二氧化碳。加热 A 得到产物 B，B 分子式为 $C_3H_6O_2$，也能发生上述两种反应。试写出 A、B 的结构式。

（2）A、B、C 三种化合物的分子式均为 $C_3H_6O_2$，C 能与 $NaHCO_3$ 反应放出 CO_2 气体，A、B 不能。把 A、B 分别放入 NaOH 溶液中加热，然后酸化，从 A 得到酸 a 和醇 a，从 B 得到酸 b 和醇 b，酸 b 能发生银镜反应而酸 a 不能。醇 a 氧化得酸 b，醇 b 氧化得酸 a。试写出 A、B、C 的结构式。

（3）化合物 A 的分子式为 $C_5H_6O_3$，它能与乙醇作用得到两个互为异构体的化合物 B 和 C。B 和 C 分别与氯化亚砜作用后再加入乙醇，则两者都得到同一化合物 D。试写出化合物 A、B、C 和 D 的结构式。

8. 合成题

（1）苯 ⟶ 对硝基苯甲酸（COOH，O_2N）

（2）邻二甲苯 ⟶ 2-茚满酮（=O）

（3）甲苯 ⟶ 苯乙酸苄酯（O，O）

9. 鉴别下列各组化合物

（1）甲乙醚、2-丁酮、乙酸

（2）草酸、丁二酸、丁烯二酸

（3）丙烯酸、丙酸、丙酸甲酯

（4）2-氯丙酸、丙酰胺、丙酰氯

（5）邻羟基苯甲酸、苯甲酸、苯甲醇

六、导 师 指 路

1. 命名下列化合物

【解答】

（1）α-萘甲酸

（2）环己基甲酸

（3）3-甲基戊酸（β-甲基戊酸）

（4）草酸（乙二酸）

（5）丙二酸（胡萝卜酸，缩苹果酸）

（6）对硝基苯甲酸

（7）乙酰苯胺

（8）2,3-二甲基丁酸（α, β-二甲基丁酸）

（9）3-甲基-2-丁烯酸

（10）*N*-乙基丙酰胺

（11）苯甲酰氯

（12）*N*-甲基-*N*-乙基苯甲酰胺

2. 写出下列化合物的结构式

【解答】

（1）$H_2N-C(COOH)(H)(CH_2Cl)$（Fischer 投影式：上 COOH，左 H_2N，右 H，下 CH_2Cl）

（2）$CH_3CH{=}C(CH_3)CHCOOH$（$CH_3CH{=}CHCHCOOH$，CH_3 连于双键碳上）

（3）$F-C(F)(F)COOH$（F_3CCOOH）

（4）$H_3C-\overset{O}{\overset{\|}{C}}-O-\overset{O}{\overset{\|}{C}}-CH_2CH_3$　（5）丁二酸酐　（6）CH_3CH_2COCl

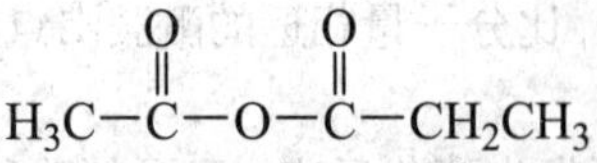

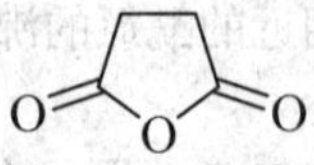

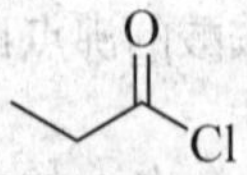

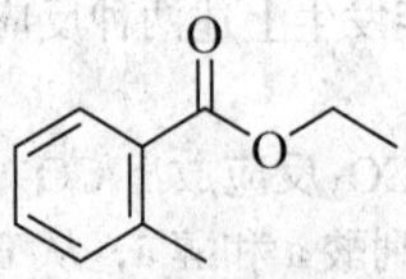

（7）邻甲基苯甲酸乙酯　（8）HCOOH　（9）$H-\overset{O}{\overset{\|}{C}}-N(CH_3)_2$

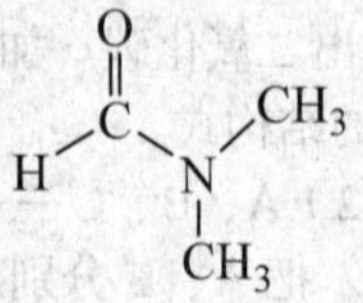

3. 写出下列反应的主要产物

【解答】

（1）苯胺 + CH_3COCl $\longrightarrow$ $C_6H_5-NH\overset{O}{\overset{\|}{C}}CH_3$

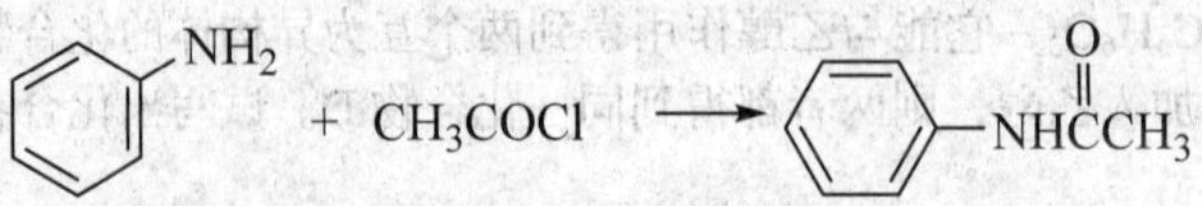

（2）乙酸酐 + 邻羟基苯甲酸 $\xrightarrow{浓H_3PO_4}$ 邻乙酰氧基苯甲酸（COOH）

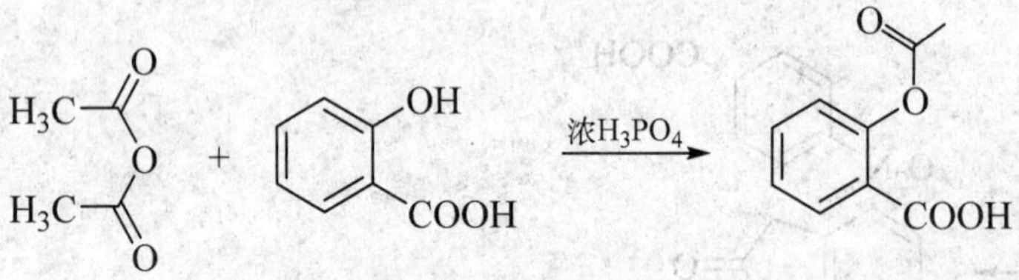

（3）对乙氧基苯胺 + CH_3COOH $\xrightarrow{\triangle}$ 对乙氧基乙酰苯胺

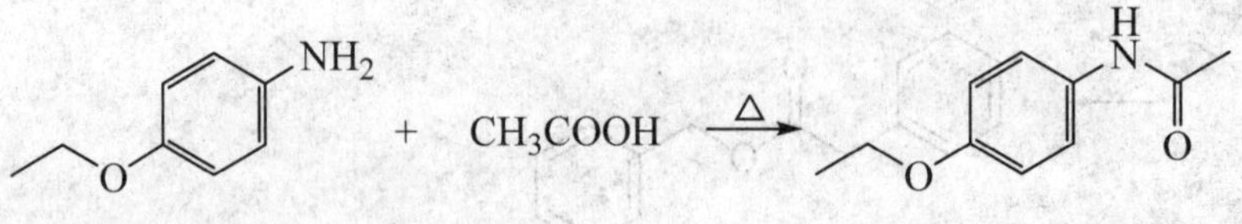

（4）$H_2C(COOH)_2$ $\xrightarrow{\triangle}$ $CH_3COOH + CO_2\uparrow$

（5）4-甲基戊酰氯 + H_2 $\xrightarrow[S\text{-喹啉}]{Pd\text{-}BaSO_4}$ 4-甲基戊醛

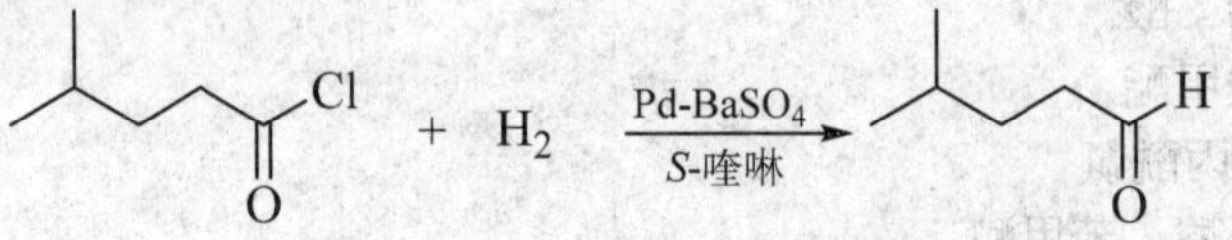

（6）$CH_3\overset{O}{\overset{\|}{C}}-NHC_6H_5$ $\xrightarrow[乙醚]{LiAlH_4}\xrightarrow{H^+}$ $CH_3CH_2-NHC_6H_5$

（7）$HOOC(CH_2)_3COOH$ $\xrightarrow{\triangle}$ 戊二酸酐

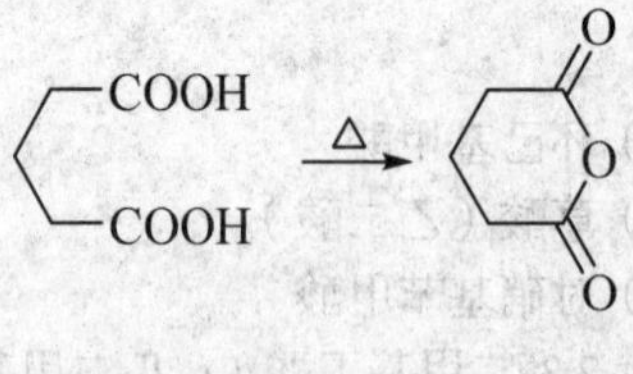

（8）邻羟基苯甲酸（OH，COOH） + $NaHCO_3$ $\longrightarrow$ 邻羟基苯甲酸钠（OH，COONa）

（9）苯酚（OH） + CH_3COCl $\longrightarrow$ $C_6H_5-O\overset{O}{\overset{\|}{C}}CH_3$

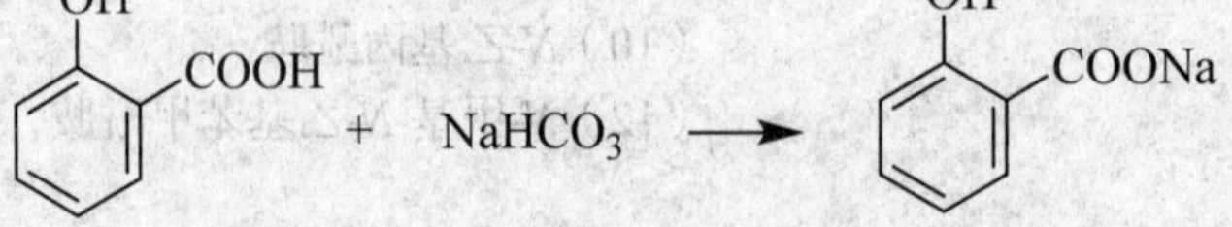

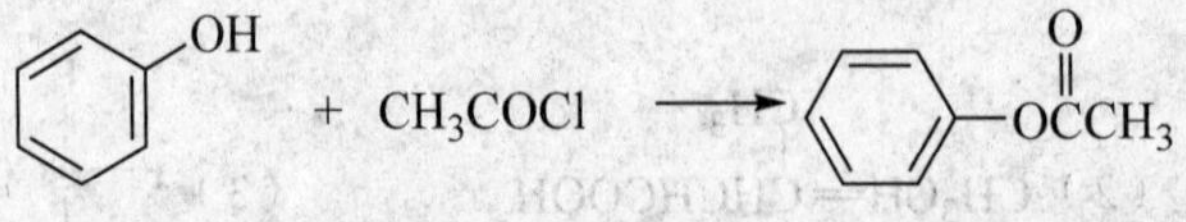

（10）$NHCH_3$, CH_3 + $(CH_3CO)_2O$ ⟶ CH_3, $NCOCH_3$, CH_3

（11）Cl, O + H_2 $\xrightarrow[S\text{-喹啉}]{\text{Pd-BaSO}_4}$ H, O

（12）$CH_3\overset{O}{\overset{\|}{C}}-OC_2H_5$ $\xrightarrow[\text{乙醚}]{LiAlH_4}$ $\xrightarrow{H^+}$ CH_3CH_2 -OH

（13）COOH $\xrightarrow[H_2SO_4]{HNO_3}$ O_2N, COOH

（14）2 CH_3CH_2COOH $\xrightarrow[\triangle]{P_2O_5}$ O, O, O

（15）O, OH, OH $\xrightarrow[\triangle]{H^+}$ O, O

（16）$CH_3CH{=}CHCOOH$ $\xrightarrow[\text{乙醚}]{LiAlH_4}$ $\xrightarrow{H^+}$ $CH_3CH{=}CHCH_2OH$

（17）COOH + CH_3OH $\xrightarrow[\triangle]{H^+}$ $\overset{O}{\overset{\|}{C}}-OCH_3$

（18）$CH_3\overset{O}{\overset{\|}{C}}Cl$ + CH_2NH_2 ⟶ $CH_2NH-\overset{O}{\overset{\|}{C}}CH_3$

（19）O, O, O + CH_3CH_2OH ⟶ O, O, OH, O

4. 选择题

【解答】

（1）B;　（2）C;　（3）A;　（4）B;　（5）A;　（6）A;
（7）A;　（8）D;　（9）C;　（10）C;　（11）C;　（12）A;
（13）C;　（14）D;　（15）D;　（16）C;　（17）C;　（18）B;
（19）D;　（20）D;　（21）A;　（22）A;　（23）C;　（24）D

5. 判断题

【解答】

（1）×;　（2）×;　（3）×;　（4）√;　（5）×;
（6）√;　（7）×;　（8）×;　（9）√;　（10）×

6. 填空题

【解答】

（1）降低　　（2）酰基；酰卤；酸酐

（3）酰卤、酸酐、酯、酰胺　　（4）电子效应（诱导效应和共轭效应）、立体效应

（5）酸催化或碱催化　　（6）水、二氧化碳、环己酮

（7）H H H H H COOH COOH H H H H H　　（8）难

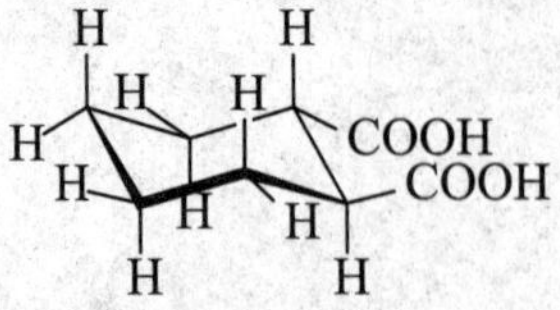

（9）伯醇　　（10）高；低

7. 推导结构式

【解答】

（1）A. $CH_3-CH(COOH)_2$　　B. CH_3CH_2COOH

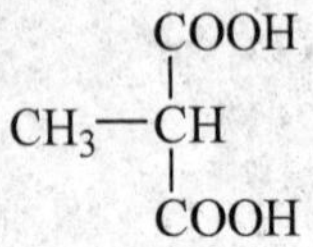

（2）A. CH_3COOCH_3　　B. $HCOOCH_2CH_3$　　C. CH_3CH_2COOH

（3）A. 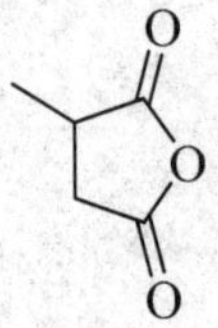 O O O　B. 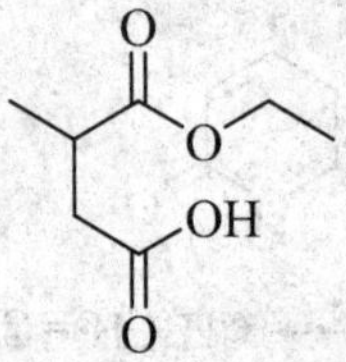 O O OH O　C. 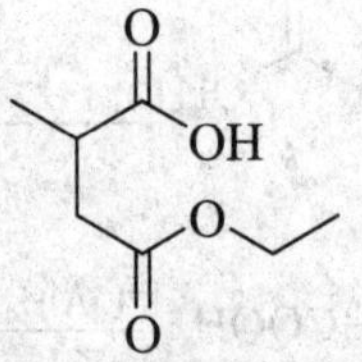 O OH O O　D. 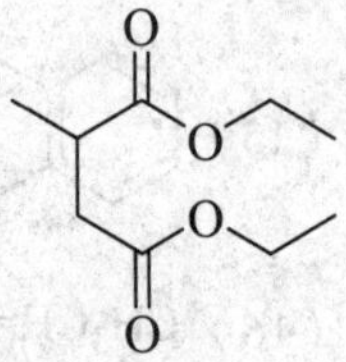 O O O O

8. 合成题

【解答】

（1）benzene + CH_3Cl $\xrightarrow{AlCl_3}$ toluene $\xrightarrow[H_2SO_4]{HNO_3}$ $\xrightarrow{分离}$

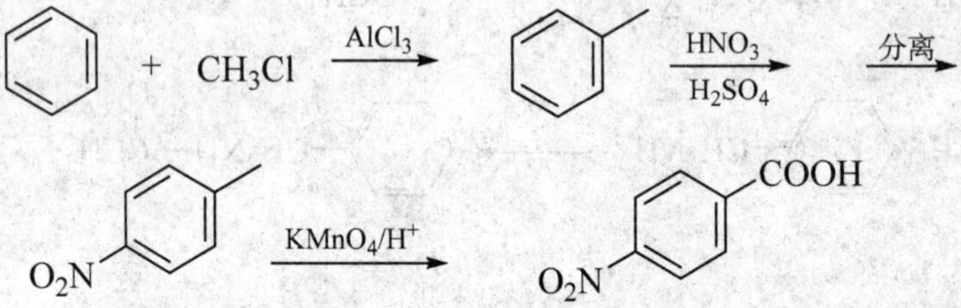

O_2N-C_6H_4-CH_3 (p) $\xrightarrow{KMnO_4/H^+}$ O_2N-C_6H_4-COOH (p)

（2）o-xylene $\xrightarrow{KMnO_4/H^+}$ $C_6H_4(COOH)_2$ $\xrightarrow[H^+]{CH_3OH}$ $C_6H_4(COOCH_3)_2$ $\xrightarrow{LiAlH_4}$

$C_6H_4(CH_2OH)_2$ $\xrightarrow{PBr_3}$ $C_6H_4(CH_2Br)_2$ $\xrightarrow{NaCN}$ $C_6H_4(CH_2CN)_2$

$\xrightarrow{H^+}$ $C_6H_4(CH_2COOH)_2$ $\xrightarrow{\triangle}$ 2-indanone (=O)

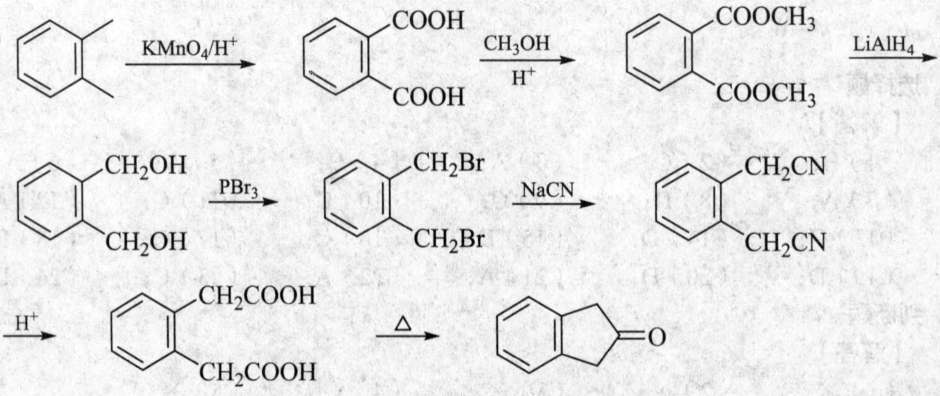

（3）$C_6H_5CH_3 \xrightarrow[\text{光照}]{Cl_2} C_6H_5CH_2Cl \xrightarrow{NaCN} C_6H_5CH_2CN$

$\xrightarrow{H^+} C_6H_5CH_2COOH \xrightarrow{NaOH} C_6H_5CH_2COONa$

$\xrightarrow{C_6H_5CH_2Cl} C_6H_5CH_2COOCH_2C_6H_5$

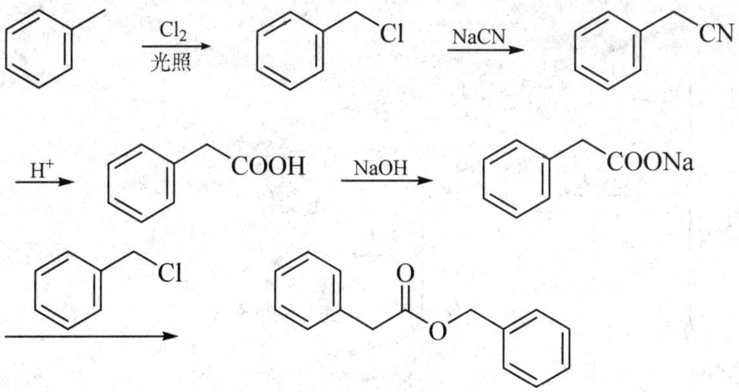

9. 鉴别下列各组化合物

【解答】

（1）$CH_3CH_2OCH_3$、$CH_3CH_2COCH_3$、CH_3COOH $\xrightarrow{NaHCO_3}$

- $CH_3CH_2OCH_3$：无变化；$CH_3CH_2COCH_3$：无变化 $\xrightarrow{I_2/NaOH}$ $CH_3CH_2OCH_3$：无变化；$CH_3CH_2COCH_3$：CHI_3↓ 亮黄色沉淀
- CH_3COOH：CO_2↑

（2）$HOOC-COOH$、$HOOCCH_2CH_2COOH$、$HOOCCH=CHCOOH$ $\xrightarrow[CCl_4]{Br_2}$

- $HOOC-COOH$：无变化；$HOOCCH_2CH_2COOH$：无变化 $\xrightarrow{KMnO_4/H^+}$ $HOOCCH_2CH_2COOH$：无变化；$HOOC-COOH$：褪色
- $HOOCCH=CHCOOH$：褪色

（3）$CH_2=CHCOOH$、CH_3CH_2COOH、$CH_3CH_2COOCH_3$ $\xrightarrow[CCl_4]{Br_2}$

- $CH_2=CHCOOH$：褪色
- CH_3CH_2COOH：无变化；$CH_3CH_2COOCH_3$：无变化 $\xrightarrow{NaHCO_3}$ CH_3CH_2COOH：CO_2↑；$CH_3CH_2COOCH_3$：无变化

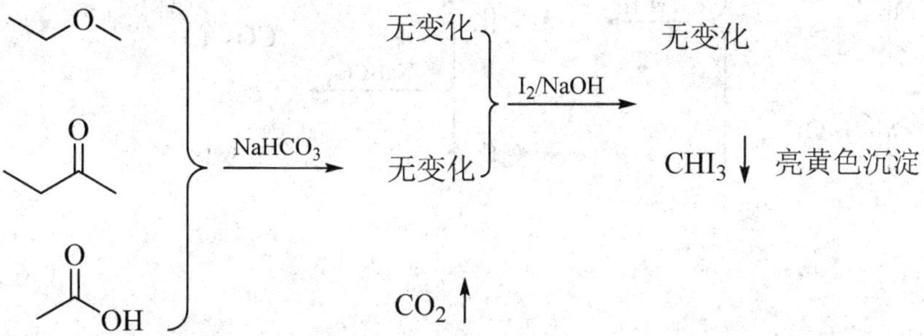

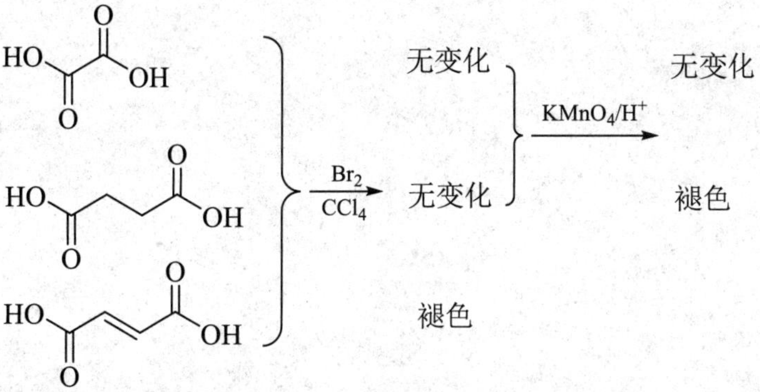

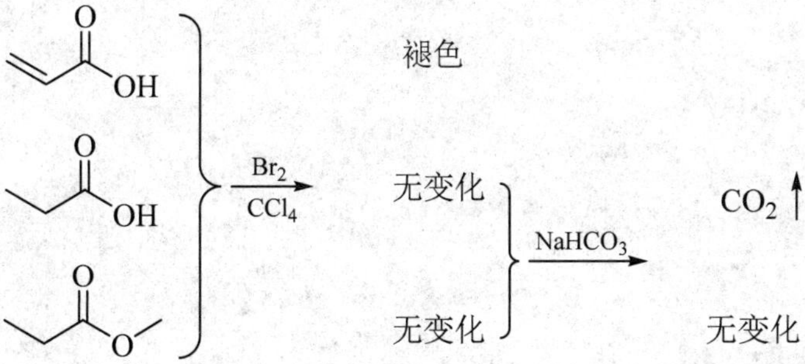

（4）2-氯丙酸、丙酰胺、丙酰氯 $\xrightarrow{NaHCO_3}$ 2-氯丙酸：$CO_2\uparrow$；丙酰胺：无变化；丙酰氯：无变化

无变化（丙酰胺）、无变化（丙酰氯） $\xrightarrow{H_2O}$ 丙酰胺：无变化；丙酰氯：白色烟雾

（5）水杨酸（邻羟基苯甲酸）、苯甲酸、苯甲醇 $\xrightarrow{FeCl_3}$ 水杨酸：显色；苯甲酸：无变化；苯甲醇：无变化

无变化（苯甲酸）、无变化（苯甲醇） $\xrightarrow{NaHCO_3}$ 苯甲酸：$CO_2\uparrow$；苯甲醇：无变化

（石秀梅）

第十一章　取代羧酸

一、本章基本要求

1. 掌握　羟基酸的结构特征及化学性质；酮酸的结构特征及化学性质；β-酮酸酯类化合物的酮式-烯醇式互变异构现象及机制。

2. 熟悉　羟基酸、酮酸的分类和命名；几种重要取代羧酸的结构、名称及反应。

3. 了解　几种重要取代羧酸与医学的关系；丹参素和阿司匹林的组成和临床药理作用。

二、本章要点

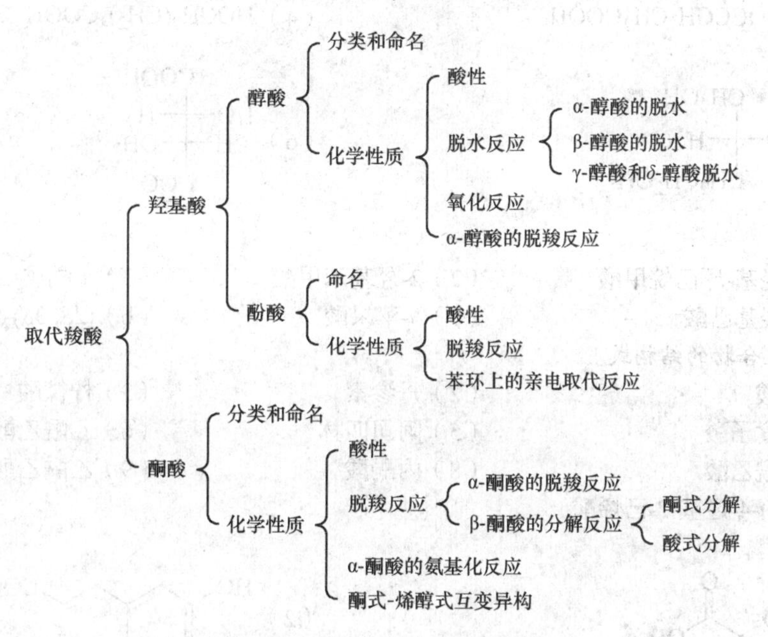

三、名词双语对照

取代羧酸　substituted carboxylic acid
卤代酸　halogenated acid
羟基酸　hydroxy acid
羰基酸　carbonyl acid
氨基酸　amino acid
醇酸　alcoholic acid
酚酸　phenolic acid
醛酸　aldehyde acid
酮酸　keto acid
交酯　lactide
内脂　lactone
乳酸　lactic acid
苹果酸　malic acid
酒石酸　tartaric acid
柠檬酸　citric acid
水杨酸　salicylic acid
乙酰水杨酸　acetylsalicylic acid
阿司匹林　aspirin
非那西丁　phenacetin
咖啡因　caffeine
水杨酸甲酯　methyl salicylate
对氨基水杨酸　*p*-amino salicylic acid
没食子酸　gallic acid
单宁　tannin
酮式分解　ketonic cleavage
酸式分解　acidic cleavage
酮式-烯醇式互变异构 keto-enoltautomerism
互变异构现象　tautomerism

丙酮酸　pyruvic acid

草酰乙酸　oxaloacetic acid

α-酮戊二酸　keto-glutaric acid

乙酰乙酸　acetoacetic acid

酮体　ketone body

四、知识点答疑

1. 命名下列化合物。

（1）HO　COOH

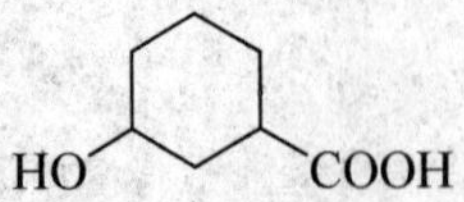

（2）OH　COOH

（3）$HOOC\overset{O}{\overset{\|}{C}}CH_2CH_2COOH$

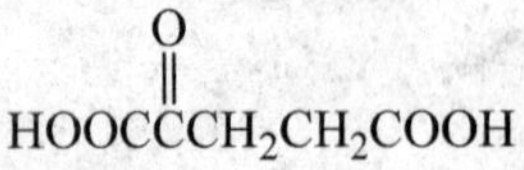

（4）$HOCH_2(CH_2)_4COOH$

（5）CH_2OH；HO—H；CH_2CH_2OH

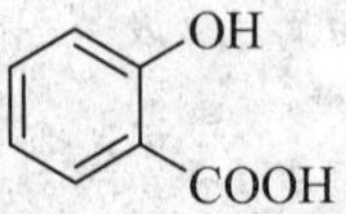

（6）COOH；HO—H；H—OH；COOH

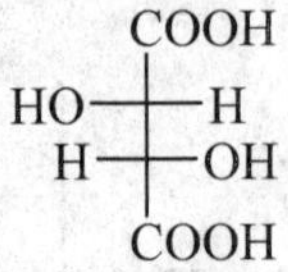

【解答】

（1）3-羟基-环己烷甲酸　（2）2-羟基苯甲酸　（3）α-酮戊二酸

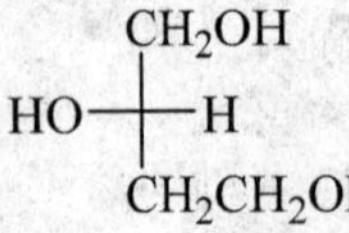

（4）6-羟基己酸　（5）*S*-苹果酸　（6）(2*S*, 3*S*)-酒石酸

2. 写出下列化合物的结构式。

（1）乳酸　（2）丹参素　（3）柠檬酸

（4）没食子酸　（5）阿司匹林　（6）乙酰乙酸

（7）草酰乙酸　（8）丙酮酸　（9）乙酰乙酸乙酯

（10）(*E*)-4-羟基-2-己烯酸

【解答】

（1）HO　O　OH

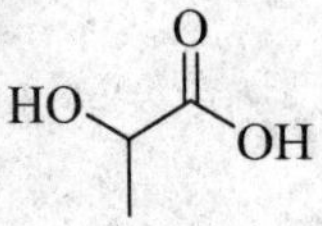

（2）HO　COOH　HO　OH

（3）CH_2COOH；HO—C—COOH；CH_2COOH

（4）COOH　HO　OH　OH

（5）COOH　$OCOCH_3$

（6）O　O　OH

（7）HO　O　O　OH　O

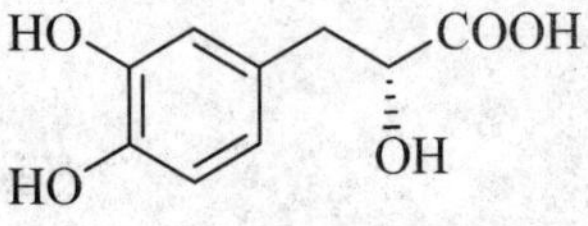

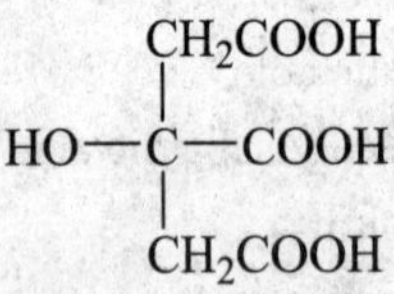

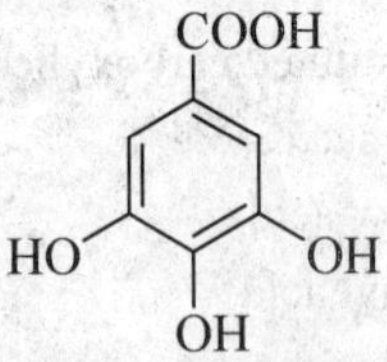

（8）O　OH　O

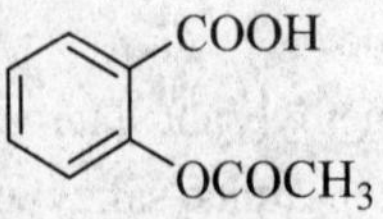

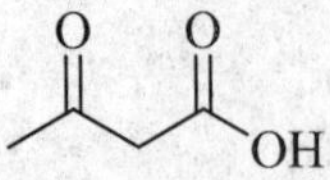

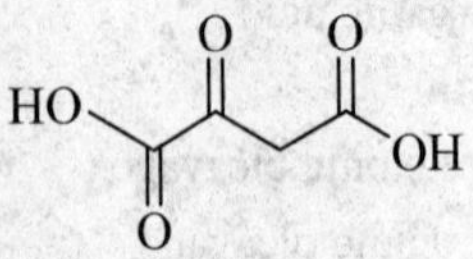

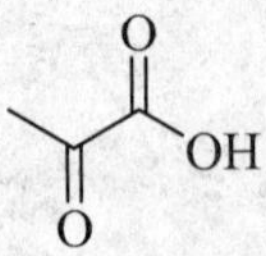

（9） $CH_3COCH_2COOC_2H_5$

（10） (Z)-4-羟基-2-己烯酸：$CH_3CH_2CH(OH)CH=CHCOOH$

3. 写出下列反应的主要产物。

【解答】

（1） 2-羟基环己烷甲酸 $\xrightarrow{\triangle}$ 1-环己烯甲酸（COOH）

（2） 2-氧代环己烷-1,4-二甲酸（HOOC，COOH）$\xrightarrow{微热}$ 3-氧代环己烷甲酸（HOOC）

（3） $CH_3CH_2CH(OH)COOH \xrightarrow{\triangle}$ 3,6-二乙基-1,4-二氧六环-2,5-二酮（交酯）

（4） $CH_3CH_2-\overset{O}{\overset{\|}{C}}-\overset{COOH}{\overset{|}{CH}}-CH_2COOH \xrightarrow{微热} CH_3CH_2-\overset{O}{\overset{\|}{C}}-CH_2CH_2COOH$

（5） $CH_3-\underset{O}{\underset{\|}{C}}-CH_2COOC_2H_5 \xrightarrow[\triangle]{(1)\ NaOH / H_2O} \xrightarrow{H_3O^+} CH_3-\underset{O}{\underset{\|}{C}}-CH_3$

（6） $H_3C-\underset{O}{\underset{\|}{C}}-CH_2COOC_2H_5 \xrightarrow{Br_2} H_3C-\underset{O}{\underset{\|}{C}}-\overset{Br}{\overset{|}{C}}HCOOC_2H_5$

（7） $H_3C-CH_2-\underset{O}{\underset{\|}{C}}-COOH \xrightarrow[\triangle]{稀\ H_2SO_4} H_3C-CH_2-\underset{O}{\underset{\|}{C}}-H$

（8） $H_3C-\underset{O}{\underset{\|}{C}}-COOH \xrightarrow[酶]{NH_3} H_3C-\underset{NH_2}{\underset{|}{CH}}-COOH$

4. 用化学方法鉴别下列各组化合物。

（1）乙酰乙酸、乙酸乙酯、乙酰乙酸乙酯

（2）水杨酸、阿司匹林、水杨酸甲酯

【解答】

（1）

乙酰乙酸、乙酸乙酯、乙酰乙酸乙酯 $\xrightarrow{NaHCO_3}$ 乙酰乙酸：$CO_2\uparrow$；乙酸乙酯：无变化；乙酰乙酸乙酯：无变化

无变化（乙酸乙酯）、无变化（乙酰乙酸乙酯）$\xrightarrow{溴水}$ 不褪色（乙酸乙酯）；褪色（乙酰乙酸乙酯）

（2） 水杨酸、乙酰水杨酸、水杨酸甲酯 $\xrightarrow{NaHCO_3}$ 水杨酸：$CO_2\uparrow$；乙酰水杨酸：$CO_2\uparrow$；水杨酸甲酯：无变化

$CO_2\uparrow$ 的两者 $\xrightarrow{FeCl_3}$ 变紫色（水杨酸）；无变化（乙酰水杨酸）

5. 按要求排出下列化合物的顺序。

（1）按碱性由强到弱

（邻-OH，COO^- 苯）　（对-OH，COO^- 苯）　（苯-O^-）　（苯-COO^-）

【解答】

苯-O^- ＞ （对-OH，COO^- 苯） ＞ 苯-COO^- ＞ （邻-OH，COO^- 苯）

（2）按酸性由强到弱

$CH_3CH_2CH_2COOH$　　$CH_3CH(OH)CH_2COOH$　　$CH_3CH_2CH(OH)COOH$

$CH_3CH_2COCOOH$　　$CH_3CH_2CH(NH_2)COOH$

【解答】

A. $CH_3CH_2CH_2COOH$　　B. $CH_3CH(OH)CH_2COOH$　　C. $CH_3CH_2CH(OH)COOH$

D. $CH_3CH_2COCOOH$　　E. $CH_3CH_2CH(NH_2)COOH$

$$D > C > B > A > E$$

（3）烯醇型结构稳定性由大到小

乙酰乙酸乙酯，草酰乙酸，丙酮，苯甲酰丙酮，2, 4-戊二酮

【解答】

苯甲酰丙酮 ＞2, 4-戊二酮 ＞草酰乙酸 ＞ 乙酰乙酸乙酯 ＞ 丙酮

6. 选择正确答案。

A. $H_3C-CO-CH_2COOH$　　B. $CH_3CH_2-CH(OH)-COOH$　　C. $CH_3CH_2-CO-COOH$

D. $H_3C-CH(OH)-CH_2COOH$　　E. $HOOCCH_2CH_2COOH$　　F. $H_3C-CH(OH)-CH_2CH_2COOH$

微热生成丙酮的化合物（　　）；　　能与 Tollen 试剂作用的化合物（　　）；

受热生成交酯的化合物（　　）；　　受热生成环酐的化合物（　　）；

受热产物能使溴水褪色的化合物（　　）；　　使 $FeCl_3$ 显色的化合物（　　）；

受热生成环内酯的化合物（　　）；　　能在稀硫酸作用下生成醛的化合物（　　）。

【解答】

微热生成丙酮的化合物（A）；　　能与 Tollen 试剂作用的化合物（B、C）；

受热生成交酯的化合物（B）；　　受热生成环酐的化合物（E）；

受热产物能使溴水褪色的化合物（D）；　　使 $FeCl_3$ 显色的化合物（A、C）；

受热生成环内酯的化合物（F）；　　能在稀硫酸作用下生成醛的化合物（C）。

7. 旋光性物质 A（$C_5H_{10}O_3$）与碳酸氢钠作用放出二氧化碳，A 加热脱水生成 B。B 存在两种构型，但无光学活性。B 用 $KMnO_4/H^+$ 处理可得到乙酸和 C。C 也能与碳酸氢钠作用放出二氧化碳，C 还能发生碘仿反应，试推出 A、B、C 的结构式。

【解答】

A. 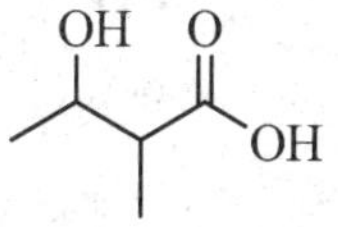　　B. 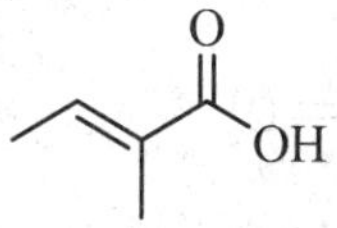　　C.

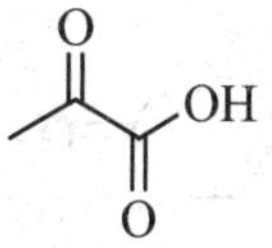

8. 化合物 A（$C_5H_8O_2$）不与碳酸氢钠反应，但能在酸性溶液中加热水解生成化合物 B（$C_5H_{10}O_3$）。B 能与碳酸氢钠作用时放出二氧化碳，与重铬酸钾的酸性溶液作用生成化合物 C（$C_5H_8O_3$）。B 和 C 都能发生碘仿反应，且 B 在室温下很不稳定，易失水生成 A。试写出 A、B 和 C 的结构式及各步反应式。

【解答】

A. 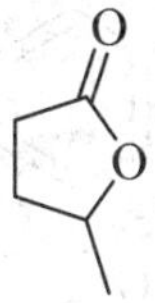　　B. 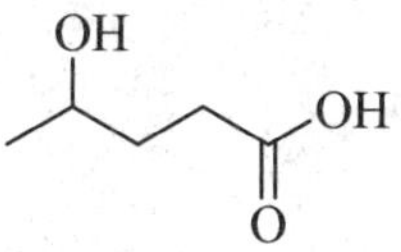　　C.

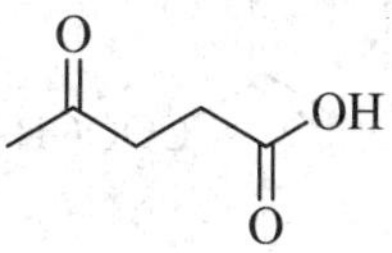

9. 某一中性化合物 A 的分子式为 $C_9H_{14}O_3$，与稀碱作用，水解产生化合物 B（$C_6H_7O_3Na$）和化合物 C（C_3H_8O）。化合物 B 与稀酸在加热条件下作用放出二氧化碳，并生成能与 2, 4-二硝基苯肼反应的化合物 D（C_5H_8O）。C 能发生碘仿反应。试推测 A、B、C 和 D 的结构式。

【解答】

A. 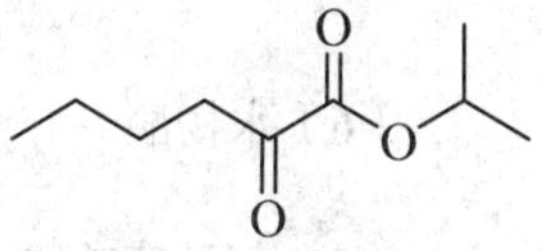　　B.

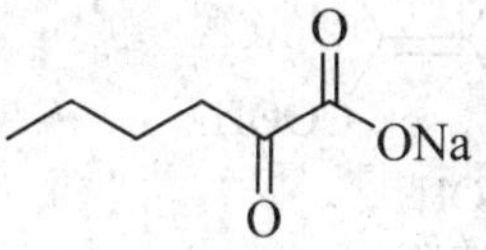

C. 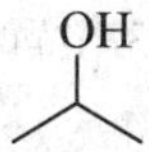　　D.

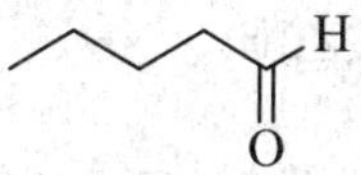

10. 解释阿司匹林（Aspirin）的鉴别方法。

（1）加蒸馏水煮沸后放冷，加三氯化铁试液呈紫色。

（2）加碳酸钠溶液煮沸 2min，加过量稀硫酸析出白色沉淀，并放出乙酸气味。

【解答】

（1）煮沸后加三氯化铁呈紫色显示乙酰氧基部位水解生成酚羟基。

（2）析出的白色沉淀是水杨酸，并有乙酸生成。

11. 写出下列各对化合物的酮式与烯醇式的互变平衡体系，并指出哪一个烯醇化程度较大。

【解答】

（1） 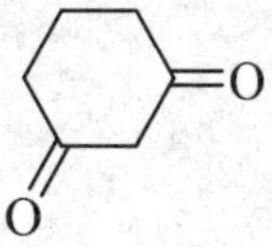　　和

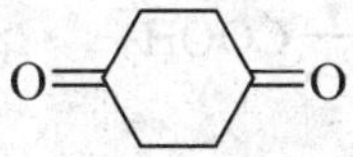

（2） 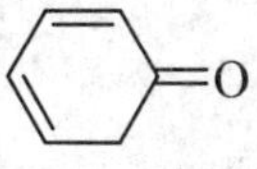　　和

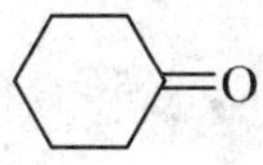

（3） $CH_3COCH_2COCH_3$ 和 $CH_3COC(CH_3)_2COCH_3$

【解答】

（1） 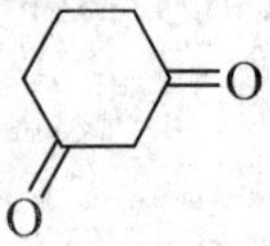 O= > O= =O

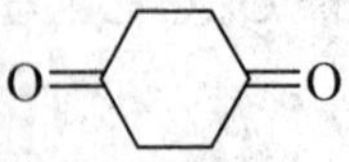

（2） 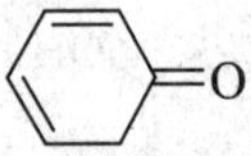 =O > =O

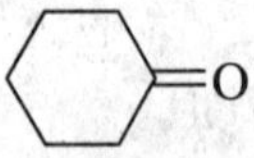

（3） $CH_3COCH_2COCH_3$ > $CH_3COC(CH_3)_2COCH_3$

五、强 化 学 习

1. 命名或写结构式

（1） 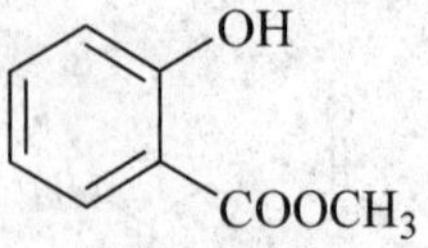 OH, $COOCH_3$

（2） H_2N, OH, COOH

（3） $HOOCH_2C-\underset{OH}{\overset{COOH}{C}}-CH_2COOH$

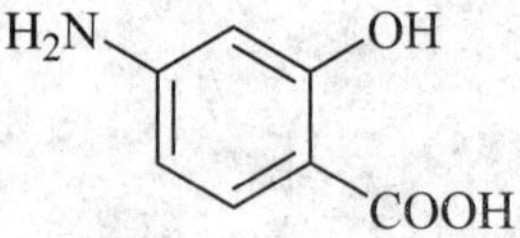

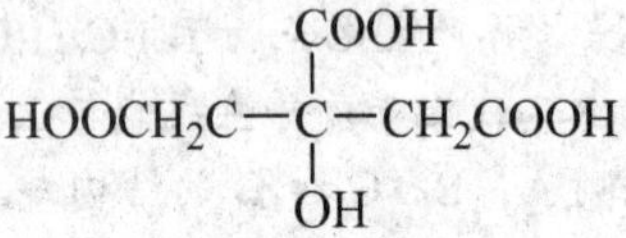

（4） 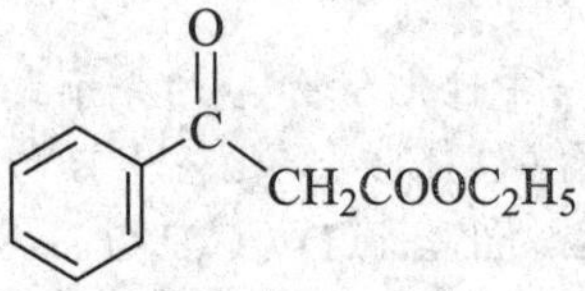 $\overset{O}{\overset{\|}{C}}$ $CH_2COOC_2H_5$

（5） H H, COOH, OH

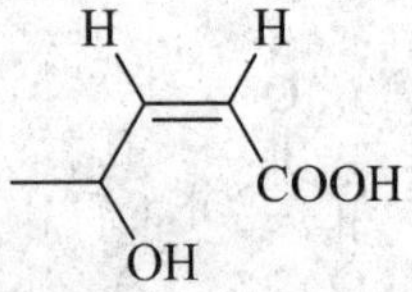

（6）水杨酸

（7）β-丁酮酸

（8）草酰琥珀酸

（9）β-乙酰丙酸乙酯

（10）(2*R*, 3*R*)-酒石酸

2. 选择题

（1）下列化合物中酸性最大的是（　　）

A. 丙酸　B. 乳酸　C. 丙酮酸　D. 丙氨酸

（2）下列化合物中烯醇式含量最高的是（　　）

A. 环己酮　B. 丙二酸二乙酯　C. 苯甲酰丙酮　D. 乙酰乙酸乙酯

（3）下列化合物最易脱羧的是（　　）

A. α-丁酮酸　B. β-丁酮酸　C. 丁酸　D. β-羟基丁酸

（4）下列化合物不能使 $FeCl_3$ 显色的是（　　）

A. 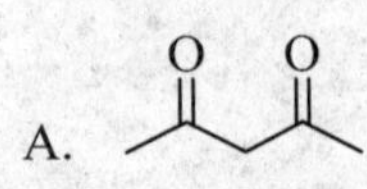

B. 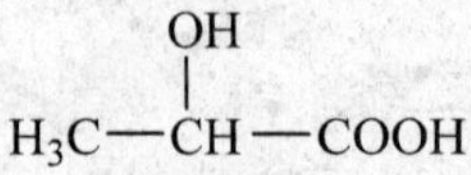 $H_3C-\underset{}{\overset{OH}{CH}}-COOH$

C. 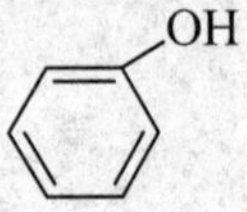 OH

D. 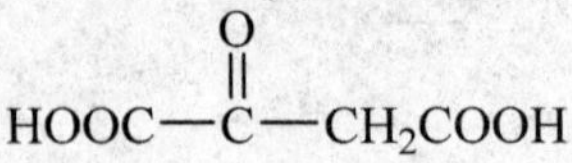 $HOOC-\overset{O}{\overset{\|}{C}}-CH_2COOH$

（5）下列化合物受热脱水能生成顺反异构体的是（　　）

A. 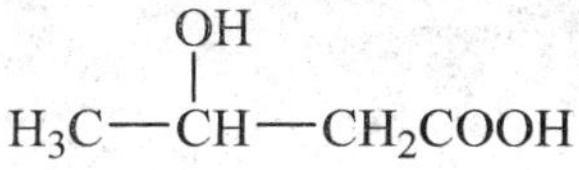 $H_3C-\underset{}{\overset{OH}{\overset{|}{C}H}}-CH_2COOH$　　B. $\underset{OH}{\underset{|}{C}H_2}CH_2CH_2COOH$

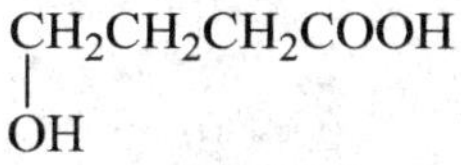

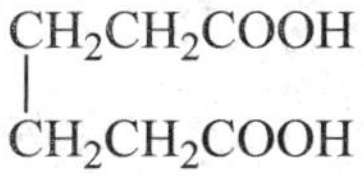

C. $\begin{matrix}CH_2CH_2COOH\\ |\\ CH_2CH_2COOH\end{matrix}$　　D. 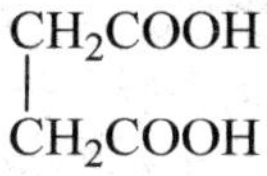 $\begin{matrix}CH_2COOH\\ |\\ CH_2COOH\end{matrix}$

（6）2-羟基酸受热脱水得（　　）

A. 醇　　B. 羧酸　　C. 内酯　　D. 交酯

（7）α-醇酸加热脱水生成（　　）

A. α, β-不饱和酸　　B. 交酯　　C. 内酯　　D. 酮酸

（8）下列化合物加热后放出形成内酯的是（　　）

A. β-羟基丁酸　　B. 乙二酸　　C. δ-羟基戊酸　　D. α-羟基丙酸

3. 判断题

（1）对羟基苯甲酸酸性比苯甲酸强。（　　）

（2）丙酮不能与 $FeCl_3$ 溶液发生显色反应，所以没有烯醇式结构存在。（　　）

（3）阿司匹林可用于高血压患者心血管病的预防。（　　）

（4）酮型-烯醇型互变异构现象也存在于某些含氮化合物中。（　　）

（5）Tollen 试剂能将乳酸氧化成丙酮酸。（　　）

4. 填空题

（1）酮体是________、________和________的总称。

（2）β-酮酸与浓碱共热，生成两分子羧酸盐，这个反应称为________。

（3）由于醇羟基具有________诱导效应，醇酸的酸性比相应羧酸的酸性强。

（4）生物体内 α-酮酸与 α-氨基酸，在氨基转移酶的作用下可发生________，产生新的 α-酮酸与 α-氨基酸，该反应也叫________。

5. 完成下列反应式

（1）$\underset{OH}{\underset{|}{C}H_2}CH_2CH_2COOH \xrightarrow{\text{微热}}$

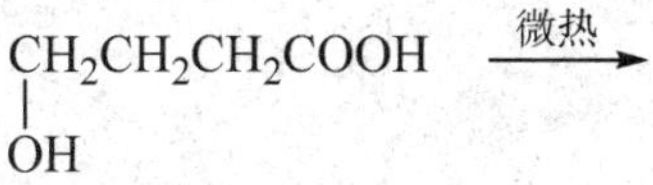

（2）$HOOC-\overset{O}{\overset{\|}{C}}-CH_2COOH \xrightarrow{\text{微热}}$

（3）（苯环：1-COOH，3-CH_2OH，4-OH）$+ NaOH \longrightarrow$

（4）$HOOCCH_2CH_2\overset{OH}{\overset{|}{C}H}COOH \xrightarrow[\text{丙酮}]{H_2CrO_4} ? \xrightarrow{\text{浓}H_2SO_4} ? \xrightarrow{\triangle} ?$

（5）$H_3C-\overset{O}{\overset{\|}{C}}-CH_2COOH \xrightarrow[\triangle]{\text{浓NaOH}}$

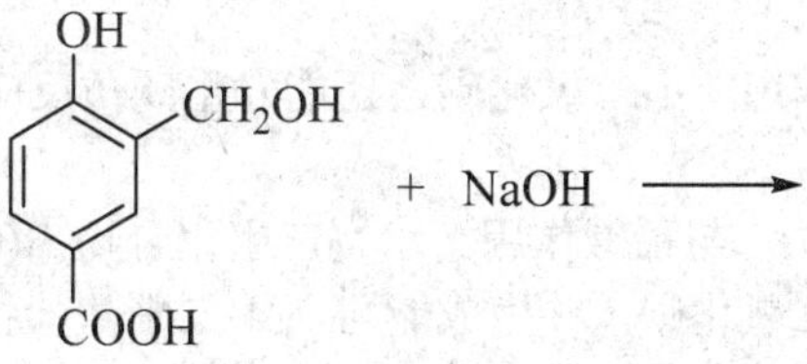

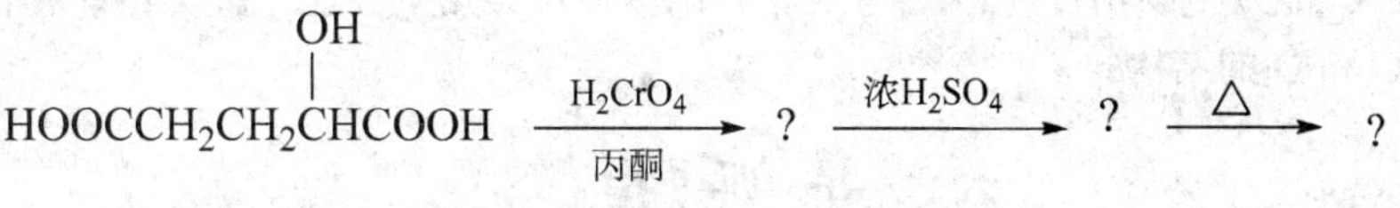

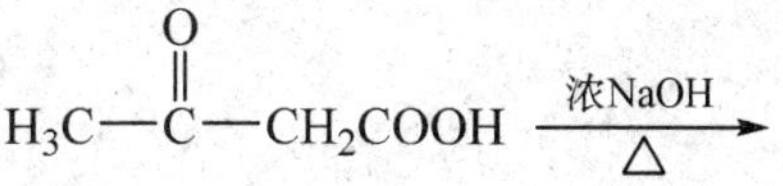

（6）邻羟基苯甲酸（OH，COOH） + $CH_3COCl \longrightarrow$

（7）6-甲基四氢吡喃-2-酮（CH_3，O，O） $\xrightarrow[\triangle]{\text{浓NaOH}}$

（8）1-羟基环戊烷甲酸（COOH，OH） $\xrightarrow{\triangle}$

（9）环己烷-1,1,2-三甲酸（COOH，COOH，COOH） $\xrightarrow{\triangle}$? $\xrightarrow{\triangle}$?

（10）2-羟基环己烷甲酸（OH，COOH） $\xrightarrow{\triangle}$? $\xrightarrow{\text{HBr}}$?

$\xrightarrow{H_2CrO_4/\text{丙酮}}$? $\xrightarrow{\text{微热}}$?；$\xrightarrow[\triangle]{\text{浓NaOH}}$?

6. 用化学方法鉴别

（1）丁酮，草酰乙酸，乙酰乙酸乙酯，丙酮酸

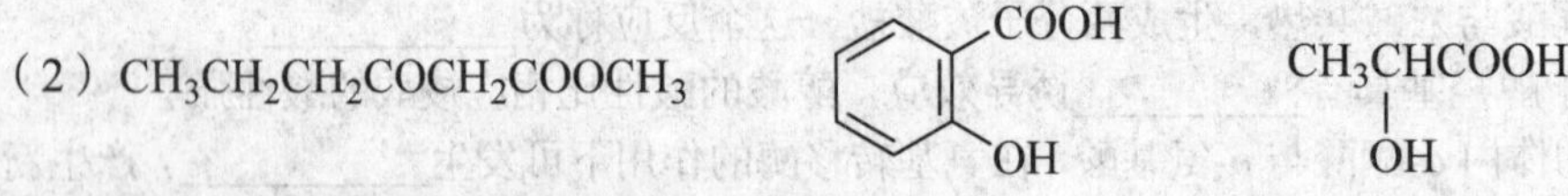

（2）$CH_3CH_2CH_2COCH_2COOCH_3$　　邻羟基苯甲酸（COOH，OH）　　$CH_3CHCOOH$（OH）

7. 写出下列化合物的酮式与烯醇式互变平衡体系

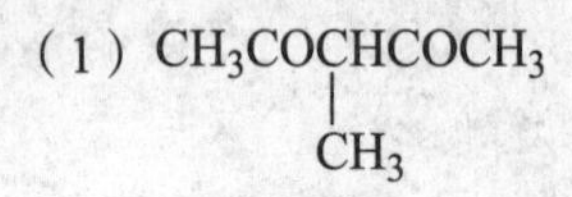

（1）$CH_3COCHCOCH_3$（CH_3）　　（2）$CH_3CH_2C{=}CHCOOCH_3$（OH）

（3）CH_3COCH_2CHO　　（4）2-氧代环己烷甲酸甲酯（O，$COOCH_3$）

8. 推导结构

（1）某化合物 A($C_4H_8O_3$)，能与碳酸氢钠作用放出二氧化碳，还能发生碘仿反应，试写出该化合物的结构式及有关反应式。

（2）某一中性化合物 A 的分子式为 $C_9H_{14}O_3$，与稀碱作用，水解产生化合物 B($C_6H_7O_3Na$)和化合物 C(C_3H_8O)；化合物 B 与稀酸作用放出二氧化碳，并生成能与 2, 4-二硝基苯肼反应的化合物 D(C_5H_8O)；C 能发生碘仿反应；A 与浓氢氧化钠溶液共热生成己二酸二钠盐和化合物 C。试推测 A、B、C 和 D 的结构式。

六、导 师 指 路

1. 命名或写结构式

【解答】

（1）水杨酸甲酯　（2）对氨基水杨酸　（3）柠檬酸　（4）苯甲酰乙酸乙酯

（5）(*Z*)-4-羟基-2-戊烯酸

（6）（苯环）OH，COOH

（7）$CH_3\overset{O}{\overset{\|}{C}}CH_2COOH$

（8）$HOOC—\overset{O}{\overset{\|}{C}}—\underset{COOH}{\underset{|}{CH}}—CH_2COOH$

（9）$CH_3—\overset{O}{\overset{\|}{C}}—CH_2CH_2—\overset{O}{\overset{\|}{C}}—OC_2H_5$

（10）

$$\begin{matrix} COOH \\ H—|—OH \\ HO—|—H \\ COOH \end{matrix}$$

2. 选择题

【解答】

（1）C；（2）C；（3）B；（4）B；（5）A；（6）D；（7）B；（8）C

3. 判断题

【解答】

（1）×；（2）×；（3）√；（4）√；（5）√

4. 填空题

【解答】

（1）β-羟基丁酸，β-丁酮酸，丙酮；

（2）β-酮酸的酸式分解；

（3）吸电子；

（4）相互转换，氨基转移反应。

5. 完成下列反应式

【解答】

（1）$\underset{OH}{\underset{|}{CH_2}}CH_2CH_2COOH \xrightarrow{\text{微热}}$（五元环内酯，O，=O）

（2）$HOOC—\overset{O}{\overset{\|}{C}}—CH_2COOH \xrightarrow{\text{微热}} CH_3—\overset{O}{\overset{\|}{C}}—COOH$

（3）（苯环）OH，CH_2OH，COOH + NaOH ⟶（苯环）ONa，CH_2OH，COONa

（4）$HOOCCH_2CH_2\overset{OH}{\overset{|}{C}H}COOH \xrightarrow[\text{丙酮}]{H_2CrO_4} \begin{matrix}CH_2\overset{O}{\overset{\|}{C}}COOH\\|\\CH_2COOH\end{matrix} \xrightarrow{\text{浓}H_2SO_4} \begin{matrix}CH_2COOH\\|\\CH_2COOH\end{matrix}$

$\xrightarrow{\triangle} \begin{matrix}CH_2—\overset{O}{\overset{\|}{C}}\\|\quad\quad\ O\\CH_2—\underset{O}{\underset{\|}{C}}\end{matrix}$

（5）$H_3C—C(=O)—CH_2COOH \xrightarrow[\triangle]{浓NaOH} CH_3COONa$

（6）邻羟基苯甲酸 + CH_3COCl ⟶ 邻乙酰氧基苯甲酸（$CH_3C(=O)O-C_6H_4-COOH$）

（7）6-甲基-δ-戊内酯 $\xrightarrow[\triangle]{浓NaOH}$ $CH_3CH(OH)CH_2CH_2CH_2COONa$

（8）1-羟基环戊烷甲酸（COOH，OH） $\xrightarrow{\triangle}$ 双螺环交酯

（9）环己烷（C(COOH)_2，COOH） $\xrightarrow{\triangle}$ 1,2-环己烷二甲酸（COOH，COOH） $\xrightarrow{\triangle}$ 环己烷-1,2-二甲酸酐

（10）2-羟基环己烷甲酸（OH，COOH）$\xrightarrow{\triangle}$ 环己烯甲酸（COOH）$\xrightarrow{HBr}$ 2-溴环己烷甲酸（Br，COOH）

2-羟基环己烷甲酸 $\xrightarrow{H_2CrO_4/丙酮}$ 2-氧代环己烷甲酸（O，COOH）$\xrightarrow{微热}$ 环己酮

2-氧代环己烷甲酸 $\xrightarrow[\triangle]{浓NaOH}$ 庚二酸二钠（COONa，COONa）

6. 用化学方法鉴别

【解答】

（1）　A 丁酮　B 草酰乙酸　C 乙酰乙酸乙酯　D 丙酮酸

化合物	$NaHCO_3$溶液	试剂	现象
丁酮	无反应	$FeCl_3$	无变化
乙酰乙酸乙酯	无反应	$FeCl_3$	变紫色
草酰乙酸	产生CO_2	$I_2/NaOH$	无变化
丙酮酸	产生CO_2	$I_2/NaOH$	黄色沉淀（CHI_3）

（2）

化合物	$FeCl_3$	2,4-二硝基苯肼
$CH_3CH_2CH_2COCH_2COOCH_3$	变紫色	黄色沉淀
邻羟基苯甲酸（COOH，OH）	变紫色	无变化
$CH_3CH(OH)COOH$	无变化	

7. 写出下列化合物的酮式与烯醇式互变平衡体系

【解答】

（1）$CH_3COCH(CH_3)COCH_3 \rightleftharpoons CH_3C(OH)=C(CH_3)-COCH_3$

（2）$CH_3CH_2C(OH)=CHCOOCH_3 \rightleftharpoons CH_3CH_2C(=O)-CH_2COOCH_3$

（3）$CH_3COCH_2CHO \rightleftharpoons CH_3C(OH)=CHCHO$

（4）2-甲氧羰基环己酮（O，$COOCH_3$）$\rightleftharpoons$ 2-羟基环己-1-烯甲酸甲酯（OH，$COOCH_3$）

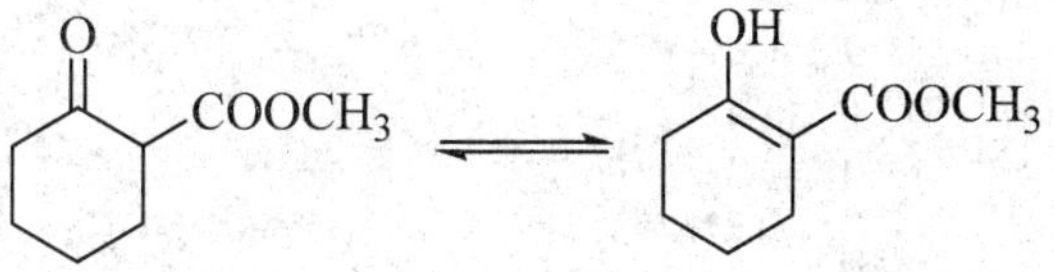

8. 推导结构

【解答】

（1）A. $CH_3CH(OH)CH_2COOH$

$$CH_3CH(OH)CH_2COOH + NaHCO_3 \longrightarrow CH_3CH(OH)CH_2COONa + CO_2\uparrow + H_2O$$

$$CH_3CH(OH)CH_2COOH \xrightarrow{I_2 + NaOH} CHI_3\downarrow + NaOOCCH_2COONa$$

（2）A. 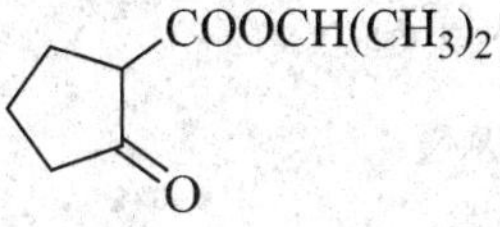 2-氧代环戊烷甲酸异丙酯（$COOCH(CH_3)_2$，O）　B. 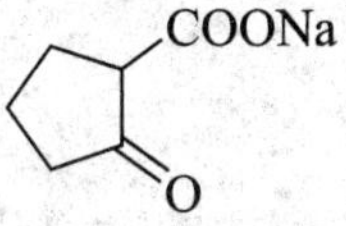 2-氧代环戊烷甲酸钠（COONa，O）　C. $CH_3CH(OH)CH_3$　D.  环戊酮（O）

（李　江）

第十二章　含氮有机化合物

一、本章基本要求

1. 掌握　重要的胺类化合物的命名。

2. 掌握　胺的结构与性质。

3. 掌握　芳香族伯胺的重氮化反应及重氮盐的转化反应。

二、本 章 要 点

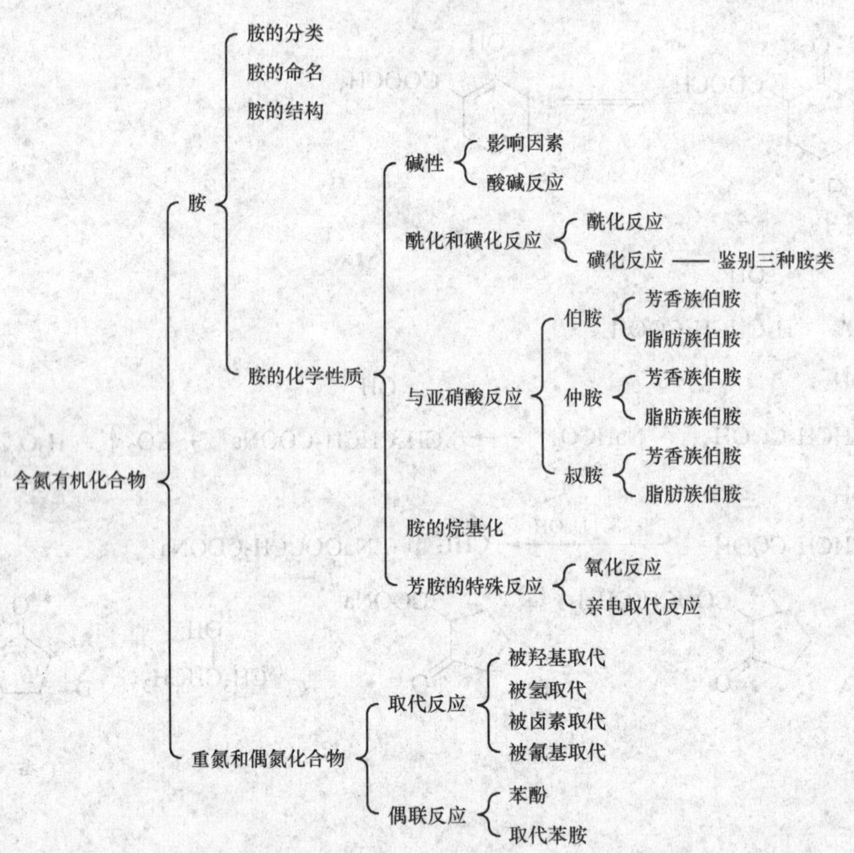

（一）胺

胺（amine）可以看作是氨（NH_3）的氢原子被烃基取代所生成的衍生物。

1. 命名　简单胺的命名是以胺为母体，烃基为取代基；芳香仲胺和叔胺的命名以芳香胺为母体，脂肪烃基为取代基,命名时将“*N*-”或“*N*,*N*-”写在烷基名称前，以表示该烷基直接与氮原子相连。比较复杂胺的命名是以烃为母体，将氨基或烃氨基作为取代基；季铵类化合物的命名与氢氧化铵和铵盐类似。

2. 胺的结构　脂肪胺分子的结构类似于氨，氮原子为不等性的 sp^3 杂化，三个 sp^3 杂化轨道分别与氢或碳原子成键，呈棱锥形的空间结构。未参与成键的 sp^3 轨道上有一对孤对电子，居于棱锥体的顶端，胺的碱性和亲核性与孤对电子有关。氨、甲胺、三甲胺的结构如下所示。

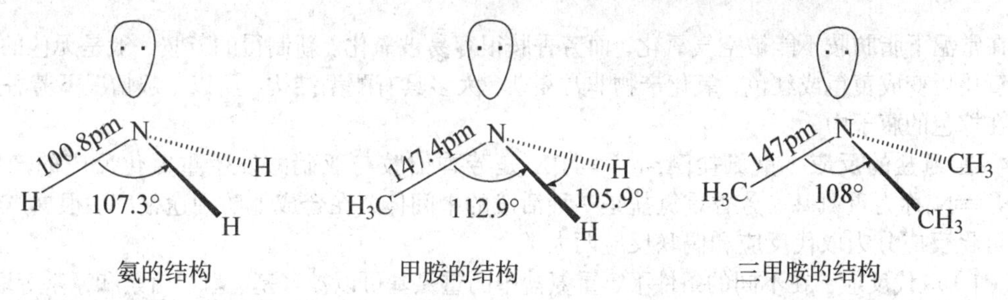

氨的结构　　　　甲胺的结构　　　　三甲胺的结构

在芳香胺中，氮上的孤对电子所占的轨道比在氨（胺）中具有更多p轨道的性质，所以苯胺的分子虽呈棱锥体，但趋向于平面化，物理方法测定：H—N—H 平面与苯环平面的二面角接近于 39.5°，H—N—H 键角为 113.9°，苯胺分子中氮原子上的孤对电子与苯环形成 p-π 共轭，降低了氮上的电子云密度，使苯胺碱性弱于氨，如下所示。

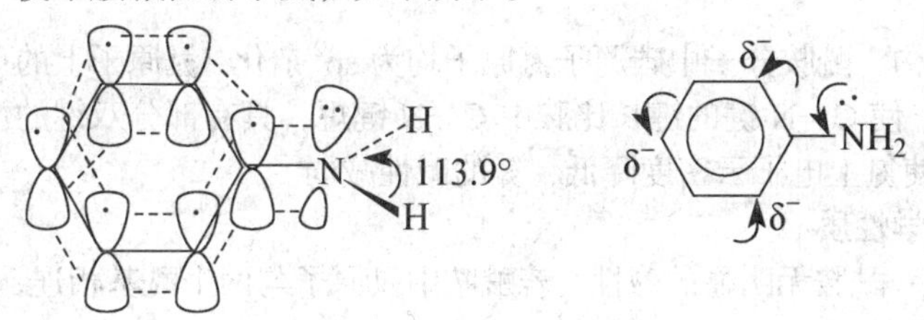

3. 胺的化学性质

（1）碱性：胺分子中氮原子上的孤对电子能接受质子而显碱性。胺分子的碱性受电子效应、溶剂化效应、空间效应等多种因素综合影响。各类胺在水溶液中的碱性强弱顺序大致为季铵碱＞脂肪仲胺＞脂肪伯胺或叔胺＞氨＞芳香胺。胺可以与酸发生成盐反应。

（2）酰化反应和磺酰化反应：伯胺、仲胺分子中氮上有氢原子，能与酰氯、酸酐等酰化剂发生反应，形成酰胺类化合物。叔胺氮原子上无氢，故不能发生酰化反应。

磺酰化反应（sulfonation）是指胺分子中引入磺酰基（sulfonyl group）的反应，又称 Hinsberg 反应。伯胺、仲胺能与苯磺酰氯、对甲基苯磺酰氯等磺酰化剂反应，生成相应的苯磺酰胺，伯胺磺酰化产物可溶于碱，叔胺中氮原子上无氢原子，不能发生磺酰化反应。此性质可以用于分离、提纯和鉴别三种胺类。

（3）与亚硝酸反应：不同结构的胺类与亚硝酸反应形成不同的产物。

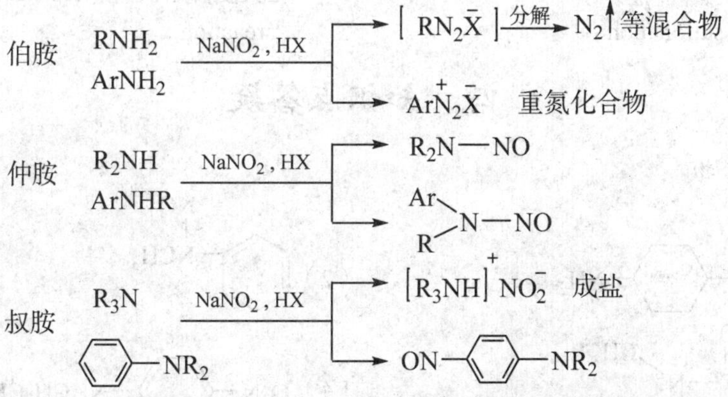

（4）胺的烃基化：胺是一类亲核试剂，可以与卤代烷发生亲核取代反应生成伯胺。该反应可以继续进行，生成仲胺、叔胺和季铵盐，得到几种胺及其盐的混合物。卤代芳烃很难与胺反应。

（5）芳香胺的取代反应：芳香胺中氮原子上的孤对电子参与苯环的共轭而活化苯环，使芳香胺的苯环上易于发生亲电取代反应。

在常温下脂肪胺不能被空气氧化，而芳香胺很容易被氧化。新制得的芳胺一般是无色的，被空气氧化后变成黄色或红色，氧化产物非常复杂，大多具有醌型结构，所以一般情况下芳香胺应储存在棕色的瓶子中。

4. 重氮盐的反应 重氮盐$[Ar\text{-}N^+\equiv N]X^-$是芳香伯胺与亚硝酸发生重氮化反应的产物，$[Ar\text{-}N^+\equiv N]$称为重氮基。芳香重氮盐是一种活泼的中间体，在合成上的用途很广。根据产物的不同可将反应分为取代反应和偶联反应两大类。

（1）取代反应：在不同的条件下，重氮盐中的重氮基可以被羟基、氢、卤素和氰基等取代，形成相应的取代产物，并放出氮气。

（2）偶联反应：重氮盐是一种弱的亲电试剂，在一定 pH 条件下，能与酚或芳胺等发生亲电取代反应，形成有鲜艳颜色的偶氮化合物，该类反应称为偶联反应。

（二）酰胺

1. 酰胺的结构 酰胺分子中碳原子氮原子均为 sp^2 杂化，氮原子上的孤对电子与羰基之间形成 p-π 共轭体系，使 C—N 键的键长比胺中 C—N 键短，具有部分双键的性质。另一方面，因氧的吸电子作用也使氮上电子云密度降低，氮的碱性减弱。

2. 酰胺的化学性质

（1）酸碱性：酰胺无明显的碱性。若酰胺中氮原子与两个酰基相连，构成酰亚胺类化合物，就表现出明显的酸性。

（2）与 HNO_2 反应：氮上无取代基的酰胺与 HNO_2 反应生成羧酸并放出氮气。

（3）Hofmann 降解反应：酰胺与次卤酸钠溶液作用，脱去羰基生成少一个碳原子的伯胺，故称为霍夫曼（Hofmann）降解反应，可用于制备少一个碳原子的伯胺。

三、名词双语对照

伯胺　primary amine
仲胺　secondary amine
叔胺　tertiary amine
季铵　quaternary ammonium ion
氨基　amino
磺酰化反应　sulfonation
多巴胺　dopamine
偶氮化合物　azo compound
偶联反应　coupling reaction
酰胺　amide
霍夫曼降解反应　Hofmann degradation reaction

四、知识点答疑

1. 命名下列化合物。

（1）H_2N—(环己烷)—NH_2

（2）(苯环)—$N(NO)CH_3$

（3）$CH_3C(=O)—N(CH_3)_2$

（4）O_2N—(苯环)—$NHCH_2CH_3$

（5）H_3C—(苯环)—$NHCOCH_3$

（6）(苯环)—N═N—(苯环，HO)—CH_3

【解答】

（1）1, 4-环己二胺　　（2）*N*-甲基-*N*-亚硝基苯胺

（3）*N, N*-二甲基乙酰胺　　（4）*N*-乙基-对硝基苯胺

（5）对甲基乙酰苯胺　　（6）4-甲基-2-羟基偶氮苯

2. 写出下列化合物的结构式。

（1）*N*-甲基-*N*-亚硝基环己胺　　（2）硫酸氢重氮苯

（3）溴化三甲基苯基铵　　（4）叔丁基胺

（5）*N, N*-二甲基苯胺　　（6）7-氨基-2-萘磺酸

【解答】

（1）$C_6H_{11}-N(NO)CH_3$

（2）$C_6H_5N_2^+\ HSO_4^-$

（3）$[(CH_3)_3N-C_6H_5]^+\ Br^-$

（4）$CH_3-C(CH_3)_2-NH_2$

（5）$C_6H_5N(CH_3)_2$

（6）$NH_2-C_{10}H_6-SO_3H$

3. 完成下列反应方程式。

【解答】

（1）$CH_3CH_2NH_2 + C_6H_5-SO_2Cl \longrightarrow C_6H_5-SO_2NHCH_2CH_3 + HCl$

（2）$CH_3C(=O)-Br + NH(CH_3)_2 \longrightarrow CH_3C(=O)-N(CH_3)_2 + HBr$

（3）$C_6H_5-\overset{+}{N}\equiv N\ HSO_4^- \xrightarrow[\Delta]{H_2O\ /\ H_2SO_4} C_6H_5-OH + N_2\uparrow$

（4）$CH_3CH_2CONH_2 + NaOBr + 2NaOH \longrightarrow CH_3CH_2NH_2$

（5）$C_6H_5-N(CH_3)_2 + C_6H_5N_2^+\ Cl^- \longrightarrow C_6H_5-N=N-C_6H_4-N(CH_3)_2$

（6）$C_6H_5-CONHCH_2CH_2CH_3 \xrightarrow{LiAlH_4} \xrightarrow{H_2O} C_6H_5-CH_2NHCH_2CH_2CH_3$

4. 合成题。

（1）以苯为原料合成对氨基偶氮苯。

（2）用苯胺为原料合成 2, 4, 6-三溴苯酚。

【解答】

（1）苯 $\xrightarrow[H_2SO_4]{HNO_3}$ 硝基苯（NO_2）$\xrightarrow{Fe + HCl}$ 苯胺（NH_2）

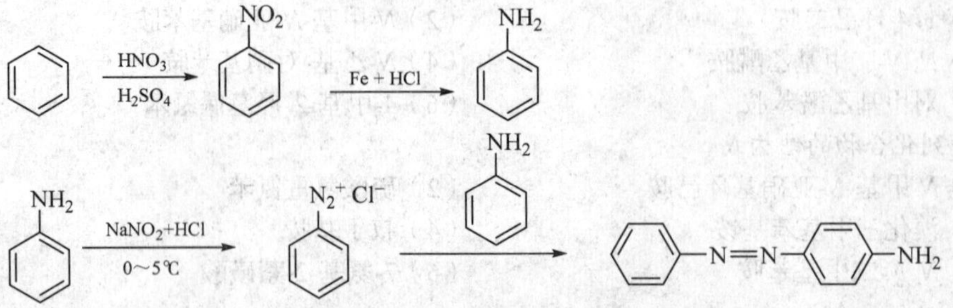

苯胺（NH_2）$\xrightarrow[0\sim5℃]{NaNO_2+HCl}$ 重氮盐（$N_2^+Cl^-$）$\xrightarrow{苯胺（NH_2）}$ C_6H_5—N=N—C_6H_4—NH_2

（2）苯胺（NH_2）$\xrightarrow{Br_2 / H_2O}$ 2,4,6-三溴苯胺（Br、Br、NH_2、Br）$\xrightarrow[0\sim5℃]{NaNO_2+HCl}$ 2,4,6-三溴苯重氮盐（Br、Br、$N_2^+Cl^-$、Br）$\xrightarrow{H_2O}$ 2,4,6-三溴苯酚（Br、Br、OH、Br）

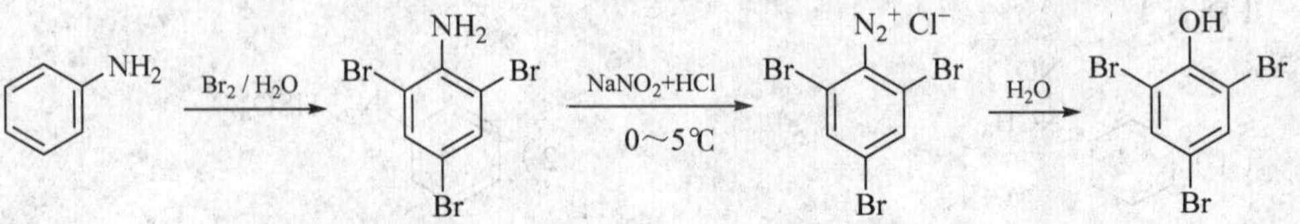

5. 结构推测：

某化合物 A（$C_{14}H_{13}NO$）与盐酸反应可得化合物 B（$C_7H_6O_2$）和 C（$C_7H_{11}NCl$），B 可与碳酸氢钠反应放出二氧化碳，C 与氢氧化钠反应后再与亚硝酸反应得黄色油状物，C 还可与对甲基苯磺酰氯反应得不溶于碱的沉淀，试推测化合物 A、B、C 的结构式。

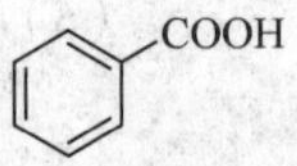

【解答】

A. 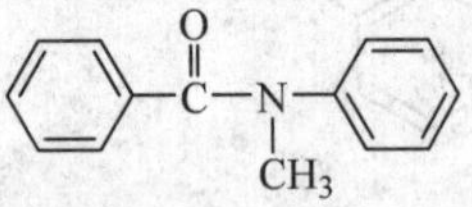 C_6H_5—C(=O)—N(CH_3)—C_6H_5　　B. C_6H_5—COOH　　C. C_6H_5—$\overset{+}{N}H_2CH_3$ ·Cl^-

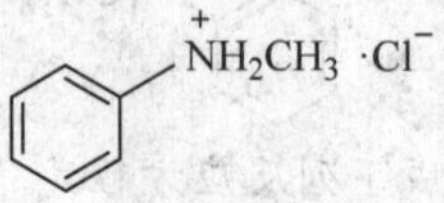

五、强 化 学 习

1. 选择题

（1）在重氮化反应中淀粉-碘化钾试纸变蓝表示反应（　　）

A. 进行中　　B. 终点　　C. 失败　　D. 开始

（2）下列化合物中不能与乙酸酐发生反应的是（　　）

A. 甲基胺　　B. 苯胺　　C. *N*, *N*-二甲基苯胺　　D. 甲基乙基胺

（3）下列物质能生成缩二脲的是（　　）

A. 尿素　　B. 苯胺　　C. 异丙胺　　D. *N*, *N*-二甲基乙酰胺

（4）下列物质能与 HNO_2 作用并放出 N_2 的是（　　）

A. 正丙基胺　　B. *N*-甲基苯胺

C. *N*-甲基乙酰胺　　D. *N*, *N*-二甲基乙酰胺

（5）下列化合物中碱性最强的是（　　）

A. 乙胺　　B. 苯胺　　C. 二乙胺　　D. *N*-乙基苯胺

（6）与亚硝酸在低温条件可以生成重氮盐的胺是（　　）

A. 对甲基苯胺　　B. 二甲基胺　　C. 苄胺　　D. *N*, *N*-二甲基苯胺

（7）下列化合物中碱性最弱的是（　　）

A. 三甲基胺　　B. 苯胺　　C. 吡啶　　D. 甲基乙基胺

（8）下列化合物中能与乙酰氯发生反应的是（　　）

A. 三甲基胺　　B. 苯胺

C. *N*, *N*-二甲基苯胺　　D. 二甲基乙基胺

（9）下列化合物中能与苯磺酰氯发生反应产物可溶于氢氧化钠的是（　　）

A. 三甲基胺　　B. 对甲基苯胺

C. *N*, *N*-二甲基苯胺　　D. 甲基乙基胺

（10）下列化合物中能与溴水生成沉淀的是（　　）

A. 甲基胺　　B. 苯胺

C. *N*, *N*-二甲基苯甲酰胺　　D. 甲基乙基胺

（11）下列化合物中能与氯化重氮苯生成偶氮化合物的是（　　）

A. 甲基胺　　B. 对硝基苯胺

C. *N*, *N*-二甲基苯胺　　D. 甲基乙基胺

2. 填空题

（1）根据胺分子中氮原子上所连烃基的数目，可将胺分为________，________，________，________，。

（2）脂肪胺的结构类似于氨，氮原子为________杂化，氮原子的三条________杂化轨道与氢的 s 轨道或碳原子的杂化轨道重叠，所以胺具有________的空间结构，氮原子上有一对填入________杂化轨道中孤对电子。

（3）胺的碱性是受________、________、________等因素综合影响的结果。季铵碱是一种强碱，碱性与氢氧化钠或氢氧化钾相当。各类胺的碱性在水溶液中的强弱顺序大致为：季铵碱________脂肪仲胺________脂肪伯胺或叔胺________氨＞芳香胺。

（4）________、________能与________、对甲基苯磺酰氯等磺酰化剂反应，生成相应________。

（5）________与________在低温（0～5℃）反应生成重氮盐（diazonium salt），这个反应叫重氮化反应。

（6）________与亚硝酸反应生成的重氮盐极不稳定，在低温的条件下也会放出________，得到卤代烃、烯烃、醇等的混合物，所以该反应在有机合成上无实际用途。

（7）________和________与亚硝酸反应都生成 *N*-亚硝基胺类化合物。*N*-亚硝基胺为难溶于水的________油状液体或固体。经动物实验证明，*N*-亚硝基胺类化合物是________。

（8）________与亚硝酸反应形成不稳定的亚硝酸盐，________与亚硝酸反应生成对-亚硝基胺类化合物，若氨基________有取代基，亚硝基则进入________。

（9）芳香胺中氮原子上的孤对电子参与苯环的共轭而________苯环，使芳香胺的苯环上易发生亲电取代反应。如苯胺与溴水反应，立即产生________白色沉淀。

（10）重氮盐是一种弱的亲电试剂，在一定________条件下，能与酚或芳胺等发生亲电取代反应，形成有鲜艳颜色的化合物，称为________，该类反应称为________。

（11）酰胺与________作用，脱去羰基生成少一个碳原子的________，这是霍夫曼发现的可用于制备少一个碳原子的伯胺的反应，故称为 Hofmann 降解反应。

3. 写出下列反应的主要产物

（1）（苯环：CH_3，$NHCH_3$）＋ $(CH_3CO)_2O$ ⟶

（2）（苯环：NH_2）＋ CH_3COCl ⟶

（3）$C_6H_5-N_2^+Cl^- + H_2O \xrightarrow{\triangle}$

（4）$C_6H_5-NHCH_2CH_3 \xrightarrow{NaNO_2 + HCl}$

（5）$H_3C-NH-CH_3 + HNO_2 \longrightarrow$

（6）$C_6H_5-N(CH_2CH_3)_2 + HNO_2 \longrightarrow$

（7）$C_6H_5-NH_2 + 3Br_2 \xrightarrow{H_2O}$

（8）$H_2N-\overset{O}{\overset{\|}{C}}-NH_2 + HNO_3 \longrightarrow$

（9）$C_6H_5-OH + C_6H_5-N_2^+Cl^- \longrightarrow$

（10）$CH_3CH_2CH_2NH_2$ + 1-Br-2,4,6-$(NO_2)_3C_6H_2$ $\longrightarrow$

（11）$CH_3CH_2\overset{O}{\overset{\|}{C}}NH_2 \xrightarrow{Br_2/NaOH}$

（12）$CH_3\overset{O}{\overset{\|}{C}}-Br + NH(CH_3)_2 \longrightarrow$

4. 合成题

（1）以苯为原料合成1, 3, 5-三溴苯。

（2）由1-丁醇合成1-戊胺。

5. 推测下列化合物的结构式

某化合物A（$C_{14}H_{12}O_3N_2$），不溶于水和稀酸或稀碱。A水解生成羧酸B和一个C，C与对甲苯磺酰氯反应生成不溶于NaOH的固体。B在Fe＋HCl的溶液中加热回流生成D，D和$NaNO_2$＋H_2SO_4反应生成E，E易溶于水。E和C在弱酸介质中反应生成下列化合物：

$HOOC-C_6H_4-N{=}N-C_6H_4-NHCH_3$

试推断A～E的结构式。

六、导 师 指 路

1. 选择题

【解答】

（1）B；（2）C；（3）A；（4）A；（5）C；（6）A；

（7）B；（8）B；（9）B；（10）B；（11）C

2. 填空题

【解答】

（1）伯胺，仲胺，叔胺，季铵；

（2）$sp^2$3、$sp^2$3、棱锥型、$sp^2$3

（3）电子效应、溶剂化效应、空间效应、>、>、>、

（4）伯胺、仲胺、苯磺酰氯、苯磺酰胺

（5）芳香伯胺、亚硝酸

（6）脂肪伯胺、氮气

（7）脂肪仲胺、芳香仲胺、黄色、一类强致癌物

（8）脂肪叔胺、芳香叔胺、对位、邻位

（9）活化、2, 4, 6-三溴苯胺

（10）pH、偶氮化合物、偶联反应

（11）次卤酸钠溶液（Cl_2或Br_2的 NaOH 溶液）、伯胺

3. 写出下列反应的主要产物

【解答】

（1）3-$CH_3C_6H_4NHCH_3$ + $(CH_3CO)_2O$ $\longrightarrow$ 3-$CH_3C_6H_4N(CH_3)COCH_3$

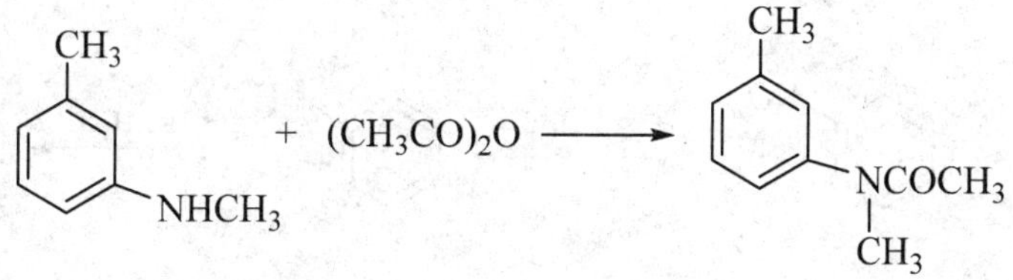

（2）$C_6H_5NH_2$ + CH_3COCl $\longrightarrow$ $C_6H_5NHCOCH_3$

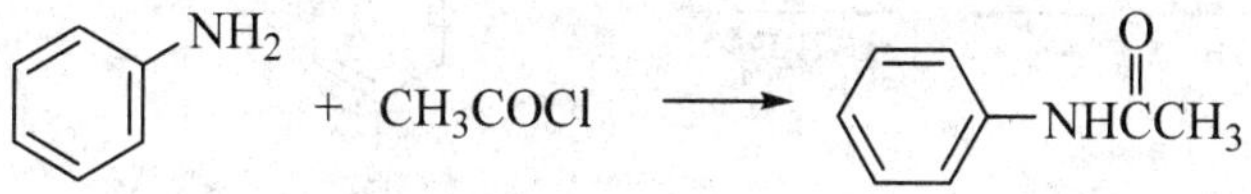

（3）$C_6H_5N_2^+Cl^-$ + H_2O $\xrightarrow{\triangle}$ $C_6H_5OH + N_2\uparrow$

（4）$C_6H_5NHCH_2CH_3$ $\xrightarrow{NaNO_2 + HCl}$ $C_6H_5N(NO)CH_2CH_3$

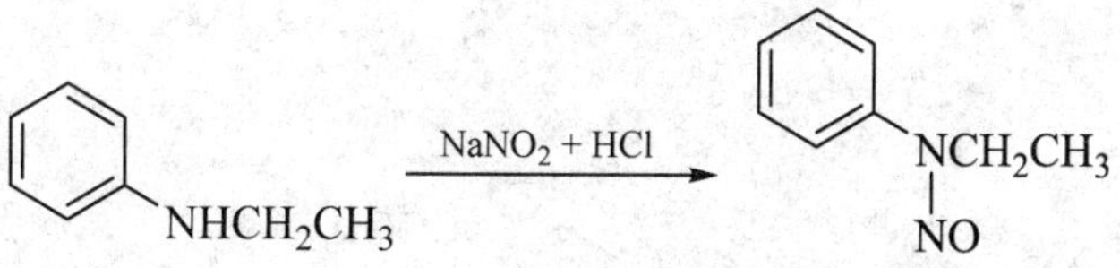

（5）$H_3C{-}NH{-}CH_3$ + HNO_2 $\longrightarrow$ $H_3C{-}N(NO){-}CH_3$

（6）$C_6H_5N(CH_2CH_3)_2$ + HNO_2 $\longrightarrow$ $ON{-}C_6H_4{-}N(CH_2CH_3)_2$（对位）

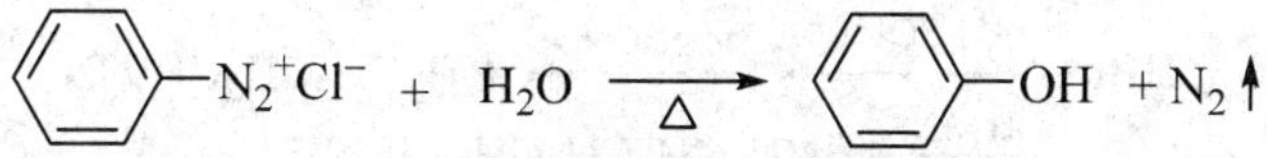

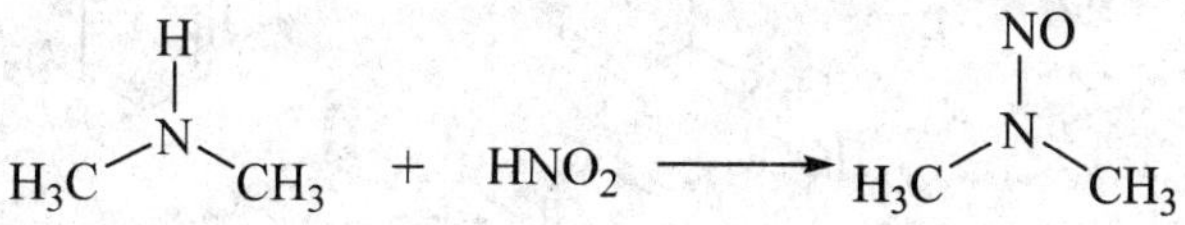

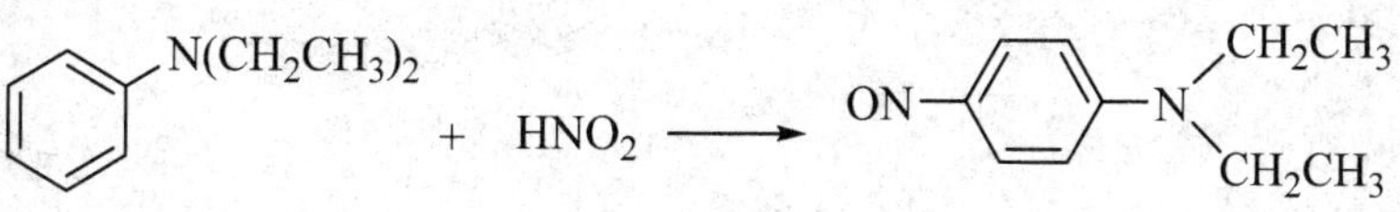

（7）苯胺（NH_2）+ 3 Br_2 $\xrightarrow{H_2O}$ 2,4,6-三溴苯胺↓

（8）$H_2N-\overset{O}{\overset{\|}{C}}-NH_2$ + HNO_3（浓）$\longrightarrow$ $H_2N-\overset{O}{\overset{\|}{C}}-NH_2 \cdot HNO_3$↓

（9）苯酚（OH）+ $C_6H_5N_2^+Cl^-$ $\longrightarrow$ $C_6H_5-N{=}N-C_6H_4-OH$

（10）$CH_3CH_2CH_2NH_2$ + 1-溴-2,4,6-三硝基苯（Br，O_2N，NO_2，NO_2）$\longrightarrow$ N-丙基-2,4,6-三硝基苯胺（$NHCH_2CH_2CH_3$，O_2N，NO_2，NO_2）

（11）$CH_3CH_2\overset{O}{\overset{\|}{C}}NH_2$ $\xrightarrow{Br_2/NaOH}$ $CH_3CH_2NH_2$

（12）$CH_3\overset{O}{\overset{\|}{C}}-Br$ + $NH(CH_3)_2$ $\longrightarrow$ $CH_3\overset{O}{\overset{\|}{C}}-N(CH_3)_2$

4. 合成题

【解答】

（1）苯 $\xrightarrow[H_2SO_4]{HNO_3}$ 硝基苯（NO_2）$\xrightarrow{Fe + HCl}$ 苯胺（NH_2）$\xrightarrow{Br_2 / H_2O}$ 2,4,6-三溴苯胺（NH_2，Br，Br，Br）$\xrightarrow[0\sim5℃]{NaNO_2+HCl}$ $\xrightarrow[H_2O]{H_3PO_2}$ 1,3,5-三溴苯（Br，Br，Br）

（2）$CH_3CH_2CH_2CH_2OH + HBr \xrightarrow{浓H_2SO_4} \xrightarrow{NaCN} CH_3CH_2CH_2CH_2CN$
$\xrightarrow{H_2 / Ni} CH_3CH_2CH_2CH_2CH_2NH_2$

5. 推测下列化物的结构式

【解答】

A. $C_6H_5-N(CH_3)-\overset{O}{\overset{\|}{C}}-C_6H_4-NO_2$（对位）　B. 对硝基苯甲酸（COOH，$O_2N$）　C. $C_6H_5-NHCH_3$

D. 对氨基苯甲酸（COOH，H_2N）　E. $HOOC-C_6H_4-N_2^+ HSO_4^-$（对位）

（王冠男）

第十三章　杂环化合物和生物碱

一、本章基本要求

1. 掌握　常见杂环母核的结构、名称及编号原则。五元芳香杂环化合物的亲电取代反应；六元芳香杂环化合物的亲电取代和亲核取代反应。氮原子的杂化态与碱性大小的关系。

2. 熟悉　常见生物碱的名称和结构；国际上严禁的毒品和兴奋剂。

3. 了解　生物碱的概念、分类、理化性质及其分离和提纯的方法。

二、本章要点

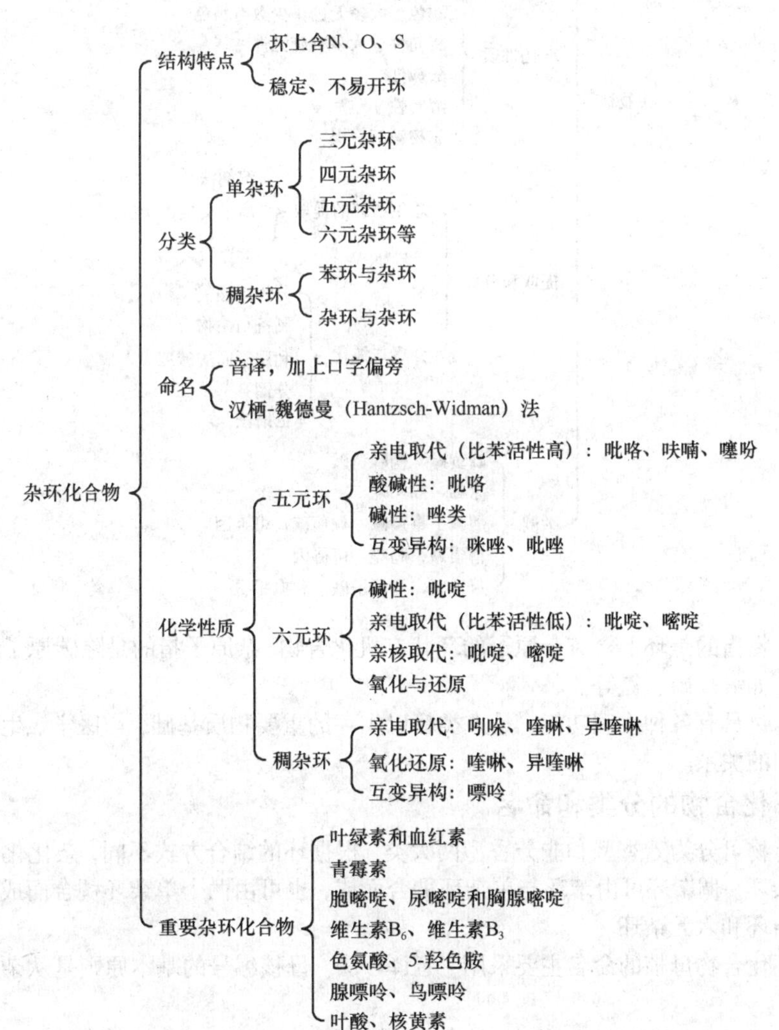

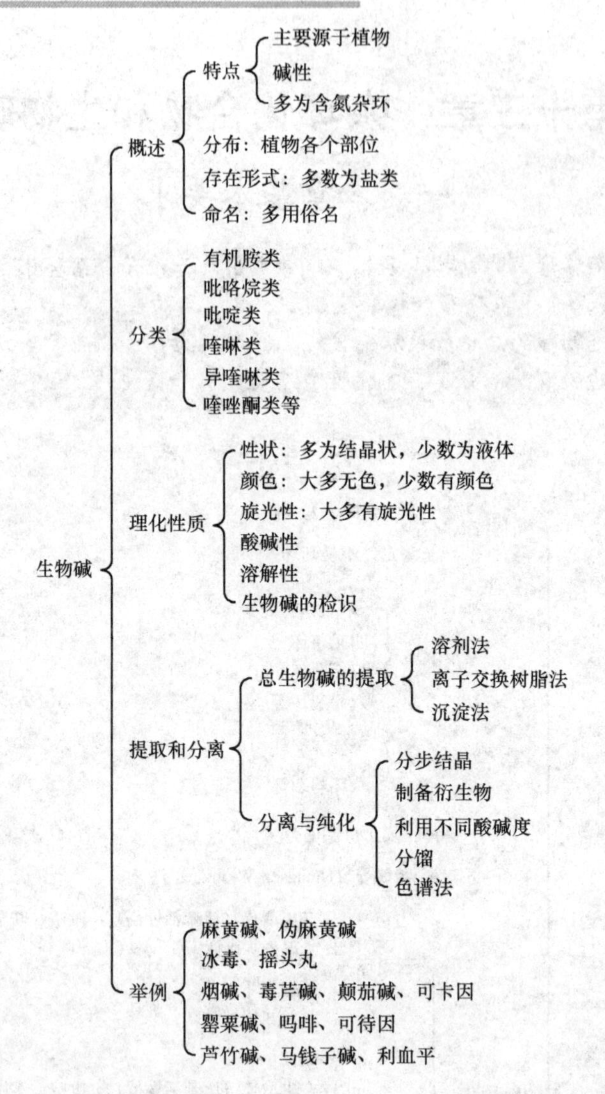

杂环化合物指的是环上含有杂原子的环状有机化合物。杂原子指的是除碳原子和氢原子之外的其他原子，如氧、硫、氮等。

杂环化合物具有各种生理功能，是人类赖以生存的重要物质基础，与医学、生物学、药物学等有非常密切的关系。

（一）杂环化合物的分类和命名

杂环化合物可分为芳香型和非芳香型两大类。根据环的结合方式不同，杂化化合物还可分为单杂环和稠杂环。稠杂环可由苯环与单杂环稠合而成，也可由两个单杂环稠合而成。最常见的单杂环为五元杂环和六元杂环。

芳香杂环化合物母核的命名主要采用“音译”法。母核编号的基本原则是从杂原子开始，细则如下：

（1）含有一个杂原子的从杂原子开始编号，也可将杂原子旁的碳原子依次编为 α、β、γ 等。

（2）含有两个相同杂原子的从连有氢原子或取代基的杂原子开始编号，并使另一个杂原子具有较低的次序。

（3）含有不同杂原子时，按 O→S→N 的顺序编号。

（4）稠杂环一般遵循稠环芳香烃的编号规则，个别的有特殊编号。

常见杂环母核的结构、名称和编号如下所示：

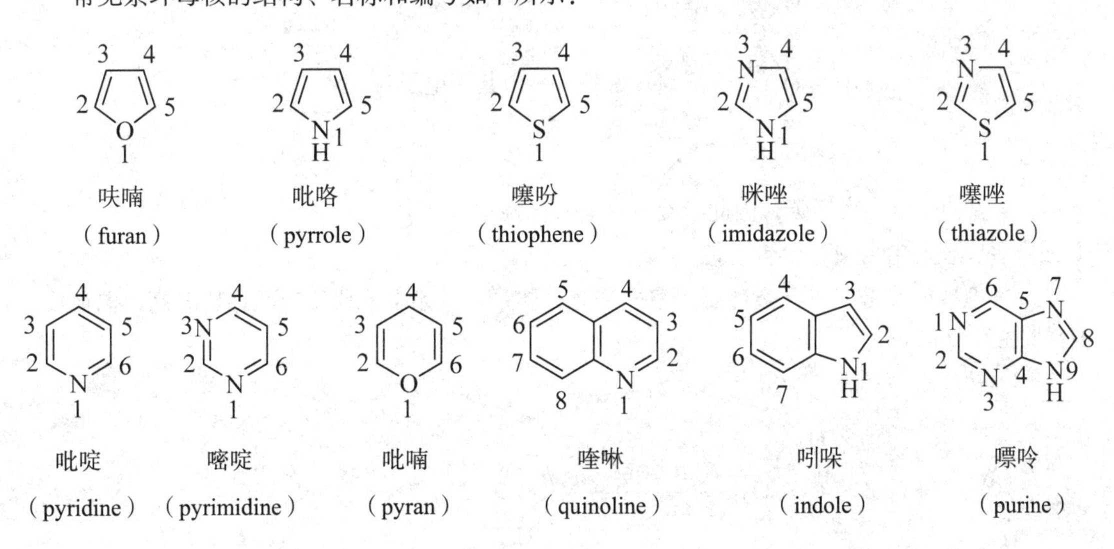

杂环化合物的系统命名法，是将杂环看作相应碳环的衍生物，用前缀表示杂原子的存在和种类，如氧杂、硫杂、氮杂等。例如

N-甲基氮杂环丙烷　2-甲基硫杂环丁烷　顺-3,4-二溴氧杂环戊烷　3-乙基氮杂环己烷

（二）芳香杂环化合物的结构特征

1. 五元杂环化合物　含有一个杂原子的五元芳香杂环化合物，如呋喃、吡咯、噻吩，属于富电子芳香体系，五个成环原子共用六个 π 电子。

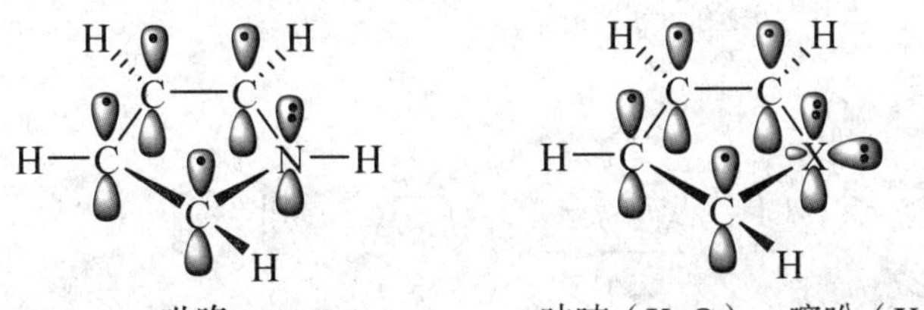

吡咯　　呋喃（X=O），噻吩（X=S）

含有两个杂原子，其中至少有一个是氮原子的五元杂环化合物称为唑，也属于富电子芳香体系。

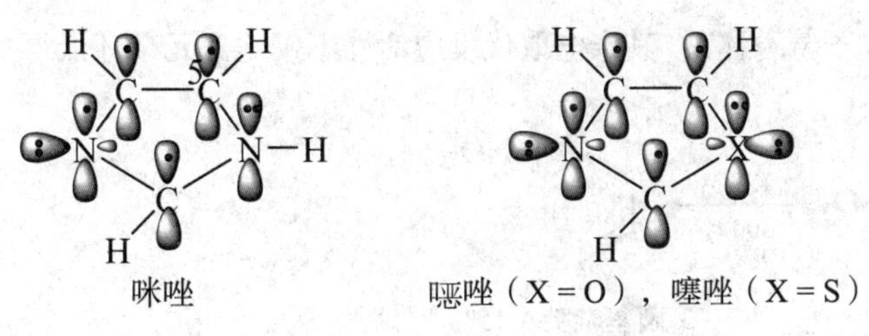

咪唑　　噁唑（X＝O），噻唑（X＝S）

2. 六元杂环化合物 含有一个杂原子的六元芳香杂环化合物，如吡啶，属于缺电子芳香体系。

未共用电子对

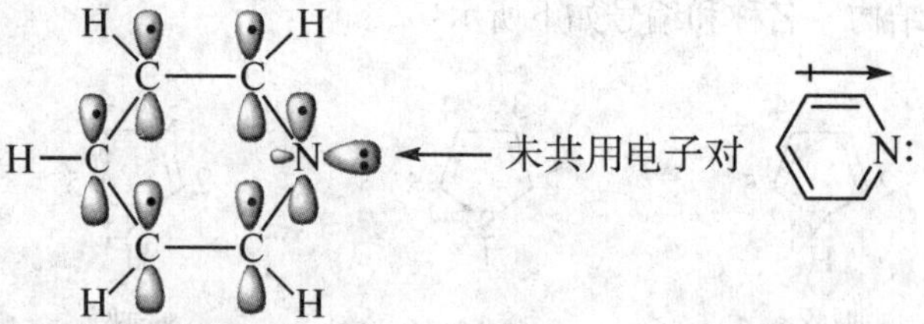

由于氮的电负性大于碳，因此吡啶分子具有极性。

（三）杂环化合物的化学性质

1. 亲电取代反应 五元杂环属于富电子芳香体系，其亲电取代反应活性比苯高，取代反应主要发生在 *α* 位。

举例如下：

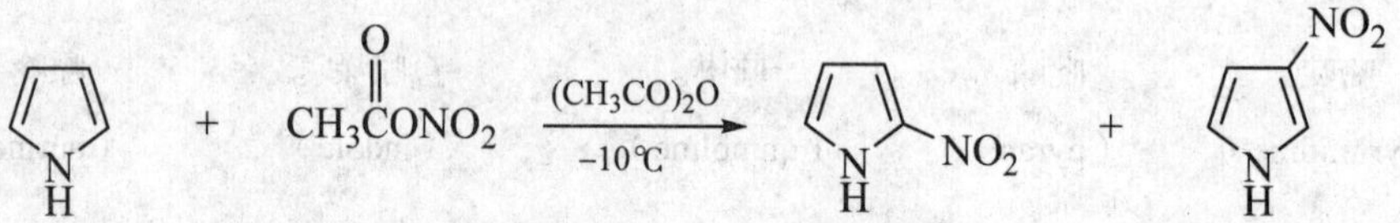

$$\text{吡咯} + CH_3COONO_2 \xrightarrow[-10℃]{(CH_3CO)_2O} \text{2-硝基吡咯} + \text{3-硝基吡咯}$$

硝酸乙酰酯　　2-硝基吡咯（51%）　　3-硝基吡咯（13%）

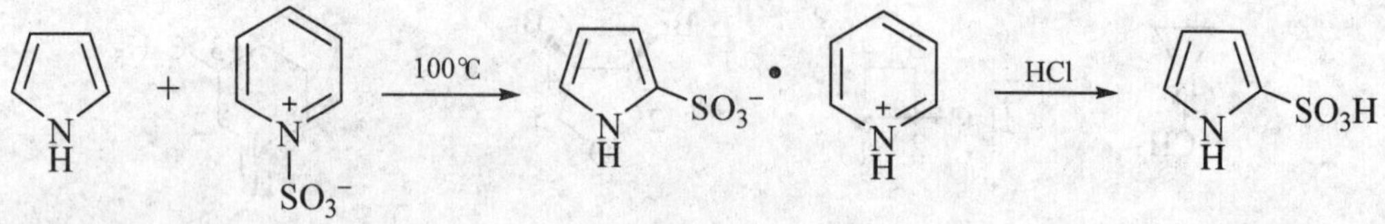

$$\text{吡咯} + \text{吡啶三氧化硫} \xrightarrow{100℃} \text{吡咯-2-}SO_3^- \cdot \text{吡啶}H^+ \xrightarrow{HCl} \text{吡咯-2-}SO_3H$$

吡啶三氧化硫（90%）　　2-吡咯磺酸

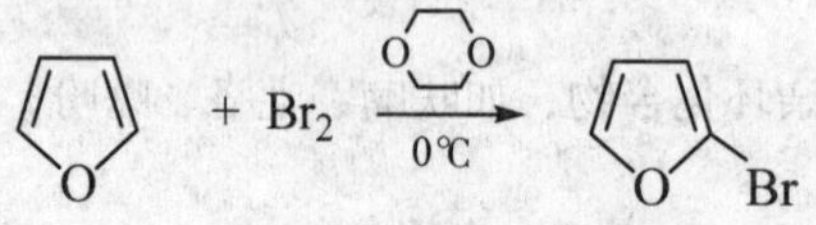

$$\text{呋喃} + Br_2 \xrightarrow[0℃]{\text{二氧六环}} \text{2-溴呋喃}$$

2-溴呋喃（80%）

$$\text{噻吩} + C_6H_5COCl \xrightarrow[25℃]{AlCl_3/CS_2} \text{2-苯甲酰基噻吩}$$

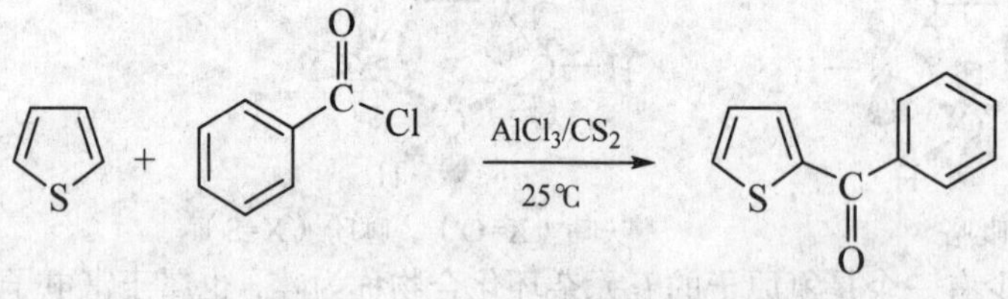

2-苯甲酰基噻吩（苯基-2-噻吩基酮）（90%）

吡啶属于缺电子芳香体系，其亲电取代反应活性不仅比五元杂环低得多，而且比苯的活性低。例如:

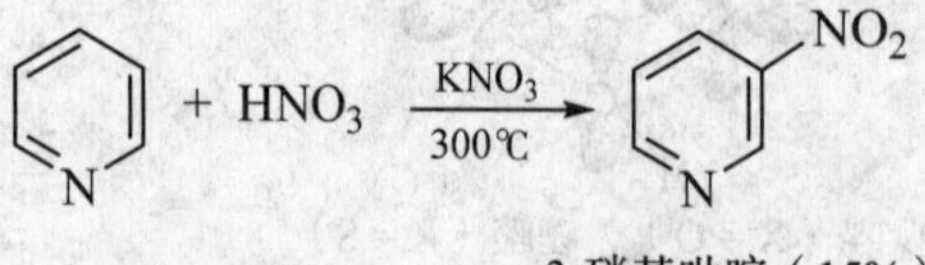

$$\text{吡啶} + HNO_3 \xrightarrow[300℃]{KNO_3} \text{3-硝基吡啶}$$

3-硝基吡啶（15%）

$$\text{吡啶} + Br_2 \xrightarrow[300℃]{H_2SO_4/SO_3} \text{3-溴吡啶}$$

3-溴吡啶（86%）

$$\text{吡啶} + \text{发烟}H_2SO_4 \xrightarrow[220℃]{HgSO_4} \text{3-吡啶磺酸}$$

3-吡啶磺酸（70%）

2. 亲核取代反应　吡啶属于缺电子芳香体系，环上的碳原子带部分正电荷，所以吡啶比苯容易发生亲核取代反应，亲核试剂主要进攻电子云密度较低 C-2 位和 C-4 位。例如

$$\text{吡啶} + NaNH_2 \xrightarrow{\text{液氨}} \xrightarrow{H_2O} \text{2-氨基吡啶} + H_2\uparrow$$

2-氨基吡啶（70%）

$$\text{4-氯吡啶} + NaOCH_3 \xrightarrow{CH_3OH} \text{4-甲氧基吡啶} + NaCl$$

4-甲氧基吡啶（75%）

3. 环的稳定性　呋喃、吡咯、噻吩等属于富电子芳香体系，遇到强酸和氧化剂时，环易遭受到破坏；吡啶属于缺电子芳香体系，遇到氧化剂时很稳定。

喹啉由苯和吡啶稠合而成，氧化反应发生在电子云密度较高的苯环上，而加氢还原则首先在电子云密度低的吡啶环上进行。

$$\text{喹啉} \xrightarrow[\triangle]{KMnO_4/H_2O} \text{2,3-吡啶二甲酸}$$

2, 3-吡啶二甲酸

$$\text{喹啉} + 2H_2 \xrightarrow{Pt} \text{四氢喹啉}$$

四氢喹啉

4. 碱性　从结构的形式上看，吡咯属于仲胺，但由于氮原子上的一对电子已经参与共轭 π 键的形成，不再是孤对电子，因此其碱性大为减弱（pK_b=13.6）。

咪唑和吡啶的 pK_b 分别为 7.1 和 8.8，碱性都比吡咯强，这是因为在它们结构中均含有一对未共用电子，但其碱性均比脂肪肿胺弱得多。这是因为它们分子中氮原子上的孤对电子占据在 sp^2

杂化轨道上，而脂肪胺分子中氮原子上的孤对电子占据在 sp^3 杂化轨道上。占据在 sp^2 杂化轨道上的孤对电子受到氮原子核更大的束缚，其供电子的能力降低，因而导致碱性减弱。

（四）重要的杂环化合物举例

1. **五元杂环化合物** 叶绿素和血红素的分子中含吡咯环，前者是绿色植物进行光合作用时所需的催化剂，后者是哺乳动物中输送氧气的物质。抗生素青霉素分子含有一个β-内酰胺环，含一个四氢噻唑环，一个羧基。

2. **六元杂环化合物** 嘧啶的三种衍生物——胞嘧啶、尿嘧啶和胸腺嘧啶，是核酸（DNA 和 RNA）中的碱基。维生素 B_6、维生素 B_3 属于吡啶的衍生物。花色素分子中含吡喃鎓鲜离子，是使植物的花果叶等呈现蓝、紫、红等颜色的色素。

3. **稠杂环化合物** 色氨酸和 5-羟色胺是吲哚的衍生物。色氨酸是人体的一种必需氨基酸，5-羟色胺是活跃于中枢神经系统中的神经递质和血管收缩剂。

嘌呤的最重要衍生物——腺嘌呤和鸟嘌呤，是核酸（DNA 和 RNA）中的碱基。

叶酸和核黄素是蝶啶的衍生物。叶酸是极早期妊娠中神经系统正常发育的关键因素，核黄素在生物体氧化的呼吸链过程中起传递氢的作用，参与机体糖、蛋白质、脂肪的代谢。

（五）生物碱简介

生物碱指的是来源于生物体（主要是植物）内的一类含氮的碱性有机化合物。大多数生物碱具有比较复杂的环状结构，氮原子结合在环内。生物碱大多具有显著的生理活性，并随生物碱的不同而有很大差异。

生物碱的种类繁多、结构复杂，可按植物的来源、生源途径或母核结构的类型进行分类。

游离生物碱极性较小，不溶或难溶于水，能溶于氯仿、乙醚、苯、丙酮、甲醇、乙醇等有机溶剂；生物碱盐类易溶于水和乙醇，不溶或难溶于有机溶剂。

在生物碱的预试、提取分离和结构鉴定中，最常用的是沉淀反应和显色反应。

提取总生物碱的方法有溶剂法、离子交换树脂法和沉淀法。

利用分步结晶、制备衍生物、不同酸碱度、分馏及色谱法可对生物碱进行分离与纯化。

重要生物碱举例：麻黄碱和伪麻黄碱；烟碱、毒芹碱、颠茄碱和可卡因；罂粟碱、吗啡和可待因；芦竹碱、马钱子碱和利血平。

三、名词双语对照

腺嘌呤 adenine
生物碱 alkaloid
安非他明 amphetamine
青蒿素 artemisinin
咖啡因 caffeine
叶绿素 chlorophyl
可待因（甲基吗啡）codeine（methylmorphine）
胞嘧啶 cytosine
麻黄碱 ephedrine
黄素腺嘌呤二核苷酸 flavinadenine dinucleotide（FAD）
黄素单核苷 flavin mononucleotide（FMN）
叶酸 folic acid
鸟嘌呤 guanine
血红素 hemoglobin
海洛因 heroin
杂环化合物 heterocyclic compound
甲基安非他明（去氧麻黄碱），冰毒 methamphetamine（deoxyephedrine）
吗啡 morphine
烟酰胺 nicotinamide
烟酰胺腺嘌呤二核苷酸 nicotinamide adenine dinucleotide（NAD^+）
尼古丁 nicotine
烟酸 nicotinic acid
青霉素 penicillin

普鲁卡因　procaine
嘌呤　purine
奎宁　quinine
喹啉　quinoline
核黄素　riboflavin
5-羟色胺　serotonin
硫胺素　thiamine
硫胺素焦磷酸　thiamine pyrophosphate(TPP)
胸腺嘧啶　thymine
尿嘧啶　uracil

四、知识点答疑

1. 命名下列化合物。

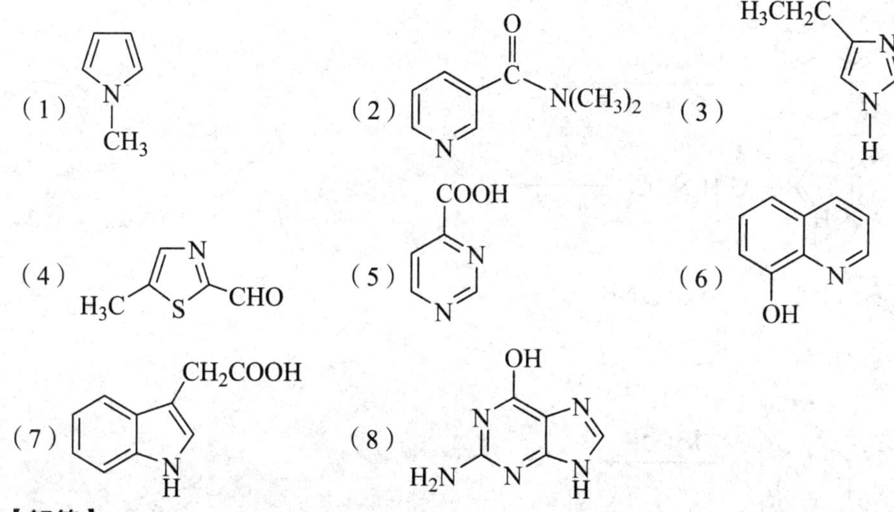

【解答】

（1）1-甲基吡咯（*N*-甲基吡咯）　（2）*N*, *N*-二甲基-β-吡啶甲酰胺
（3）4-乙基咪唑　（4）5-甲基-2-噻唑甲醛　（5）4-嘧啶甲酸
（6）8-羟基喹啉　（7）3-吲哚乙酸　（8）2-氨基-6-羟基嘌呤(鸟嘌呤)

2. 画出下列化合物的结构式。

（1）反-2, 3-二苯基硫杂环丙烷　（2）3-氮杂环戊酮
（3）6-甲基-1-氧杂-3-硫杂环己烷　（4）2-呋喃甲醛
（5）β-甲基噻吩　（6）5-氟尿嘧啶

【解答】

（1）C_6H_5 H / H S C_6H_5　（2）HN O　（3）S / H_3C O

（4）O CHO　（5）CH_3 / S　（6）O / HN F / O N H

3. 写出下列反应的主要产物:

（1）呋喃 + Br_2 $\xrightarrow[0\ ℃]{(C_2H_5)_2O}$

（2）H_3CH_2C-(2-噻吩基) + $CH_3-\overset{O}{\overset{\|}{C}}-Cl$ $\xrightarrow{SnCl_4}$

（3）2,6-二甲基吡啶 $\xrightarrow[100\ ℃]{KNO_3/发烟\ H_2SO_4}$

（4）异喹啉 $\xrightarrow[0℃,\ 30min]{H_2SO_4/HNO_3}$

（5）吲哚 + $C_6H_5N_2^+Cl^-$ $\xrightarrow[0\sim5℃]{}$

（6）4-氯吡啶 + 苯胺（NH_2） $\xrightarrow{\triangle}$

（7）3-(1-甲基吡咯烷-2-基)吡啶（N-CH_3） $\xrightarrow{KMnO_4}$

（8）吡咯（N-H） $\xrightarrow{KOH}$ $\xrightarrow{ClCOCH_2CH_3 \ (\overset{O}{\|})}$

（9）H_3C-N 桥环化合物（含 $\overset{O}{\overset{\|}{C}}-OH$、H、H、OH） $\xrightarrow[CH_3COOH]{CrO_3}$ $\xrightarrow{微热}$

【解答】

（1）呋喃 + Br_2 $\xrightarrow[0\ ℃]{(C_2H_5)_2O}$ 2-溴呋喃（Br）

（2）H_3CH_2C-(2-噻吩基) + $CH_3-\overset{O}{\overset{\|}{C}}-Cl$ $\xrightarrow{SnCl_4}$ H_3CH_2C-(噻吩-2,5-二基)-$\underset{O}{\underset{\|}{C}}-CH_3$

（3）H_3C ... CH_3 $\xrightarrow[100\ ℃]{KNO_3/发烟\ H_2SO_4}$ ... NO_2 ... H_3C ... CH_3

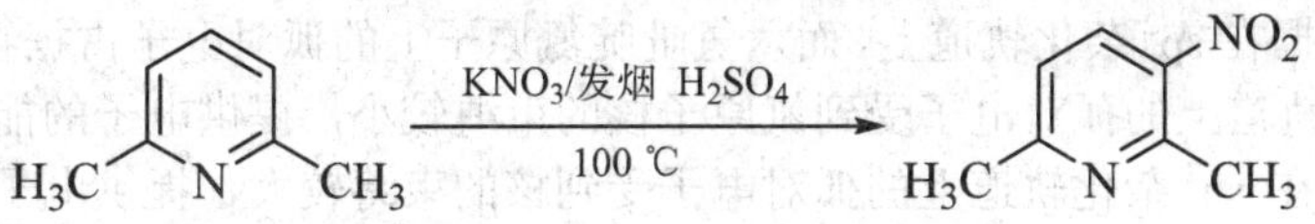

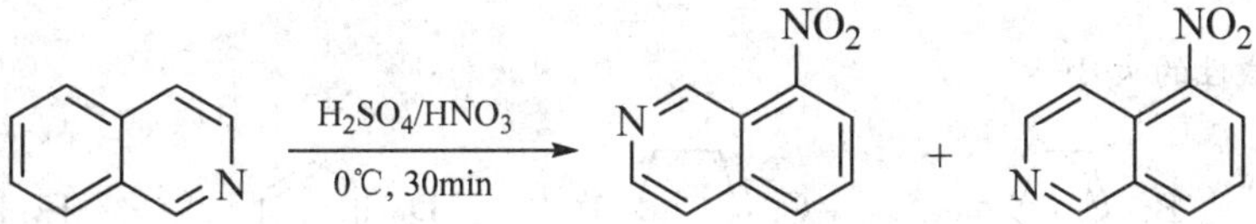

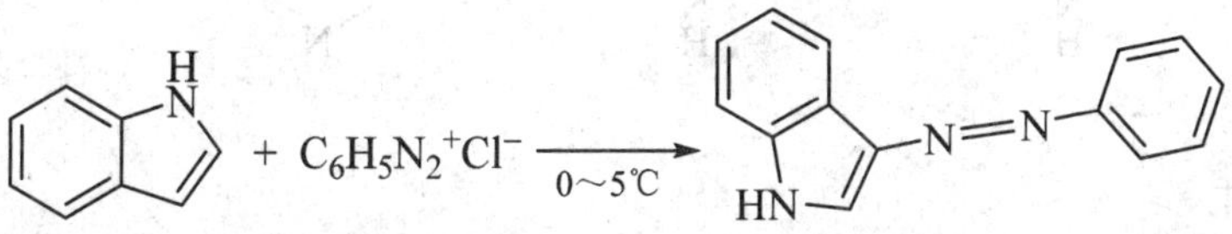

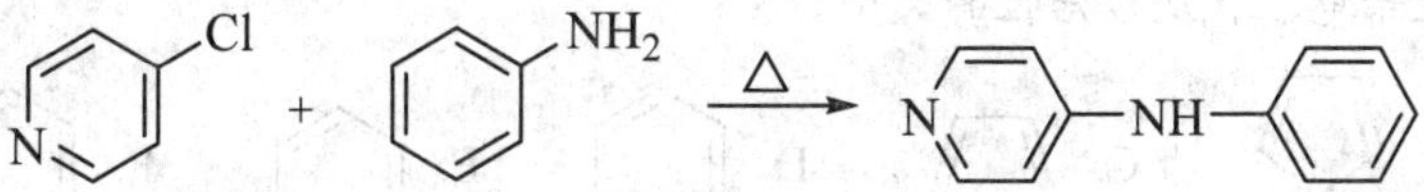

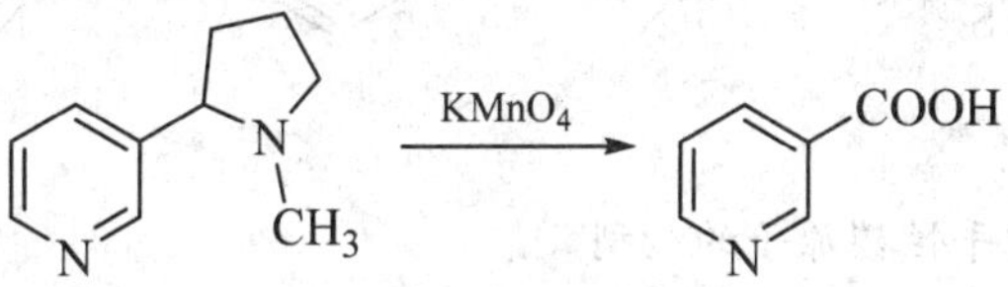

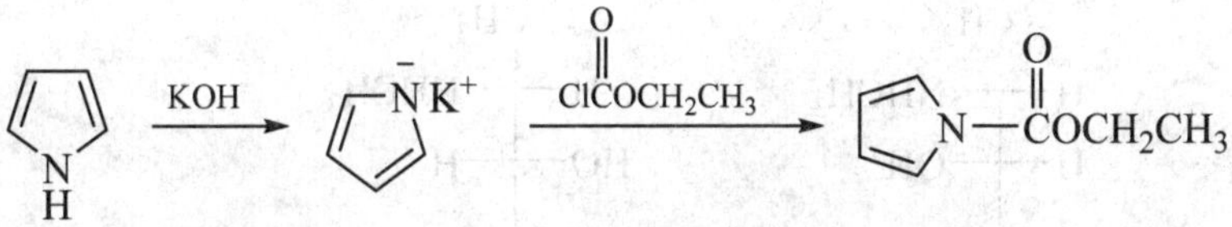

（4）$\xrightarrow[0℃,\ 30min]{H_2SO_4/HNO_3}$ NO_2 + NO_2

（5）+ $C_6H_5N_2^+Cl^-$ $\xrightarrow{0\sim5℃}$ N=N

（6）Cl + NH_2 $\xrightarrow{\triangle}$ NH

（7）CH_3 $\xrightarrow{KMnO_4}$ COOH

（8）$\xrightarrow{KOH}$ $\bar{N}K^+$ $\xrightarrow{ClCOCH_2CH_3}$ N—COCH$_2$CH$_3$

（9）H_3C ... C—OH ... H ... H ... OH $\xrightarrow[CH_3COOH]{CrO_3}$ H_3C ... C—OH ... H ... O $\xrightarrow{微热}$ H_3C ... O + $CO_2\uparrow$

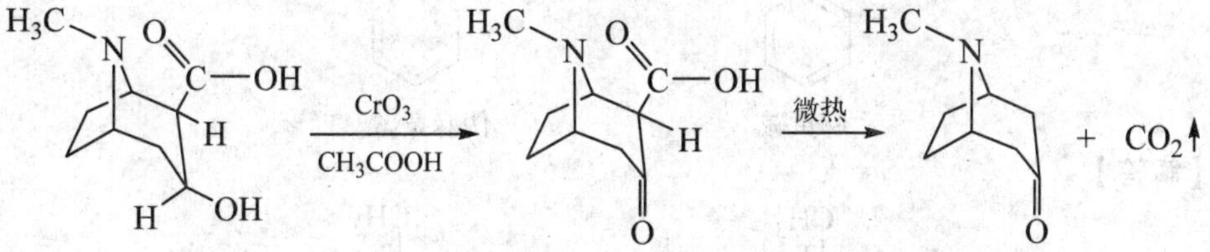

4. 吡咯不溶于水，但是四氢吡咯却能以任意比例与水相溶。试解释原因。

【解答】

吡咯不溶于水是因为吡咯分子中的氮原子上无孤对电子，不能与水形成氢键；四氢吡咯能以任意比例与水相溶，是因为四氢吡咯分子中的氮原子上含有一对孤对电子，能与水形成氢键。

5. 下列化合物中，哪些具有芳香性？为什么？

A. 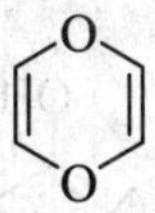　B. 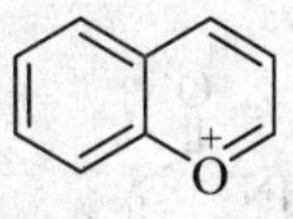　C. 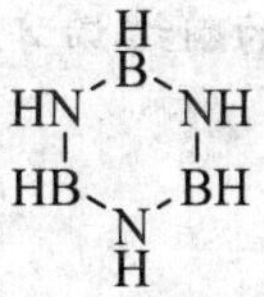　D.

【解答】　A、C 和 D 具有芳香性，因为它们都符合休克尔规则。

6. 解释为什么六氢吡啶的碱性（pK_b= 2.8）比吡啶的碱性（pK_b= 8.8）强得多。

【解答】

六氢吡啶的碱性与吡啶的碱性差异很大，与这两种化合物分子中氮原子的杂化态有关。吡啶氮原子上的孤对电子占据在 sp^2 杂化轨道上，而六氢吡啶氮原子上的孤对电子占据在 sp^3 杂化轨道上。占据在 sp^3 杂化轨道上的孤对电子受到氮原子核的束缚较小，提供电子的能力较强，因而碱性也较强；而占据在 sp^2 杂化轨道上的孤对电子受到核的束缚较大，提供电子的能力较弱，因而碱性较弱。

7. 比较下列化合物碱性的大小。

A.  B.  C.  D. 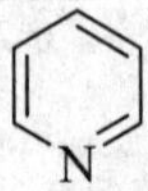 E. 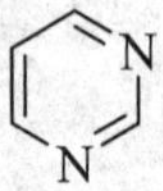

【解答】

C ＞ B＞ D ＞ E ＞ A。

8. 比较下列化合物发生亲电取代反应活性的大小。

A.  B.  C.  D. 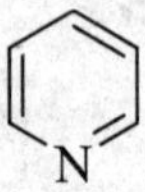 E.  F. 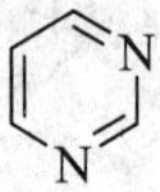

【解答】

B ＞ A ＞ C ＞ E ＞ D ＞ F。

9. 用 *R*、*S* 标记麻黄碱和伪麻黄碱分子中手性碳原子的构型。

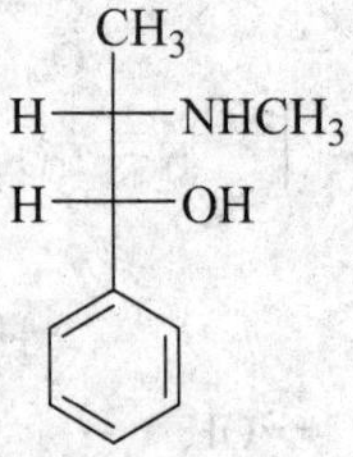

麻黄碱

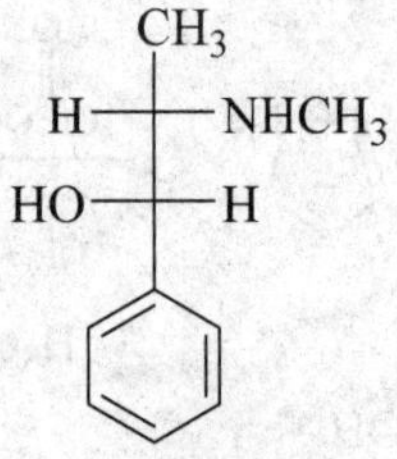

伪麻黄碱

【解答】

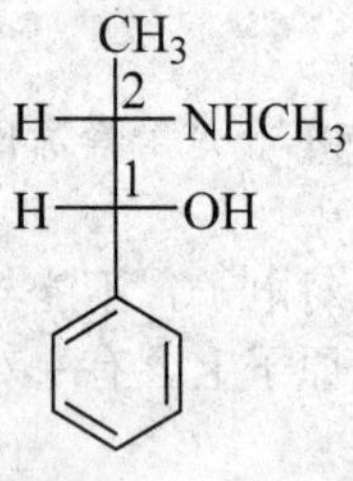

麻黄碱(1*R*，2*S*)

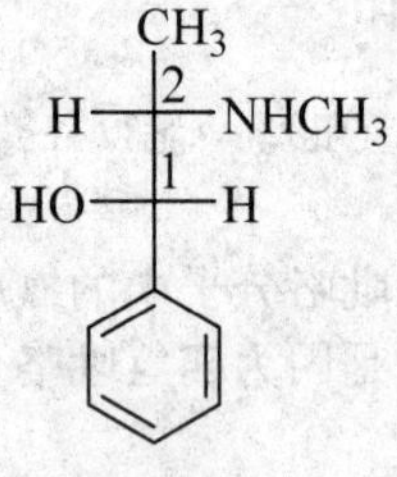

伪麻黄碱(1*S*，2*S*)

10. 写出尿嘧啶的酮式-烯醇式的互变异构平衡式。

【解答】

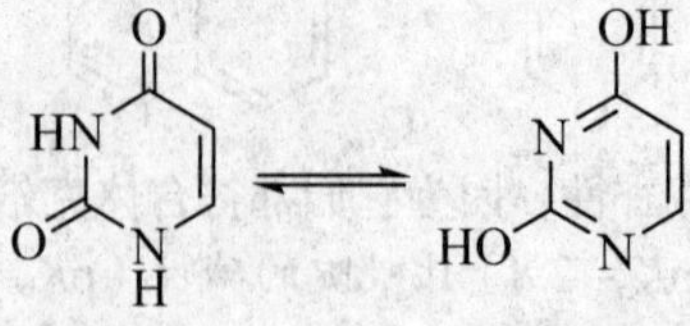

酮式　　烯醇式

11. 2-氯甲基氧杂环丙烷与 NaSH 反应，得到硫杂-3-环丁醇。通过机制解释产物的形成。

【解答】

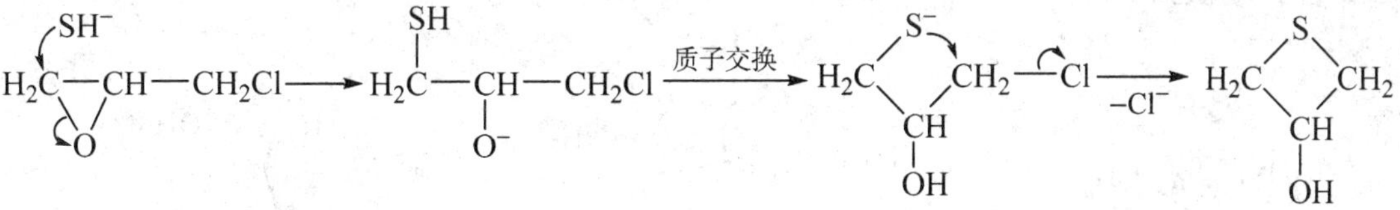

$$SH^- + H_2C\!-\!CH(O)\!-\!CH_2Cl \longrightarrow H_2C(SH)\!-\!CH(O^-)\!-\!CH_2Cl \xrightarrow{质子交换} H_2C(S^-)\!-\!CH(OH)\!-\!CH_2\!-\!Cl \xrightarrow{-Cl^-} \text{S-}H_2C\!-\!CH(OH)\!-\!CH_2\text{(环)}$$

2-氯甲基氧杂环丙烷　　　　硫杂-3-环丁醇

12. 硫胺素在酸性溶液中稳定，在纯水中分解为噻唑环和嘧啶环，在强碱中噻唑环开环。试为这两个反应提出合理的机制。

（1）

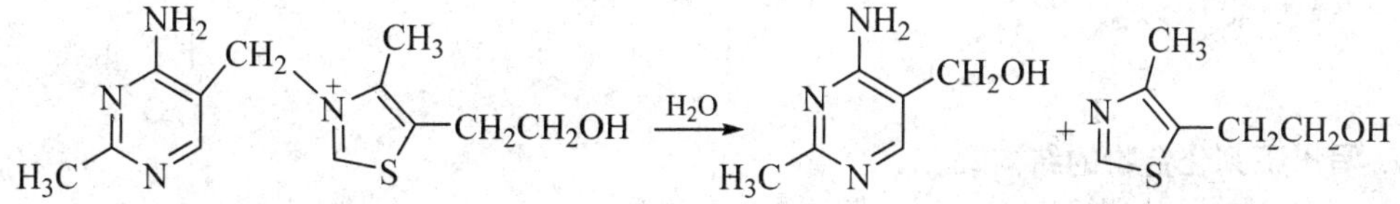

$$\text{硫胺素 (}NH_2, CH_2, N^+, CH_3, CH_2CH_2OH, S, N, H_3C\text{)} \xrightarrow{H_2O} \text{(}NH_2, CH_2OH, N, H_3C\text{)} + \text{(}N, CH_3, CH_2CH_2OH, S\text{)}$$

硫胺素

（2）

$$\text{(}NH_2, CH_2, N^+, CH_3, CH_2CH_2OH, S, H_3C\text{)} \xrightarrow{OH^-} \text{(}NH_2, CH_2, N, CH_3, CH_2CH_2OH, S^-, H\!-\!C\!=\!O, H_3C\text{)}$$

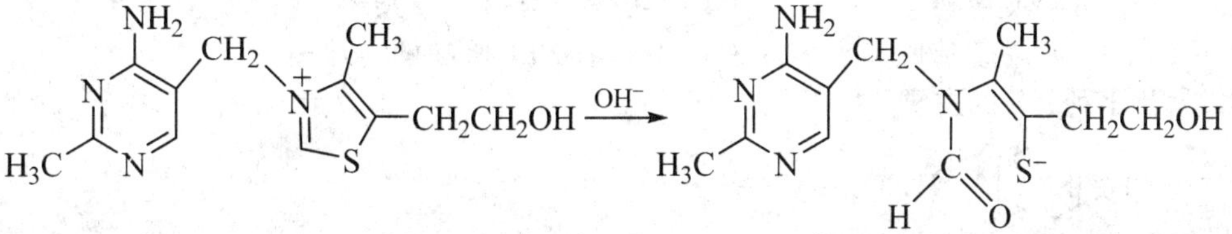

【解答】

（1）

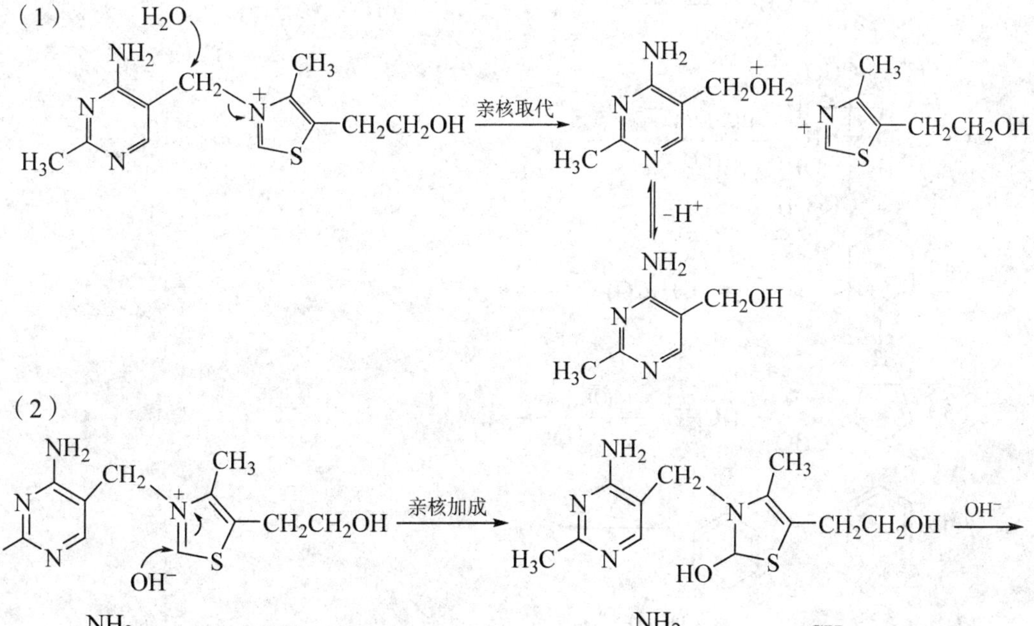

$$H_2O + \text{(}NH_2, CH_2, N^+, CH_3, CH_2CH_2OH, S, H_3C\text{)} \xrightarrow{亲核取代} \text{(}NH_2, CH_2\overset{+}{O}H_2, H_3C\text{)} + \text{(}N, CH_3, CH_2CH_2OH, S\text{)}$$

$$\rightleftharpoons -H^+$$

$$\text{(}NH_2, CH_2OH, N, H_3C\text{)}$$

（2）

$$\text{(}NH_2, CH_2, N^+, CH_3, CH_2CH_2OH, S, H_3C\text{)} + OH^- \xrightarrow{亲核加成} \text{(}NH_2, CH_2, N, CH_3, CH_2CH_2OH, HO, S, H_3C\text{)} \xrightarrow{OH^-}$$

$$\text{(}NH_2, CH_2, N, CH_3, CH_2CH_2OH, {}^-O, S, H_3C\text{)} \xrightarrow{开环} \text{(}NH_2, CH_2, N, CH_3, CH_2CH_2OH, S^-, H\!-\!C\!=\!O, H_3C\text{)}$$

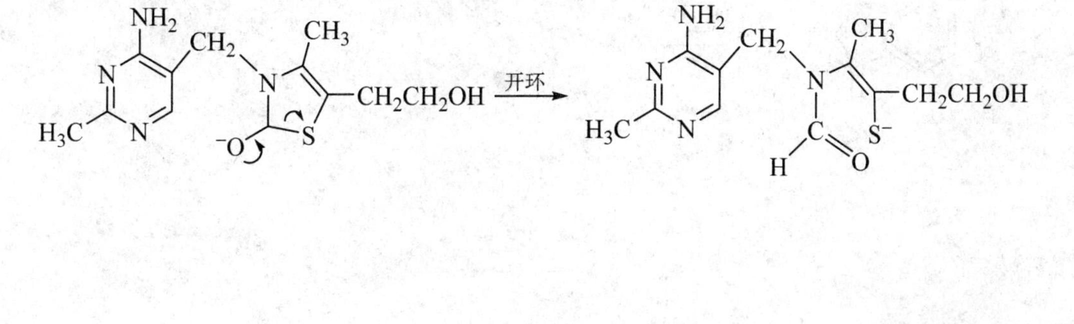

五、强化学习

1. 命名下列化合物

（1）S, CH_3, CH_3

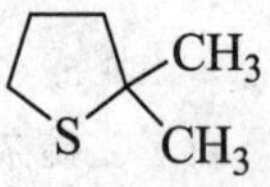

（2）OH, N, N, N, N, NH_2, H

（3）HO, OH, O

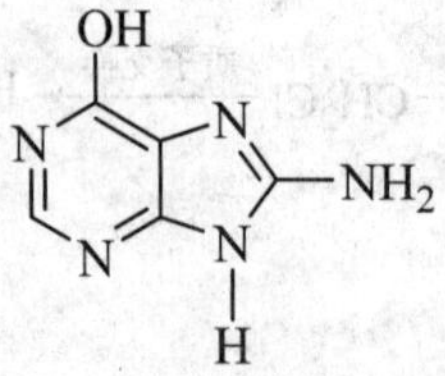

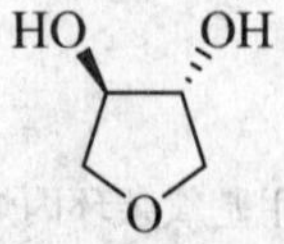

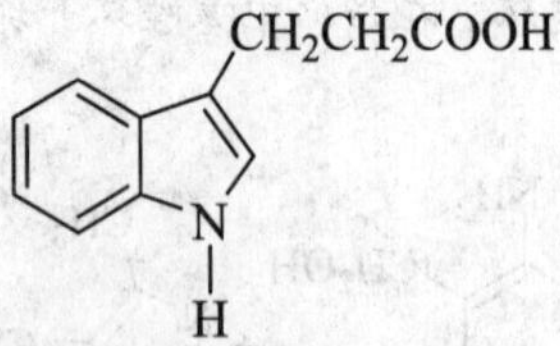

（4）CH_2CH_2COOH, N, H

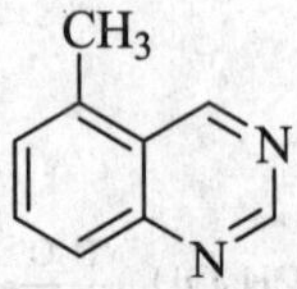

（5）CH_3, N, N

（6）$CH_2COOC_2H_5$, O

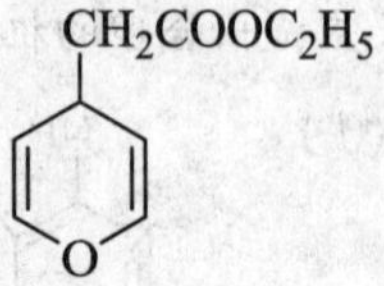

2. 写出下列化合物的结构式

（1）7-羟基吲哚　　（2）2, 5-苯基吡咯

（3）4-哌啶甲酸　　（4）5-甲氧基-1, 3-二氧杂环己烷

（5）*N*-乙酰基吡唑　　（6）1-乙基-2-(3′-吡啶)四氢吡咯

3. 写出下列反应的主要产物

（1）N + H_2SO_4(冷) ⟶

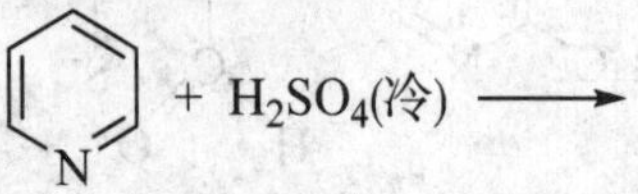

（2）N + CH_3I ⟶

（3）CHO, H—OH, HO—H, H—OH, CH_2OH $\xrightarrow[-3H_2O]{HCl/加热}$

（4）N, H + $(CH_3CO)_2O$ ⟶

（5）O, CHO + HCHO $\xrightarrow{NaOH(浓)}$

（6）N + Li $\xrightarrow{\triangle}$

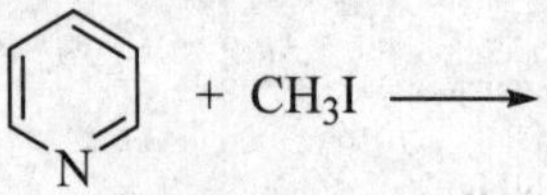

（7）N, H + Br_2 $\xrightarrow[0℃]{O\quad O}$

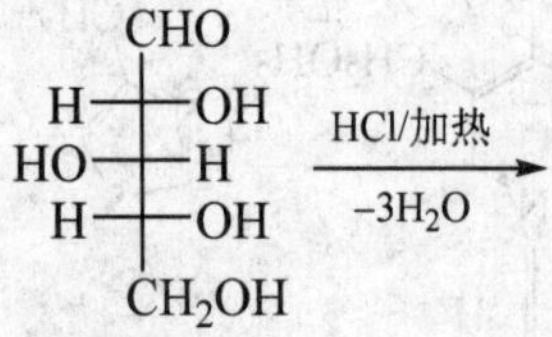

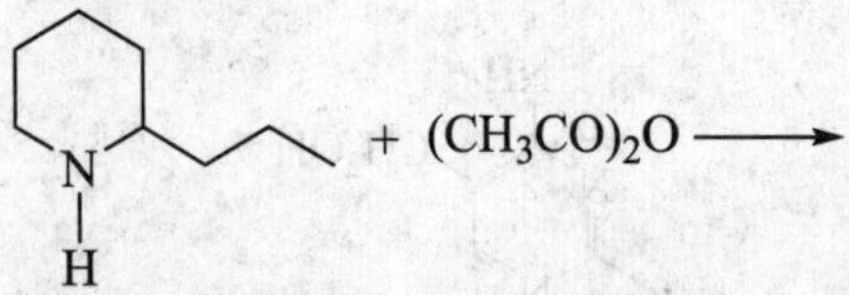

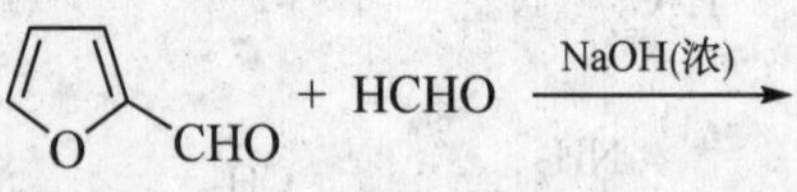

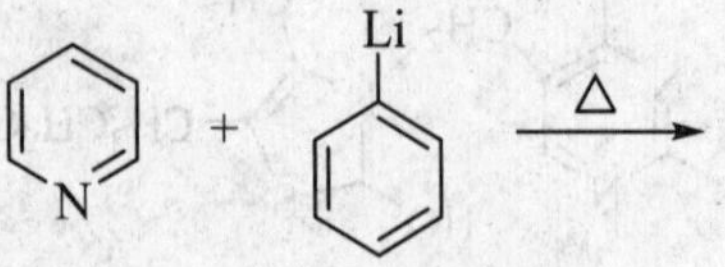

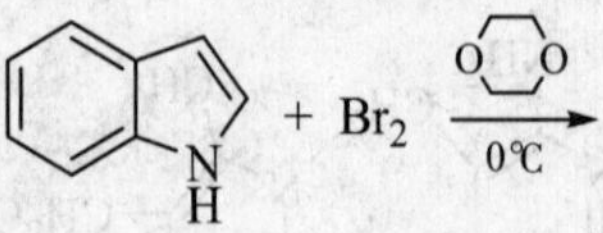

（8）呋喃 + 马来酸酐 ⟶

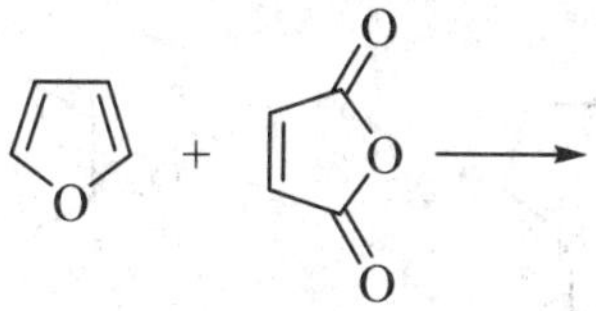

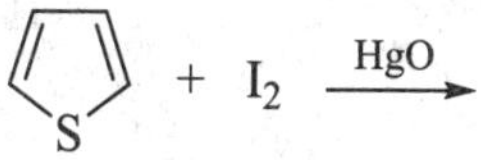

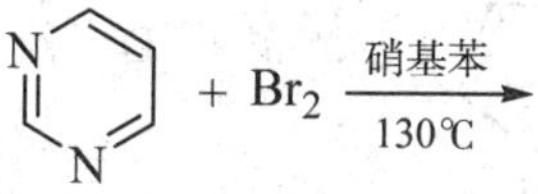

（9）噻吩 + I_2 $\xrightarrow{HgO}$

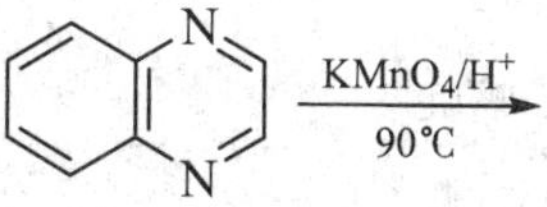

（10）嘧啶 + Br_2 $\xrightarrow[130℃]{硝基苯}$

（11）喹喔啉 $\xrightarrow[90℃]{KMnO_4/H^+}$

（12）吡咯 $N^- K^+$ + 环氧乙烷 ⟶ $\xrightarrow{H_3O^+}$

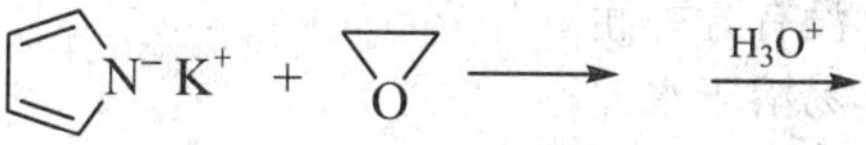

4. 选择题

（1）中国药物学家屠呦呦因为发现一种能治疗疟疾的药物而荣获 2015 年度诺贝尔生理学或医学奖，该药物的名称是（　　）

A. 青霉素　　B. 氯霉素　　C. 链霉素　　D. 青蒿素

（2）下列化合物中，碱性最弱的是（　　）

A. 吡啶　　B. 吡咯　　C. 咪唑　　D. 嘌呤

（3）血红素分子中含有杂环是（　　）

A. 吡咯环　　B. 吡啶环　　C. 嘧啶环　　D. 哌啶环

（4）吡啶与氨基钠在液态氨中发生的反应属于（　　）

A. 亲核取代反应　　B. 亲电取代反应　　C. 亲电加成反应　　D. 亲核加成反应

（5）下列化合物中无芳香性的是（　　）

A. 呋喃　　B. 吡喃　　C. 吲哚　　D. 吡咯

（6）下列化合物中不存在互变异构现象的是（　　）

A. 尿嘧啶　　B. 嘌呤　　C. 喹啉　　D. 尿酸

（7）下列试剂中，不能作为生物碱沉淀剂的是（　　）

A. $FeCl_3$ 溶液　　B. 碘化铋钾试剂　　C. 磷钼酸试剂　　D. 苦味酸试剂

（8）下列化合物中，最容易发生溴代反应的是（　　）

A. 吡啶　　B. 噻吩　　C. 呋喃　　D. 吡咯

（9）5-甲基咪唑的结构式是（　　）

A. 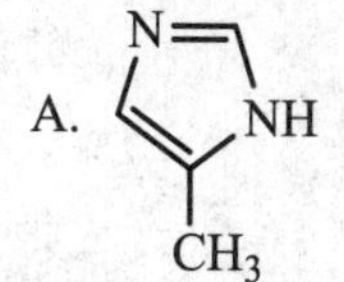

B. 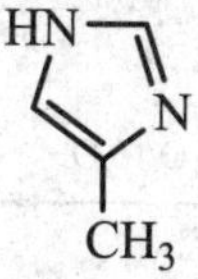 HN, N, CH_3　　C. 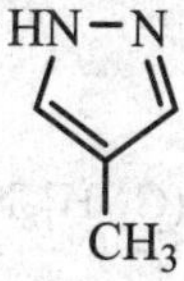 HN—N, CH_3　　D. 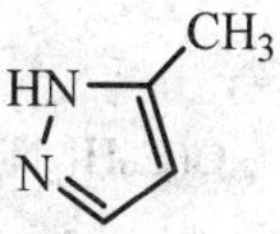 HN, N, CH_3

（10）喹啉与酸性高锰酸钾作用后得到的主要产物是（　　）

A. 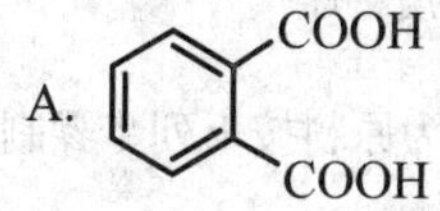

B. 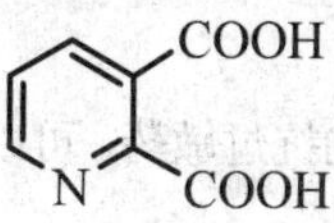 N, COOH, COOH　　C. 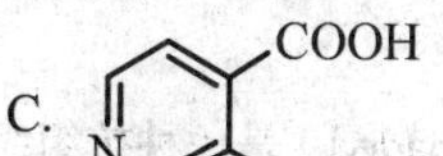

D. 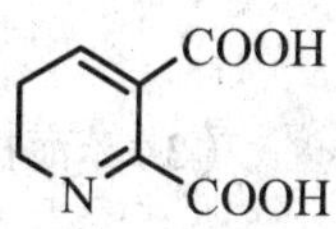 N, COOH, COOH

（11）下列化合物中具有弱酸性的是（　　）

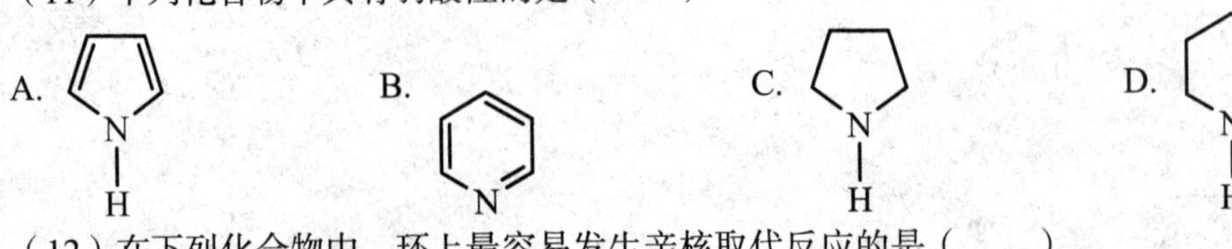

（12）在下列化合物中，环上最容易发生亲核取代反应的是（　　）

A. 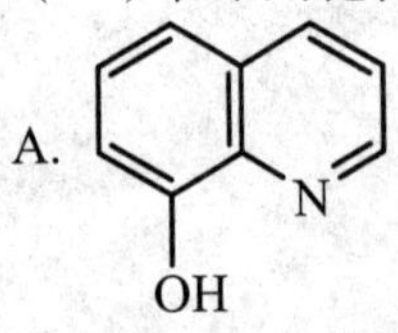

B.（吡啶结构式）

C. 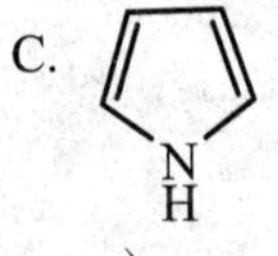

D. 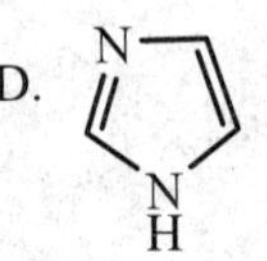

（13）下列化合物中，溴代反应活性最低的是（　　）

A. 噻唑　　B. 吡咯　　C. 吡啶　　D. 嘧啶

（14）关于吡咯，下列叙述中正确的是（　　）

A. 所有的原子都在同一平面上　　B. 没有芳香性

C. 在强酸性溶液中能稳定存在　　D. 易溶于水

（15）下列物质不属于国际上严禁的毒品是（　　）

A. 冰毒　　B. 海洛因　　C. 摇头丸　　D. 咖啡因

5. 判断题

（1）生物碱分子中一定含有杂环结构。（　　）

（2）嘌呤是由嘧啶和吡唑稠合而成。（　　）

（3）血红素分子中吡咯环结合的金属离子是 Fe^{3+}。（　　）

（4）3-甲基吡啶比甲苯更容易还原。（　　）

（5）嘧啶比吡啶更容易进行亲核取代反应。（　　）

（6）7*H*-嘌呤和 9*H*-嘌呤之间属于互变异构体。（　　）

6. 推导结构

（1）某杂环化合物的分子式是 C_6H_6OS，不能与银氨溶液反应，但能与苯肼反应生成苯腙，也能发生碘仿反应。试推出其结构式，并写出相应的反应式。

（2）1891 年，G. Merling 通过下列反应步骤，将托品碱转化为 1, 3, 5-环庚三烯。试推出中间产物 A、B、C 和 D 的结构式。

托品碱 $\xrightarrow{-H_2O}$ A($C_8H_{13}N$) $\xrightarrow{CH_3I}$ B($C_9H_{16}NI$) $\xrightarrow[(2)\ 加热]{(1)\ Ag_2O/H_2O}$

C($C_9H_{15}N$) $\xrightarrow{CH_3I}$ D($C_{10}H_{18}NI$) $\xrightarrow[(2)\ 加热]{(1)\ Ag_2O/H_2O}$ 1, 3, 5-环庚三烯

（3）苯海拉明（benadryl）是一种抗组织胺的抗过敏药，可以二苯甲烷为原料按下列步骤制得。

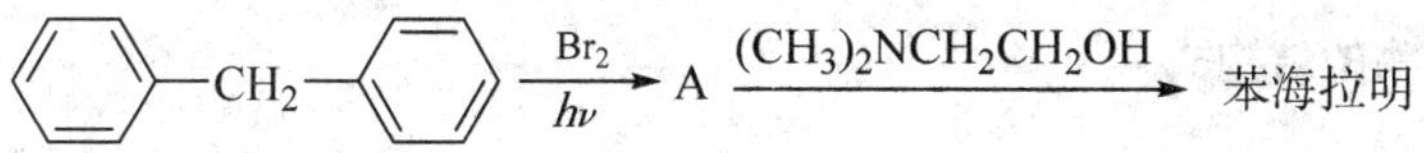

$$C_6H_5-CH_2-C_6H_5 \xrightarrow[h\nu]{Br_2} A \xrightarrow{(CH_3)_2NCH_2CH_2OH} \text{苯海拉明}$$

1）写出中间产物 A 及苯海拉明的结构式。

2）如何从环氧乙烷制备氨基醇$(CH_3)_2NCH_2CH_2OH$。

7. 合成题

（1）由呋喃及必要无机试剂，制备 1, 6-己二胺。

（2）硝呋醛肟（nifuroxime），是一种用于治疗泌尿道感染的药物。设计一个合成线路，从 2-呋喃甲醛合成硝呋醛肟。

2-呋喃甲醛 → 硝呋醛肟（O_2N-呋喃-$CH{=}NOH$）

（3）由下列 3-(2′-环己酮)丙腈为唯一有机原料，合成氢化喹啉。

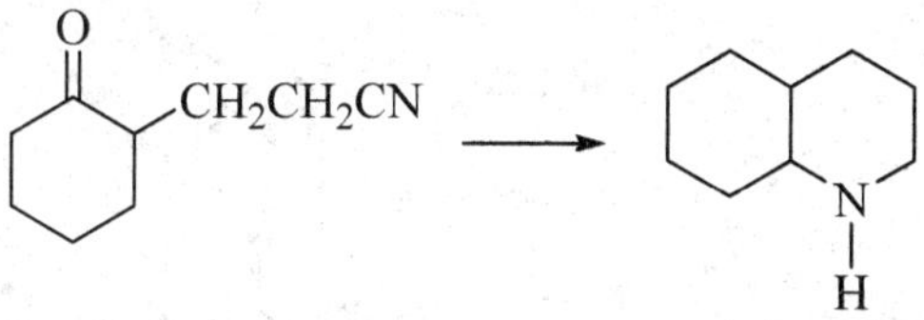

3-(2′-环己酮)丙腈（含 CH_2CH_2CN）→ 氢化喹啉

8. 简答题

（1）组胺是一种能引起许多过敏反应的物质，其分子中含有三个氮原子，结构如下所示，试排出其碱性大小的顺序。

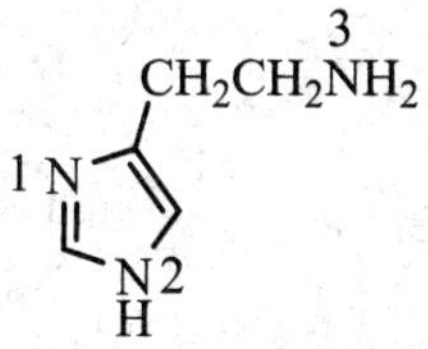

（咪唑环：1 N，N2-H；侧链 $CH_2CH_2NH_2$ 为 3）

（2）如何除去混在甲苯中少量的吡啶?

（3）海洛因是一种国际上严禁的毒品，属于生物碱吗啡的衍生物，称为二乙酰吗啡，其成瘾性比吗啡更大，试给出合理的解释。

（4）比较嘧啶和吡啶的碱性，并说明原因。

（5）吡啶分子中氮原子上的未共用电子对不参与 π 体系，这对电子可与质子结合。为什么吡啶的碱性比脂肪族胺小得多?

六、导 师 指 路

1. 命名下列化合物

【解答】

（1）2, 2-二甲基硫杂环戊烷　　（2）8-氨基-6-羟基嘌呤

（3）反-3, 4-二羟基氧杂环戊烷（反-3, 4-氧杂环戊二醇）

（4）3-(3′-吲哚)丙酸　　（5）5-甲基-1, 3-二氮杂萘

（6）4-吡喃乙酸乙酯

2. 写出下列化合物的结构式

【解答】

（1） 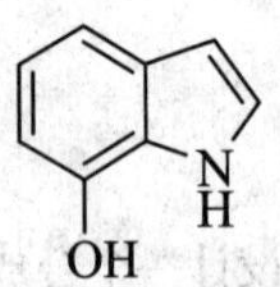 OH, NH（7-羟基吲哚结构式）　（2） NH（2,5-二苯基吡咯结构式）　（3） COOH, NH（哌啶-4-甲酸结构式）

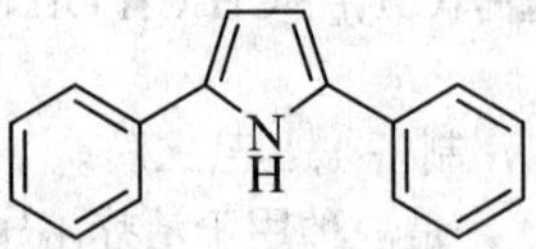

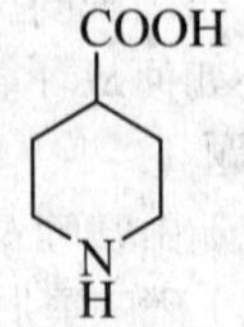

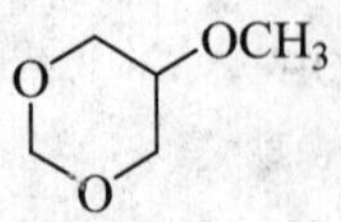

（4） OCH_3, O, O　（5） N, N, C, O, CH_3　（6） N, N, C_2H_5

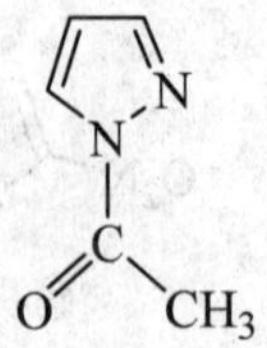

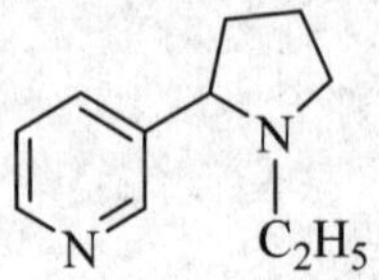

3. 写出下列反应的主要产物

【解答】

（1） 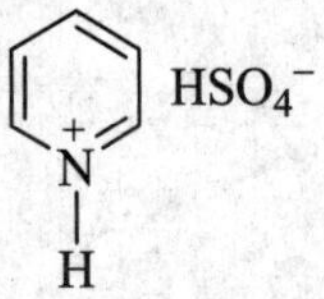 HSO_4^-, $\overset{+}{N}$—H　（2） I^-, $\overset{+}{N}$—CH_3

（3） O, CHO　（4） N, C, O, CH_3 + CH_3COOH

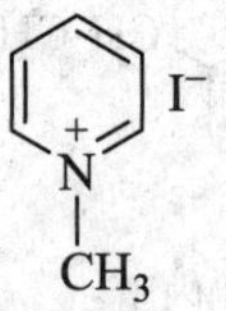

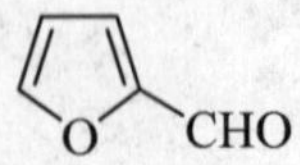

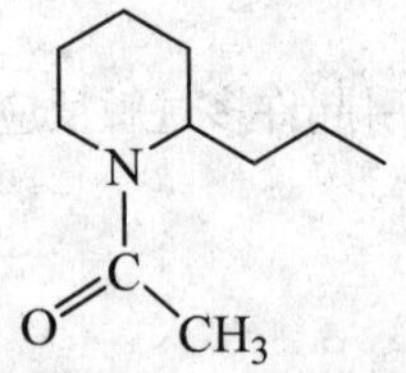

（5） 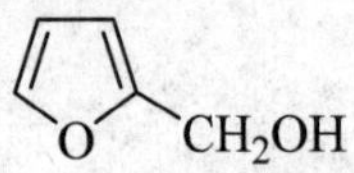 O, CH_2OH + $HCOO^-$ Na^+　（6） 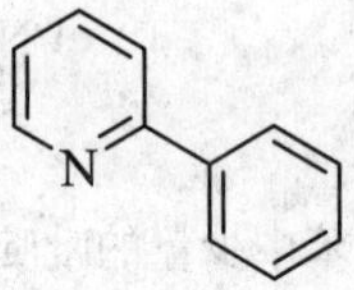 N + LiH

（7） Br, NH　（8） O, H, H, O, O, O

（9） S, I　（10） N, N, Br

（11） N, N, COOH, COOH　（12） N—CH_2CH_2OK，N—CH_2CH_2OH

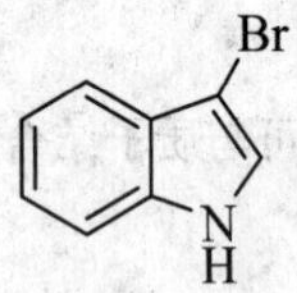

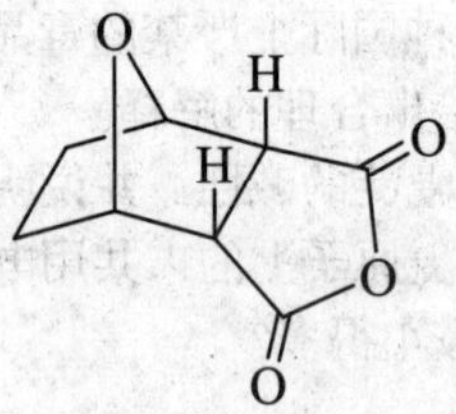

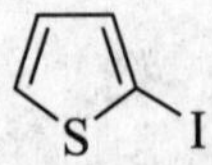

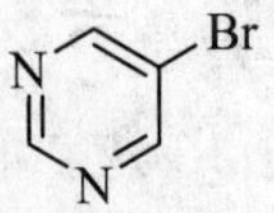

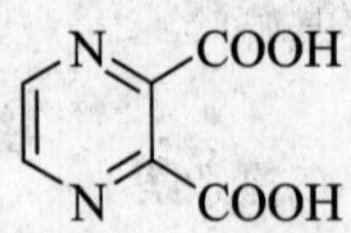

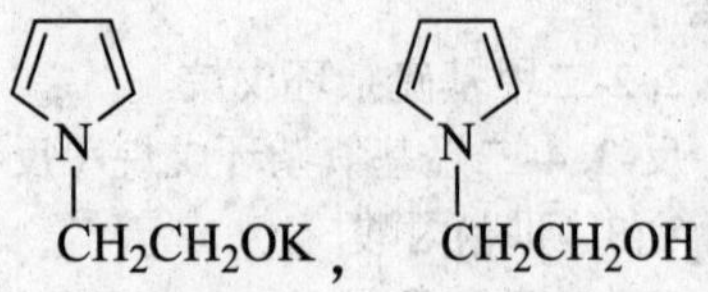

4. 选择题

【解答】

（1）D；（2）B；（3）A；（4）A；（5）B；（6）C；（7）A

（8）D；（9）A；（10）B；（11）A；（12）B；（13）D；（14）A；（15）D

5. 判断题

【解答】

（1）×；（2）×；（3）×；（4）√；（5）√；（6）√

6. 推导结构

【解答】

（1）

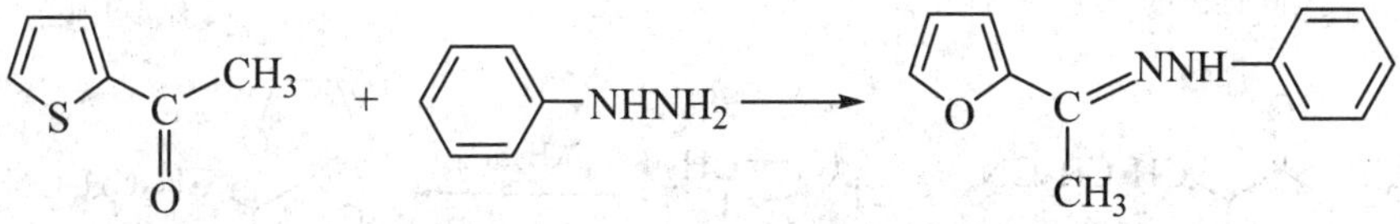

CH_3 O S + NHNH$_2$ → O C NNH CH$_3$

苯肼 苯腙

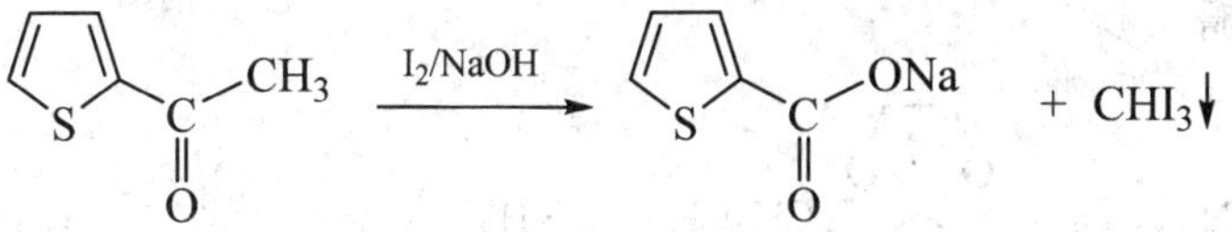

S C CH$_3$ O —I$_2$/NaOH→ S C ONa O + CHI_3↓

碘仿

（2）

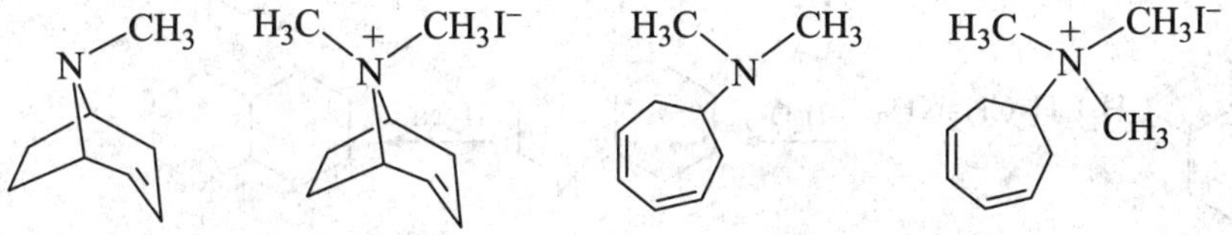

N CH$_3$　H$_3$C N$^+$ CH$_3$I$^-$　H$_3$C N CH$_3$　H$_3$C N$^+$ CH$_3$I$^-$ CH$_3$

（3）

1）H C Br

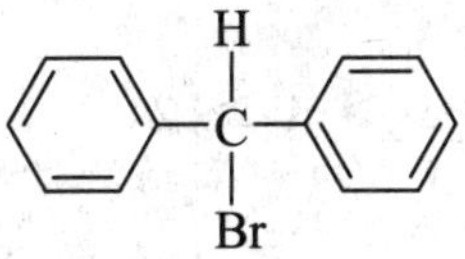

A

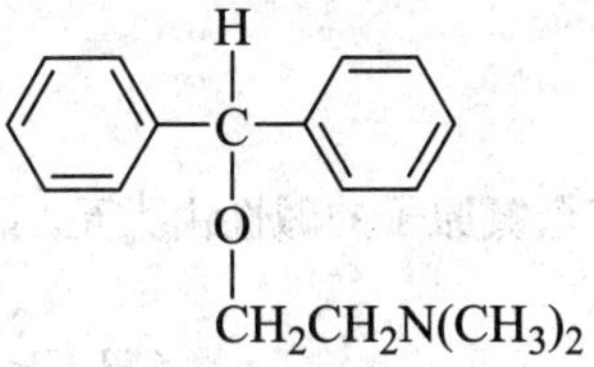

H C O CH$_2$CH$_2$N(CH$_3$)$_2$

苯海拉明

2）O + $(CH_3)_2NH$ → $(CH_3)_2NCH_2CH_2OH$

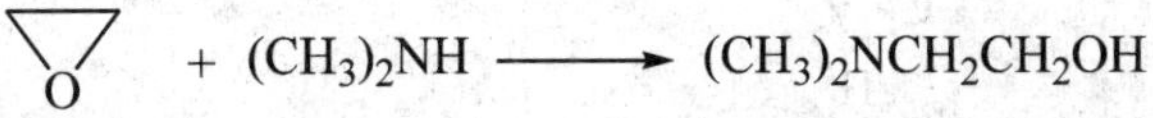

7. 合成题

【解答】

（1）O + $2H_2$ —Ni→ O

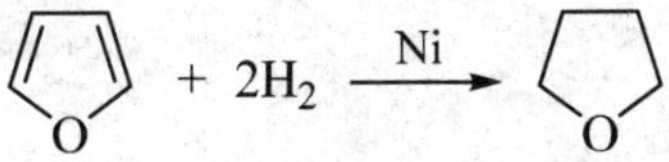

呋喃 四氢呋喃

$\xrightarrow{浓HI}$ $ICH_2CH_2CH_2CH_2I$

$ICH_2CH_2CH_2CH_2I + 2NaCN \longrightarrow NCCH_2CH_2CH_2CH_2CN$

$NCCH_2CH_2CH_2CH_2CN \xrightarrow{H_2/Ni} NH_2CH_2CH_2CH_2CH_2CH_2CH_2NH_2$

1,6-己二胺

（2）2-呋喃甲醛 $\xrightarrow[醋酸酐]{HNO_3}$ O_2N–（呋喃环）–CHO $\xrightarrow{NH_2OH}$ O_2N–（呋喃环）–$CH{=}NOH$

硝呋甲醛

（3）3-(2′-环己酮)丙腈（CH_2CH_2CN） + $\underset{OH}{CH_2}-\underset{OH}{CH_2}$ $\xrightarrow{浓H_2SO_4}$ （缩酮）CH_2CH_2CN

（缩酮）CH_2CH_2CN $\xrightarrow{H_2/Ni}$ （缩酮）$CH_2CH_2CH_2NH_2$ $\xrightarrow{H_3O^+}$ （环己酮）$CH_2CH_2CH_2NH_2$

（环己酮）$CH_2CH_2CH_2NH_2$ $\xrightarrow{-H_2O}$ （N） $\xrightarrow{H_2/Ni}$ （N–H）

氢化喹啉

8. 简答题

【解答】

（1）组胺分子中，三个氮原子的碱性由大至小的顺序是：3 ＞ 1 ＞ 2。

3 $CH_2CH_2NH_2$；1 N；N2 H

提示：3 号氮原子采用 sp^3 杂化，有一对孤对电子，1 号氮原子采用 sp^2 杂化，有一对孤对电子，2 号氮原子采用 sp^2 杂化，但无孤对电子。

（2）可按如下步骤除去混在甲苯中少量的吡啶：

甲苯+吡啶 $\xrightarrow[振摇，分液]{乙醚+稀盐酸}$
- 水层（盐酸吡啶）
- 乙醚层 $\xrightarrow{洗涤}$ $\xrightarrow{分液}$ $\xrightarrow{干燥}$ $\xrightarrow{蒸馏}$ 甲苯

（3）吗啡分子中的两个羟基经乙酰化后就成为二乙酰吗啡，即海洛因，其成瘾性比吗啡大，是因为二乙酰吗啡比吗啡有更大的脂溶性，更容易通过脑细胞的屏障发挥作用。

（4）虽然嘧啶分子中的两个氮原子采取的都是不等性的 sp^2 杂化，但是由于两个氮原子的吸电子作用相互影响，导致碱性下降，因而嘧啶的碱性小于吡啶。

（5）因为氮原子的杂化状态不同。吡啶氮原子的未共用电子对在 sp^2 杂化轨道，而脂肪族胺分子中的氮原子未共用电子对在 sp^3 杂化轨道。sp^2 的 s 成分较多，未共用电子对比较靠近氮原子，较难同质子结合。

（徐乃进）

第十四章 脂 类

一、本章基本要求

1. 掌握 油脂的概念、组成、命名和理化性质；掌握卵磷脂（磷脂酰胆碱）、脑磷脂（磷脂酰乙醇胺）和鞘磷脂（神经磷脂）的结构及水解产物；甾族化合物的基本结构。

2. 熟悉 脂肪酸的分类、命名及结构特点；甾族化合物构型及其命名。

3. 了解 胆甾酸、甾体激素的主要性质；脂类化合物在医学上的意义。

二、本 章 要 点

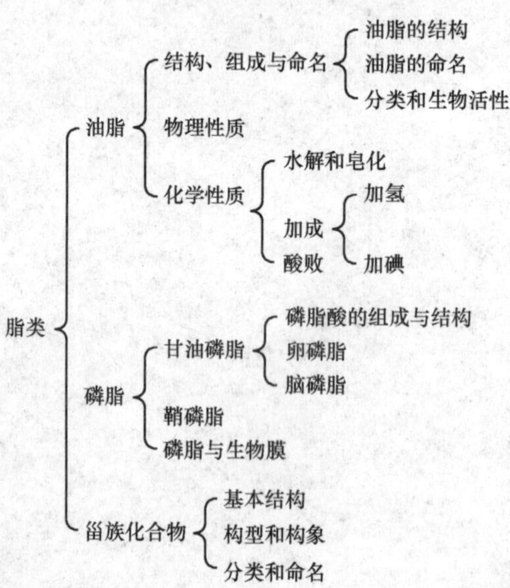

（一）油脂的组成与结构

油脂是油和脂肪的总称，是由三分子高级脂肪酸与一分子甘油所形成的酯，称为三酰甘油。在油脂分子中，若三分子脂肪酸相同称为单三酰甘油；若不同则称为混三酰甘油。

油脂的结构式：

$$\begin{array}{l} \qquad\qquad\quad CH_2-O-\overset{O}{\overset{\|}{C}}-R \\ R-\overset{O}{\overset{\|}{C}}-O-CH \\ \qquad\qquad\quad CH_2-O-\overset{O}{\overset{\|}{C}}-R \end{array}$$

单三酰甘油（simple triacylglycerol）

$$\begin{array}{l} \qquad\qquad\quad CH_2-O-\overset{O}{\overset{\|}{C}}-R \\ R'-\overset{O}{\overset{\|}{C}}-O-CH \\ \qquad\qquad\quad CH_2-O-\overset{O}{\overset{\|}{C}}-R'' \end{array}$$

混三酰甘油（mixed triacylglycerol）

（二）油脂的命名

命名时一般将脂肪酸名称放在前面，甘油的名称放在后面，叫做“某脂酰甘油”；也可将甘油的名称放在前面，脂肪酸名称放在后面，叫做“甘油某脂酸酯”。如果是混三酰甘油，则需用α，

β 和 α'分别标明脂肪酸的位次，例如

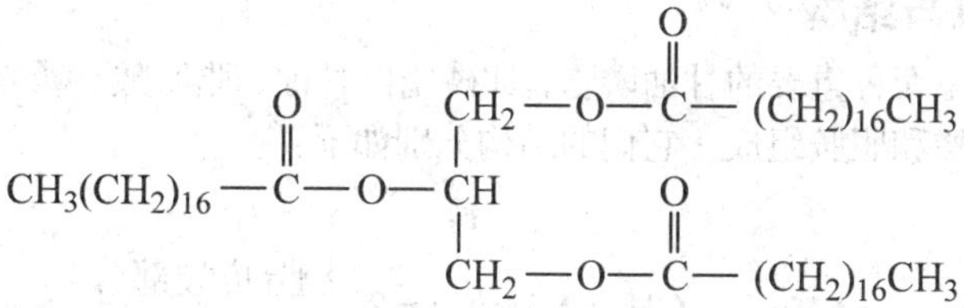

$$\begin{array}{l} \qquad\qquad\qquad\quad CH_2-O-\overset{O}{\overset{\|}{C}}-(CH_2)_{16}CH_3 \\ CH_3(CH_2)_{16}-\overset{O}{\overset{\|}{C}}-O-CH \\ \qquad\qquad\qquad\quad CH_2-O-\overset{O}{\overset{\|}{C}}-(CH_2)_{16}CH_3 \end{array}$$

三硬脂酰甘油（甘油三硬脂酸酯）

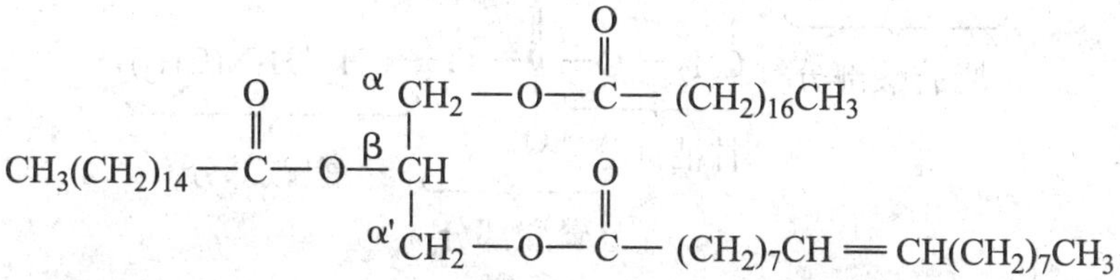

$$\begin{array}{l} \qquad\qquad\qquad\quad {}^{\alpha}CH_2-O-\overset{O}{\overset{\|}{C}}-(CH_2)_{16}CH_3 \\ CH_3(CH_2)_{14}-\overset{O}{\overset{\|}{C}}-O\overset{\beta}{-}CH \\ \qquad\qquad\qquad\quad {}^{\alpha'}CH_2-O-\overset{O}{\overset{\|}{C}}-(CH_2)_7CH=CH(CH_2)_7CH_3 \end{array}$$

α–硬脂酰–β–软脂酰–α'–油酰甘油（甘油–α–硬脂酸–β–软脂酸–α'–油酸酯）

（三）油脂中的脂肪酸的特性

（1）绝大多数为含偶数碳原子的直链羧酸，以含 16 和 18 个碳原子的脂肪酸最多。

（2）和脂肪酸的双键多数为顺式构型、非共轭多烯结构。

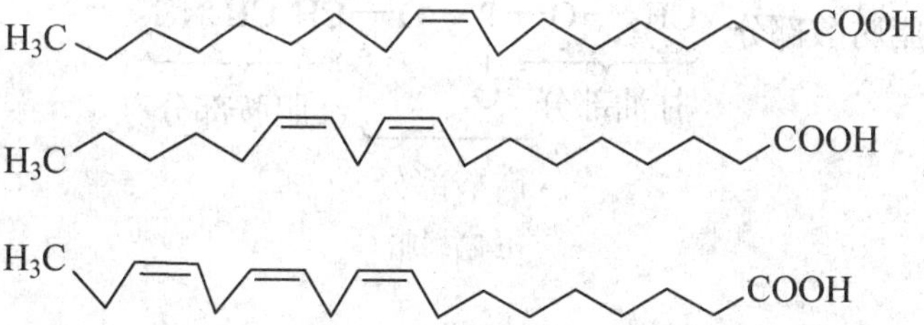

H_3C ～ COOH　油酸

H_3C ～ COOH　亚油酸

H_3C ～ COOH　α-亚麻酸

营养必需脂肪酸：亚油酸与 α–亚麻酸是人体不可缺少而自身又不能合成的脂肪酸，花生四烯酸体内虽能合成，但数量不能完全满足人体生命活动的需求，这些人体不能合成或合成量不足，必须从食物中摄取的不饱和脂肪酸，称为必需脂肪酸。

（四）皂化值、碘值与酸值的概念

皂化值：油脂在碱性条件下的水解反应称为油脂的皂化，1g 油脂完全皂化所需氢氧化钾的质量（单位 mg）称为皂化值，皂化值可用于测定油脂的分子量。

皂化反应：

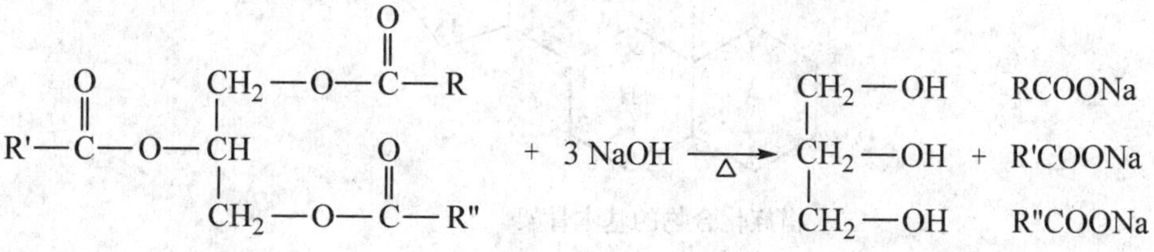

$$\begin{array}{l} \qquad\qquad\quad CH_2-O-\overset{O}{\overset{\|}{C}}-R \\ R'-\overset{O}{\overset{\|}{C}}-O-CH \\ \qquad\qquad\quad CH_2-O-\overset{O}{\overset{\|}{C}}-R'' \end{array} + 3\,NaOH \xrightarrow{\triangle} \begin{array}{l} CH_2-OH \\ CH_2-OH \\ CH_2-OH \end{array} + \begin{array}{l} RCOONa \\ R'COONa \\ R''COONa \end{array}$$

甘油　高级脂肪酸钠（肥皂）

碘值：100 g 油脂所能吸收碘的质量（单位 g）称为碘值，碘值可用来测定油脂的不饱和程度。

酸值：油脂在空气中长时间放置就会变质，这种现象称为酸败，油脂的酸败程度可用酸值来表示，中和 1g 油脂中的游离脂肪酸所需氢氧化钾的质量（单位 mg）称为油脂的酸值。

（五）磷脂的组成与结构

卵磷脂和脑磷脂是两种重要的甘油磷脂，卵磷脂由甘油、脂肪酸、磷酸和胆碱组成；脑磷脂由甘油、脂肪酸、磷酸和胆胺组成。它们的结构分别如下：

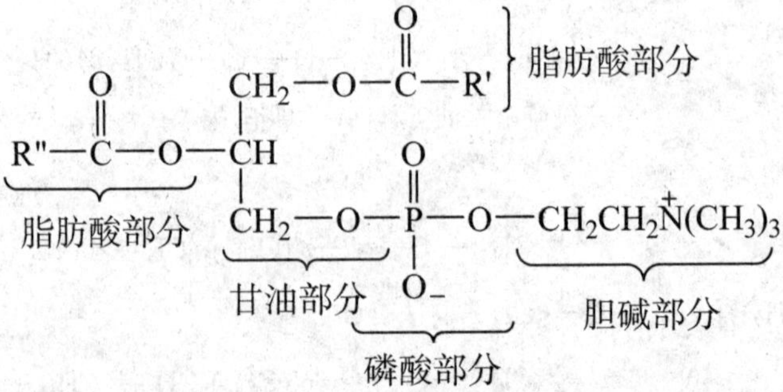

α-卵磷脂

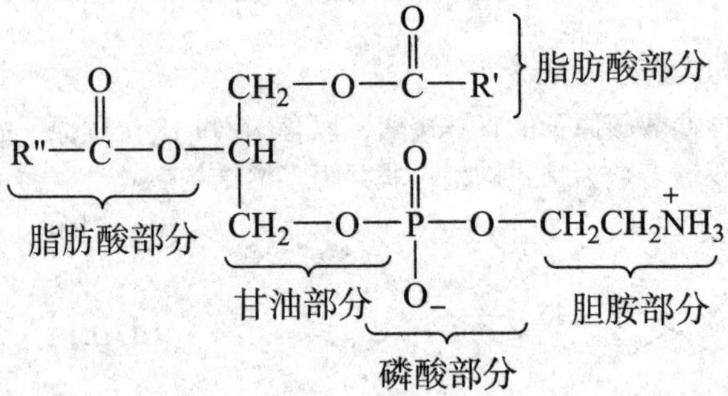

α-脑磷脂

（六）甾族化合物

1. 甾族化合物的基本结构 甾族化合物都含有一个环戊烷并全氢菲的基本骨架，这个骨架是甾族化合物的母核，四个环分别用字母 A、B、C 和 D 表示，环上碳原子有固定的编号顺序。大多数甾族化合物有三个侧链，其中 C_{10}、C_{13} 上常连的是甲基，称为角甲基，C_{17} 上常连有不同的烃基、含氧基团或其他基团。甾族化合物的基本结构如下：

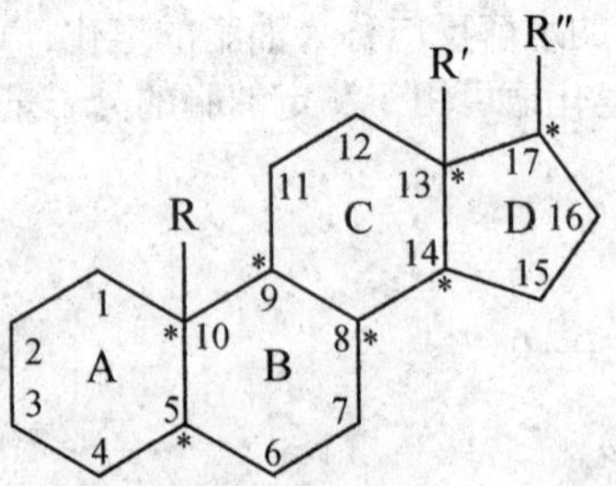

甾族化合物的基本骨架

2. 甾族化合物的立体结构 天然甾族化合物中，B 与 C、C 与 D 之间均以反式稠合，相当于反式十氢化萘的构型，A 与 B 的稠合有两种方式：一种是 A、B 顺式稠合，相当于顺式十氢化萘的构型；另一种是 A、B 反式稠合，相当于反式十氢化萘的构型。前者称 β 构型，后者称 α 构型。

在 β 构型中，C_5上的氢原子与 C_{10}上的角甲基在环平面的同侧，用实线表示，又称 5β-系甾族化合物；在 α 构型中，C_5上的氢原子与 C_{10}上的角甲基在环平面的异侧，用虚线表示，又称 5α-系甾族化合物。环上所连的其他原子或基团，凡与角甲基在环平面同侧的取代基称为 β 构型，用实线表示；与角甲基在环平面异侧的取代基则称为 α 构型，用虚线表示。

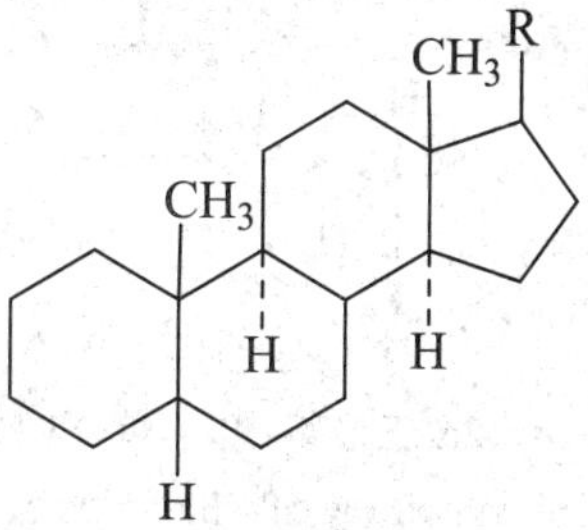

5β-系甾族化合物
（A / B 顺、B / C 反、C / D 反）

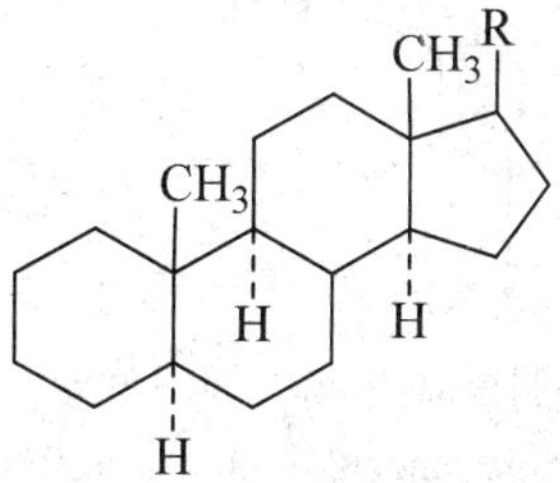

5α-系甾族化合物
（A / B 反、B / C 反、C / D 反）

3. 甾族化合物的分类和命名

（1）分类：甾族化合物根据其天然来源及所具有的生理作用可分为甾醇类、胆甾酸、甾体激素类等。

（2）命名：甾族化合物的命名主要是根据其来源采用俗名。系统命名时，首先确定甾体的母核，甾体母核的名称如下：

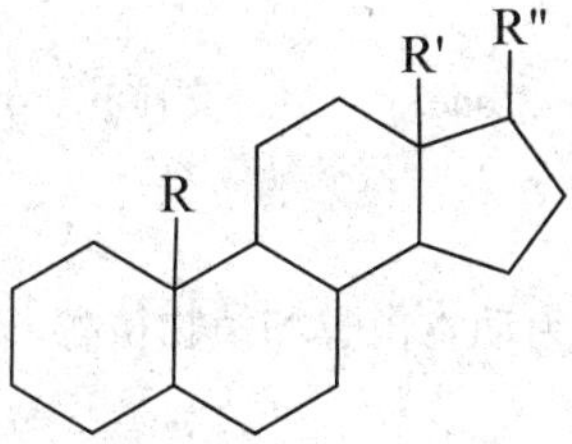

R	R'	R"	甾体母核的名称
—H	—H	—H	甾烷(gonane)
—H	—CH_3	—H	雌甾烷(estrane)
—CH_3	—CH_3	—H	雄甾烷(androstane)
—CH_3	—CH_3	—CH_2CH_3	孕甾烷(pregnane)
—CH_3	—CH_3	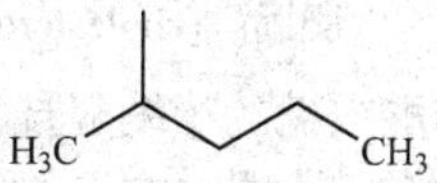 H_3C　CH_3	胆烷(cholane)
—CH_3	—CH_3	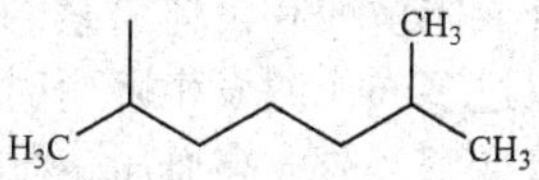 CH_3　H_3C　CH_3	胆甾烷(cholestane)

甾族化合物均可看作是有关甾体母核的衍生物。母核中含有碳碳双键时，将“烷”改成相应的“烯”“二烯”等，并标示出双键的位置。官能团或取代基的位置、名称及构型写在母体名称之前，若用它们作母体（如羰基、羧基），将其写在母核名称之后。例如

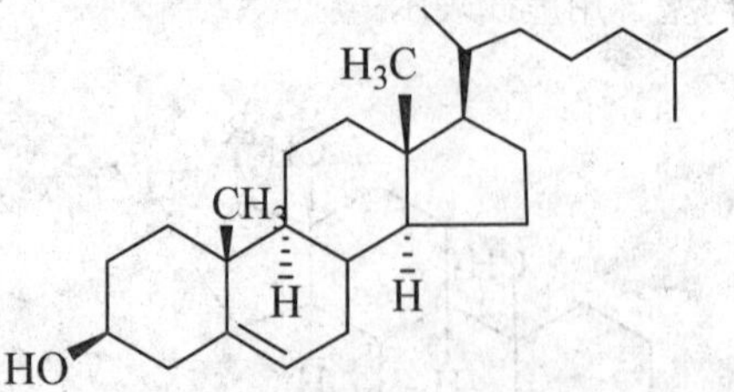

5-胆甾烯-3β-醇（胆固醇）

[5-cholestene-3β-ol(cholesterol)]

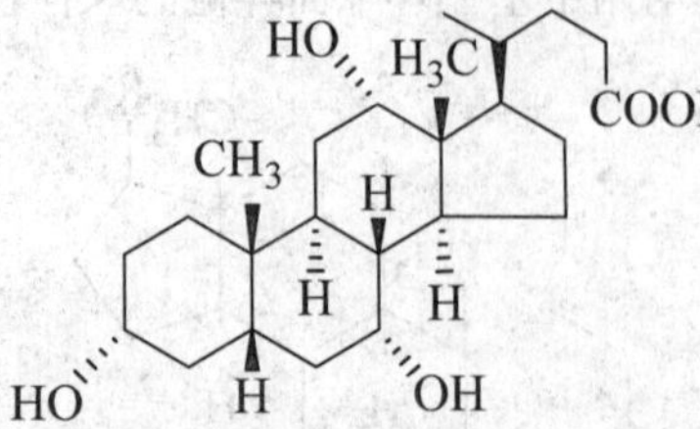

3α, 7α, 12α-三羟基-5β-胆烷-24-酸（胆酸）

[3α, 7α, 12α -trihydroxy-5β-cholan-24-acid(cholic acid）]

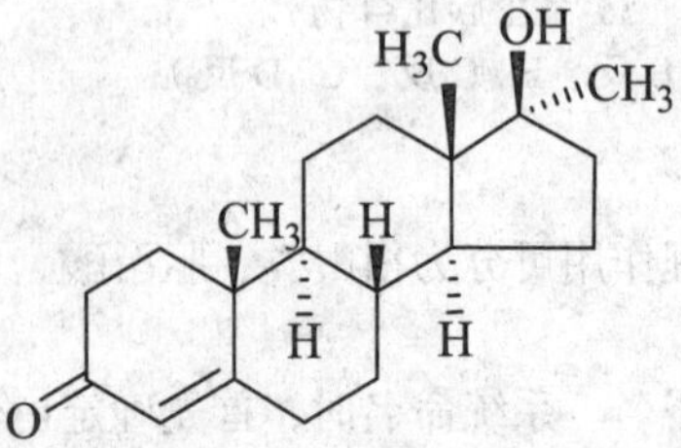

17α-甲基-17β-羟基-4-雄甾烯-3-酮

（甲基睾丸酮）

[17β-hydroxy-17α-methyl-4-androsten-3-one

（methyltestosterone）]

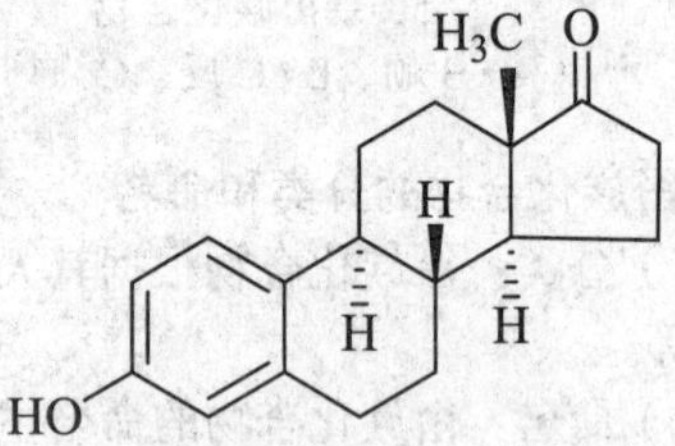

3-羟基-1, 3, 5(10)-雌甾三烯-17-酮

（雌酮）

[3-hydroxy-1, 3, 5(10)-estratriene-17-one

（estrone）]

4. 重要的甾族化合物

（1）甾醇类：甾醇依照来源分为动物甾醇和植物甾醇。天然的甾醇是甾环 C_3 上连有醇羟基的固态物质，又称为固醇。

胆固醇是从胆石中发现的一种固体醇，可以与氢、溴或溴化氢发生加成反应。利用 Lieberman-Burchard 反应可对胆固醇定性及定量分析。

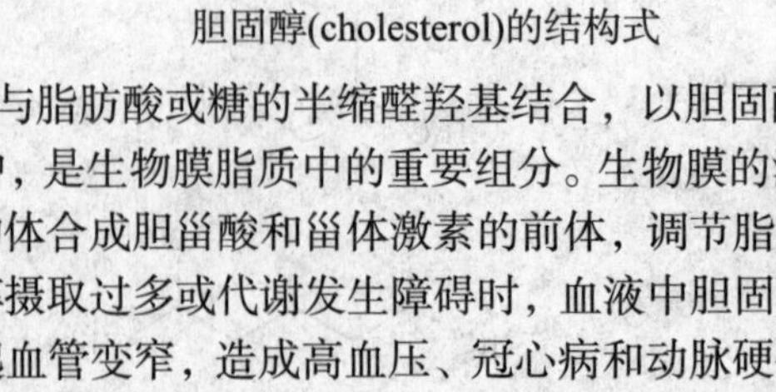

胆固醇(cholesterol)的结构式

胆固醇 C_3 上的羟基常与脂肪酸或糖的半缩醛羟基结合，以胆固醇酯或糖苷的形式存在。胆固醇广泛分布于动物细胞中，是生物膜脂质中的重要组分。生物膜的流动性和通透性与它有着密切的关系，同时它还是生物体合成胆甾酸和甾体激素的前体，调节脂蛋白代谢等，在体内起着重要的作用。当人体内胆固醇摄取过多或代谢发生障碍时，血液中胆固醇的含量增多，并从血清中析出沉积在血管壁上，引起血管变窄，造成高血压、冠心病和动脉硬化；体内长期胆固醇偏低会诱发癌症。

7-脱氢胆固醇也是一种动物甾醇，存在于人体皮肤中。麦角固醇存在于酵母及某些植物中，

属于植物甾醇。当受到紫外线照射时，它们的 B 环打开分别转变成维生素 D_3 和维生素 D_2。

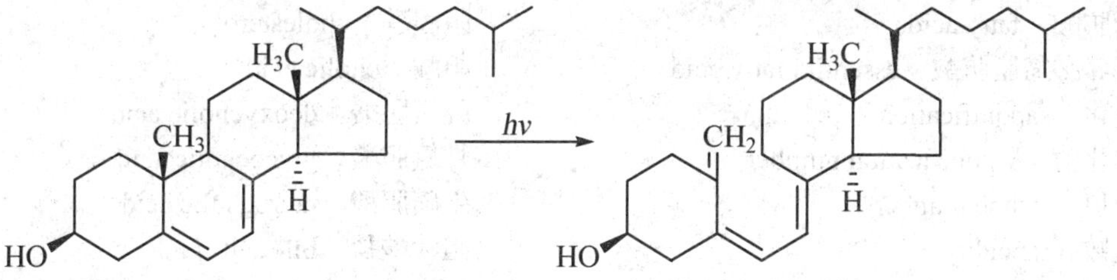

7-脱氢胆固醇（7-dehydrocholesterol）　　$h\nu$ →　　维生素D_3

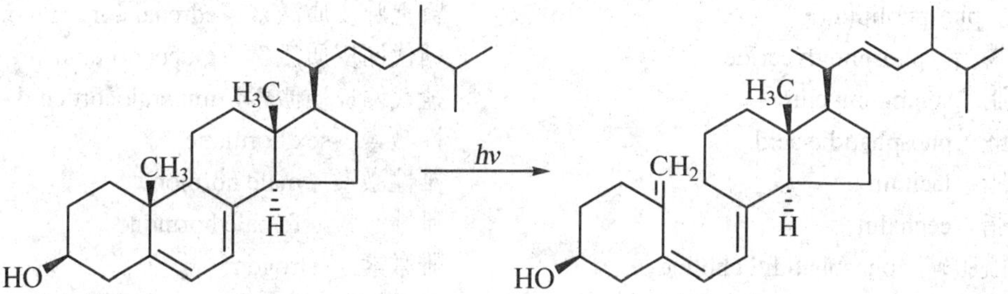

麦角甾醇（ergosterol）　　$h\nu$ →　　维生素D_2

（2）胆甾酸：胆甾酸在人体内可以以胆固醇为原料直接生物合成。胆甾酸在胆汁中分别与甘氨酸和牛磺酸以酰胺键相结合形成胆汁酸。在碱性胆汁中，胆汁酸以胆汁酸盐（钠盐或钾盐）的形式存在。胆汁酸盐是一种表面活性物质，能促使机体对脂肪的消化吸收，另外还可抑制胆汁中胆固醇的析出。

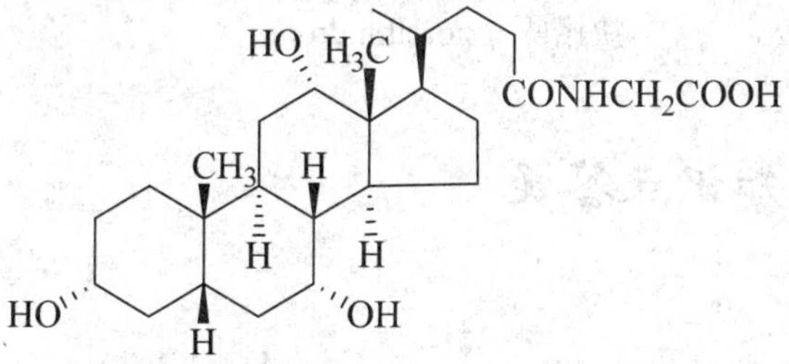

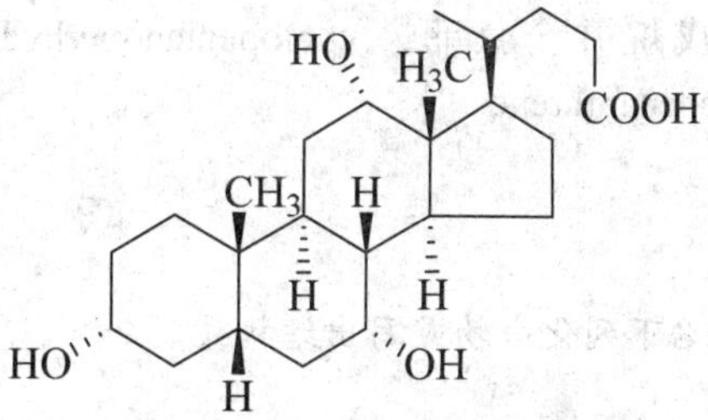

甘氨胆酸（glycocholic acid）　　胆酸（cholic acid）

（3）甾体激素：肾上腺皮质激素是由肾上腺皮质分泌出来的一类甾体激素。依照其在生理功能上的差别可分为糖皮质激素和盐皮质激素。糖皮质激素能促进糖、脂肪、蛋白质的代谢，提高血糖浓度和糖异生作用，同时利尿。盐皮质激素的主要生理作用是调节水及无机盐代谢，保证血浆渗透平衡。

性激素可分为雄性激素和雌性激素两类。它们是性腺（睾丸、卵巢、黄体）分泌的甾体激素，对动物生长、发育及维持性特征都有决定性作用。雄性激素又称男性激素，具有控制雄性器官及第二性特征的生长、发育功能，对全身代谢也有显著影响。雄性激素还能促进人体蛋白质的合成、抑制蛋白质异构化，促进骨基质合成、机体组织与肌肉的增长。雌性激素又称女性激素，主要是由卵巢分泌的一类性激素，分为雌激素和孕激素两种。雌激素是由成熟的卵泡分泌，是引起哺乳动物动情的物质，并能促进生殖器官的发育和维持雌性第二性征。孕激素主要从排卵后的卵泡组织形成的黄体中分泌，它们的主要生理作用是保证受精着床，维持妊娠。

三、名词双语对照

脂类　lipid	脂肪　fat
油　oil	三酰甘油　triacylglycerol

甘油三酯 triglyceride
脂肪酸 fatty acid
营养必需脂肪酸 essential fatty acid
皂化 saponification
皂化值 saponification number
碘值 iodine number
酸败 rancidity
酸值 acid number
磷脂 phospholipid
甘油磷脂 phosphoglyceride
鞘磷脂 sphingomyelin
磷脂酸 phosphatidic acid
卵磷脂 lecithin
脑磷脂 cephalin
磷脂酰胆碱 phosphatidyl choline
磷脂酰乙醇胺 phosphatidyl ethanolamine
鞘氨醇 sphingol
神经酰胺 ceramide
生物膜 biomembrane
甾族化合物 steroid
环戊烷并全氢菲 cyclopentanoperhydrophenanthrene
甾醇 sterol
胆固醇 cholesterol
胆酸 cholic acid
脱氧胆酸 deoxycholic acid
甘氨胆酸 glycocholic acid
牛磺胆酸 taurocholic acid
胆汁酸盐 bile salt
激素 hormone
肾上腺皮质激素 adrenal cortical hormone
糖代谢皮质激素 glucocorticoid
盐代谢皮质激素 mineralocorticoid
性激素 sex hormone
雄性激素 male hormone
雌性激素 female hormone
雌激素 estrogen
孕激素 progestogen
雌二醇 estradiol
雌酮 estrone
雌三醇 estriol
黄体酮 progesterone
炔诺酮 norethindrone

四、知识点答疑

1. 命名下列化合物或写出结构式。

（1） 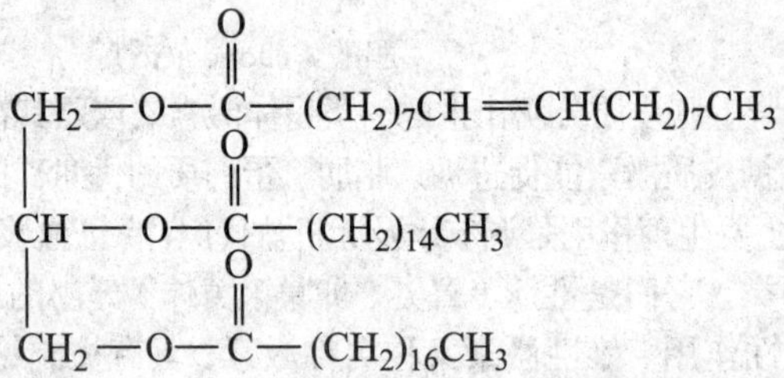
$$\begin{array}{l} CH_2-O-\overset{O}{\overset{\|}{C}}-(CH_2)_7CH=CH(CH_2)_7CH_3 \\ |\\ CH-O-\overset{O}{\overset{\|}{C}}-(CH_2)_{14}CH_3 \\ | \\ CH_2-O-\overset{O}{\overset{\|}{C}}-(CH_2)_{16}CH_3 \end{array}$$

（2）
$$\begin{array}{l} CH_2-O-\overset{O}{\overset{\|}{C}}-(CH_2)_{14}CH_3 \\ |\\ CH-O-\overset{O}{\overset{\|}{C}}-(CH_2)_{14}CH_3 \\ | \\ CH_2-O-\overset{O}{\overset{\|}{C}}-(CH_2)_{14}CH_3 \end{array}$$

（3）

H_3C CH_3 H H HO

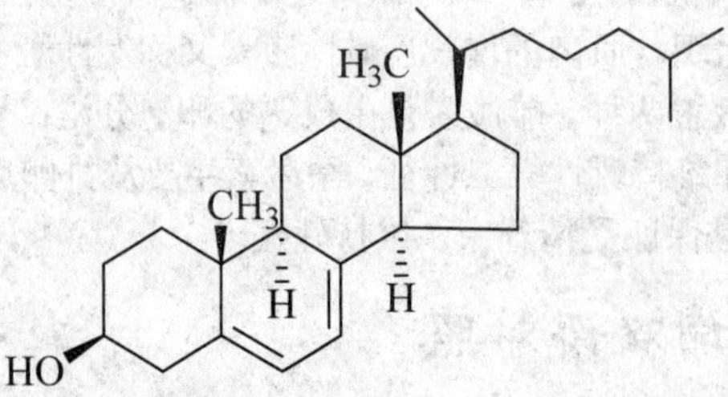

（4）

CH_3 $C{=}O$ H_3C CH_3 H H H O

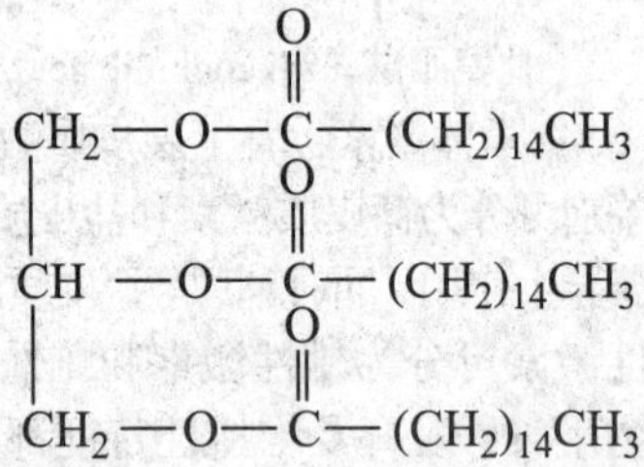

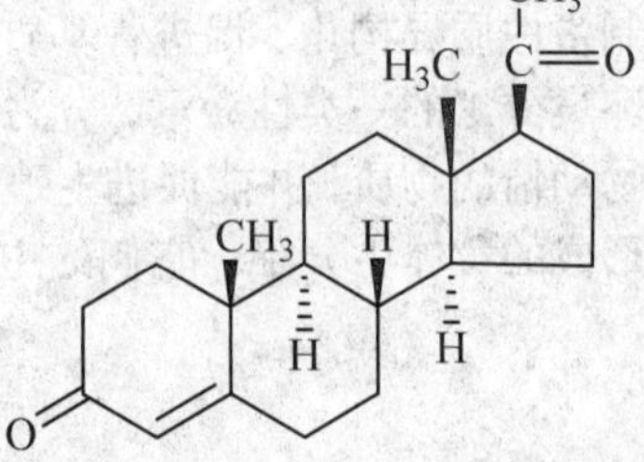

（5）

$$R-\overset{O}{\overset{\|}{C}}-NH-\underset{CH_2OH}{\underset{|}{CH}}-\overset{|}{CH}(OH)-CH{=}CH(CH_2)_{12}CH_3$$

（6）

$$H_2N-\underset{CH_2OH}{\underset{|}{CH}}-\overset{|}{CH}(OH)-CH{=}CH(CH_2)_{12}CH_3$$

（7）硬脂酸　　（8）胆固醇　　（9）脑磷脂　　（10）卵磷脂

（11）甾族化合物的基本结构　　（12）油脂的结构通式

【解答】

（1）α-油酰-β 软脂酰-α'-硬脂酰甘油（甘油-α-油酸-β-软脂酸-α'-硬脂酸酯）

（2）三软脂酰甘油（甘油三软脂酸酯）

（3）7-脱氢胆固醇　　（4）黄体酮

（5）神经酰胺　　（6）鞘氨醇

（7）$CH_3(CH_2)_{16}COOH$

（8）

H_3C, CH_3, H, H, HO

（9）

$$CH_2-O-\overset{O}{\overset{\|}{C}}-R$$
$$R'-\overset{O}{\overset{\|}{C}}-O-CH$$
$$CH_2-O-\overset{O}{\overset{\|}{P}}(O^-)-O-CH_2CH_2\overset{+}{N}H_3$$

（10）

$$CH_2-O-\overset{O}{\overset{\|}{C}}-R$$
$$R'-\overset{O}{\overset{\|}{C}}-O-CH$$
$$CH_2-O-\overset{O}{\overset{\|}{P}}(O^-)-O-CH_2CH_2\overset{+}{N}(CH_3)_3$$

（11）

R, R', R"

（12）

$$CH_2-O-\overset{O}{\overset{\|}{C}}-R$$
$$R'-\overset{O}{\overset{\|}{C}}-O-CH$$
$$CH_2-O-\overset{O}{\overset{\|}{C}}-R''$$

2. 试用化学方法鉴别下列两组化合物。

（1）三软脂酰甘油和三油酰甘油。

（2）胆固醇、胆酸、雌二醇和睾酮。

【解答】

（1）

$$\left.\begin{array}{l}\text{三软脂酰甘油}\\ \text{三油酰甘油}\end{array}\right\}\xrightarrow{\text{溴水}}\begin{array}{l}\text{无}\\ \text{褪色}\end{array}$$

（2）

$$\left.\begin{array}{l}\text{胆固醇}\\ \text{胆酸}\\ \text{雌二醇}\\ \text{睾丸酮}\end{array}\right\}\xrightarrow{\text{2,4-二硝基苯肼}}\begin{array}{l}\left.\begin{array}{l}\text{无}\\ \text{无}\\ \text{无}\end{array}\right\}\xrightarrow{FeCl_3}\begin{array}{l}\left.\begin{array}{l}\text{无}\\ \text{无}\end{array}\right\}\xrightarrow{NaHCO_3}\begin{array}{l}\text{无}\\ CO_2\uparrow\end{array}\end{array}\\ \text{黄色}\downarrow\end{array}$$

3. 名词解释。

（1）营养必需脂肪酸　　（2）皂化和皂化值

（3）油脂的硬化和碘值　　（4）油脂的酸败和酸值

【解答】

（1）一些人体不可缺少而自身又不能合成或合成量不足以维持人体正常需求的不饱和脂肪酸称为营养必需脂肪酸。

（2）油脂在碱（NaOH 或 KOH）的催化下水解，生成甘油和高级脂肪酸钠盐或钾盐的反应称皂化；1g 油脂完全皂化时所需氢氧化钾的质量（单位为 mg）称为油脂的皂化值。

（3）油脂中的不饱和脂肪酸，在催化剂的催化作用下加氢，转变为饱和脂肪酸的反应称为油脂的硬化；100g 油脂所吸收碘的质量（单位为 g）称为碘值。

（4）油脂在空气中放置过久，就会变质产生难闻的气味，这种变化称为酸败；中和 1g 油脂中的游离脂肪酸所需氢氧化钾的质量（单位是 mg）称为油脂的酸值。

4. 简答题。

（1）天然油脂结构组成中的脂肪酸有何结构特点？

（2）油脂与磷脂在组成上的主要差别是什么？

（3）甘油磷脂与鞘磷脂的水解产物主要差别是什么？

（4）卵磷脂与脑磷脂在组成上的主要差别是什么？

（5）磷脂比油脂易溶于水还是难溶于水？

【解答】

（1）天然油脂结构组成中的脂肪酸大多数是含偶数个碳原子的直链羧酸，只在少数油脂中发现带支链等的脂肪酸，含碳原子数目一般为 12～20，尤以含 16 和 18 个碳原子的脂肪酸最多；不饱和酸中多数双键为顺式构型，双键之间不共轭，但桐油酸的 3 个碳碳双键一般为反式构型，双键之间共轭。

（2）油脂是由一分子甘油和三分子高级脂肪酸组成；磷脂是分子中含有磷酸基团的高级脂肪酸酯，它分为甘油磷脂和鞘磷脂两大类，甘油磷脂由甘油、高级脂肪酸、磷酸和含氮有机碱组成，鞘磷脂由神经鞘氨醇、高级脂肪酸、磷酸和胆碱组成。

（3）甘油磷脂水解产物为甘油、脂肪酸、磷酸和含氮有机碱；而鞘磷脂的水解产物为鞘氨醇（神经氨基醇）、脂肪酸、磷酸和含氮有机碱；不同的就是鞘磷脂中醇的部分是鞘氨醇而不是甘油。

（4）卵磷脂与脑磷脂在组成上的主要差别：卵磷脂组成中的含氮有机碱为胆碱，脑磷脂组成中的含氮有机碱为胆胺。

（5）磷脂与油脂都难溶于水，都是脂溶性而不是水溶性物质。磷脂是两性物质（含亲水基和憎水基），故比油脂易溶于水。

5. 写出7-脱氢胆固醇及麦角固醇在紫外线照射下发生的化学反应方程式。

【解答】

7-脱氢胆固醇在紫外线照射下发生的化学反应方程式：

麦角固醇在紫外线照射下发生的化学反应方程式

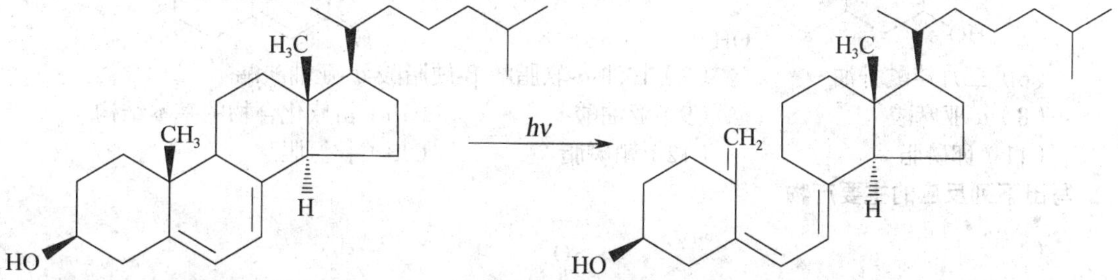

H_3C　CH_3　HO　H　$\xrightarrow{h\nu}$　H_3C　CH_2　HO　H

麦角固醇在紫外线照射下发生的化学反应方程式

H_3C　CH_3　HO　H　$\xrightarrow{h\nu}$　H_3C　CH_2　HO　H

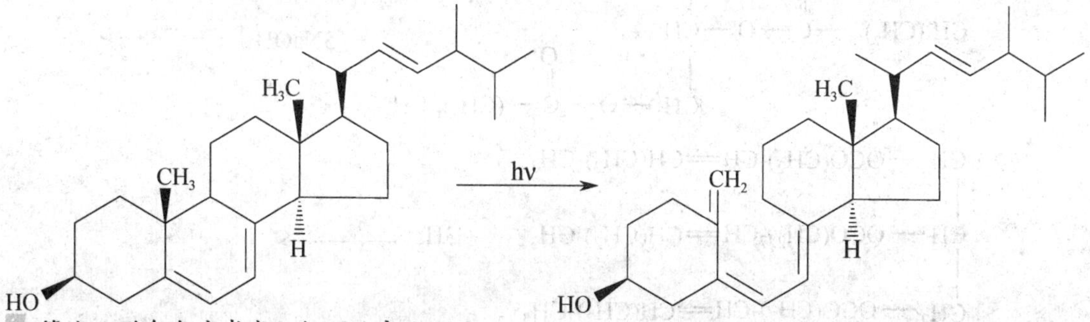

6. 简述从膳食角度考虑如何预防高脂血症。

答：（略）

五、强 化 学 习

1. 命名下列化合物或写出结构式

（1）

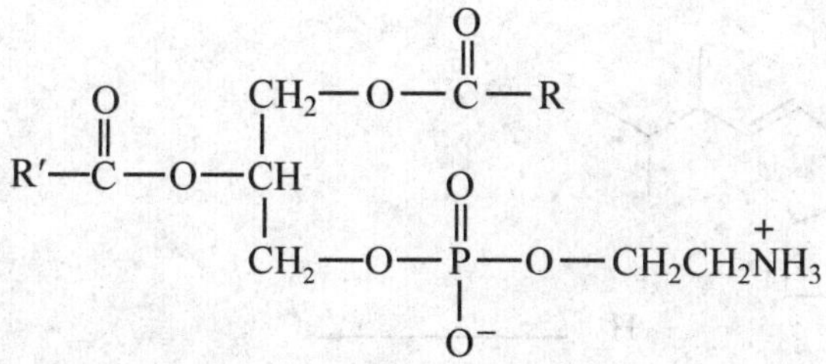

$$\begin{array}{l} \quad\quad\quad\quad\quad CH_2-O-\overset{\overset{O}{\|}}{C}-R \\ R'-\overset{\overset{O}{\|}}{C}-O-CH \\ \quad\quad\quad\quad\quad CH_2-O-\overset{\overset{O}{\|}}{\underset{\underset{O^-}{|}}{P}}-O-CH_2CH_2\overset{+}{N}H_3 \end{array}$$

（2）

$$\begin{array}{l} \quad\quad\; CH_2-OH \\ HO-CH \\ \quad\quad\; CH_2-O-\overset{\overset{O}{\|}}{\underset{\underset{OH}{|}}{P}}-OH \end{array}$$

（3）

$$\begin{array}{l} CH_2-O-\overset{\overset{O}{\|}}{C}-(CH_2)_{14}CH_3 \\ CH-O-\overset{\overset{O}{\|}}{C}-(CH_2)_{10}CH_3 \\ CH_2-O-\overset{\overset{O}{\|}}{C}-(CH_2)_{14}CH_3 \end{array}$$

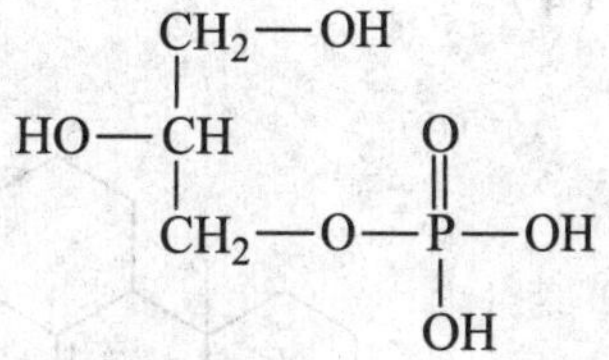

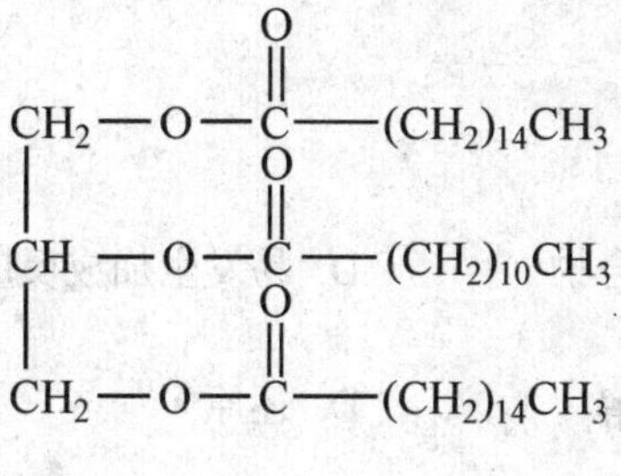

（4）

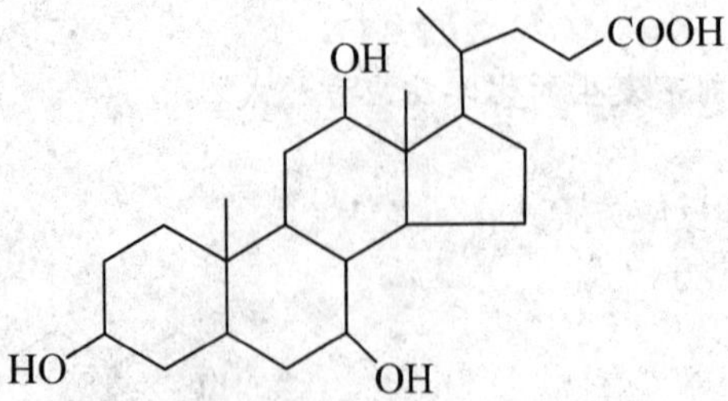

（5）

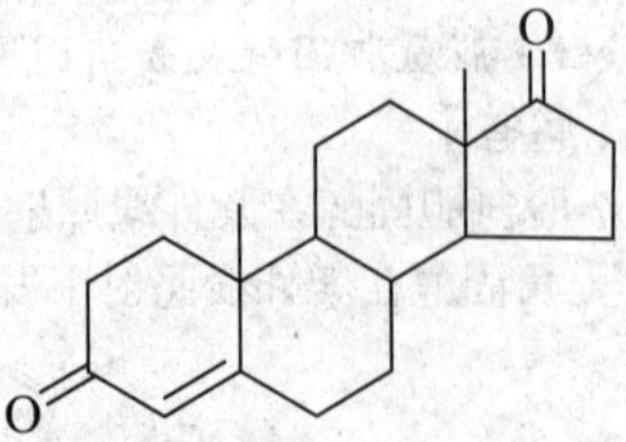

（6）三月桂酰甘油　（7）甘油-α-软脂酸-β-硬脂酸-α'-亚油酸酯

（8）α-亚麻酸　（9）亚油酸　（10）甾族化合物的基本结构

（11）卵磷脂　（12）鞘磷脂　（13）甘氨胆酸

2. 写出下列反应的主要产物

（1）

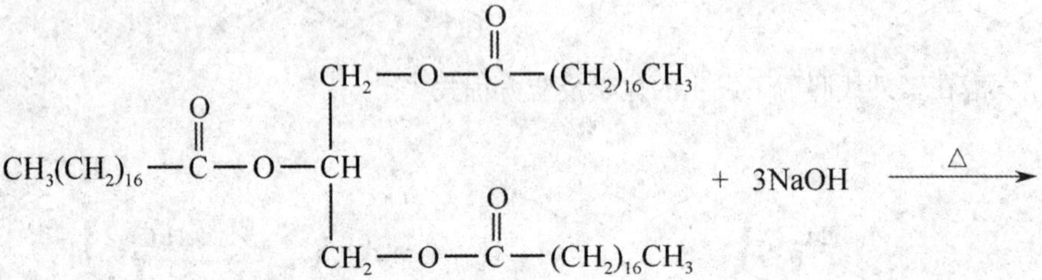

$$\begin{array}{l} CH_2-O-\overset{O}{\overset{\|}{C}}-(CH_2)_{16}CH_3 \\ CH_3(CH_2)_{16}-\overset{O}{\overset{\|}{C}}-O-CH \\ CH_2-O-\overset{O}{\overset{\|}{C}}-(CH_2)_{16}CH_3 \end{array} + 3NaOH \xrightarrow{\triangle}$$

（2）

$$\begin{array}{l} CH_2-OCO(CH_2)_7CH{=}CH(CH_2)_7CH_3 \\ CH-OCO(CH_2)_7CH{=}CH(CH_2)_7CH_3 \\ CH_2-OCO(CH_2)_7CH{=}CH(CH_2)_7CH_3 \end{array} + 3H_2 \longrightarrow$$

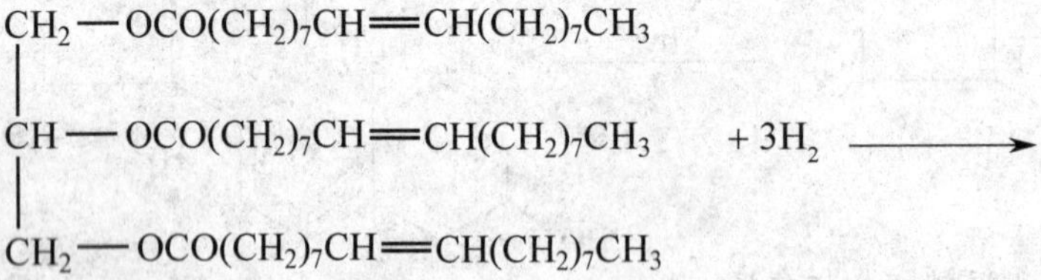

（3）

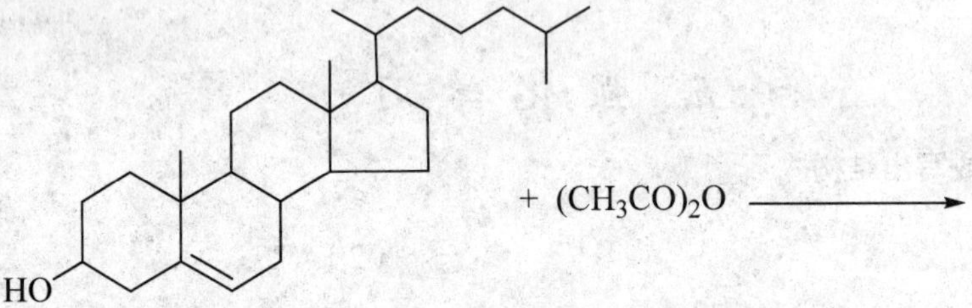

$+ (CH_3CO)_2O \longrightarrow$

（4）

$+ H_2 \longrightarrow$

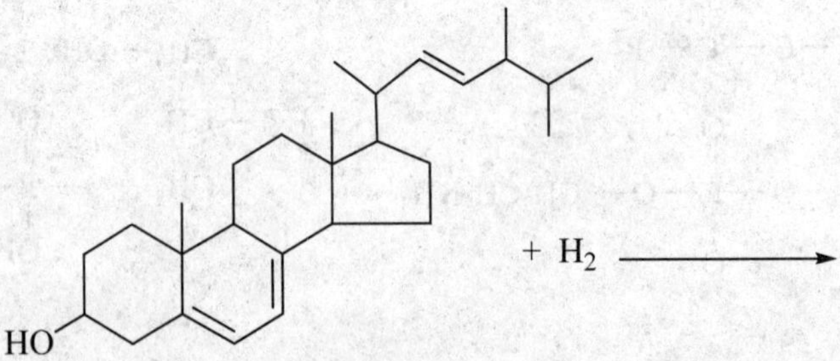

3. 选择题

（1）天然油脂没有恒定的熔点和沸点的原因是（　　）

A. 易皂化　B. 易酸败　C. 混合物　D. 易发生加成反应

（2）通常把脂肪在碱性条件下的水解反应称为（　　）

A. 酯化　B. 皂化　C. 水解　D. 还原

（3）油和脂肪都是高级脂肪酸的甘油酯，但油比脂肪的熔点低，其原因是（　　）

A. 脂肪中含有较多的不饱和脂肪酸　B. 油中含有较多的不饱和脂肪酸

C. 脂肪中含有支链较多　D. 油中含有支链较多

（4）下列脂肪酸中，属于营养必需脂肪酸的是（　　）

A. α-亚麻酸　B. 油酸　C. 软脂酸　D. 硬脂酸

（5）天然不饱和脂肪酸中碳碳双键的构型特点多数是（　　）

A. 共轭双键　B. 反式构型　C. 顺式构型　D. 位于碳链两端

（6）从油脂皂化值的大小可以推知（　　）

A. 油脂的平均分子量　B. 脂肪酸的分子量

C. 不可皂化的分子量　D. 不饱和双键数量

（7）油脂碘值的大小可以标志其（　　）

A. 活泼性　B. 稳定性　C. 平均分子量　D. 不饱和度

（8）油脂酸值的大小表明（　　）

A. 硬化程度　B. 不饱和程度　C. 皂化程度　D. 酸败程度

（9）脑磷脂与卵磷脂水解产物中都含有（　　）

A. 甘油和磷酸　B. 磷酸和胆碱　C. 磷酸和胆胺　D. 鞘氨醇和磷酸

（10）卵磷脂水解产物中的碱性化合物的名称是（　　）

A. 磷酸胆碱　B. 磷酸胆胺　C. 胆碱　D. 胆胺

4. 判断题

（1）油脂的主要成分是三分子高级脂肪酸与甘油形成的酯。（　　）

（2）天然油脂是由多种不同的脂肪酸形成的混甘油酯的混合物。（　　）

（3）油脂的皂化值越大，脂肪酸的平均分子量越大。（　　）

（4）油脂的碘值大，表示油脂中不饱和脂肪酸的含量低。（　　）

（5）油脂的酸败是由空气中的氧气、水分或霉菌的作用引起的。（　　）

（6）日常生活中使用的肥皂的主要成分是高级脂肪酸钠。（　　）

（7）天然油脂具有固定的熔点和沸点。（　　）

（8）油脂在碱性条件下的水解反应称为皂化反应。（　　）

（9）卵磷脂比脑磷脂稳定，可以在空气中放置而不易被氧化变质。（　　）

（10）胆碱是一种碱性较弱的化合物，其碱性相当于氨水的碱性。（　　）

5. 填空题

（1）油脂是三分子高级脂肪酸与一分子甘油生成的酯。习惯上把在室温下为液态的油脂称为_______；在室温下为固态或半固态的油脂称为_________。

（2）单甘油酯为_______________________________；混甘油酯为____________________________________。

（3）卵磷脂的水解产物有_________、_________、__________、__________。

（4）脑磷脂的水解产物有_________、_________、__________、__________。

（5）鞘磷脂是由_________、_________、__________、__________组成。

（6）鞘磷脂是白色晶体，在光或空气的作用下______氧化。

（7）新制备的卵磷脂为白色蜡状固体，放置在空气中______氧化。

（8）油脂中绝大多数脂肪酸碳链为______个碳原子的直链羧酸；且不饱和脂肪酸分子的双键多数为______构型；多不饱和脂肪酸的双键为______结构。

（9）肾上腺皮质激素是由________________一类激素。

（10）根据生理功能的不同，肾上腺皮质激素可分为 ________ 和 ________ 两大类。

6. 试用化学方法鉴别下列两组化合物

（1）三硬脂酰甘油和三亚麻酰甘油。

（2）雌二醇、睾酮和孕酮。

7. 简答题

（1）油和脂肪在结构组成中有何差异？

（2）什么是油脂的皂化值、碘值和酸值？其值的大小分别说明什么问题？

（3）请根据溶解度的差异，试提出初步分离卵磷脂和脑磷脂的方法。

（4）甾族化合物的基本骨架中各环的稠合方式如何？可分为几种构型？

（5）用星号*标出下列化合物中的手性碳，并计算出其在理论上有多少种对映异构体。

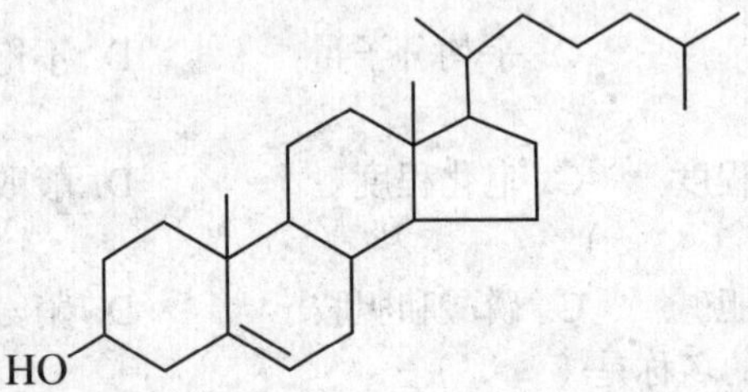

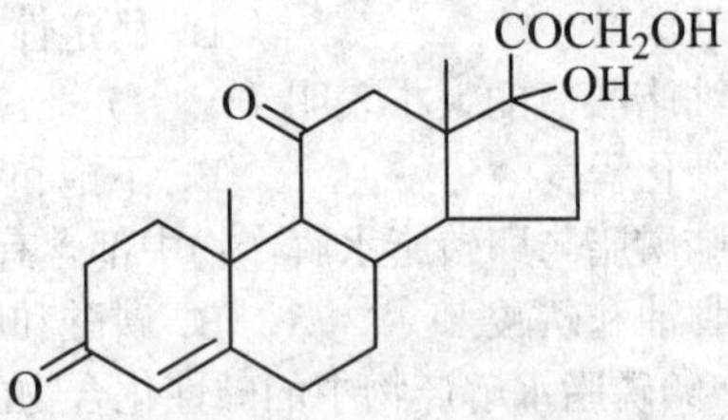

HO　　　　$COCH_2OH$　OH　O　O

8. 推导结构题

脂肪酸甘油酯 A 具有旋光性，将 A 完全皂化后再酸化得到软脂酸和油酸，两者的物质的量之比为 2∶1。试写出 A 的构造式。

六、导师指路

1. 命名下列化合物或写出结构式

【解答】

（1）脑磷脂　　（2）3-磷酸甘油酯

（3）α-软脂酰-β-月桂酰-α'-硬脂酰甘油（甘油-α-软脂酸-β-月桂酸-α'-硬脂酸酯）

（4）胆酸　　（5）雄烯二酮

（6）

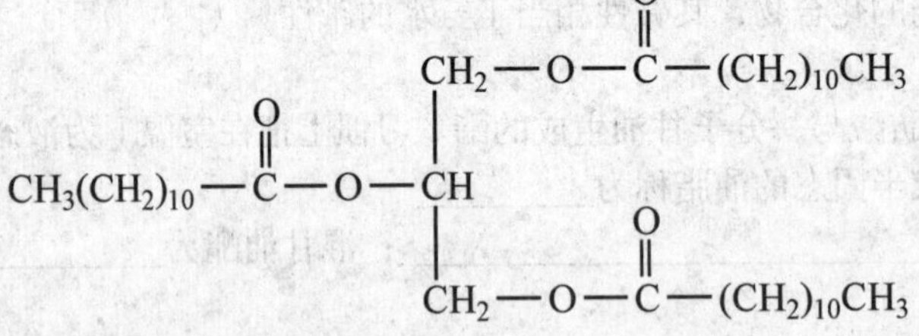

$$\begin{array}{l} \qquad\qquad\qquad\qquad\qquad\quad CH_2-O-\overset{O}{\overset{\|}{C}}-(CH_2)_{10}CH_3 \\ CH_3(CH_2)_{10}-\overset{O}{\overset{\|}{C}}-O-CH \\ \qquad\qquad\qquad\qquad\qquad\quad CH_2-O-\overset{O}{\overset{\|}{C}}-(CH_2)_{10}CH_3 \end{array}$$

（7）

$$\begin{array}{l} CH_2-O-\overset{O}{\overset{\|}{C}}-(CH_2)_{14}CH_3 \\ CH-O-\overset{O}{\overset{\|}{C}}-(CH_2)_{16}CH_3 \\ CH_2-O-\overset{O}{\overset{\|}{C}}-(CH_2)_7(CH{=}CHCH_2)_2(CH_2)_3CH_3 \end{array}$$

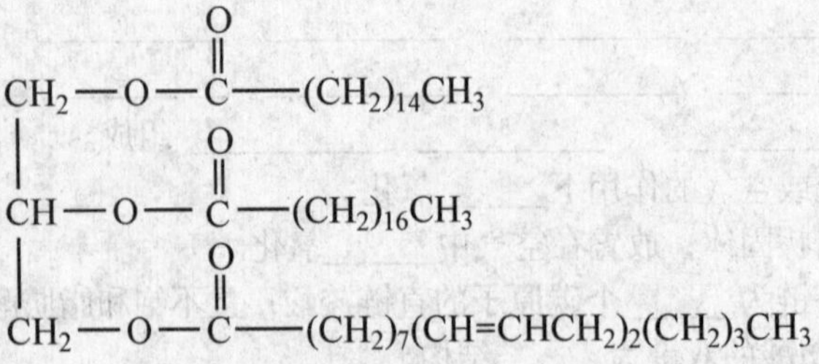

（8）$CH_3(CH_2CH{=}CH)_3(CH_2)_7COOH$（9）$CH_3(CH_2)_3(CH_2CH{=}CH)_2(CH_2)_7COOH$

（10）

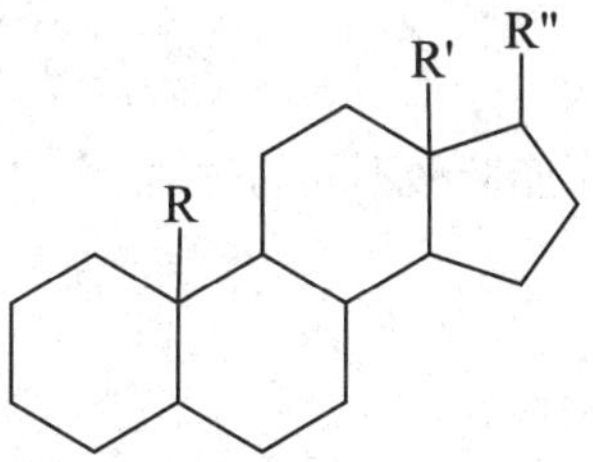

R R' R''

（11）

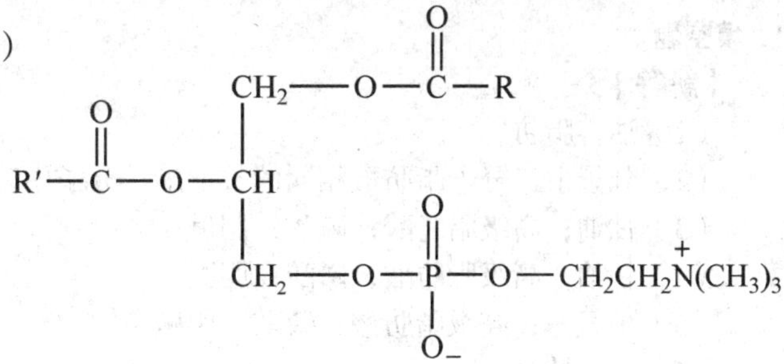

$CH_2-O-\overset{O}{\overset{\|}{C}}-R$

$R'-\overset{O}{\overset{\|}{C}}-O-CH$

$CH_2-O-\overset{O}{\overset{\|}{P}}(O^-)-O-CH_2CH_2\overset{+}{N}(CH_3)_3$

（12）

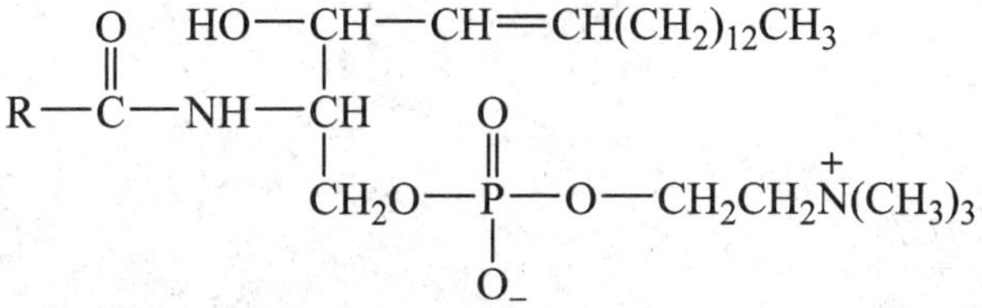

$HO-CH-CH=CH(CH_2)_{12}CH_3$

$R-\overset{O}{\overset{\|}{C}}-NH-CH$

$CH_2O-\overset{O}{\overset{\|}{P}}(O^-)-O-CH_2CH_2\overset{+}{N}(CH_3)_3$

（13）

OH　$CONHCH_2COOH$

HO　OH

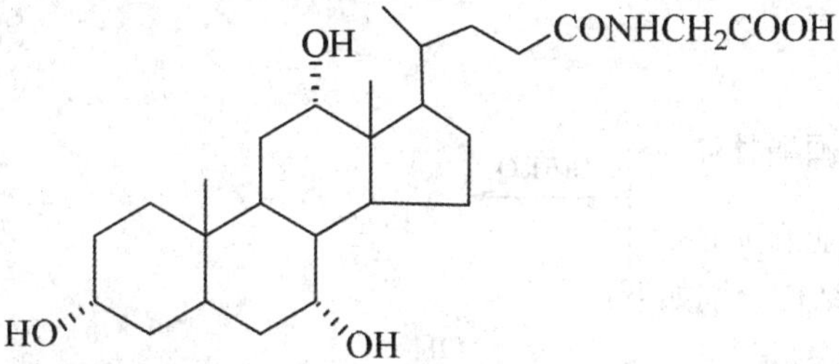

2. 写出下列反应的主要产物

【解答】

（1）CH_2-OH, $CH-OH$, CH_2-OH　　$CH_3(CH_2)_{16}-\overset{O}{\overset{\|}{C}}-ONa$

（2）$CH_2-OCO(CH_2)_{16}CH_3$, $CH-OCO(CH_2)_{16}CH_3$, $CH_2-OCO(CH_2)_{16}CH_3$

（3）

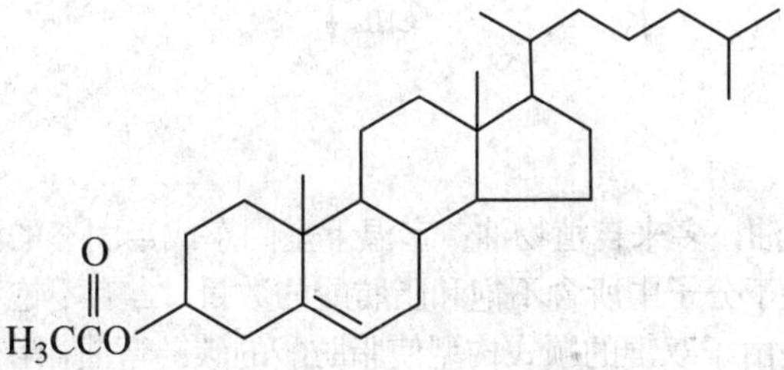

$H_3C\overset{O}{\overset{\|}{C}}O$

（4）

HO

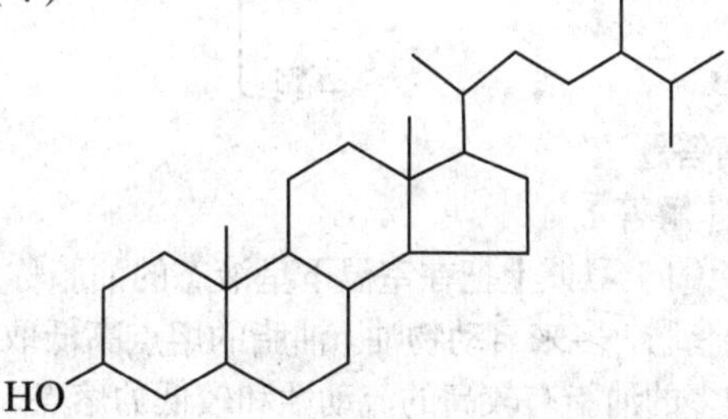

3. 选择题

【解答】

（1）C；（2）B；（3）B；（4）A；（5）C；（6）A；（7）D；（8）D；（9）A；（10）C

4. 判断题

【解答】

（1）√；（2）√；（3）×；（4）×；（5）√；（6）√；（7）×；（8）√；（9）×；（10）×

5. 填空题

【解答】

（1）油；脂肪

（2）分子中三分子脂肪酸相同的甘油酯；分子中三分子脂肪酸不同的甘油酯

（3）甘油；高级脂肪酸；磷酸；胆碱

（4）甘油；高级脂肪酸；磷酸；胆胺

（5）鞘氨醇；高级脂肪酸；磷酸；胆碱

（6）不易被

（7）易被

（8）偶数；顺式；非共轭

（9）肾上腺皮质分泌的

（10）盐皮质激素；糖皮质激素

6. 鉴别题

【解答】

（1）

三硬酯甘油 } $\xrightarrow{Br/H_2O}$ （–）

三亚麻酰甘油 } 褪色

（2）雌二醇、睾酮与孕酮的结构分别如下：

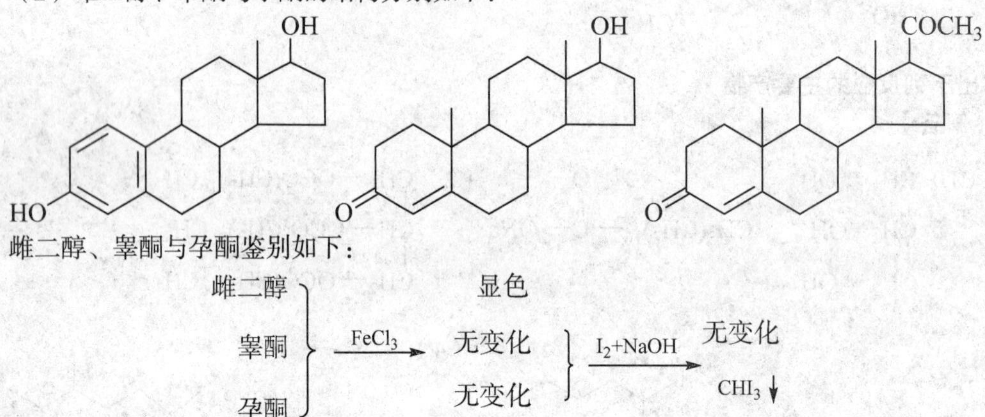

雌二醇、睾酮与孕酮鉴别如下：

7. 简答题

【解答】

（1）习惯上把在室温下呈液态的油脂称为油，多来自植物油；室温下呈固态或半固态的油脂称为脂肪，多来自动物油。油脂的熔点高低取决于分子中所含不饱和脂肪酸的数目，含有不饱和脂肪酸多的油脂有较高的流动性和较低的熔点，是由于双键的顺式构型使脂肪酸的碳链弯曲，阻碍了分子之间的紧密靠近，且双键越多，阻碍程度越大，因此熔点越低。植物油中含不饱和脂肪酸的比例较动物脂肪的大，因此常温下植物油呈液态；动物脂肪呈固态，是因为脂肪中含饱和脂肪酸含量较高，饱和脂肪酸具有锯齿形的长链结构，分子间排列紧密，吸引力较强，故而熔点较高。

（2）皂化值：指 1g 油脂完全皂化时所需氢氧化钾的质量（单位为 mg）。根据皂化值的大小，可以判断油脂中所含三酰甘油的平均分子量。皂化值越大，油脂中三酰甘油的平均分子量越小。皂化值也可以用来检验油脂的质量，不纯的油脂皂化值低。

碘值：指 100g 油脂所吸收碘的质量（单位为 g）。碘值大，表示油脂中不饱和脂肪酸的含量高，或不饱和程度大。

酸值：指中和 1g 油脂中的游离脂肪酸所需氢氧化钾的质量（单位是 mg）。酸值表示油脂的酸败程度，酸值大说明油脂中游离的脂肪酸的含量高，即酸败程度较严重。

（3）卵磷脂不溶于水及丙酮，易溶于乙醚、乙醇及氯仿；脑磷脂能溶于乙醚，不溶于水与丙酮，难溶于乙醇。将两者混合物溶于乙醚中再加入适量冷乙醇，脑磷脂即可沉淀析出。

（4）在天然存在的甾族化合物中，B 与 C、C 与 D 之间均以反式稠合，相当于反式十氢化萘的构型，A 与 B 的稠合有两种方式：一种是 A、B 顺式稠合，相当于顺式十氢化萘的构型；另一种是 A、B 反式稠合，相当于反式十氢化萘的构型。前者称 β 构型，后者称 α 构型。

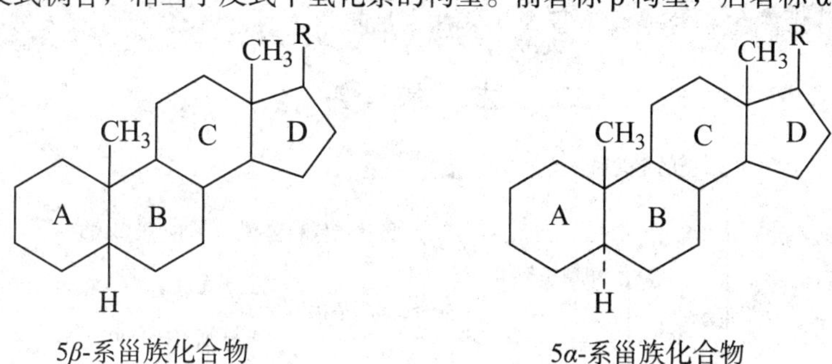

5β-系甾族化合物　　　　5α-系甾族化合物

（A / B 顺 、B / C 反、C / D 反）　（A / B 反、B / C 反、C / D 反）

（5）胆固醇分子中有 8 个手性碳原子，理论上应有 2^8 个对映异构体，手性碳原子的标注如下：

HO

可的松分子中有 6 个手性碳原子，理论上应有 2^6 个对映异构体，手性碳原子的标注如下：

$COCH_2OH$
OH
O
O

8. **推导结构题**

【解答】

A 的结构为

$CH_2—OCO(CH_2)_7CH═CH(CH_2)_7CH_3$
|
$CH—OCO(CH_2)_{14}CH_3$
|
$CH_2—OCO(CH_2)_{14}CH_3$

(云学英)

第十五章　糖类化合物

一、本章基本要求

1. 掌握　与医学密切相关的单糖的结构。

2. 熟悉　糖类化合物的分类；单糖的物理和化学性质。

3. 了解　与医学相关的单糖、寡糖、多糖在生物学中的意义。

二、本 章 要 点

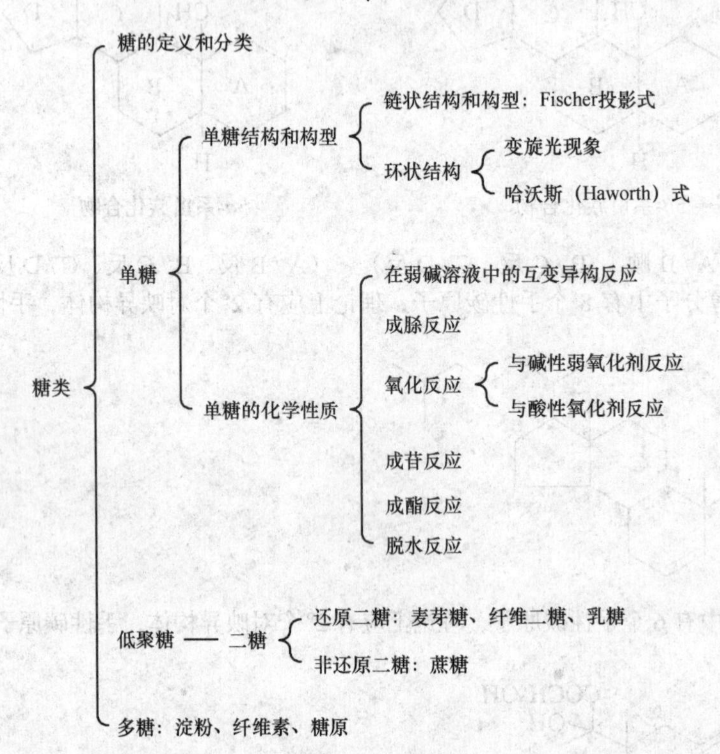

糖是多羟基醛、多羟基酮及其脱水缩合物。根据糖分子能否水解和水解产物的数目，可将糖分为单糖、低聚糖和多糖。单糖是不能水解的多羟基醛或酮，如葡萄糖、果糖、核糖等。低聚糖又称寡糖，它能水解生成2～10个单糖，其中以二糖最常见，如麦芽糖、蔗糖、乳糖等。多糖是能水解成10个以上单糖，如淀粉、糖原、纤维素等。

天然存在的糖大多数为 D-构型，D-构型是指糖分子中最后一个手性碳的羟基在右边，与D-甘油醛的构型相同；反之，为 L-构型。D/L 构型与旋光方向无关。

（一）单糖的结构

以 D-葡萄糖为例：

D-葡萄糖和大多数单糖在晶体状态是以环状结构存在；新配制的水溶液有变旋光现象，在水溶液中两种环状结构（α-型和-β-型）与开链结构共存。产生变旋光现象的原因是异构体在互变过程中其相对含量在互变平衡体系中不断变化，所以溶液的比旋光度也随之变化，最后达到定值。

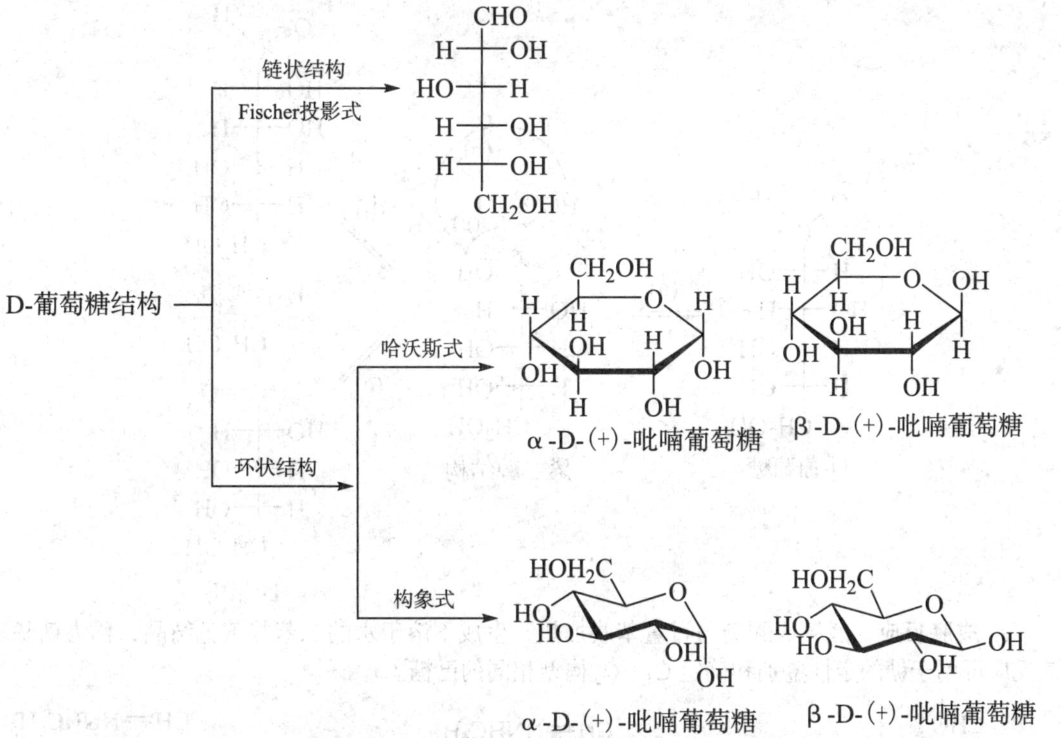

D-葡萄糖结构

链状结构

Fischer投影式

环状结构

哈沃斯式

α-D-(+)-吡喃葡萄糖　β-D-(+)-吡喃葡萄糖

构象式

α-D-(+)-吡喃葡萄糖　β-D-(+)-吡喃葡萄糖

哈沃斯式和椅式构象式能较合理地表达糖类化合物的环状结构。从椅式构象式可以看出，β-D-(+)-吡喃葡萄糖中的所有较大基团都在e键上，而α-D-(+)-吡喃葡萄糖中的半缩醛羟基在a键上，其余较大基团在e键上，因此β-型比α-型内能更低，更稳定，这也是在互变异构平衡中β-D-(+)-吡喃葡萄糖比α-D-(+)-吡喃葡萄糖的含量高的原因。

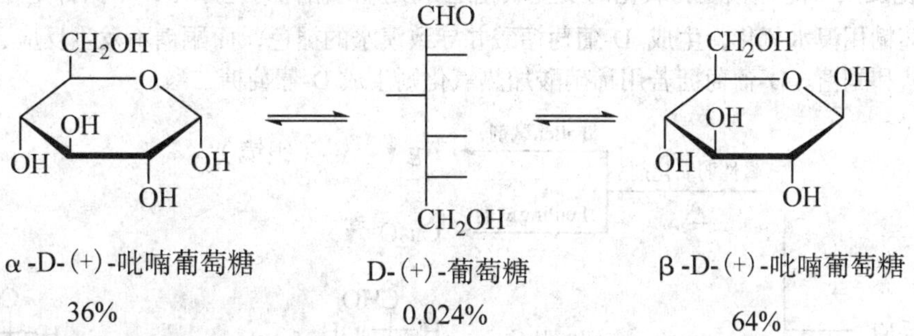

α-D-(+)-吡喃葡萄糖 36%　⇌　D-(+)-葡萄糖 0.024%　⇌　β-D-(+)-吡喃葡萄糖 64%

（二）单糖的化学性质

单糖是多官能团化合物，故具有羟基和羰基的典型化学性质。在溶液中又存在环状结构和链状结构的互变平衡，因此化学反应既可按链状结构又可按环状结构进行，主要有如下几种。

1. 在弱碱性溶液中的互变异构反应 在稀碱条件下，差向异构体之间、醛糖与酮糖之间能通过烯二醇中间体相互转化。因此，D-葡萄糖、D-甘露糖和果糖在稀碱条件下可以相互转化，D-葡萄糖与D-甘露糖之间的差异只是C_2上的构型不同，因此它们互为C_2差向异构体。差向异构体间的转化又称为差向异构化。

D-葡萄糖　　烯二醇结构　　D-甘露糖　　D-果糖

2. 成脎反应　醛糖或酮糖与过量苯肼加热，生成不溶于水的二苯腙黄色结晶，称为糖脎。该反应可用于糖的定性鉴别和确定 C_3～C_5 构型相同的己糖。

$NH_2NHC_6H_5$，△；$2\ NH_2NHC_6H_5$，△

3. 氧化反应　能与碱性弱氧化剂发生氧化还原反应的糖称为还原糖，单糖都是还原糖。

D-葡萄糖用溴水氧化，生成 D-葡萄糖酸并导致溴水的褪色，而酮糖不发生反应，故可用溴水区别醛糖和酮糖。D-葡萄糖若用稀硝酸加热氧化则生成 D-葡萄糖二酸。

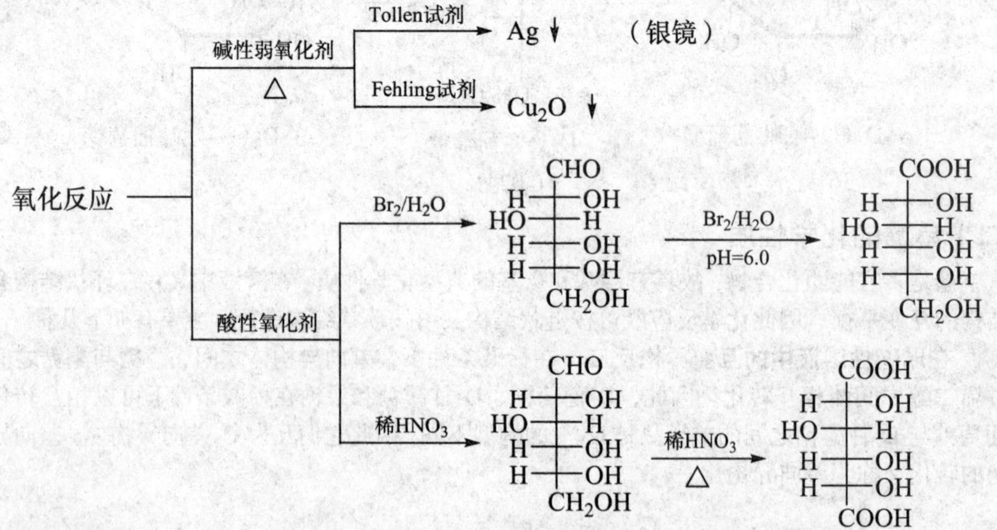

4. 成苷反应　单糖环状结构中的半缩醛（酮）羟基易与含羟基、氨基、巯基等有活泼氢的

化合物脱水反应称为成苷反应，生成具有缩醛（酮）结构的产物，称为糖苷。单糖的环状结构有α-和β-两种构型，所以生成的糖苷也有α-和β-两种构型。糖苷无还原性和变旋光现象。糖苷在中性或碱性环境中较稳定，但在稀酸或酶作用下水解得到原来的糖和配基。

$$\text{葡萄糖} \xrightarrow[-H_2O]{CH_3OH/\text{干燥 }HCl} \alpha\text{-甲基葡萄糖苷} + \beta\text{-甲基葡萄糖苷}$$

5. **成酯反应** 生物体内，糖类都是以磷酸酯的形式存在并参与反应的。

6. **脱水反应** 在浓强酸作用下，单糖可发生分子内脱水反应，生成2-呋喃甲醛及其衍生物。

（三）二糖

低聚糖中以二糖最常见。二糖是两分子单糖脱水生成的糖苷。按结构中是否仍保留有半缩醛羟基，分为还原性二糖和非还原性二糖。还原性二糖有变旋光现象，有还原性。

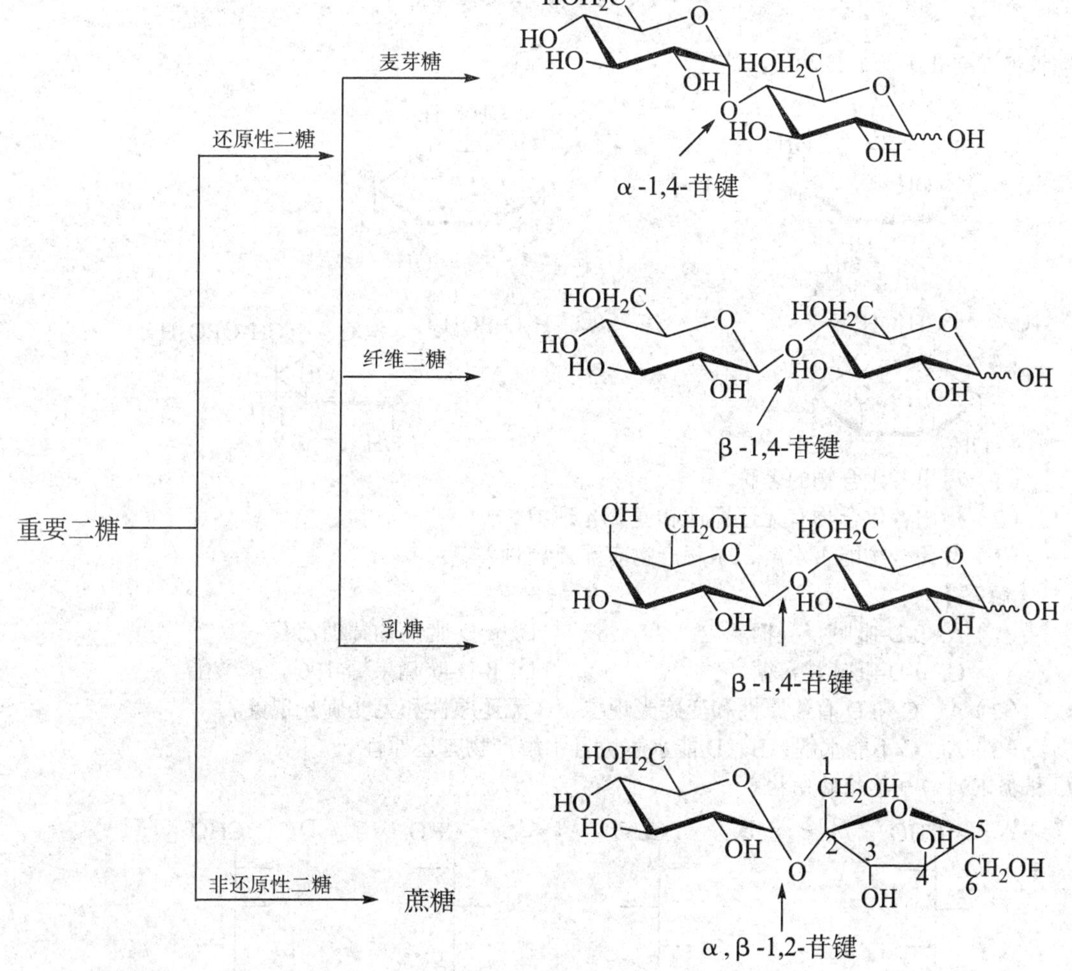

（四）多糖

多糖是天然高分子化合物，也是自然界分布最广的糖类。多糖水解可得到一系列中间产物，最终产物为单糖或单糖的衍生物。多糖不是纯净物，而是一种聚合程度不同的混合物。虽然多糖分子末端有半缩醛羟基，但因分子量很大，故多糖无还原性，不能成脎，也无变旋光现象。常见的多糖有淀粉、糖原和纤维素。淀粉分为直链淀粉和支链淀粉，前者由多个 α-D-葡萄糖通过 α-1,4-苷键结合而成；后者由 α-1,4-苷键和 α-1,6-苷键结合。糖原结构与支链淀粉相似，由 α-1,4-苷键和 α-1,6-苷键结合，但糖原的分支程度更大。纤维素是由多个 β-D-葡萄糖通过 β-1,4-苷键结合而成。多糖具有重要的生理功能。

三、名词双语对照

糖类 saccharides	果糖 fructose
葡萄糖 glucose, Glc	差向异构体 epimer
变旋光现象 mutarotation	脎 osazone
哈沃斯式 Haworth formula	糖苷 glycosides

四、知识点答疑

1. 根据下列化合物的结构式

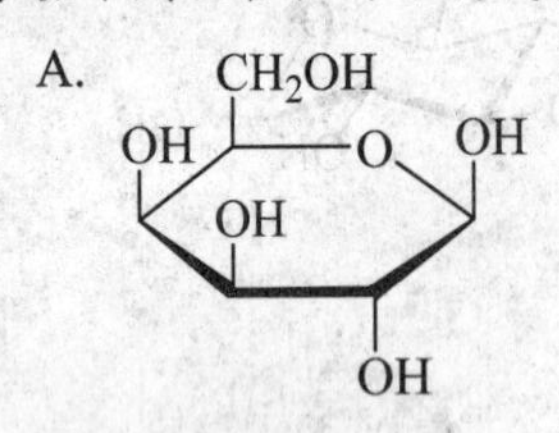

B. CH_2OH O OH OH OC_2H_5 OH

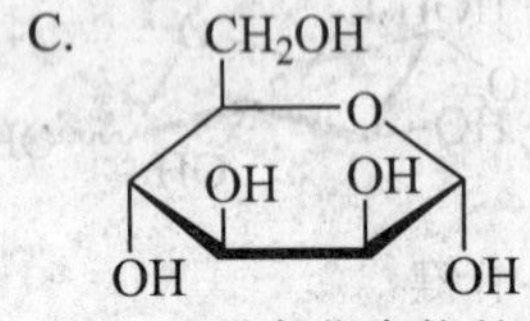

D. $H_2O_3POH_2C$ O $CH_2OPO_3H_2$ OH OH OH

（1）写出各化合物的名称。

（2）指出各化合物有无还原性和变旋光现象。

（3）各化合物能否水解，水解产物有无还原性？

【解答】

（1）A. β-D-吡喃半乳糖　　B. α-D-吡喃葡萄糖乙苷

C. α-D-吡喃甘露糖　　D. β-D-呋喃果糖-1, 6-二磷酸酯

（2）A、C 和 D 有还原性和变旋光现象，B 无还原性和无变旋光现象。

（3）A、C 不能水解；B、D 能水解，且水解产物有还原性。

2. 根据下列四个单糖的结构式

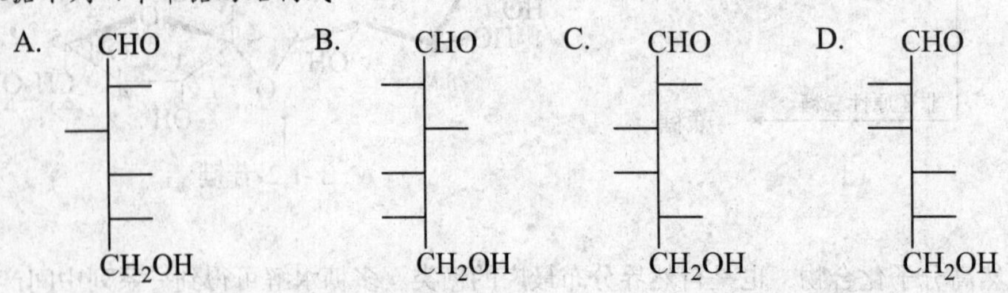

（1）写出构型与名称。

（2）哪些互为对映体?

（3）哪些互为差向异构体?

【解答】

（1）A. D-葡萄糖　　B. L-葡萄糖　　C. D-半乳糖　　D. D-甘露糖

（2）A与B互为对映体.

（3）A与D 互为C_2差向异构体，A与C互为C_4差向异构体.

3. 写出D-甘露糖与下列试剂的反应产物

（1）稀HNO_3　（2）Br_2/H_2O　（3）CH_3OH+HCl（干）　（4）苯肼（过量）

【解答】

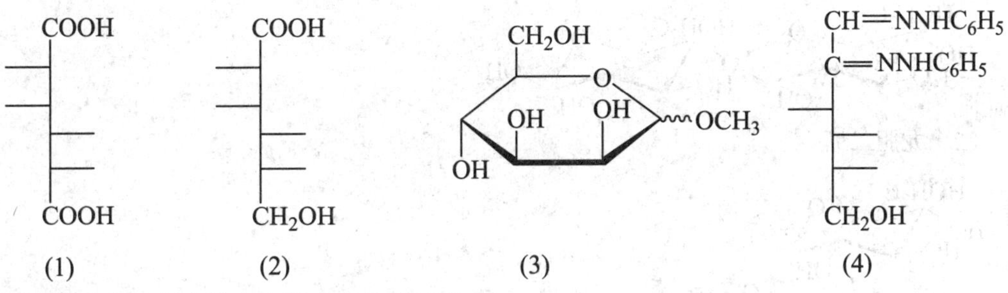

4. 用反应式表示半乳糖有变旋光现象的过程。

【解答】

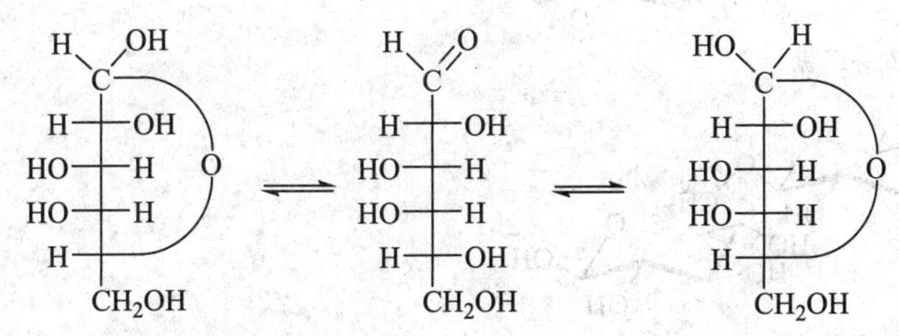

5. 用化学方法区别下列化合物。

（1）葡萄糖、果糖、甲基吡喃葡萄糖苷。

（2）葡萄糖　蔗糖。

（3）麦芽糖　淀粉。

【解答】

（1）葡萄糖、果糖、甲基葡萄糖苷 —Benedict试剂→ 砖红色沉淀、砖红色沉淀、无变化；（葡萄糖、果糖）—Br_2/H_2O→ 褪色、无变化

（2）葡萄糖、蔗糖 —Benedict试剂→ 砖红色沉淀、无变化

（3）麦芽糖、淀粉 —I_2→ 无变化、蓝色

6. 某己醛糖是D-葡萄糖差向异构体，用硝酸氧化生成内消旋糖二酸，试推导该己醛糖的结构式。

【解答】

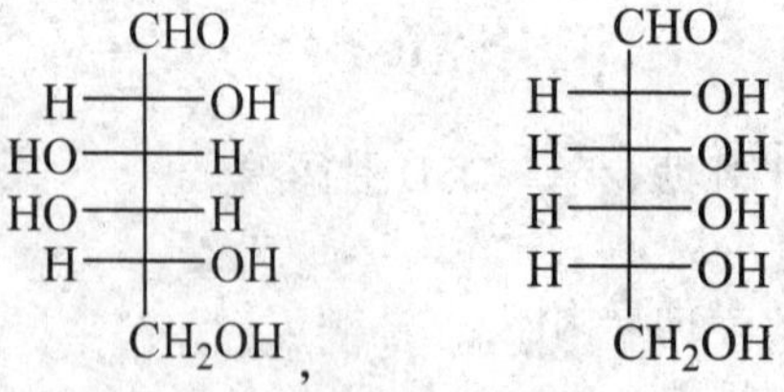

7. 指出下述各个二糖中，糖苷键的类型。

（1）纤维二糖

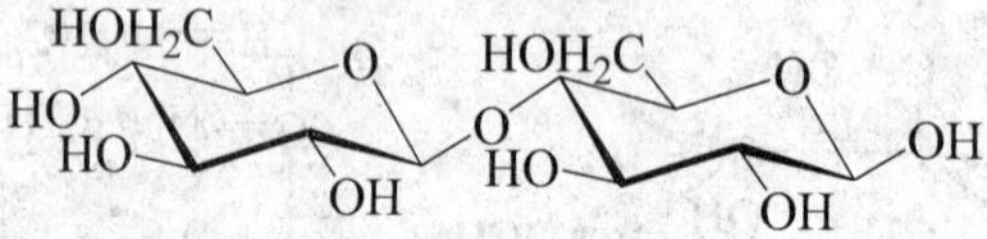

（2）龙胆二糖

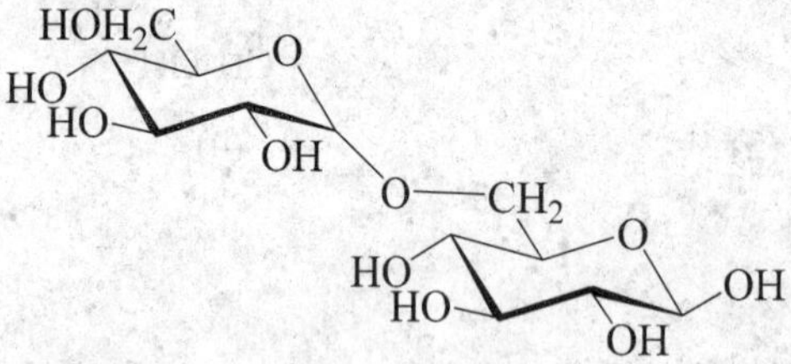

（3）异麦芽二糖

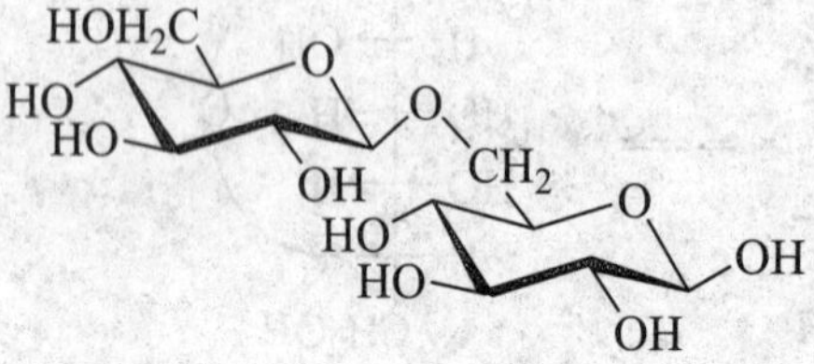

（4）海带二糖

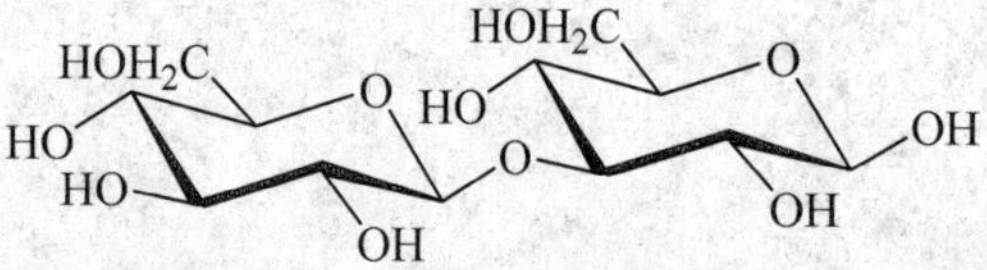

【解答】 （1）β-1, 4-苷键 （2）α-1, 6-苷键 （3）β-1, 6-苷键 （4）β-1, 3-苷键

8. 写出β-D-吡喃半乳糖的优势构象式。

【解答】

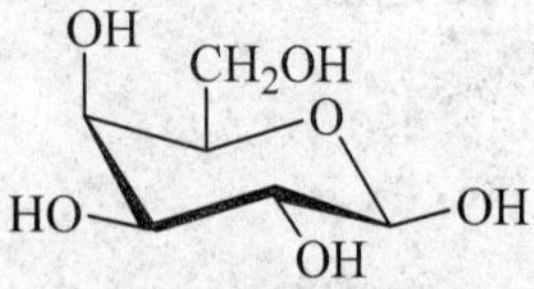

9. 化合物A（$C_9H_{18}O_6$）无还原性，经水解生成化合物B和C。B（$C_6H_{12}O_6$）有还原性，可被溴水氧化，与葡萄糖生成相同的脎。C（C_3H_8O）可发生碘仿反应。请写出A、B、C的结构式。

【解答】

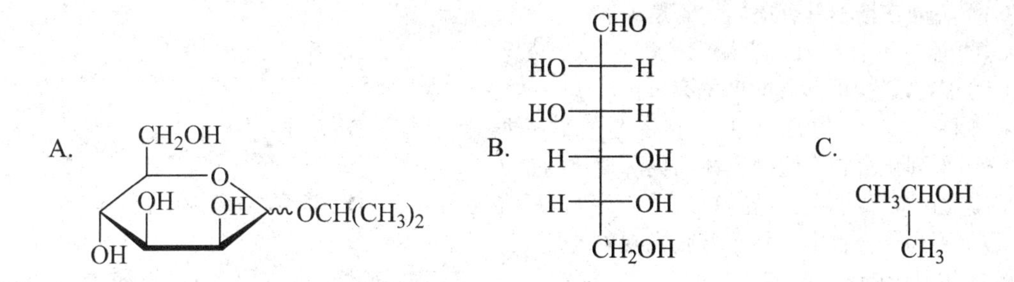

10. 列表比较乳糖、麦芽糖、蔗糖、纤维二糖的组成单糖名称、糖苷键类型、有无还原性和变旋光现象。

	组成单糖名称	糖苷键类型	还原性和变旋光现象
麦芽糖	α-D-葡萄糖与 D-葡萄糖	α-1, 4-苷键	有
纤维二糖	β- D-葡萄糖与 D-葡萄糖	β-1, 4-苷键	有
乳糖	β- D-葡萄糖与 D-半乳糖	β-1, 4-苷键	有
蔗糖	α-D-葡萄糖与 β-D-呋喃果糖	α, *β*-1, 2-苷键	无

五、强 化 学 习

1. 判断题

（1）醛能发生银镜反应而酮不能，果糖属于酮糖，故不能发生银镜反应。（　　）

（2）葡萄糖和果糖可用溴水来区别。（　　）

（3）纤维素和淀粉的基本结构单位都是D-葡萄糖。（　　）

（4）糖苷是糖与含活泼氢的物质如醇、胺等脱水生成的半缩醛。（　　）

（5）葡萄糖的水溶液达到平衡时，β-D-葡萄糖占64%，α-D-葡萄糖占36%，是因为β-构型的葡萄糖其构象较α-构型更稳定。（　　）

（6）β-D-吡喃葡萄糖比其C_4差向异构体β-D-吡喃半乳糖更稳定。（　　）

（7）两分子葡萄糖脱水后通过苷键连接形成的双糖均为还原性双糖。（　　）

（8）葡萄糖、果糖和甘露糖三者互为同分异构体，又互为差向异构体。（　　）

（9）β-D-甲基吡喃葡萄糖苷在酸性水溶液中会产生变旋光现象。（　　）

（10）端基异构体是差向异构体。（　　）

2. 选择题

（1）多糖中单糖相互连接的键是（　　）

A. 肽键　　B. 苷键　　C. 酯键　　D. 氢键

（2）不能与 Tollen 试剂发生银镜反应的是（　　）

A. 果糖　　B. 半乳糖　　C. 麦芽糖　　D. 糖原

（3）α-D-葡萄糖和β-D-葡萄糖的关系为（　　）

A. 对映异构体　　B. 端基异构体　　C. 构象异构体　　D. 官能团异构体

（4）下列二糖不具有还原性的是（　　）

A. 蔗糖　　B. 乳糖　　C. 麦芽糖　　D. 纤维二糖

（5）D-己醛糖可形成的糖脎有（　　）

A. 2 种　　B. 4 种　　C. 6 种　　D. 8 种

（6）下列化合物不能被人体消化酶消化的是（　　）

A. 蔗糖　　B. 淀粉　　C. 纤维素　　D. 糖原

（7）下列化合物中，具有变旋光现象的是（　　）

A. D-甲基吡喃葡萄糖苷　　B. 淀粉　　C. 蔗糖　　D. 果糖

（8）支链淀粉中，各结构单位之间的结合键为（　　）

A. α-1, 4-苷键　　B. α-1, 6-苷键

C. α-1, 4-苷键和 α-1, 6-苷键　　D. β-1, 4-苷键

（9）下列二糖分子中含有 *β*-1, 4 苷键的是（　　）

A. 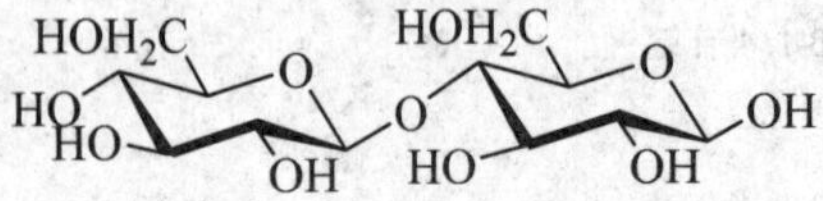 HOH_2C, HO, HO, O, OH, O, HOH_2C, HO, O, OH, OH

B. 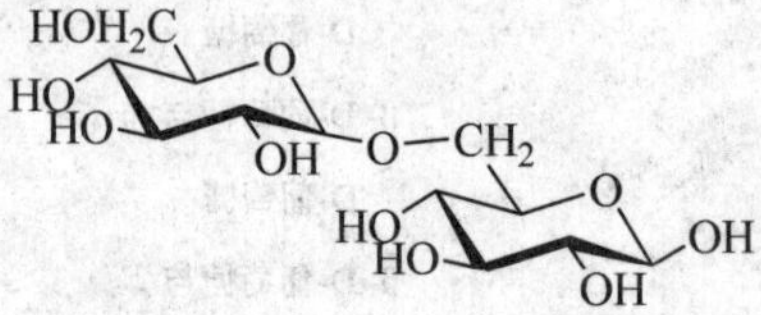 HOH_2C, HO, HO, O, OH, O—CH_2, HO, HO, O, OH, OH

C. 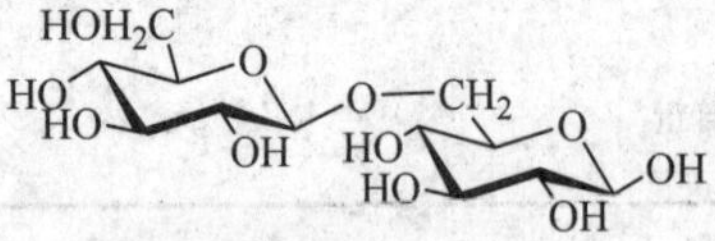 HOH_2C, HO, HO, O, OH, O—CH_2, HO, HO, O, OH, OH

D. 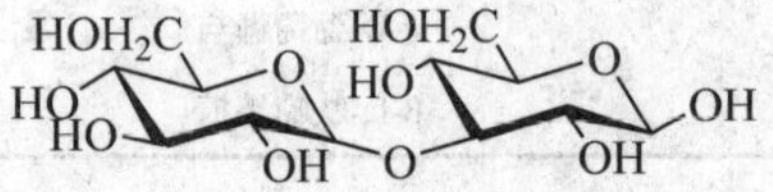 HOH_2C, HO, HO, O, OH, O, HOH_2C, HO, O, OH, OH

（10）具有还原性的葡萄糖衍生物是（　　）

A.  COOH, CH_2OH　　B. 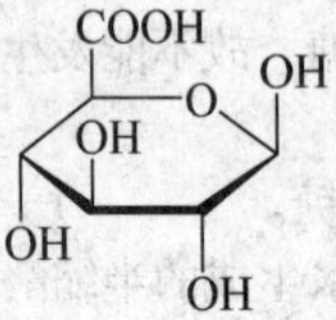 COOH, O, OH, OH, OH, OH　　C. 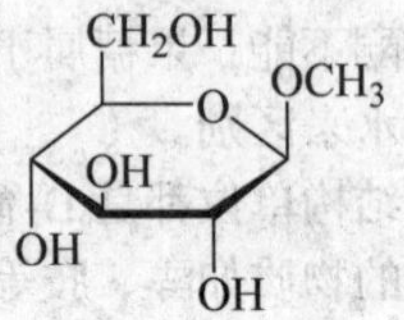 CH_2OH, O, OCH_3, OH, OH, OH　　D. 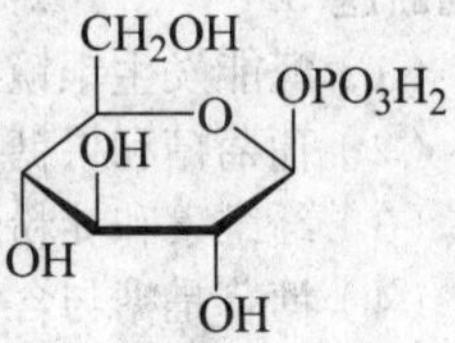 CH_2OH, O, OPO_3H_2, OH, OH, OH

（11）下列糖与 HNO_3 作用后，产生内消旋体的是（　　）

A.  CHO, CH_2OH　　B. 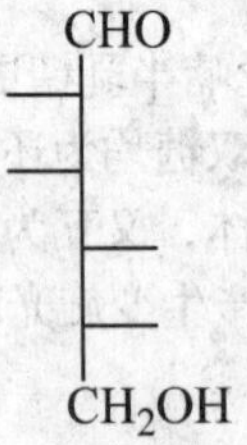 CHO, CH_2OH　　C. 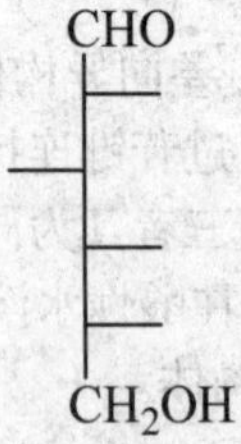 CHO, CH_2OH　　D.  CHO, CH_2OH

（12）下列化合物由不止一种单糖构成的是（　　）

A. 麦芽糖　　B. 乳糖　　C. 糖原　　D. 纤维素

（13）糖在人体中的储存形式是（　　）

A. 乳糖　　B. 葡萄糖　　C. 糖原　　D. 蔗糖

（14）D-葡萄糖与 D-半乳糖是（　　）

A. 对映异构体　　B. 端基异构体

C. 构象异构体　　　　　　　　　　　D. 差向异构体

（15）下列化合物能形成相同糖脎的是（　　）

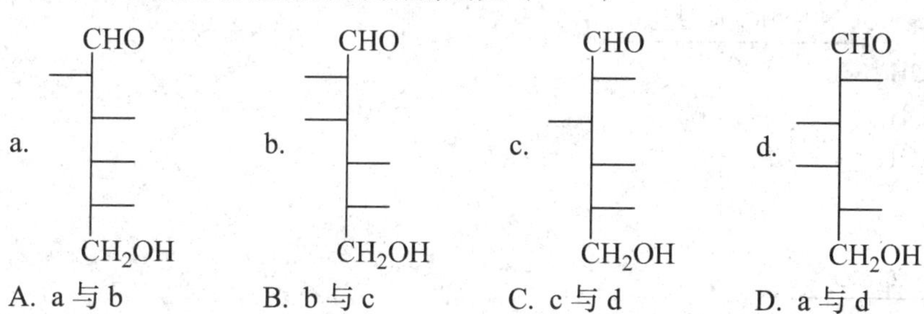

A. a 与 b　　　B. b 与 c　　　C. c 与 d　　　D. a 与 d

3. 填空题

（1）填写下列构型符号

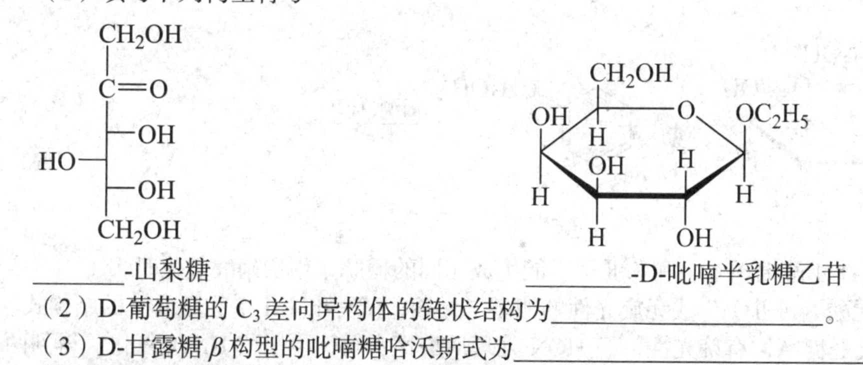

________-山梨糖　　　　　　　　　　　　________-D-吡喃半乳糖乙苷

（2）D-葡萄糖的 C_3 差向异构体的链状结构为____________________。

（3）D-甘露糖 β 构型的吡喃糖哈沃斯式为____________________________。

4. 名词解释

（1）变旋光现象　　　（2）差向异构体　　　（3）还原糖　　　（4）糖苷

5. 简答题

（1）两分子的葡萄糖脱水可以生成麦芽糖和纤维二糖，其结构中有何不同？

（2）为什么糖苷在中性或碱性水溶液中无变旋光现象，而在酸性水溶液中有变旋光现象？

（3）果糖是酮糖，为什么可以和 Fehling 试剂、Tollen 试剂反应，而不能与溴水反应？

（4）麦芽糖和淀粉都是由葡萄糖单元构成，麦芽糖有还原性，而淀粉却无还原性，这是为什么？

6. 完成反应方程式（写出主要产物）

（1）
CHO
H—OH
H—OH
H—OH
H—OH
CH_2OH
$+ \ Br_2 / H_2O \longrightarrow$

（2）
CH_2OH
O
OH
OH
OH
OH
$+ \ C_2H_5OH \xrightarrow{\text{干燥 HCl}}$

（3）

CHO
H—OH
HO—H
H—OH
H—OH
CH$_2$OH

$\xrightarrow[\triangle]{NH_2NHC_6H_5\text{(过量)}}$

（4）CHO

CH$_2$OH

$\xrightarrow{\text{稀}HNO_3}$

（5）

CH$_2$OH
OH　O　OH
H
OH　H
H　H
H　OH

\+

CH$_2$OH

$\xrightarrow{\text{干燥 }HCl}$

7. 推断题

（1）有两个 D-丁醛糖（Ⅰ）和（Ⅱ），能生成相同的糖脎，用稀硝酸氧化时，（Ⅰ）生成旋光性的四碳二元酸，（Ⅱ）生成无旋光性的四碳二元酸，试写出（Ⅰ）和（Ⅱ）的结构式。

（2）某 D-戊醛糖 A，有旋光性，经 HCN 处理后酸性水解，再用稀 HNO_3 氧化，得到两个 D-己醛糖二酸 B 和 C，其中 B 具有旋光性，而 C 无旋光性。试推断出 A、B、C 的结构。

六、导 师 指 路

1. 判断题

【解答】

（1）×；（2）√；（3）√；（4）×；（5）√；（6）√；（7）×；（8）×；（9）√；（10）√

【解析】

（1）银镜反应的 Tollen 试剂属于弱碱性氧化剂，酮糖在稀碱条件下可转化为醛糖，果糖是酮糖，因此，果糖可发生银镜反应。

（2）溴水是酸性氧化剂，酮糖在酸性条件下不会转化为醛糖，不被溴水氧化；醛糖可被氧化使溴水褪色。

（3）纤维素和淀粉组成的基本结构单位都是 D-葡萄糖。

（4）环状的糖是半缩醛结构，成苷反应生成的产物糖苷是缩醛结构。

（5）β-D-(+)-吡喃葡萄糖中的所有较大基团都在 e 键上，而 α-D-(+)-吡喃葡萄糖中的半缩醛羟基在 α 键上，因此 β-型比 α-型内能更低，更稳定，在互变异构平衡中 β-D-(+)-吡喃葡萄糖比 α-D-(+)-吡喃葡萄糖的含量高。

（6）β-D-(+)-吡喃葡萄糖中的所有较大基团都在 e 键上，其 C_4 差向异构体 β-D-吡喃半乳糖的 C_4 上的羟基在 a 键上，因此 β-D-吡喃葡萄糖比 β-D-吡喃半乳糖更稳定。

（7）两分子葡萄糖脱水后通过苷键连接形成的二糖可为还原性双糖，也可为非还原性双糖。

（8）葡萄糖、果糖和甘露糖三者是互为同分异构体，但只有葡萄糖和甘露糖互为差向异构体。

（9）糖苷不会发生变旋光现象，但 β-D-甲基吡喃葡萄糖苷在酸性水溶液中会发生水解，生成单糖，可产生变旋光现象。

（10）端基异构体是指 C_1 构型不同，而其他手性 C 构型相同的非对映异构体，因此端基异构体是属于差向异构体的一种。

2. 选择题

【解答】

（1）B；（2）D；（3）B；（4）A；（5）B；（6）C；（7）D；

（8）C；（9）A；（10）B；（11）D；（12）B；（13）C；（14）D；（15）B

【解答】

（1）多糖是由成百上千的单糖分子以糖苷键结合而成的一类天然高分子化合物。

（2）多糖没有还原性，不能发生银镜反应。

（3）α-D-葡萄糖和 β-D-葡萄糖只有 C_1 构型不同，而其他手性 C 构型相同的非对映异构体。

（4）组成蔗糖的两分子单糖的半缩醛羟基都参与脱水，二糖中蔗糖不具有还原性。

（5）参与形成糖脎反应的是 C_1 和 C_2，对于 D-己醛糖来可说，主要看 C_3 和 C_4 上的构型，异构体数 2^2 为 4 个。

（6）人体没有水解纤维素的消化酶。

（7）糖苷和蔗糖无半缩醛羟基，淀粉只有链端一个半缩醛羟基，他们都无法变成其链状结构；环状结构和链状结构相互转化，才能产生变旋光现象；单糖都有变旋光现象。

（8）支链淀粉中，各单糖之间的结合键为 α-1, 4-苷键和 α-1, 6-苷键。

（9）A 为 β-1, 4-苷键，B 为 α-1, 6-苷键，C 为 β-1, 6-苷键，D 为 β-1, 3-苷键。

（10）只有 B 还保留半缩醛羟基。

（11）这些单糖被稀硝酸氧化后都变成己二糖酸，两羧基在 C_1 和 C_6，D 化合物能找到对称面，其为非手性分子，为内消旋体。

（12）乳糖是一分子 D-葡萄糖和一分子半乳糖脱水形成。

（13）糖原是糖在人体中的储存形式。

（14）D-葡萄糖与 D-半乳糖是关于 C_4 的差向异构体。

（15）C_3、C_4、C_5 手性 C 上的构型相同的己醛糖，可形成相同的糖脎。

3. 填空题

【解答】

（1）D-山梨糖（编号最大手性 C 的羟基在右边。）

β-D-吡喃半乳糖乙苷（D-吡喃半乳糖的半缩醛羟基朝上，为 β 构型）

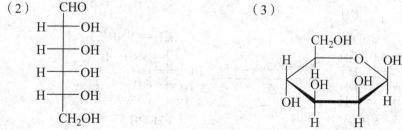

4. 名词解释

【解答】

（1）变旋光现象：指在水溶液中物质的比旋光度自行改变并最终达到一个定值的现象。

（2）差向异构体：只有一个手性碳原子构型不同而其他手性碳原子构型都相同的非对映异构体。

（3）还原糖：凡能被碱性弱氧化剂（如 Tollen 试剂、Fehling 试剂等）氧化的糖。

（4）糖苷：单糖环状结构中的半缩醛（酮）羟基与含羟基、氨基、巯基等有活泼氢的化合物脱水，生成具有缩醛（酮）结构的产物。

5. 简答题

【解答】

（1）麦芽糖是由一分子 α-D-(+)-吡喃葡萄糖 C_1 上的半缩醛羟基与另一分子 D-(+)-吡喃葡萄糖 C_4 上的醇羟基通过脱水生成的二糖，糖苷键为 α-1, 4-苷键。纤维素是由一分子 β-D-(+)-吡喃葡萄糖 C_1 上的半缩醛羟基与另一分子 D-(+)-吡喃葡萄糖 C_4 上的醇羟基通过脱水生成的二糖，两分子葡萄糖通过 β-1, 4 苷键结合而成。

（2）糖苷在中性或碱性水溶液中不会发生水解，因此无变旋光现象，而在酸性水溶液糖苷会发生水解，得到相应的单糖和配基，单糖都会发生变旋光现象。

（3）Fehling 试剂和 Tollen 试剂是碱性弱氧化剂，果糖是酮糖，酮糖在弱碱性条件下可以转变为醛糖，所以果糖可以与 Fehling 试剂和 Tollen 试剂发生氧化反应；而溴水是酸性氧化剂，酮糖在酸性条件下不能转变为醛糖，所以果糖不会与溴水反应。

（4）麦芽糖是由两分子的 D-葡萄糖以 α-1, 4-苷键脱水形成的，结构中仍保留一个半缩醛羟基，可开环成链状结构，所以麦芽糖是还原性二糖；淀粉是以成百上千 D-葡萄糖以 α-1, 4-苷键脱水形成的多糖，虽然分子末端有一个半缩醛羟基，但因分子量很大，一个半缩醛羟基微不足道，故多糖无还原性。

6. 完成反应式（写出主要产物）

【解答】

（1）

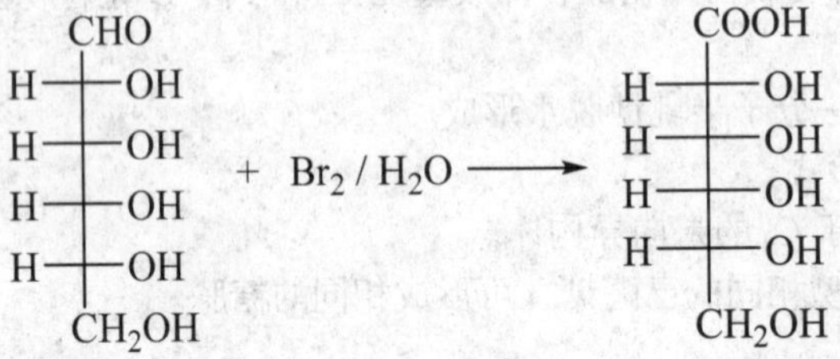

CHO
H—OH
H—OH
H—OH
H—OH
CH_2OH

$+ \ Br_2 / H_2O \longrightarrow$

COOH
H—OH
H—OH
H—OH
H—OH
CH_2OH

（2）

CH_2OH, O, OH, OH, OH, ～OH（吡喃糖环）$+ \ C_2H_5OH \xrightarrow{干燥\ HCl}$ CH_2OH, O, OH, OH, OH, ～OC_2H_5

（3）

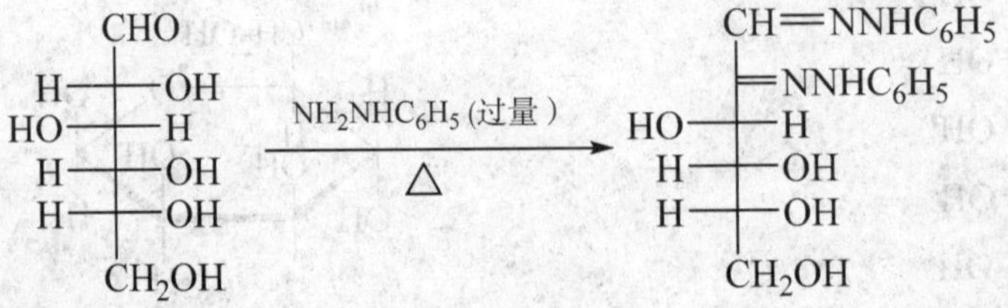

CHO
H—OH
HO—H
H—OH
H—OH
CH_2OH

$\xrightarrow[\triangle]{NH_2NHC_6H_5\text{（过量）}}$

$CH{=}NNHC_6H_5$
$={NNHC_6H_5}$
HO—H
H—OH
H—OH
CH_2OH

（4）

CHO
CH_2OH

$\xrightarrow{稀HNO_3}$

COOH
COOH

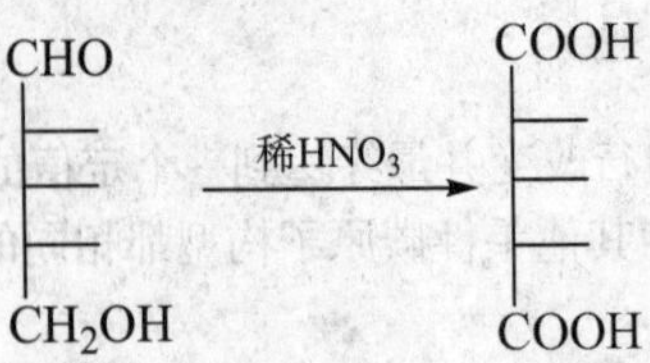

（5）

$$\text{(Haworth: CH}_2\text{OH, OH, H, OH, H, OH, H, OH, H, O)} + C_6H_5CH_2OH \xrightarrow{\text{干燥 HCl}} \text{(Haworth: CH}_2\text{OH, OH, H, OH, H, OH, H, H, O)}\sim OCH_2-C_6H_5$$

7. **推断题**

【解答】

（1）

$$\text{(I)}\quad \begin{array}{c} CHO \\ HO-\!\!\!+\!\!\!-H \\ H-\!\!\!+\!\!\!-OH \\ CH_2OH \end{array} \qquad\qquad \text{(II)}\quad \begin{array}{c} CHO \\ H-\!\!\!+\!\!\!-OH \\ H-\!\!\!+\!\!\!-OH \\ CH_2OH \end{array}$$

（2）有两种可能。

$$\text{A.}\ \begin{array}{c} CHO \\ HO-\!\!\!+\!\!\!-H \\ HO-\!\!\!+\!\!\!-H \\ H-\!\!\!+\!\!\!-OH \\ CH_2OH \end{array} \qquad \text{B.}\ \begin{array}{c} COOH \\ HO-\!\!\!+\!\!\!-H \\ HO-\!\!\!+\!\!\!-H \\ HO-\!\!\!+\!\!\!-H \\ H-\!\!\!+\!\!\!-OH \\ COOH \end{array} \qquad \text{C.}\ \begin{array}{c} COOH \\ H-\!\!\!+\!\!\!-OH \\ HO-\!\!\!+\!\!\!-H \\ HO-\!\!\!+\!\!\!-H \\ H-\!\!\!+\!\!\!-OH \\ COOH \end{array}$$

或

$$\text{A.}\ \begin{array}{c} CHO \\ H-\!\!\!+\!\!\!-OH \\ H-\!\!\!+\!\!\!-OH \\ H-\!\!\!+\!\!\!-OH \\ CH_2OH \end{array} \qquad \text{B.}\ \begin{array}{c} COOH \\ HO-\!\!\!+\!\!\!-H \\ H-\!\!\!+\!\!\!-OH \\ H-\!\!\!+\!\!\!-OH \\ H-\!\!\!+\!\!\!-OH \\ COOH \end{array} \qquad \text{C.}\ \begin{array}{c} COOH \\ H-\!\!\!+\!\!\!-OH \\ H-\!\!\!+\!\!\!-OH \\ H-\!\!\!+\!\!\!-OH \\ H-\!\!\!+\!\!\!-OH \\ COOH \end{array}$$

（陈大茴）

第十六章　氨基酸和蛋白质

一、本章基本要求

1. **掌握**　氨基酸的结构、构型和化学性质。
2. **掌握**　蛋白质的一级结构、二级结构和性质。
3. **熟悉**　氨基酸的分类、命名和必需氨基酸的含义。

二、本 章 要 点

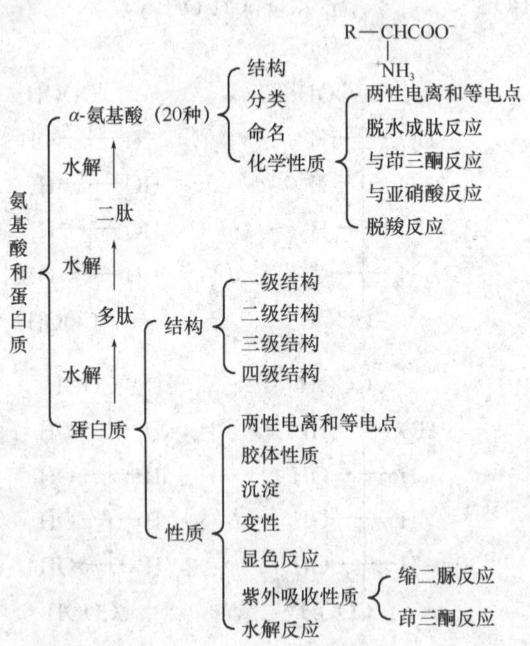

（一）氨基酸的分类和命名

α-氨基酸是组成蛋白质的基本单位，蛋白质是生命现象的物质基础。存在于体内合成蛋白质的氨基酸主要有 20 种，其中有 8 种为必需氨基酸。蛋白质水解得到的氨基酸都是 α-氨基酸，除甘氨酸外的天然氨基酸都是 L-构型。

组成蛋白质的 20 种氨基酸按其结构的不同分为脂肪族氨基酸、芳香族氨基酸和杂环氨基酸三大类；据分子中所含氨基和羧基的数目分为酸性氨基酸、碱性氨基酸和中性氨基酸三类。

氨基酸的命名可采用系统命名法，但常用俗名。此外，还常用中文简称、英文缩写和单字符号来表示。

（二）氨基酸的物理性质

组成蛋白质的氨基酸都是无色固体，熔点都较高。除甘氨酸外，其余氨基酸均有旋光性。氨基酸在水中的溶解度大小不一，但均可溶于强酸或强碱溶液中。

（三）氨基酸的化学性质

氨基酸分子中既有羧基又有氨基，是一类多官能团化合物。它既表现出各官能团的典型化学性质，同时，由于羧基和氨基的相互影响，又显示出一些特殊的化学性质。

1. **两性电离和等电点**　在氨基酸水溶液中，同时存在负离子、正离子、偶极离子、少量没有电离氨基和羧基的氨基酸分子 4 种结构形式，并处于动态平衡。

$$\mathrm{R-\underset{\displaystyle NH_2}{\underset{|}{CH}}-COOH} + H_2O$$

（酸式电离、两性电离、碱式电离）

$$\mathrm{R-\underset{\displaystyle NH_2}{\underset{|}{CH}}-COO^-} \underset{+OH^-}{\overset{+H^+}{\rightleftharpoons}} \mathrm{R-\underset{\displaystyle NH_3^+}{\underset{|}{CH}}-COO^-} \underset{+OH^-}{\overset{H^+}{\rightleftharpoons}} \mathrm{R-\underset{\displaystyle NH_3^+}{\underset{|}{CH}}-COOH}$$

阴离子(pH ＞ pI)　　两性离子(pH $=\frac{NH_3^+}{pI}$)　　阳离子(pH ＜ pI)

2. **脱水成肽反应**　在一定条件下，一分子氨基酸提供羧基上的羟基与另一分子氨基酸提供氨基上的氢脱去一分子水缩合生成的化合物，称为二肽。此反应称为脱水成肽反应。二肽分子中的酰胺键(—CO—NH—)也称为肽键(peptide bond)。例如

$$\mathrm{NH_2-CH_2\overset{\displaystyle O}{\overset{\|}{C}}-OH} + \mathrm{NH_2-\underset{\displaystyle CH_3}{\underset{|}{CH}}\overset{\displaystyle O}{\overset{\|}{C}}-OH} \longrightarrow \mathrm{NH_2-CH_2\overset{\displaystyle O}{\overset{\|}{C}}-NH-\underset{\displaystyle CH_3}{\underset{|}{CH}}\overset{\displaystyle O}{\overset{\|}{C}}-OH}$$

3. **与茚三酮反应**　α-氨基酸与水合茚三酮在水溶液中加热，则生成的蓝紫色化合物，称为罗蔓氏紫(Rubemann's purple)。反应式如下：

$$\text{水合茚三酮} + \mathrm{R-\underset{\displaystyle NH_2}{\underset{|}{CH}}COOH} \longrightarrow \text{罗蔓氏紫} + RCHO + CO_2$$

罗蔓氏紫

此反应是鉴别 α-氨基酸的灵敏方法，常用于层析时显色。

α-亚氨基酸（如脯氨酸）与茚三酮反应显黄色。而非 α-氨基酸不与茚三酮发生反应生成罗蔓氏紫。

4. **与亚硝酸反应**　氨基酸分子中的氨基能与亚硝酸反应放出氮气。此法常用于测定氨基酸、多肽和蛋白质中伯氨基的含量。

$$\mathrm{NH_2-\underset{\displaystyle R}{\underset{|}{CH}}\overset{\displaystyle O}{\overset{\|}{C}}-OH} + HNO_2 \longrightarrow \mathrm{HO-\underset{\displaystyle R}{\underset{|}{CH}}\overset{\displaystyle O}{\overset{\|}{C}}-OH} + N_2\uparrow$$

5. **脱羧反应**　α-氨基酸与氢氧化钡共热或在高沸点溶剂中回流，可发生脱羧反应，失去二氧化碳生成少一个碳原子的伯胺。

$$H_2N-\underset{R}{\underset{|}{C}}HC(=O)-OH \xrightarrow[\Delta]{Ba(OH)_2} H_2N-CH_2-R + CO_2\uparrow$$

在生物体内，α-氨基酸在酶的作用下可发生脱羧反应，如蛋白质腐败时，赖氨酸发生脱羧反应生成尸胺；组氨酸发生脱羧反应生成组胺。

$$\underset{\text{赖氨酸}}{H_2NCH_2(CH_2)_3\underset{NH_2}{\underset{|}{C}}HCOOH} \xrightarrow{\text{脱羧酶}} \underset{\text{尸胺}}{H_2NCH_2(CH_2)_3CH_2NH_2} + CO_2\uparrow$$

$$\underset{\text{组氨酸}}{(\text{咪唑-4-基})CH_2\underset{NH_2}{\underset{|}{C}}HCOOH} \xrightarrow{\text{脱羧酶}} \underset{\text{组胺}}{(\text{咪唑-4-基})CH_2CH_2NH_2} + CO_2\uparrow$$

（四）肽

1. 肽的结构和命名 肽是 α-氨基酸之间通过肽键连接而成的一类化合物，其中肽键又称为酰胺键。由两个氨基酸之间脱水缩合而成的化合物称为二肽，由三个氨基酸之间脱水缩合而成的化合物称为三肽，同理还有四肽、五肽等。十肽以下的称为寡肽（oligopeptide）或低聚肽，十一肽以上的称为多肽（polypeptide），五十肽以上的称为蛋白质。

2. 生物活性肽 自然界中广泛存在一些游离肽，如谷胱甘肽、催产素、加压素、脑啡肽、多肽类药物等，它们在生物体内有重要功能。

（五）蛋白质的结构

蛋白质中的氨基酸残基以不同数目和不同顺序组成种类繁多的多肽链，再由一条、两条或多条多肽链连接在一起，构成复杂的空间结构。

1. 蛋白质的一级结构 是指构成蛋白质多肽链中 α-氨基酸残基的排列顺序及二硫键的位置。在一级结构中，主要的化学键是肽键，称为主键。

2. 蛋白质的空间结构

（1）蛋白质的二级结构：多肽链的 α-螺旋、β-折叠、β-转角和无规卷曲总称为蛋白质的二级结构。蛋白质二级结构的主要作用力是氢键。

（2）蛋白质的三级结构：在一条多肽链中所有原子在空间的整体排布称为蛋白质的三级结构。维系和稳定蛋白质三级结构的作用力除氢键外，还包括盐键、二硫键、配位键和范德瓦耳斯力等。

（3）蛋白质的四级结构：一些更复杂的蛋白质分子是由两条或两条以上具有三级结构的肽链组成的。这时每一条肽链被称为一个亚基。几个亚基通过氢键、疏水键或静电吸引缔合而成为一个蛋白质分子，这就是蛋白质的四级结构。

（六）蛋白质的性质

蛋白质的性质与所含氨基酸的性质密切相关，由于具有复杂的空间结构，又有它们本身的特殊性质。

1. 两性电离和等电点 蛋白质在水溶液中以负离子、正离子、两性离子和极少量未电离氨基和未电离羧基的蛋白质 4 种结构形式同时存在，并处于动态平衡，何种结构形式占优势，取决于其水溶液的 pH。蛋白质在水溶液中电离及在加酸加碱情况下的变化可用下式表示：

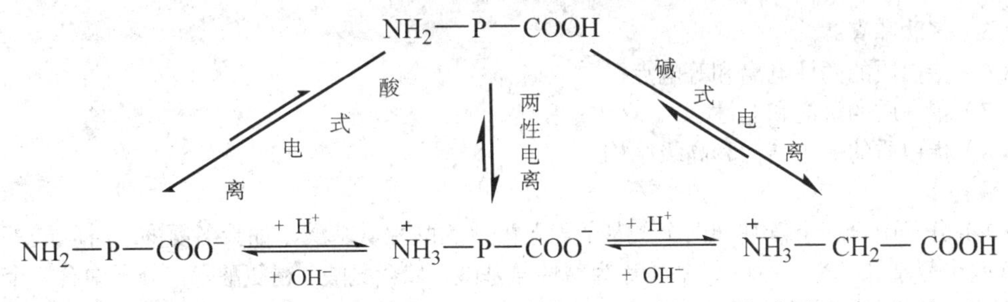

当蛋白质以两性离子形式存在时，该水溶液的 pH 称为该蛋白质的等电点，用 pI 表示。

2. **胶体性质**　布朗运动、丁达尔效应、电泳现象、不能透过半透膜等。

3. **蛋白质的沉淀**　沉淀蛋白质常用的方法有下面几种：①盐析；②有机溶剂沉淀；③重金属盐沉淀；④某些酸类的沉淀。

4. **蛋白质的变性**　蛋白质的变性可根据空间结构被破坏的程度大小分为可逆变性和不可逆变性两种。

5. **蛋白质的显色反应**

（1）缩二脲反应：蛋白质分子中含有两个或两个以上酰胺键，在碱性条件下能与稀硫酸铜溶液反应，呈现紫色或紫红色，称为缩二脲反应。

（2）茚三酮反应：蛋白质溶液在 pH=5～7 时，与茚三酮丙酮溶液共热会呈现蓝紫色，称为茚三酮反应。茚三酮反应常用于蛋白质的定性和定量分析。

6. **蛋白质的紫外吸收性质**　一般蛋白质中都含有苯丙氨酸、色氨酸、酪氨酸残基，它们的最大吸收峰在 280nm 波长处，其紫外吸收强度与氨基酸的含量成正比，因此在此波长范围内，可作为蛋白质的定量分析方法。

7. **蛋白质的水解反应**　在酸或酶的催化作用下，蛋白质可发生水解反应，其中的酰胺键断裂，大分子的蛋白质会变为小分子的多肽、寡肽、二肽、α-氨基酸。

三、名词双语对照

氨基酸　amino acid
肽　peptide
蛋白质　protein
营养必需氨基酸　essential amino acid nutrition
营养非必需氨基酸　non-essential amino acid nutrition
脂肪族氨基酸　aliphatic amino acid
芳香族氨基酸　aromatic amino acid
酸性氨基酸　acidic amino acid
碱性氨基酸　basic amino acid
中性氨基酸　neutral amino acid
等电点　isoelectric point

四、知识点答疑

1. 解释下列名词。

（1）中性、酸性、碱性氨基酸
（2）单纯蛋白质和结合蛋白质
（3）蛋白质的主键和副键
（4）氨基酸的两性电离和等电点

（5）多肽和寡肽

（6）蛋白质的两性电离和等电点

（7）蛋白质的沉淀和变性

（8）蛋白质的一级结构和高级结构

【解答】

（1）分子中含一个氨基和两个羧基的氨基酸称为酸性氨基酸，如天冬氨酸、谷氨酸等；分子中含两个氨基和一个羧基的氨基酸称为碱性氨基酸，如赖氨酸、精氨酸等。分子中含一个氨基和一个羧基的氨基酸称为中性氨基酸，如丙氨酸、亮氨酸等。

（2）水解的最终产物只有 α-氨基酸的蛋白质称为单纯蛋白质。

水解的最终产物除了 α-氨基酸外，还有非 α-氨基酸分子的蛋白质称为结合蛋白质，其中非 *α*-氨基酸部分称为辅基。

（3）在蛋白质的一级结构中，主要的化学键是肽键，称为主键。

维系蛋白质三维空间结构的键称为副键，它包括氢键、二硫键、盐键、疏水键、酯键、范德瓦耳斯、配位键等。

（4）氨基酸溶于水，羧基（—COOH）给出质子，发生酸式电离，同时，氨基（$—NH_2$）结合水中氢离子，使水电离出氢氧根离子，发生碱式电离，氨基酸的这种电离方式称为两性电离。

氨基酸以两性离子形式存在时，该水溶液的 pH 称为该氨基酸的等电点。通常以 pI 表示。

（5）由十一个及十一个以上氨基酸之间脱水缩合而成的化合物称为多肽。

由十个及十个以下氨基酸之间脱水缩合而成的化合物称为寡肽。

（6）蛋白质溶于水时，其分子中碱性的氨基发生碱式电离，同时酸性的羧基可以发生酸式电离。这种电离方式称为两性电离。

当蛋白质以两性离子形式存在时，该水溶液的 pH 称为该蛋白质的等电点，用 pI 表示。

（7）在一定条件下，使分散在水溶液中的蛋白质分子发生凝聚，并从溶液中沉淀析出的现象，称为蛋白质的沉淀。

在某些物理因素（如加热、加压、X 线、紫外线、超声波等）或化学因素（如强酸、强碱、重金属盐、尿素、有机溶剂、表面活性剂等）的作用下，造成蛋白质分子的空间结构发生改变，从而导致蛋白质生物活性丧失及理化性质的发生改变，此现象称为蛋白质的变性。蛋白质的变性不涉及一级结构的改变。

（8）蛋白质的一级结构是指构成蛋白质的多肽链中 *α*-氨基酸残基的排列顺序及二硫键的位置。

蛋白质分子的多肽链并不是以完全伸展的线状形式存在，而是在一级结构的基础上盘曲和折叠形成特定的三维空间结构，这种空间结构称为蛋白质的高级结构。

2. 试写出下列化合物的结构式。

（1）*R*-半胱氨酸　　（2）*S*-谷氨酸

（3）组氨酸　　（4）脯氨酸

（5）甘氨酰亮氨酸　　（6）蛋氨酰谷氨酸

（7）D-Ala　　（8）L-Ala

【解答】

（1）$\begin{array}{c} COO^- \\ H_3N^+ \!-\!\!\!\!+\!\!\!\!-\! H \\ CH_2SH \end{array}$　　（2）$\begin{array}{c} COO^- \\ H_3N^+ \!-\!\!\!\!+\!\!\!\!-\! H \\ CH_2CH_2COOH \end{array}$

（3）咪唑-4-基—$CH_2CH(^+NH_3)—COO^-$（咪唑环 N—H）

（4）$\ce{C4H8^+NH-2-COO^-}$（四氢吡咯环，环 N 上连两个 H）

（5）$H_2NCH_2C(=O)—NH—CHCOOH$（CH 上连 $CH_2CH(CH_3)_2$）

（6）$H_2NCHCONHCHCOOH$（第一个 CH 上连 $CH_2CH_2SCH_3$，第二个 CH 上连 CH_2CH_2COOH）

（7）Fischer 投影式：上 COOH，左 H，右 NH_2，下 CH_3

（8）Fischer 投影式：上 COOH，左 H_2N，右 H，下 CH_3

3. 选择题

（1）下列化合物不能与茚三酮反应生成紫色的是（　　）。

A. 蛋氨酸　　B. 脯氨酸　　C. 亮氨酸　　D. 缬氨酸

（2）下列化合物不能发生缩二脲反应的是（　　）。

A. 二肽　　B. 三肽　　C. 十肽　　D. 胰岛素

（3）下列化合物没有旋光性的是（　　）。

A. 甘氨酸　　B. 脯氨酸　　C. 亮氨酸　　D. 缬氨酸

（4）能使蛋白质沉淀，又不会使蛋白质变性的是（　　）。

A. $HgCl_2$　　B. Cl_3CCOOH　　C. $AgNO_3$　　D. $(NH_4)_2SO_4$

（5）蛋白质处于等电点时，下列说法正确的是（　　）。

A. 在电场中不发生电泳　　B. 溶液呈中性

C. 分子所带净电荷不为零　　D. 蛋白质溶解度最大

（6）下列化合物不是 S 构型的是（　　）。

A. 谷氨酸　　B. 脯氨酸　　C. 半胱氨酸　　D. 赖氨酸

【解答】（1）B；（2）A；（3）D；（4）D；（5）A；（6）C

4. 用 Fischer 投影式表示出 Ile 的所有立体构型，标明 D、L 和 *R*、*S* 构型。

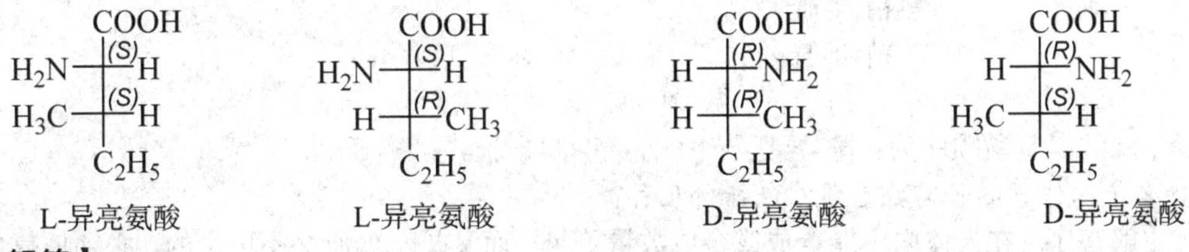

【解答】

(2*S*,3*S*)-异亮氨酸　(2*S*,3*R*)-异亮氨酸　(2*R*,3*R*)-异亮氨酸　(2*R*,3*S*)-异亮氨酸

5. 完成下列反应式（写出主要产物）。

【解答】

（1）$H_2NCH(CH_3)—C(=O)—OH + H_2NCH_2COOH \longrightarrow H_2NCH(CH_3)—C(=O)—NH—CH_2COOH$

（2）$CH_3CH(NH_2)COOH + HNO_2 \longrightarrow CH_3CH(OH)COOH + N_2\uparrow$

（3）

$$\text{(咪唑-4-基)}-CH_2CH(NH_2)COOH \xrightarrow{\text{脱羧酶}} \text{(咪唑-4-基)}-CH_2CH_2-NH_2$$

（咪唑环：N—H 位于 1 位）

（4）

$$2\ H_2N-\underset{CH_2SH}{\overset{COOH}{C}}-H \xrightarrow{-H_2} H_2N-\underset{CH_2S-S-CH_2}{\overset{COOH}{C}}-H \quad H-\overset{COOH}{C}-NH_2$$

（5）

$$2\ H_2N\underset{COOH}{CH}CH_2CH_2CONH\underset{CH_2SH}{CH}CONHCH_2COOH \xrightarrow{-H_2}$$

$$H_2N\underset{COOH}{CH}CH_2CH_2CONH\underset{CH_2}{CH}CONHCH_2COOH$$

$$S-S-CH_2$$

$$H_2N\underset{COOH}{CH}CH_2CH_2CONHCHCONHCH_2COOH$$

（6）

$$H_2N\underset{CH_3}{CH}-\overset{O}{\overset{\|}{C}}-OH + NaOH \longrightarrow H_2N\underset{CH_3}{CH}-\overset{O}{\overset{\|}{C}}-ONa$$

6. 某十肽含有 2 亮、精、半胱、谷、2 缬、异亮、酪和苯丙氨酸，部分水解时生成以下五种三肽：亮-缬-缬；亮-精-半胱；酪-异亮-苯丙；苯丙-谷-亮；精-半胱-亮。写出其氨基酸顺序。

【解答】

按照重复部分，排列小肽分子，推出多肽序列：

酪-异亮-苯丙

　　　苯丙-谷-亮

　　　　　　亮-精-半胱

　　　　　　　　精-半胱-亮

　　　　　　　　　　　亮-缬-缬

十肽的氨基酸顺序为：酪-异亮-苯丙-谷-亮-精-半胱-亮-缬-缬。

7. 什么是人体营养必需氨基酸？包括哪几种？

【解答】　在人体内不能合成或合成数量不足，而又是营养所必不可少的，必须依靠食物蛋白质供应，若缺少将会造成人体内许多种类蛋白质的代谢和合成失去平衡，导致人生病，所以把这类氨基酸称为人体营养必需氨基酸。

人体营养必需氨基酸包括缬氨酸、亮氨酸、异亮氨酸、苯丙氨酸、蛋氨酸、苏氨酸、色氨酸和赖氨酸。

8. 下列氨基酸分别溶于纯水中，其水溶液酸碱性如何？氨基酸带何种电荷？其水溶液 pH 与 pI 比较大小如何（大或小或相等）？如何调节使其达到等电点？

（1）天冬氨酸（pI=2.77）　　　　　　（2）精氨酸（pI=10.76）

【解答】

（1）天冬氨酸（pI=2.77）溶于纯水中，其水溶液显酸性，天冬氨酸带负电荷，其水溶液 pH ＞pI，加适量的酸可以调节到其等电点。

（2）精氨酸（pI=10.76）溶于纯水中，其水溶液显碱性，精氨酸带正电荷，其水溶液 pI＞pH，加适量的碱可以调节到其等电点。

9. 什么是盐析作用的实质？

【解答】 盐析作用的实质是加入的盐在水溶液中以离子的形式存在，这些离子的水化能力比蛋白质强，能破坏蛋白质分子表面的水化膜；同时这些离子也能中和蛋白质所带的电荷。故导致蛋白质沉淀析出。

10. 现有一组混合物：组氨酸（pI=7.59）、酪氨酸（pI=5.66）、谷氨酸（pI=3.22）和丙氨酸（pI=6.02），在 pH=6.02 条件下，进行电泳，哪些氨基酸留于原点处？哪些氨基酸向负极移动？哪些氨基酸向正极移动？

【解答】 在 pH=6.02 条件下，进行电泳，丙氨酸所带净电荷为零，不移动，留于原点处；组氨酸带正电荷，向负极移动；酪氨酸、谷氨酸带负电荷，向正极移动。

11. 某化合物 A（$C_7H_{15}O_2N$），既能与 HCl 作用，又能与 $NaHCO_3$ 反应放出 CO_2。A 与 HNO_2 反应产生 N_2 并转变为 B（$C_7H_{14}O_3$）。B 加热不易脱羧，可氧化得到化合物 C（$C_7H_{12}O_3$）。C 加热即放出 CO_2 并生成能与 I_2/NaOH 作用产生黄色沉淀的化合物 D（$C_6H_{12}O$）。化合物 A、B、C、D 均有旋光性，但 A、B 有两对对映体，C、D 则只有一对对映体。试写出化合物 A、B、C、D 的结构式。

【解答】

A. $CH_3CH_2CH(CH_3)CH(NH_2)CH_2COOH$

B. $CH_3CH_2CH(CH_3)CH(OH)CH_2COOH$

C. $CH_3CH_2CH(CH_3)COCH_2COOH$

D. $CH_3CH_2CH(CH_3)COCH_3$

（秦志强）

第十七章　核　　酸

一、本章基本要求

1. 掌握　核酸的分类和组成；DNA 和 RNA 中几种常见碱基的结构和命名。

核酸的一级结构和二级结构；DNA 的双螺旋结构的要点和 RNA 的二级结构特征及碱基互补规律。

2. 熟悉　几种核苷和相应核苷酸的结构。

3. 了解　核酸与生物医学的关系。

二、本 章 要 点

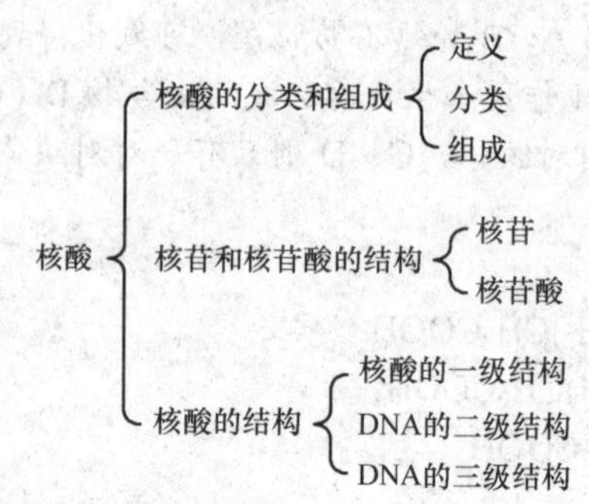

（一）核酸的分类和组成

1. 定义　核酸是存在于细胞中的一种很重要的酸性高分子化合物，是生物体遗传的物质基础。通常与蛋白质结合成核蛋白。

2. 分类

核酸分类
- 核糖核酸（RNA）
  - 核蛋白体rRNA（是体内蛋白质合成的场所）
  - 信使mRNA（是蛋白质合成时氨基酸排列顺序的模板）
  - 转运tRNA（是合成蛋白质时氨基酸的携带者）
- 脱氧核糖核酸（DNA）(遗传信息的载体)

3. 组成

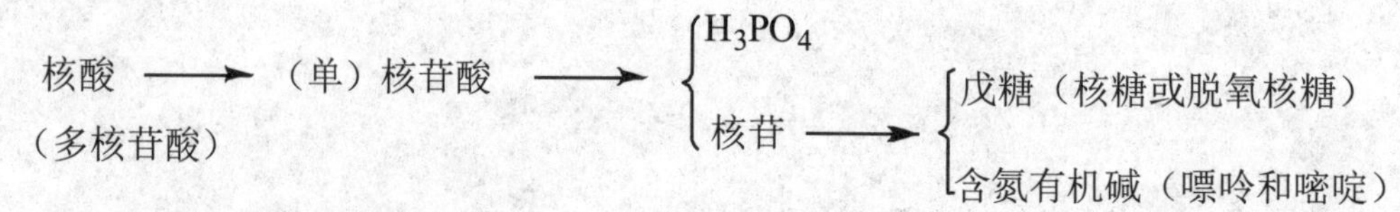

核酸中常见的 5 种碱基的结构如下：

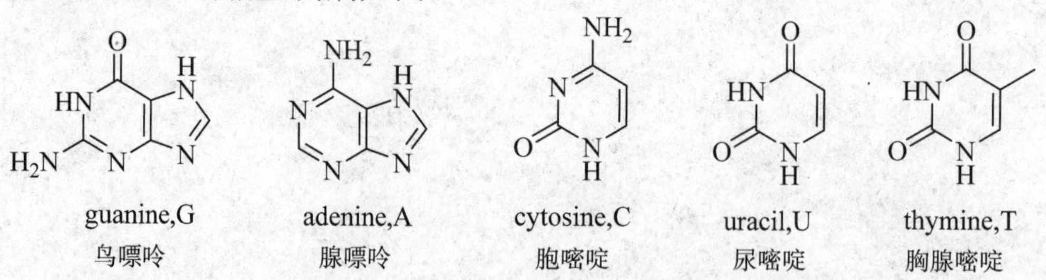

guanine,G 鸟嘌呤　adenine,A 腺嘌呤　cytosine,C 胞嘧啶　uracil,U 尿嘧啶　thymine,T 胸腺嘧啶

胞嘧啶存在于DNA和RNA中，胸腺嘧啶仅存在于DNA中，而尿嘧啶仅存在于RNA中。除了上述5种碱基外，核酸还含有少量的修饰碱基(modified bases)或稀有碱基（rare bases）。

（二）核苷和核苷酸的结构

1. **核苷（nucleoside）** 是戊糖和碱基之间脱水缩合的产物。核糖与碱基一般都是由糖的异头碳与嘧啶的N_1或嘌呤的N_9之间形成的β-*N*-糖苷键连接的。其名称由组成的碱基和戊糖而得，即碱基名称＋戊糖名称＋苷，如鸟嘌呤核苷。

2. **核苷酸（nucleotide）** 是核苷的磷酸酯。核苷酸的命名要包括糖基和碱基的名称，同时要标出磷酸连在戊糖上的位置，如5′-腺嘌呤核苷酸。

（三）核酸的结构

核酸的结构可分为一级结构和空间结构。

1. **一级结构** 在核酸（DNA和RNA）分子中，含有不同碱基的各种核苷酸按一定的排列次序，通过3′, 5′-磷酸二酯键彼此相连而成的多核苷酸链，称为核酸的一级结构。由于核苷酸间的差异主要是碱基不同，因此称为碱基序列。

2. **DNA的二级结构** 指两条单链DNA通过碱基互补配对的原则所形成的双螺旋（double helix）结构。在DNA分子中，碱基配对（碱基互补）规律：腺嘌呤（A）一定与胸腺嘧啶（T）配对，腺嘌呤与胸腺嘧啶之间形成两个氢键；鸟嘌呤（G）一定与胞嘧啶（C）配对，鸟嘌呤与胞嘧啶之间形成三个氢键；形成氢键的两个碱基都在同一个平面上。

三股螺旋DNA的结构是在DNA双螺旋结构的基础上形成的，双螺旋结构通过Watson-Crick氢键稳定，而三股螺旋DNA 通过Hoogsteen氢键稳定。DNA的二级结构有多态性，Watson-Crick模型结构称为B-DNA。

3. **DNA的三级结构** 在DNA双螺旋结构的基础上进一步折叠成为DNA的三级结构，超螺旋结构是常见的结构，在蛋白质的参与下构成核小体。

4. **RNA的二级结构和tRNA的三级结构** 大多数RNA是由一条多核苷链（单股螺旋）构成，但在链的许多区域发生自身回褶呈现双股螺旋状，但规律性差。这种双螺旋结构也是通过碱基间氢键维系，形成一定的空间构型。与DNA不同的是在RNA中腺嘌呤（A）配对的是尿嘧啶（U）（A—U）。tRNA具有由4臂4环组成的三叶草型的二级结构。tRNA具有倒“L”型的三级结构。

三、名词双语对照

脱氧核糖核酸 deoxyribonucleic acid，DNA
核糖核酸 ribonucleic acid，RNA
嘌呤 purine
嘧啶 pyrimidine
腺嘌呤 adenine，A
鸟嘌呤 guanine，G
尿嘧啶 uracil，U
胸腺嘧啶 thymine，T
胞嘧啶 cytosine，C
核苷 nucleoside
核苷酸 nucleotide

四、知识点答疑

1. 解释下列名词

（1）核苷和核苷酸 （2）多核苷酸 （3）碱基互补规律
（4）高能磷酸键 （5）DNA变性 （6）退火

【解答】

（1）由 D-核糖和 D-2-脱氧核糖与碱基脱水形成的糖苷称为核苷，核苷中糖基上的游离羟基与磷酸形成的酯称为核苷酸。

（2）多个单核苷酸之间通过磷酸二酯键连接而成的化合物称为多核苷酸。

（3）DNA 的双螺旋结构中，碱基间的氢键是有一定规律的，即腺嘌呤（A）一定与胸腺嘧啶（T）形成氢键；鸟嘌呤（G）一定与胞嘧啶（C）形成氢键。形成键的两对碱基都在同一平面上，这种规律称为碱基配对（或碱基互补）规律。

（4）高磷酸键：核苷酸（及脱氧核苷酸）分子进一步磷酸化而生成二磷酸核苷、三磷酸核苷等，其中磷酸与磷酸结合所成的键，称为高能磷酸键。此键断裂可释放出较多的能量。许多生化反应都需要这些能量来完成。

（5）某些理化因素（温度、pH、离子强度等）会导致 DNA 双链的互补碱基对之间的氢键断裂，使 DNA 双螺旋结构解离为单链的现象即为 DNA 变性。DNA 变性只改变其二级结构，不改变它的核苷酸排列。

（6）热变性的 DNA 经缓慢冷却后即可恢复天然的双螺旋构象，这一过程称为退火。

2. 写出 DNA 和 RNA 完全水解的产物结构式及名称。

【解答】

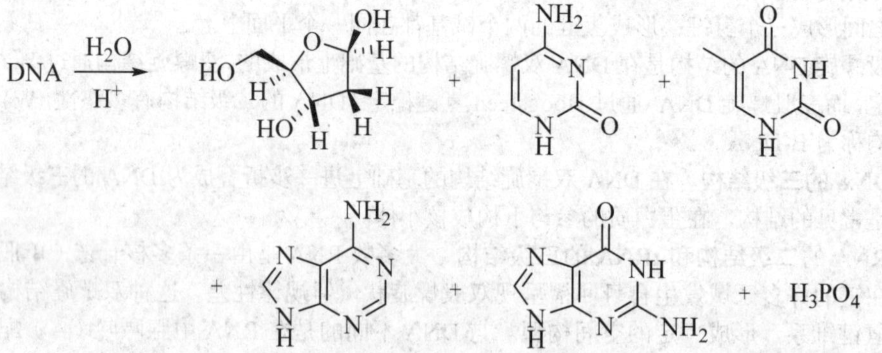

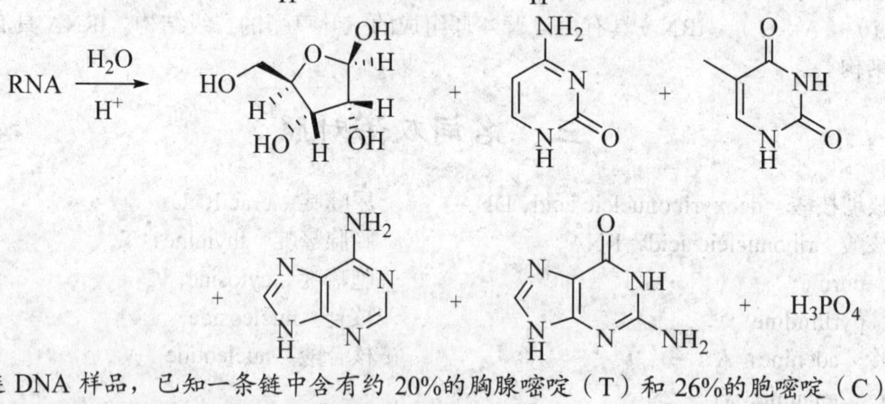

3. 某双链 DNA 样品，已知一条链中含有约 20%的胸腺嘧啶（T）和 26%的胞嘧啶（C），其互补链中含胸腺嘧啶（T）和胞嘧啶（C）的总量应是多少？

【解答】 根据碱基配对规律，已知 DNA 链中胸腺嘧啶（T）的含量为 20%，互补链中腺嘌呤（A）的含量也应该是 20%，同样已知 DNA 链中胞嘧啶（C）的含量为 26%，互补链中鸟嘌呤（G）的含量也应为 26%。由于互补链中腺嘌呤（A）与鸟嘌呤（G）的总量为 46%，因此互补链中胸腺嘧啶（T）与胞嘧啶（C）的总量应是 54%。

4. 维系 DNA 二级结构的稳定因素是什么？

【解答】 DNA 分子的二级结构是由两条反平行的脱氧核苷酸链围绕同一个轴盘绕而成的

右手双螺旋结构。脱氧核糖基和磷酸基位于双螺旋的外侧，碱基朝向内侧。两条链的碱基之间通过氢键结合成碱基对。这种碱基之间的氢键作用维持着双螺旋的横向稳定性；碱基对间的疏水作用致使碱基对堆积，这种堆积力维持这双螺旋的纵向稳定性。

5. 有一条脱氧核糖核酸链，结构如下：5′-ACCGTAACTTTAG-3′ 请写出与该链互补的 DNA 链和 RNA 链的结构。

【解答】 5′–ACCGTAACTTTAG–3′

3′–TGGCATTGAAATC–5′

3′–UGGCAUUGAAAUC–5′

6. 一种病毒的脱氧核糖核酸链具有以下组成：A=32%， G=16%， T=40%， C=12%（摩尔含量比），请问该脱氧核糖核酸的结构具有什么特点？

【解答】 从腺嘌呤（A）、胸腺嘧啶（T）、鸟嘌呤（G）和胞嘧啶（C）的含量比可以看出，该病毒 DNA 组成中嘧啶碱数目与嘌呤碱基数目不等，腺嘌呤（A）和胸腺嘧啶（T）及鸟嘌呤（G）和胞嘧啶（C）的含量不等，所以不能构成双螺旋结构，可能是一条单链 DNA。

五、强 化 学 习

1. 解释下列名词

（1）核苷和核苷酸　（2）多核苷酸　（3）碱基互补规律　（4）高能磷酸键

2. 请描述核酸中的碱基配对原则和 DNA 中碱基配对的特点。
3. 写出胞嘧啶（C）和鸟嘌呤（G）的酮式-烯醇式互变异构体。
4. 临床上常用 5-氟尿嘧啶和 6-巯基嘌呤治疗白血病，试写出它们的结构式。
5. 写出 DNA 和 RNA 水解最终产物的名称。
6. 某 DNA 样品中含有约 30%的胸腺嘧啶和 20%的胞嘧啶，还可能有哪些碱基，含量为多少？
7. 一段 DNA 分子中核苷酸的碱基序列为 TTAGGCA，与这段 DNA 链互补的碱基顺序应如何排列？
8. 维系 DNA 的二级结构稳定性的因素是什么？
9. DNA 与 RNA 是否都具有旋光性？

六、导 师 指 路

1. **解释下列名词**

【解答】

（1）由 D-核糖和 D-2-脱氧核糖与碱基脱水形成的糖苷称为核苷，核苷中糖基上的游离羟基与磷酸形成的酯称为核苷酸。

（2）多个单核苷酸之间通过磷酸二酯键连接而成的化合物称为多核苷酸。

（3）DNA 的双螺旋结构中，碱基间的氢键是有一定规律的，即腺嘌呤（A）一定与胸腺嘧啶（T）形成氢键；鸟嘌呤（G）一定与胞嘧啶（C）形成氢键。形成键的两对碱基都在同一平面上，这种规律称为碱基配对（或碱基互补）规律。

（4）高磷酸键解：核苷酸（及脱氧核苷酸）分子进一步磷酸化而生成二磷酸核苷、三磷酸核苷等，其中磷酸与磷酸结合所成的键，称为高能磷酸键。此键断裂可释放出较多的能量。许多生化反应都需要这些能量来完成。

2. **请描述核酸中的碱基配对原则和 DNA 中碱基配对的特点。**

【解答】

两条 DNA 链相互结合及形成双螺旋的力是链间的碱基对所形成的氢键。碱基的相互结合具有严格的配对规律，即腺嘌呤（A）与胸腺嘧啶（T）结合，鸟嘌呤（G）与胞嘧啶（C）结合，这种配对关系，称为碱基互补。腺嘌呤和胸腺嘧啶之间形成两个氢键，鸟嘌呤与胞嘧啶之间形成三个氢键。由于腺嘌呤与胸腺嘧啶、鸟嘌呤与胞嘧啶之间有严格的配对关系，所以在 DNA 分子中，嘌呤碱基的总数与嘧啶碱基的总数相等。

3. 写出胞嘧啶（C）和鸟嘌呤（G）的酮式–烯醇式互变异构体。

【解答】

酮式（C）　　烯醇式（C）

酮式（G）　　烯醇式（G）

4. 临床上常用 5-氟尿嘧啶和 6-巯基嘌呤治疗白血病，试写出它们的结构式。

【解答】

5-氟尿嘧啶　　6-巯基嘌呤

5. 写出 DNA 和 RNA 水解最终产物的名称。

【解答】 DNA 水解最终产物：磷酸、β-D-2-脱氧核糖、腺嘌呤(A)、鸟嘌呤（G）、胞嘧啶（C）、胸腺嘧啶（T）

RNA 水解最终产物：磷酸、β-D-核糖、腺嘌呤(A)、鸟嘌呤（G）、胞嘧啶（C）、尿嘧啶（U）

6. 某 DNA 样品中含有约 30%的胸腺嘧啶和 20%的胞嘧啶，还可能有哪些碱基，含量为多少?

【解答】 腺嘌呤约 30%，鸟嘌呤约 20%

7. 一段 DNA 分子中核苷酸的碱基序列为 TTAGGCA，与这段 DNA 链互补的碱基顺序应如何排列?

【解答】 AATCCGT

8. 维系 DNA 的二级结构未定性的因素是什么?

【解答】 双螺旋结构中的氢键和碱基间的堆积力是维系 DNA 结构稳定的主要因素。

9. DNA 与 RNA 是否都具有旋光性?

【解答】 两者都具有旋光性。因 DNA 与 RNA 的戊糖部分具有手性碳。

（钟　阳）

模拟试卷及评分标准

模拟试卷一

题号	一	二	三	四	五	六	七	总分
得分								

一、选择题（每题只有一个最佳答案；每题 1 分，共 20 分）

1. 下列物质中不能发生碘仿反应的是（　　）

A. 丙酮　　B. 3-戊酮　　C. 乙醇　　D. 苯乙酮

2. 下列物质最难与苯肼反应的是（　　）

A. CH_3COCH_3　　B. CH_3CH_2CHO

C. C_6H_5—$COCH_3$　　D. C_6H_5—CO—C_6H_5

3. 下列化合物中酸性最强的是（　　）

A. 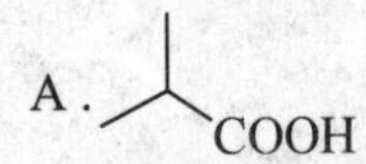

B. $CH_3CH_2CH(CH_3)COOH$　　C. $CH_3CH(Br)COOH$　　D. $BrCH_2CH_2COOH$

4. 下列物质能生成缩二脲的是（　　）

A. 尿素　　B. 苯胺　　C. 异丙胺　　D. *N,N*-二甲基乙酰胺

5. 下列化合物中能与乙酰氯发生反应的是（　　）

A. 三甲基胺　　B. 苯胺　　C. *N,N*-二甲基苯胺　　D. 二甲基乙基胺

6. 下列哪种糖类化合物被硝酸氧化后可生成无旋光活性的糖二酸（　　）

A. 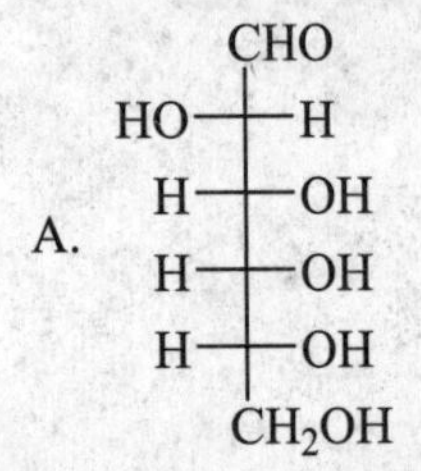

B. CHO / H—OH / H—OH / HO—H / H—OH / CH_2OH

C. CHO / H—OH / H—OH / H—OH / H—OH / CH_2OH

D. CHO / H—OH / HO—H / H—OH / H—OH / CH_2OH

7. 与 Fehling 试剂反应不能生成砖红色氧化亚铜的物质是（　　）

A. 苯甲醛　　B. 乙醛　　C. 苯乙醛　　D. 3-甲基戊醛

8. 下列化合物中既能发生碘仿反应又能与氢氰酸反应的是（　　）

A. 乙醛　　B. 苯甲醛　　C. 3-戊酮　　D. 异丙醇

9. 用化学方法鉴别苯酚（C_6H_5OH）和环己酮应选择的试剂是（　　）

A. 饱和 $NaHCO_3$　　B. $KMnO_4$溶液　　C. $FeCl_3$溶液　　D. NaCN 溶液

10. 下列化合物容易生成内酯的是（　　）

A. $CH_3CH_2CH_2CH(OH)COOH$　　B. $CH_3CH_2CH(OH)CH_2COOH$

C. $CH_3CH(OH)CH_2CH_2COOH$　　D. $CH_3CH_2CH_2CH_2COOH$

11. 下列化合物中碱性最强的是（　　）

A. 乙胺　　B. 苯胺　　C. 二乙胺　　D. *N*-乙基苯胺

12. 下列化合物中能与苯磺酰氯发生反应产物可溶于氢氧化钠的是（　　）

A. 三甲基胺　　B. 对甲基苯胺　　C. *N*, *N*-二甲基苯胺　　D. 甲基乙基胺

13. Br_2/CCl_4 在室温下可鉴别（　　）

A. 己烷和戊烷　　B. 丙烯和己烷　　C. 戊烷和异丁烷　　D. 丙烯和异丁烯

14. 下列物质氧化产物为丁酮的是（　　）

A. 叔丁醇　　B. 2-丁醇　　C. 2-甲基丁醇　　D. 1-丁醇

15. 下列化合物不具有芳香性的是（　　）

A. (环戊二烯正离子 ⊕)　　B. (环戊二烯负离子 ⊖)　　C. (环丙烯正离子 ⊕)　　D. (苯)

16. 下列化合物与 Lucas 试剂反应，在室温下可立即出现混浊分层的是（　　）

A. 2,2-二甲基-1-丁醇　　B. 异丁醇　　C. 仲丁醇　　D. 叔丁醇

17. 黄鸣龙还原是指（　　）

A. Na 或 Li 还原苯环成为非共轭二烯　　B. Na＋ROH 使羧酸酯还原成醇

C. Na 使酮双分子还原　　D. NH_2NH_2/KOH/高沸点溶剂，还原羰基成亚甲基

18. 下列化合物中不具有还原性的是（　　）

A. 核糖　　B. 麦芽糖　　C. 蔗糖　　D. 乳糖

19. 鉴别葡萄糖和果糖的最合适试剂为（　　）

A. 托伦试剂　　B. 班氏试剂　　C. 溴水　　D. 苯肼

20. 苯酚的结构为下列何种（　　）

A. C_6H_5—OH　　B. C_6H_5—COOH　　C. 邻甲基苯甲酸（COOH）　　D. C_6H_5—CHO

二、命名与写结构式（请将答案填写在相应空白处；每题 1 分，共 20 分）

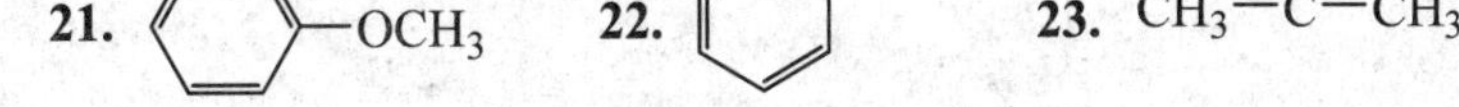

21. C_6H_5—OCH_3　　**22.** C_6H_5—CH_3　　**23.** $CH_3-\overset{O}{\overset{\|}{C}}-CH_3$　　**24.** $CH_3-\overset{O}{\overset{\|}{C}}-NH_2$

25. $CH_3CH_2NH_2$　　**26.** C_6H_5—COOH　　**27.** $C_6H_5-\overset{O}{\overset{\|}{C}}-CH_3$　　**28.** $CH_3\overset{O}{\overset{\|}{C}}-N(CH_3)_2$

29.  O

30. 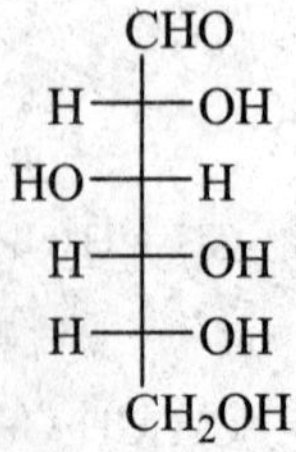 $$\begin{array}{c} CHO \\ H-\!\!\!-\!\!\!+\!\!\!-\!\!\!-OH \\ HO-\!\!\!-\!\!\!+\!\!\!-\!\!\!-H \\ H-\!\!\!-\!\!\!+\!\!\!-\!\!\!-OH \\ H-\!\!\!-\!\!\!+\!\!\!-\!\!\!-OH \\ CH_2OH \end{array}$$

31. 苯胺　**32.** 乙酸乙酯

33. 水杨酸　**34.** 乳酸　**35.** 5-甲基-3-庚酮　**36.** 草酸

37. *N*-乙基苯胺　**38.** 甲酸　**39.** 乙醚　**40.** 对氨基苯酚

三、简答题（请简要回答各题；每题 5 分，共 20 分）

41. 为什么苯酚的酸性比醇的酸性强?

42. 简述用化学方法区别下列化合物：邻羟基苯甲酸，苯甲酸，苯甲醇。

43. 胺在水溶液中的碱性与哪些因素有关? 脂肪族胺、氨、芳香族胺在水溶液中的碱性强弱顺序大致怎样?

44. 中性、酸性和碱性氨基酸是如何划分的?

四、完成化学方程式（每题 2 分，共 30 分）

45. $CH_3-\overset{O}{\overset{\|}{C}}-CH_3 + NaHSO_3 \longrightarrow$

46. $2\ CH_3CH_2CHO \xrightarrow{\text{稀NaOH}}$

47. 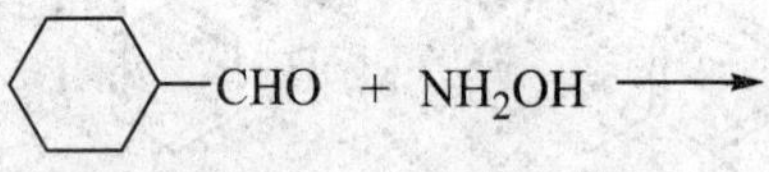 $-CHO + NH_2OH \longrightarrow$

48. $CH_3CH_2\overset{O}{\overset{\|}{C}}CH_3 \xrightarrow{I_2,NaOH}$

49. 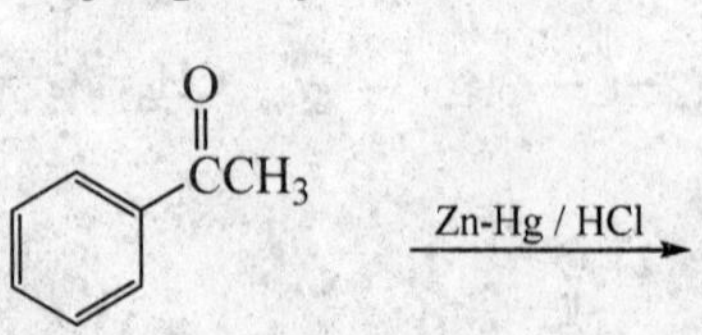 $\overset{O}{\overset{\|}{C}}CH_3 \xrightarrow{Zn\text{-}Hg\ /\ HCl}$

50. 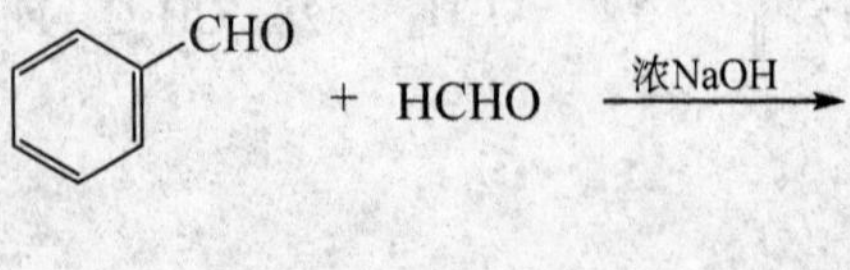 $CHO + HCHO \xrightarrow{\text{浓NaOH}}$

51. H_3C—C(=O)—O—C(=O)—H_3C + (邻羟基苯甲酸：OH, COOH) $\xrightarrow{\text{浓 } H_3PO_4}$

52. (邻羟基苯甲酸：OH, COOH) + $NaHCO_3$ $\longrightarrow$

53. (苯酚：OH) + CH_3COCl $\longrightarrow$

54. (苯环—$NHCH_2CH_3$) $\xrightarrow[0\sim5℃]{NaNO_2,\ HCl}$

55. (苯酚：OH) + Br_2 $\xrightarrow{H_2O}$

56. (苯环—$N(CH_3)_2$) + HNO_2 $\longrightarrow$

57. (OH, OH, O) $\xrightarrow{\triangle}$

58. (苯环—N(CH_3)(CH_3)) + (苯环—$N_2^+\ Cl^-$) $\longrightarrow$

59. CHO / H—OH / H—OH / H—OH / CH_2OH $\xrightarrow[\triangle]{3\ NH_2NHC_6H_5}$

五、合成与推断题（每题 5 分，共 10 分）

60. 某烯烃经催化加氢得 2-甲基丁烷，加 HCl 可得 2-甲基-2-氯丁烷；经 $KMnO_4$ 氧化后可得丙酮和乙酸。写出该烃的结构式及各步反应的方程式。

61. 化合物 A 和 B 的分子式均为 $C_5H_{10}O$，无旋光性。与 2,4-二硝基苯肼反应均有黄色沉淀生成；与 Tollen 试剂反应则只有 B 可生成银镜。经催化氢化后，B 的产物 D 仍无旋光性，而 A 的产物 C 则有旋光性，经脱水后再用高锰酸钾酸性溶液共热，C 的产物中有丙酮，而 D 的产物中可检出异丁酸。试给出 A 和 B 的结构式。

模拟试卷一答案及评分标准

一、选择题（每题只有一个最佳答案；每题1分，共20分）

1	2	3	4	5	6	7	8	9	10	11	12	13	14	15	16	17	18	19	20
B	D	C	A	B	C	A	A	C	C	C	B	B	B	A	D	D	C	C	A

二、命名与写结构式（请将答案填写在相应空白处；每题1分，共20分）

【解答】

21. 苯甲醚　**22.** 甲苯　**23.** 丙酮　**24.** 乙酰胺　**25.** 乙胺

26. 苯甲酸　**27.** 苯乙酮　**28.** *N*, *N*-二甲基乙酰胺　**29.** 呋喃　**30.** D-葡萄糖

31. 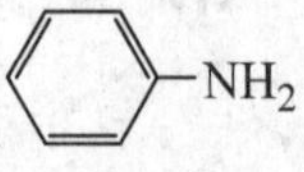 $C_6H_5-NH_2$　**32.** $CH_3\overset{\overset{O}{\|}}{C}OCH_2CH_3$　**33.** 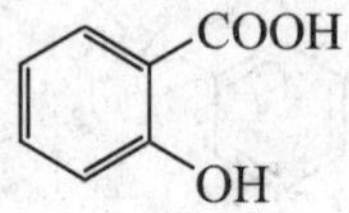 COOH, OH

34. 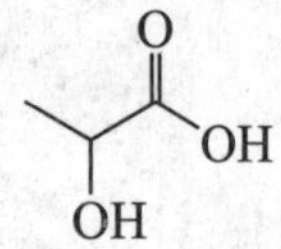 O, OH, OH　**35.** 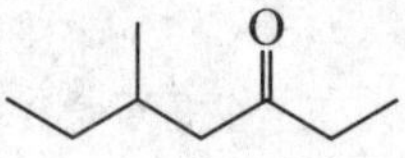 O　**36.** HOOC—COOH

37. 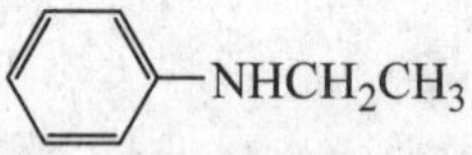 $C_6H_5-NHCH_2CH_3$　**38.** HCOOH

39. $CH_3CH_2OCH_2CH_3$　**40.** 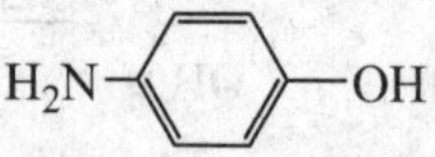 $H_2N-C_6H_4-OH$

三、简答题（请简要回答各题；每题5分，共20分）

41. 为什么苯酚的酸性比醇的酸性强？

【解答】　酚羟基中的氧原子可以和苯环发生 p-π 共轭，使 O—H 键的极性增大，易给出质子生成苯氧负离子，其负电荷分散到整个苯环上，所以比较稳定。醇分子中无此作用。

42. 简述用化学方法区别下列化合物：邻羟基苯甲酸，苯甲酸，苯甲醇。

【解答】　能使 $FeCl_3$ 水溶液显色的为水杨酸，其他两种化合物不显色。余下的两种化合物中能与 $NaHCO_3$ 水溶液反应产生气泡的为苯甲酸，不反应的为苯甲醇。

43. 胺在水溶液中的碱性与哪些因素有关？脂肪族胺、氨、芳香族胺在水溶液中的碱性强弱顺序大致怎样？

【解答】　与电子效应、溶剂化效应、空间效应有关，脂肪胺＞氨＞芳香胺。

44. 中性、酸性和碱性氨基酸是如何划分的？

【解答】　根据氨基酸分子中所含氨基和羧基的数目，氨基酸可分为中性、酸性和碱性氨基酸三类。

氨基和羧基数目相等的氨基酸近于中性，称为中性氨基酸；羧基数目多于氨基的是酸性氨基酸；氨基数目多于羧基的是碱性氨基酸。

四、完成化学方程式（每题 2 分，共 30 分）

【解答】

45. $CH_3COCH_3 + NaHSO_3 \longrightarrow CH_3-C(OH)(SO_3Na)-CH_3$

46. $2\ CH_3CH_2CHO \xrightarrow{\text{稀}NaOH} CH_3CH_2CH(OH)CH(CH_3)CHO$

47. $C_6H_{11}-CHO + NH_2OH \longrightarrow C_6H_{11}-CH=NOH$

48. $CH_3CH_2COCH_3 \xrightarrow{I_2,NaOH} CH_3CH_2COONa + CHI_3$

49. $C_6H_5COCH_3 \xrightarrow{Zn\text{-}Hg / HCl} C_6H_5CH_2CH_3$

50. $C_6H_5CHO + HCHO \xrightarrow{\text{浓}NaOH} C_6H_5CH_2OH + HCOONa$

51. $(CH_3CO)_2O + o\text{-}HOC_6H_4COOH \xrightarrow{\text{浓}H_3PO_4} o\text{-}CH_3COOC_6H_4COOH$

52. $o\text{-}HOC_6H_4COOH + NaHCO_3 \longrightarrow o\text{-}HOC_6H_4COONa$

53. $C_6H_5OH + CH_3COCl \longrightarrow C_6H_5OCOCH_3$

54. $C_6H_5NHCH_2CH_3 \xrightarrow[0\sim5℃]{NaNO_2,\ HCl} C_6H_5N(NO)CH_2CH_3$

55. $C_6H_5OH + Br_2 \xrightarrow{H_2O} 2,4,6\text{-}Br_3C_6H_2OH \downarrow$

56. $C_6H_5N(CH_3)_2 + HNO_2 \longrightarrow ON\text{-}C_6H_4\text{-}N(CH_3)_2$

57. $CH_3CH(OH)CH_2CH_2CH_2COOH \xrightarrow{\triangle}$ 6-甲基四氢吡喃-2-酮（δ-内酯）

58. $C_6H_5N(CH_3)_2 + C_6H_5N_2^+Cl^- \longrightarrow C_6H_5\text{-}N{=}N\text{-}C_6H_4\text{-}N(CH_3)_2$

59. CHO, H—OH, H—OH, H—OH, CH_2OH $\xrightarrow[\triangle]{3\ NH_2NHC_6H_5}$ $CH{=}NNHC_6H_5$, $C{=}NNHC_6H_5$, H—OH, H—OH, CH_2OH

五、合成与推断题（每题 5 分，共 10 分）

60. 某烯烃经催化加氢得 2-甲基丁烷，加 HCl 可得 2-甲基-2 -氯丁烷；经 $KMnO_4$ 氧化后可得丙酮和乙酸。写出该烃的结构式及各步反应的方程式。

【解答】 $CH_3C(CH_3){=}CHCH_3$

$$CH_3C(CH_3){=}CHCH_3 \xrightarrow{H_2} CH_3CH(CH_3)CH_2CH_3$$

$$CH_3C(CH_3){=}CHCH_3 \xrightarrow{HCl} CH_3CCl(CH_3)CH_2CH_3$$

$$CH_3C(CH_3){=}CHCH_3 \xrightarrow{KMnO_4/H^+} CH_3COCH_3 + CH_3COOH$$

61. 化合物 A 和 B 的分子式均为 $C_5H_{10}O$，无旋光性。与 2,4-二硝基苯肼反应均有黄色沉淀生成；与 Tollen 试剂反应则只有 B 可生成银镜。经催化氢化后，B 的产物 D 仍无旋光性，而 A 的产物 C 则有旋光性，经脱水后再用高锰酸钾酸性溶液共热，C 的产物中有丙酮，而 D 的产物中可检出异丁酸。试给出 A 和 B 的结构式。

【解答】 A. $CH_3CH(CH_3)COCH_3$　　B. $CH_3CH(CH_3)CH_2CHO$

（陈连山）

模拟试卷二

题号	一	二	三	四	五	六	七	总分
得分								

一、选择题（每题只有一个最佳答案；每题 1 分，共 20 分）

1. 醛、酮分子中羰基碳、氧原子的杂化状态是（　　）

A. sp 和 sp^3　　B. sp^2 和 sp^3　　C. sp 和 sp　　D. 均为 sp^2

2. 下列化合物能与 $FeCl_3$ 显色反应的是（　　）

A. 苯酚　　B. 乙醛　　C. 苯甲醚　　D. 苯甲醇

3. 下列化合物中能和氢氧化铜反应的是（　　）

A. 1,3-环己二醇　　B. 1,3-丙二醇　　C. 1,4-环己二醇　　D. 1,2-环己二醇

4. 指出下列化合物哪一个与 *R*-2-溴丙酸是同一化合物（　　）

A. 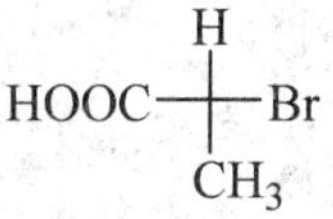 $\begin{array}{c} H \\ HOOC-\!\!\!+\!\!\!-Br \\ CH_3 \end{array}$　　B. $\begin{array}{c} COOH \\ H-\!\!\!+\!\!\!-Br \\ CH_3 \end{array}$　　C. $\begin{array}{c} H \\ Br-\!\!\!+\!\!\!-CH_3 \\ COOH \end{array}$　　D. 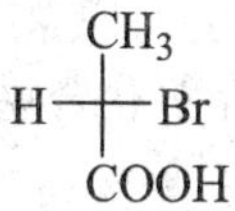 $\begin{array}{c} CH_3 \\ H-\!\!\!+\!\!\!-Br \\ COOH \end{array}$

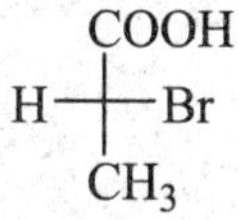

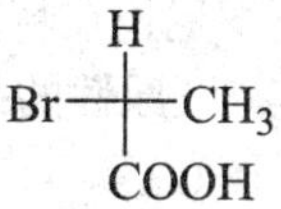

5. 苯酚可以用下列哪种方法来检验（　　）

A. 加漂白粉溶液　　B. 加 Br_2 水溶液　　C. 加酒石酸溶液　　D. 加 $CuSO_4$ 溶液

6. 下列四个化合物不被稀酸水解的是（　　）

A. 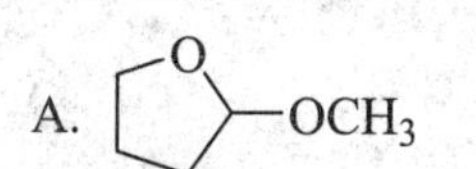　　B. 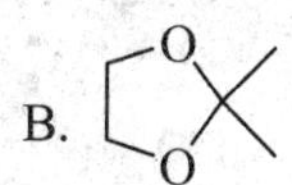　　C. 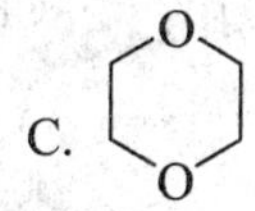　　D. 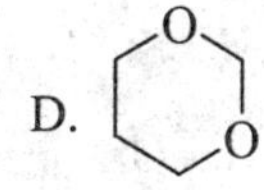

7. 三氯乙酸的酸性大于乙酸，其主要的影响原因是（　　）

A. 共轭效应　　B. 吸电子诱导效应　　C. 给电子诱导效应　　D. 空间效应

8. 医药上使用的消毒剂“煤酚皂”，其溶液俗称“来苏儿”，是以下哪项的 47%～53%肥皂水溶液（　　）

A. 苯酚　　B. 甲苯酚　　C. 硝基苯酚　　D. 苯二酚

9. 下列化合物中，能发生碘仿反应的是（　　）

A. 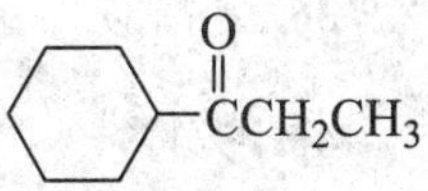 $C_6H_{11}-\overset{O}{\overset{\|}{C}}CH_2CH_3$　　B. $C_6H_5-\overset{OH}{\overset{|}{C}}HCH_3$　　C. 环己烷-1-OH-1-CH_3（OH、CH_3）　　D. $CH_3CH_2CH_2OH$

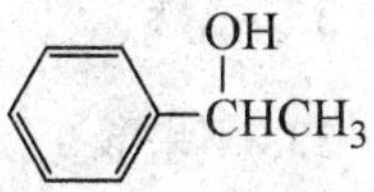

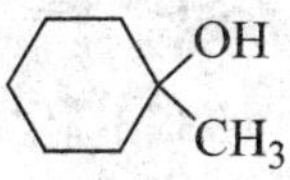

10. 苯甲醛和环戊酮都可以与下列哪种试剂可以发生反应（　　）

A. Tollen 试剂　　B. Fehling 试剂　　C. 羟胺　　D. 品红亚硫酸溶液

11. 下列化合物的酸性最强的是（　　）

A. 丙二酸　　B. 乙酸　　C. 苯酚　　D. 草酸

12. 将 $C_6H_4\begin{cases} CHO \\ CH=CH_2 \end{cases}$ 氧化为 $C_6H_4\begin{cases} COOH \\ CH=CH_2 \end{cases}$ 的最合适的试剂为（　　）

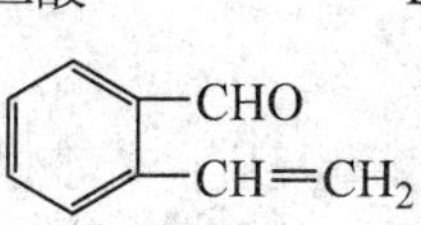

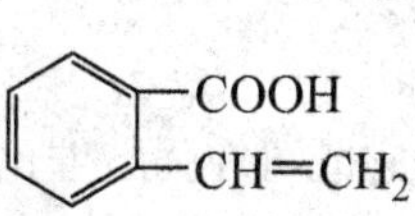

A. Fehling 试剂　　B. $K_2Cr_2O_7/H^+$　　C. $KMnO_4/H^+$　　D. Tollen 试剂

13. 下列试剂不能用来鉴别醛和酮的是（　　）

A. Tollen 试剂　　B. Fehling 试剂　　C. Schiff 试剂　　D. Lucas 试剂

14. 下列化合物中，能与 C_6H_5MgX 产生苄醇的是（　　）

A. 甲醛　　B. 环氧乙烷　　C. 苯乙酮　　D. 乙醛

15. 下列物质能生成缩二脲的是（　　）

A. 尿素　　B. 苯胺　　C. 异丙胺　　D. *N*, *N*-二甲基乙酰胺

16. 下列哪个反应能增长碳链（　　）

A. 碘仿反应　　B. 醇醛缩合反应

C. 生成缩醛的反应　　D. Cannizzaro 反应

17. 与亚硝酸在低温条件可以生成重氮盐的胺是（　　）

A. 对甲基苯胺　　B. 二甲基胺　　C. 苄胺　　D. *N*, *N*-二甲基苯胺

18. 必需脂肪酸包括（　　）

A. 亚油酸、硬脂酸、甘氨酸　　B. 油酸、亚麻酸、花生四烯酸

C. 甘氨酸、半胱胺酸、苯丙氨酸　　D. 亚油酸、亚麻酸、花生四烯酸

19. 鉴别葡萄糖和果糖的最合适试剂为（　　）

A. Tollen 试剂　　B. 本尼迪克特试剂　　C. 溴水　　D. 苯肼

20. 下列化合物中不具有还原性的是（　　）

A. 核糖　　B. 麦芽糖　　C. 蔗糖　　D. 乳糖

二、命名与写结构式（请将答案填写在相应空白处；每题 1 分，共 20 分）

21. N（吡啶环结构）　　**22.** $N(CH_3)_3$（H_3C、CH_3、CH_3 连于 N）　　**23.** $C_6H_5-N(CH_3)_2$　　**24.** $\begin{matrix}COOH\\|\\COOH\end{matrix}$

25. $CH_3CH_2\overset{O}{\overset{\|}{C}}CH_3$　　**26.** $C_6H_5COCH_3$（结构式）　　**27.** $H\overset{O}{\overset{\|}{C}}-OC_2H_5$　　**28.** C_6H_5CHO（结构式，O、H）

29. C_6H_5COOH（结构式，O、OH）　　**30.** $CH_3\overset{O}{\overset{\|}{C}}-Cl$　　**31.** 丙酮　　**32.** *N*, *N*-二甲基乙酰胺

33. 苯胺　　**34.** 甲苯　　**35.** 乙醚　　**36.** 乙酰胺

37. 乳酸　　**38.** 3-苯丙烯酸　　**39.** 苹果酸　　**40.** 呋喃

三、简答题（请简要回答各题；每题 10 分，共 30 分）

41. 吡啶分子中氮原子上的未共用电子对不参与 π 体系，这对电子可与质子结合。为什么吡啶的碱性比脂肪族胺小得多?

42. 用化学方法区别下列各组化合物：

（1）葡萄糖和蔗糖；（2）麦芽糖和淀粉

43. 化合物 A 的分子式为 $C_4H_6O_4$，它既可在强酸催化下发生酯化反应，又可与碳酸氢钠溶液反应放出二氧化碳。加热 A 得到产物 B，B 分子式为 $C_3H_6O_2$，它也能发生上述两种反应。试

写出 A、B 两种化合物的结构式。

四、完成化学方程式（每题 2 分，共 30 分）

44. $CH_3\underset{\substack{|\\CH_3}}{CH}C\equiv CH + Cu(NH_3)_2Cl \longrightarrow$

45. 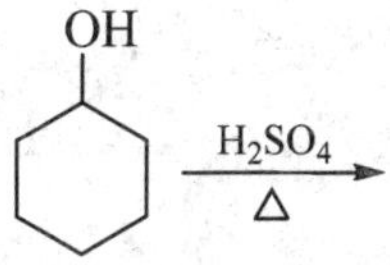 OH（环己醇） $\xrightarrow[\triangle]{H_2SO_4}$

46. 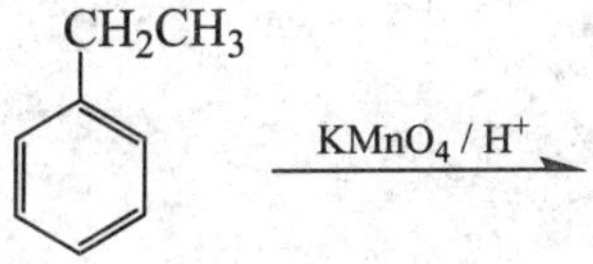 CH_2CH_3（乙苯） $\xrightarrow{KMnO_4\,/\,H^+}$

47. 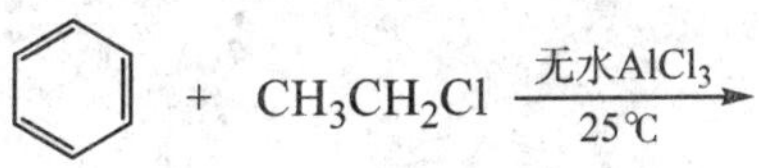 （苯） + CH_3CH_2Cl $\xrightarrow[25℃]{无水AlCl_3}$

48. 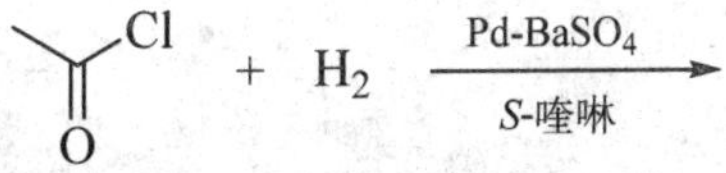 Cl / O（乙酰氯） + H_2 $\xrightarrow[S\text{-喹啉}]{Pd\text{-}BaSO_4}$

49. 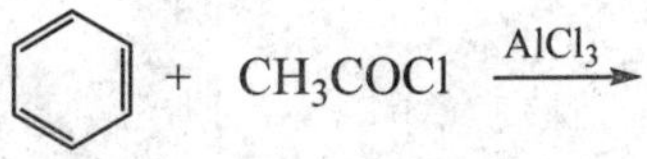 （苯） + CH_3COCl $\xrightarrow{AlCl_3}$

50. $CH_3\overset{\substack{O\\\|}}{C}-OC_2H_5 \xrightarrow[乙醚]{LiAlH_4} \xrightarrow{H^+}$

51. 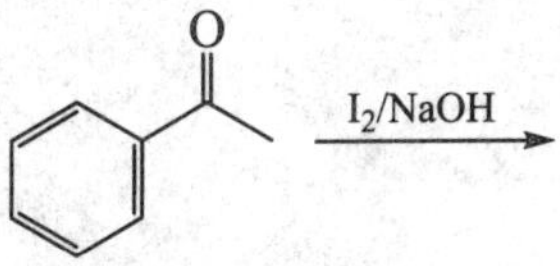 O（苯乙酮） $\xrightarrow{I_2/NaOH}$

52. 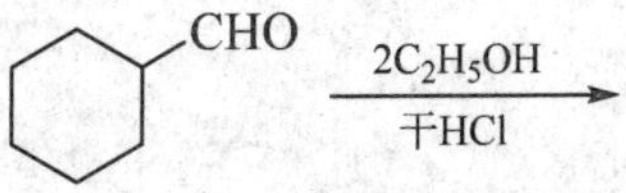 CHO（环己基甲醛） $\xrightarrow[干HCl]{2C_2H_5OH}$

53. 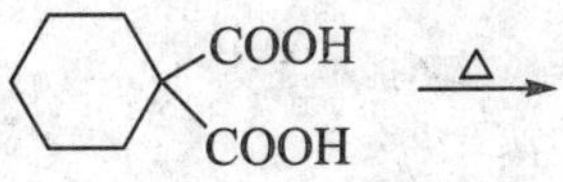 COOH / COOH（1,1-环己烷二甲酸） $\xrightarrow{\triangle}$

54. $CH_3\overset{\substack{OH\\|}}{C}HCH_2CH_2CH_2COOH \xrightarrow{\triangle}$

55. $C_6H_5N(CH_3)_2 + C_6H_5N_2^+Cl^- \longrightarrow$

56. $CH_3CH_2CHO \xrightarrow{\text{稀 NaOH}}$

57. $CH_2{=}CHCH_2CH_2OH \xrightarrow[CH_2Cl_2]{CrO_3\ /\text{吡啶}}$

58. $C_6H_5NH_2 \xrightarrow[0\sim5℃]{NaNO_2,\ HCl}$

模拟试卷二答案及评分标准

一、选择题（每题只有一个最佳答案；每题 1 分，共 20 分）

1	2	3	4	5	6	7	8	9	10	11	12	13	14	15	16	17	18	19	20
D	A	D	B	B	C	B	B	B	C	D	D	D	A	A	B	A	D	C	C

二、命名与写结构式（请将答案填写在相应空白处；每题 1 分，共 20 分）

【解答】

21. 吡啶　**22.** 三甲胺　**23.** *N*, *N*-二甲基苯胺　**24.** 草酸　**25.** 丁酮

26. 苯乙酮　**27.** 甲酸乙酯　**28.** 苯甲醛　**29.** 苯甲酸　**30.** 乙酰氯

31. 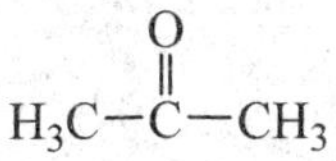 $H_3C-\overset{O}{\overset{\|}{C}}-CH_3$　**32.** 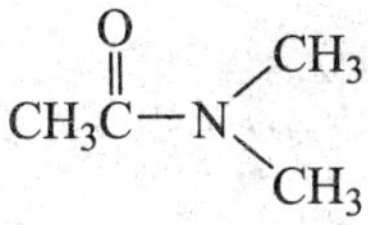 $CH_3\overset{O}{\overset{\|}{C}}-N(CH_3)_2$　**33.** 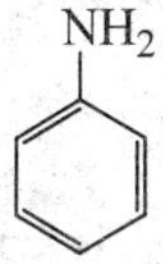 （苯环上连 NH_2）　**34.** 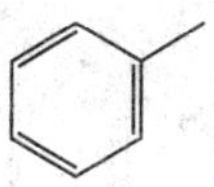 （苯环上连甲基）

35. 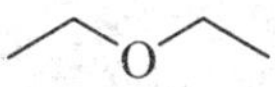 （乙醚键线式，O）　**36.** 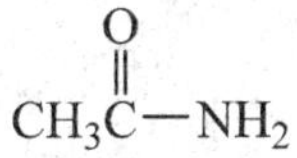 $CH_3\overset{O}{\overset{\|}{C}}-NH_2$　**37.** 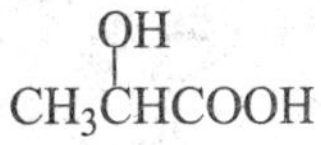 $CH_3\overset{OH}{\overset{|}{C}}HCOOH$

38. 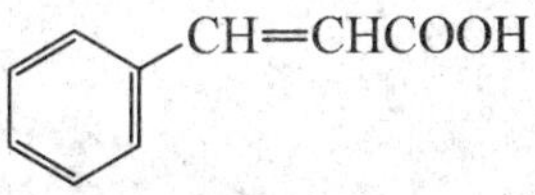 （苯环）$-CH{=}CHCOOH$　**39.** 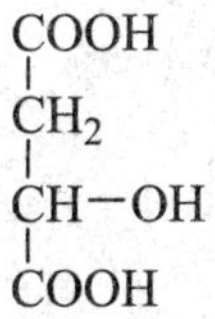 $HOOC-CH_2-CH(OH)-COOH$　**40.**  （呋喃，O）

三、简答题（请简要回答各题；每题 10 分，共 30 分）

41. 吡啶分子中氮原子上的未共用电子对不参与 π 体系，这对电子可与质子结合。为什么吡啶的碱性比脂肪族胺小得多?

【解答】 因为氮原子的杂化状态不同。吡啶氮原子的未共用电子对在 sp^2 杂化轨道，而脂肪族胺分子中的氮原子未共用电子对在 sp^3 杂化轨道。sp^2 的 s 成分较多，未共用电子对比较靠近氮原子，较难同质子结合。

42. 用化学方法区别下列各组化合物：

（1）葡萄糖和蔗糖；（2）麦芽糖和淀粉。

【解答】（1）葡萄糖能与 Feiling 试剂反应，而蔗糖不能。

（2）直链淀粉与碘反应呈蓝色，支链淀粉与碘反应呈红紫色，麦芽糖不能。

43. 化合物 A 的分子式为 $C_4H_6O_4$，它既可在强酸催化下发生酯化反应，又可与碳酸氢钠溶液反应放出二氧化碳。加热 A 得到产物 B，B 分子式为 $C_3H_6O_2$，它也能发生上述两种反应。试写出 A、B 两种化合物的结构式。

【解答】 A. 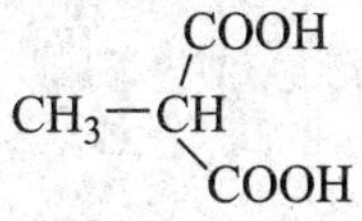 $CH_3-CH(COOH)_2$　　B. CH_3CH_2COOH

四、完成化学方程式（每题 2 分，共 30 分）

【解答】

44. $CH_3\underset{\displaystyle CH_3}{\underset{|}{C}}HC{\equiv}CH + Cu(NH_3)_2Cl \longrightarrow CuC{\equiv}C\overset{\displaystyle CH_3}{\overset{|}{C}}HCH_3\downarrow$

45. OH $\xrightarrow[\Delta]{H_2SO_4}$

46. CH_2CH_3 $\xrightarrow{KMnO_4\,/\,H^+}$ COOH

47. $+\ CH_3CH_2Cl \xrightarrow[25℃]{无水AlCl_3}$ CH_2CH_3

48. Cl, O $+\ H_2 \xrightarrow[S\text{-喹啉}]{Pd\text{-}BaSO_4}$ H, O

49. $+\ CH_3COCl \xrightarrow{AlCl_3}$ $COCH_3$

50. $CH_3\overset{\displaystyle O}{\overset{\|}{C}}{-}OC_2H_5 \xrightarrow[乙醚]{LiAlH_4} \xrightarrow{H^+} CH_3CH_2{-}OH$

51. O $\xrightarrow{I_2/NaOH}$ O, $O^-\ Na^+\ +\ CHI_3\downarrow$

52. CHO $\xrightarrow[干HCl]{2C_2H_5OH}$ $CH(OCH_2CH_3){-}OCH_2CH_3$

53. COOH, COOH $\xrightarrow{\Delta}$ $COOH + CO_2\uparrow$

54. $CH_3\overset{\displaystyle OH}{\overset{|}{C}}HCH_2CH_2CH_2COOH \xrightarrow{\Delta}$ O, O, CH_3

55. $C_6H_5N(CH_3)_2 + C_6H_5N_2^+Cl^- \longrightarrow C_6H_5-N=N-C_6H_4-N(CH_3)_2$

56. $2CH_3CH_2CHO \xrightarrow{\text{稀 NaOH}} CH_3CH_2CH(OH)CH(CH_3)CHO$

57. $CH_2=CHCH_2CH_2OH \xrightarrow[CH_2Cl_2]{CrO_3\ /\text{吡啶}} CH_2=CHCH_2CHO$

58. $C_6H_5NH_2 \xrightarrow[0\sim5℃]{NaNO_2\text{, }HCl} C_6H_5\overset{+}{N}\equiv N\overset{-}{Cl}$

（陈连山）

模拟试卷三

题号	一	二	三	四	五	六	七	总分
得分								

一、选择题（每题只有一个最佳答案；每题 1 分，共 20 分）

1. 下列物质中不能发生碘仿反应的是（　　）

A. 丙酮　　B. 3-戊酮　　C. 乙醇　　D. 苯乙酮

2. $CH_2=CH-CH=CH-C_6H_5$ 分子中主要存在以下哪种共轭效应（　　）

A. p-π 共轭　　B. σ-p 超共轭　　C. π-π 共轭　　D. σ-π 超共轭

3. 下列化合物最稳定的是（　　）

A.　　B.　　C.　　D.

4. 下列化合物最难发生亲电取代反应的是（　　）

A. C_6H_5-Cl　　B. C_6H_5-OH　　C. C_6H_6　　D. $C_6H_5-NO_2$

5. 下列化合物中能与乙酰氯发生反应的是（　　）

A. 三甲基胺　　B. 苯胺　　C. *N,N*-二甲基苯胺　　D. 二甲基乙基胺

6. 下列哪种糖类化合物被硝酸氧化后可生成无旋光活性的糖二酸（　　）

A. 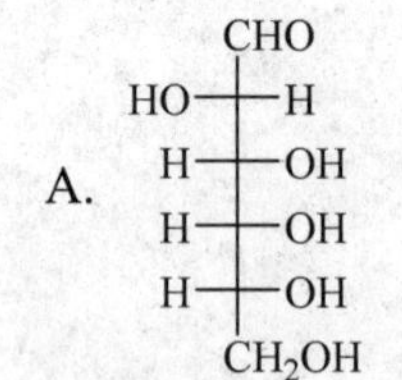

B. CHO; H—OH; H—OH; HO—H; H—OH; CH_2OH

C. CHO; H—OH; H—OH; H—OH; H—OH; CH_2OH

D. CHO; H—OH; HO—H; H—OH; H—OH; CH_2OH

7. 指出下列化合物哪一个是内消旋体（　　）

A. 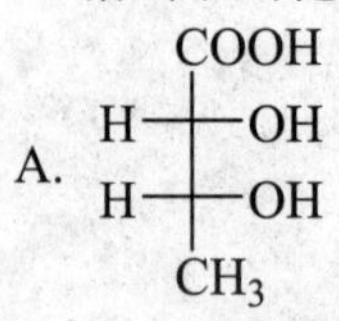

B. 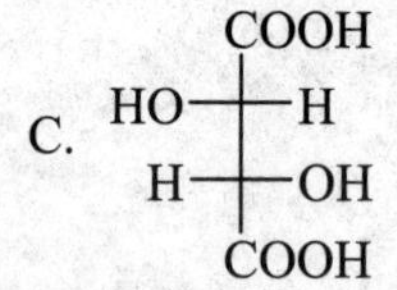

C. COOH; HO—H; H—OH; COOH

D. COOH; H—OH; H—OH; COOH

8. 1-甲基-4-叔丁基环己烷最稳定的构象是（　　）

A. CH_3—（椅式）—$C(CH_3)_3$

B. CH_3—（椅式）—$C(CH_3)_3$

C. 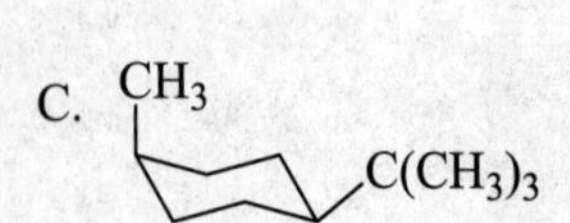

D. 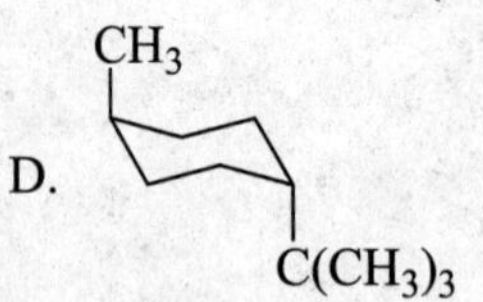

9. 下列醇与 Lucas 试剂在室温条件下反应，立即混浊的是（　　）

A. $CH_3CH_2CH_2CH_2OH$　　B. $CH_3CH_2CH(OH)CH_3$

C. $CH_3CH_2C(CH_3)_2CH_2OH$　　D. $CH_3C(CH_3)(OH)CH_2CH_3$

10. 下列化合物容易生成内酯的是（　　）

A. $CH_3CH_2CH_2CH(OH)COOH$　　B. $CH_3CH_2CH(OH)CH_2COOH$

C. $CH_3CH(OH)CH_2CH_2COOH$　　D. $CH_3CH_2CH_2CH_2COOH$

11. $LiAlH_4$ 可将 $CH_2{=\!=}CHCH_2COOCH_3$ 还原为（　　）

A．$CH_3CH_2CH_2COOH$　　B．$CH_3CH_2CH_2CH_2OH$

C．$CH_2{=\!=}CHCH_2CH_2OH$　　D．$CH_2{=\!=}CHCH_2CHO$

12. 下列化合物中能与苯磺酰氯发生反应产物可溶于氢氧化钠的是（　　）

A. 三甲基胺　　B. 对甲基苯胺　　C. *N,N*-二甲基苯胺　　D. 甲基乙基胺

13. Br_2/CCl_4 在室温下可鉴别（　　）

A. 己烷和戊烷　　B. 丙烯和己烷　　C. 戊烷和异丁烷　　D. 丙烯和异丁烯

14. 下列物质氧化产物为丁酮的是（　　）

A. 叔丁醇　　B. 2-丁醇　　C. 2-甲基丁醇　　D. 1-丁醇

15. 下列化学键不易水解的是（　　）

A．酐键　　B．酯键　　C．酰胺键　　D．醚键

16. 羧酸衍生物发生水解反应时所生成的共同产物是（　　）

A. 羧酸　　B. 酸酐　　C. 酯　　D. 酰胺

17. 黄鸣龙还原是指（　　）

A. Na 或 Li 还原苯环成为非共轭二烯　　B. Na + ROH 使羧酸酯还原成醇

C. Na 使酮双分子还原　　D. NH_2NH_2/KOH/高沸点溶剂，还原羰基成亚甲基

18. 下列化合物的酸性次序（　　）

a. C_6H_5—OH　b. HO—C_6H_4—Cl　c. HO—C_6H_4—OCH_3　d. HO—C_6H_4—NO_2

A. d ＞ b ＞ c ＞ a　　B. a ＞ b ＞ c ＞ d　　C. b ＞ d ＞ c ＞ a　　D. d ＞ b ＞ a ＞ c

19. 下列化合物中含有内消旋体的是（　　）

A. 2,3-二羟基丙酸　　B. 2,3-二羟基二丁酸

C. 2,3-二羟基丁酸　　D. 1,4-丁二酸

20. 下列化合物中是手性分子的是（　　）

A. 甘氨酸　　B. 丙氨酸　　C. 乙二醇　　D. 甘油

二、命名与写结构式（请将答案填写在相应空白处；每题 1 分，共 20 分）

21. C_6H_5—OCH_3　　22. C_6H_5—CH_3　　23. H_3C—C(=O)—CH_3

24. $CH_3-\overset{O}{\overset{\|}{C}}-NH_2$　　25. $CH_3CH_2NH_2$

26. 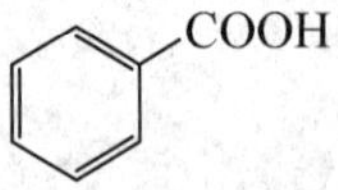 C_6H_5COOH（苯甲酸结构式）　　27. 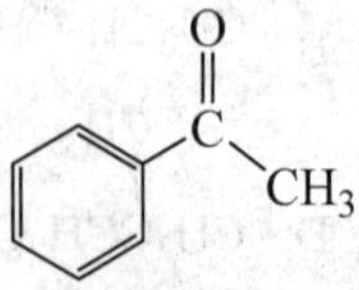 $C_6H_5COCH_3$（苯乙酮结构式）　　28. 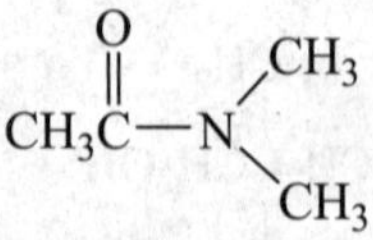 $CH_3\overset{O}{\overset{\|}{C}}-N(CH_3)_2$

29.  呋喃（结构式）　　30. 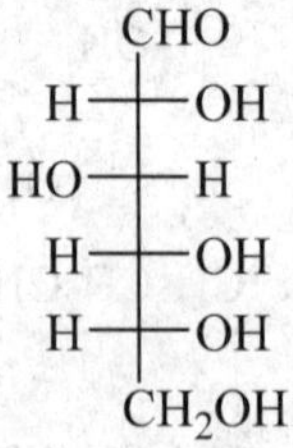 Fischer投影式：CHO；H—OH；HO—H；H—OH；H—OH；CH_2OH

31. 苯胺　　32. 乙酸乙酯　　33. 水杨酸　　34. 乳酸　　35. 5-甲基-3-庚酮

36. 草酸　　37. *N*-乙基苯胺　　38. 甲酸　　39. 乙醚　　40. 对氨基苯酚

三、简答题（请简要回答各题；每题 5 分，共 20 分）

41. 什么是 Lucas 试剂？试述该试剂的作用及实验现象。

42. 简述用化学方法区别下列化合物：邻羟基苯甲酸，苯甲酸，苯甲醇。

43. 下述反应能否用于合成醚？解释为什么能或不能。

$$(CH_3)_3CONa + (CH_3)_3C-Br \xrightarrow{S_N2} (CH_3)_3C-O-C(CH_3)_3$$

44. 为什么糖苷在中性或碱性水溶液中无变旋光现象，而在酸性水溶液中有变旋光现象？

四、完成化学方程式（每题 2 分，共 30 分）

45. $CH_3-\overset{O}{\overset{\|}{C}}-CH_3 + NaHSO_3 \longrightarrow$

46. $2\ CH_3CH_2CHO \xrightarrow{\text{稀}NaOH}$

47. 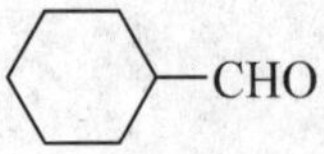 环己基$-CHO + NH_2OH \longrightarrow$

48. $CH_3CH_2\overset{O}{\overset{\|}{C}}CH_3 \xrightarrow{I_2,NaOH}$

49. 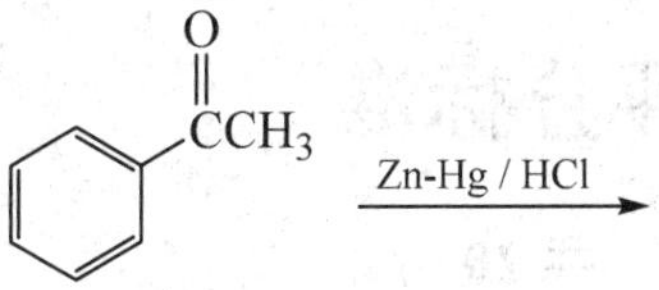 $C_6H_5COCH_3$ $\xrightarrow{\text{Zn-Hg / HCl}}$

50. 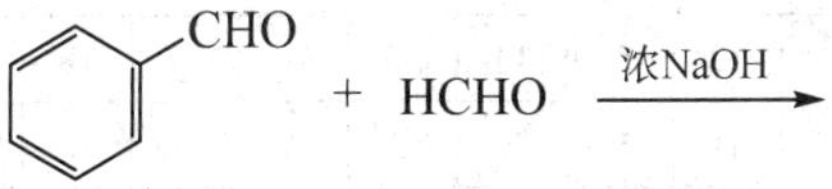 C_6H_5CHO + HCHO $\xrightarrow{\text{浓NaOH}}$

51. 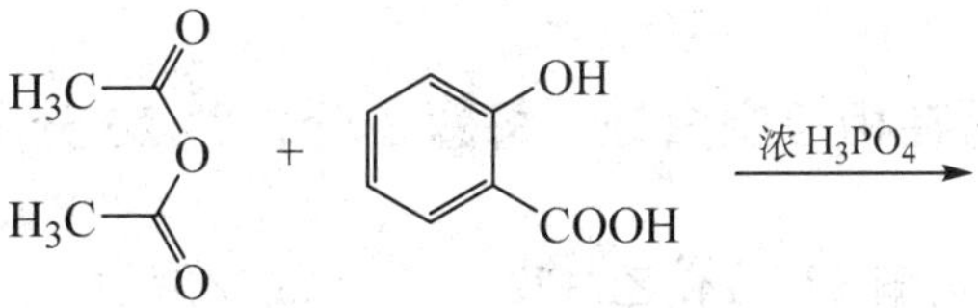 $(CH_3CO)_2O$ + 邻羟基苯甲酸（OH, COOH） $\xrightarrow{\text{浓} H_3PO_4}$

52. 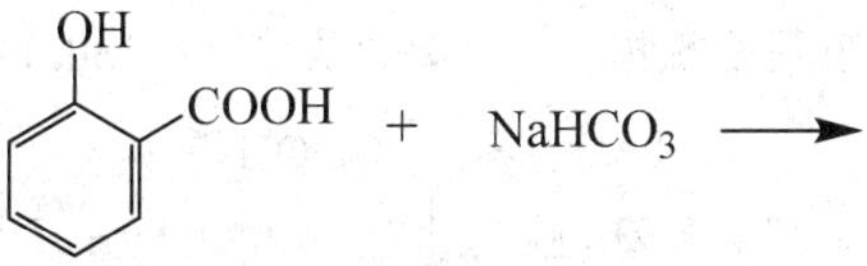 邻羟基苯甲酸（OH, COOH） + $NaHCO_3$ $\longrightarrow$

53. 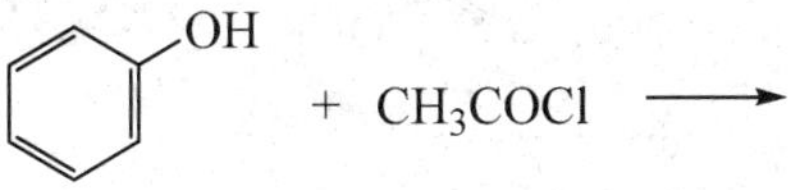 C_6H_5OH + CH_3COCl $\longrightarrow$

54. 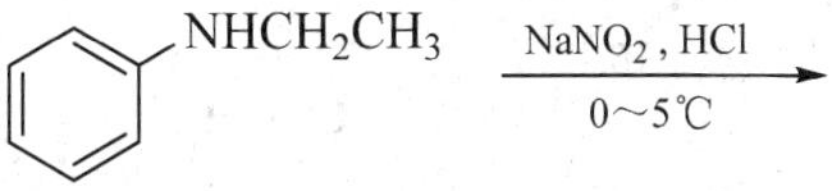 $C_6H_5NHCH_2CH_3$ $\xrightarrow[0\sim5℃]{NaNO_2,\ HCl}$

55. 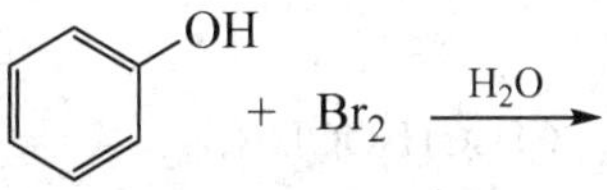 C_6H_5OH + Br_2 $\xrightarrow{H_2O}$

56. 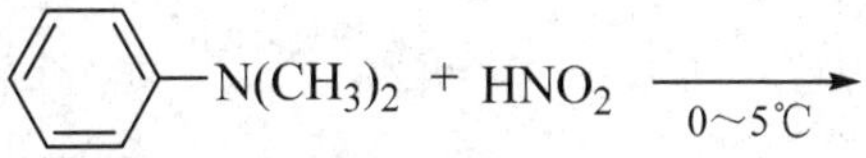 $C_6H_5N(CH_3)_2$ + HNO_2 $\xrightarrow[0\sim5℃]{}$

57. 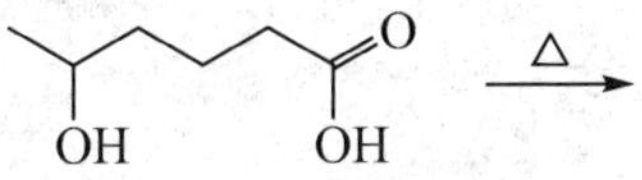 $CH_3CH(OH)CH_2CH_2CH_2COOH$ $\xrightarrow{\triangle}$

58. 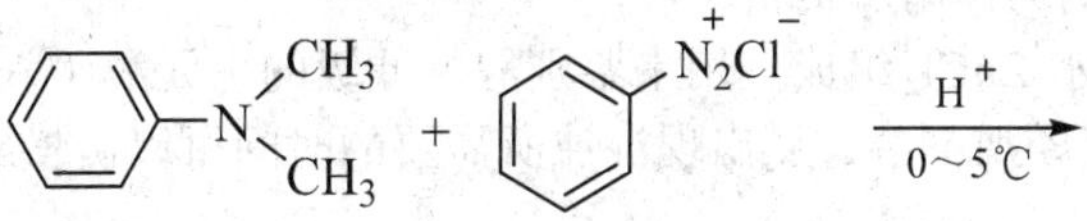 $C_6H_5N(CH_3)_2$ + $C_6H_5\overset{+}{N_2}\overset{-}{Cl}$ $\xrightarrow[0\sim5℃]{H^+}$

59. 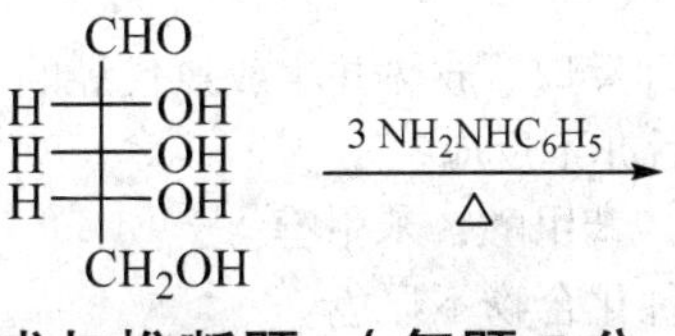 CHO—(H—C—OH)$_3$—CH_2OH $\xrightarrow[\triangle]{3\ NH_2NHC_6H_5}$

五、合成与推断题（每题 5 分，共 10 分）

60. 某化合物的分子量为 82，1mol 该化合物能吸收 2mol H_2，它与 Cu_2Cl_2 氨溶液不生成沉淀。如与 1mol H_2 反应时，产物主要是 3-己烯，此化合物的可能结构是什么？

61. 化合物 A，B 分子式都为 C_6H_{10}，且都具有旋光性，但 A 可以和银氨溶液作用，B 则不能,试推测 A，B 的可能结构。

（胡英婕）

模拟试卷三答案及评分标准

一、选择题（每题只有一个最佳答案；每题 1 分，共 20 分）

1	2	3	4	5	6	7	8	9	10	11	12	13	14	15	16	17	18	19	20
B	C	D	D	B	C	D	A	D	C	C	B	B	B	C	A	D	D	B	A

二、命名与写结构式（请将答案填写在相应空白处；每题 1 分，共 20 分）

【解答】

21. 苯甲醚　**22.** 甲苯　**23.** 丙酮　**24.** 乙酰胺　**25.** 乙胺

26. 苯甲酸　**27.** 苯乙酮　**28.** *N*,*N*-二甲基乙酰胺　**29.** 呋喃　**30.** D-葡萄糖

31. 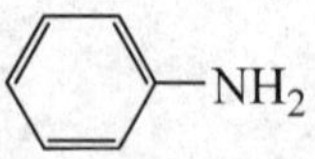 NH_2

32. 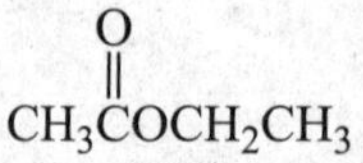 $CH_3\overset{O}{\overset{\|}{C}}OCH_2CH_3$

33. 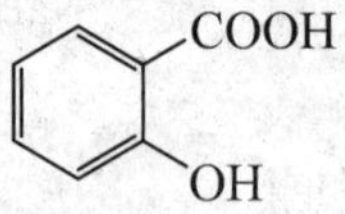 COOH　OH

34. 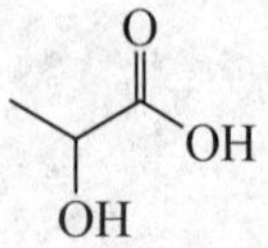 O　OH　OH

35. 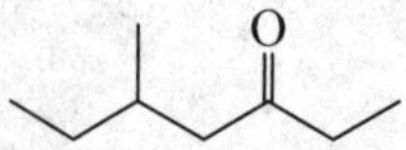 O

36. HOOC—COOH

37. 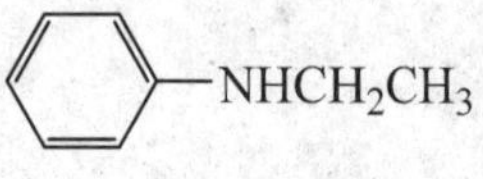 $NHCH_2CH_3$

38. HCOOH

39. $CH_3CH_2OCH_2CH_3$

40. 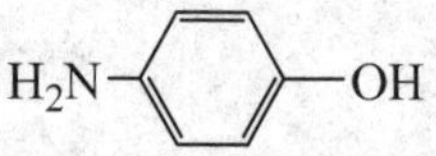 H_2N—　—OH

三、简答题（请简要回答各题；每题 5 分，共 20 分）

41. 什么是 Lucas 试剂？试述该试剂的作用及实验现象。

【解答】Lucas 试剂：浓盐酸与无水 $ZnCl_2$ 组成。用来鉴别醇。低级的一元醇（六碳以下）可溶于 Lucas 试剂，生成的相应的卤代烃则不溶，从出现混浊所需要的时间可以衡量醇的反应活性。

不同的醇类化合物与 Lucas 试剂反应的现象：叔醇立即反应，放热并生成氯代烃的油状物而分层；仲醇在 5min 内反应，溶液变混浊；伯醇在数小时后亦不反应。

42. 简述用化学方法区别下列化合物：邻羟基苯甲酸，苯甲酸，苯甲醇。

【解答】能使 $FeCl_3$ 水溶液显色的为水杨酸，其他两种化合物不显色。

余下的两种化合物能与 $NaHCO_3$ 水溶液反应产生气泡的为苯甲酸，不反应的为苯甲醇。

43. 下述反应能否用于合成醚？解释为什么能或不能。

$$(CH_3)_3CONa + (CH_3)_3C—Br \xrightarrow{S_N2} (CH_3)_3C—O—C(CH_3)_3$$

【解答】叔卤代烃不发生 S_N2 反应，在强碱作用下主要发生消去反应生成$(CH_3)_2C{=}CH_2$，以消去产物为主，得不到所需产物$(CH_3)_3COC(CH_3)_3$。故此反应不能用于合成醚。

44. 为什么糖苷在中性或碱性水溶液中无变旋光现象，而在酸性水溶液中有变旋光现象？

【解答】糖苷在中性或碱性水溶液中不会发生水解，因此无变旋光现象，而在酸性水溶液糖苷会发生水解，得到相应的单糖和配基，单糖都会发生变旋光现象。

四、完成化学方程式（每题 2 分，共 30 分）

【解答】

45. $CH_3COCH_3 + NaHSO_3 \longrightarrow (CH_3)_2C(OH)SO_3Na$

46. $2\ CH_3CH_2CHO \xrightarrow{稀NaOH} CH_3CH_2CH(OH)CH(CH_3)CHO$

47. $C_6H_{11}CHO + NH_2OH \longrightarrow C_6H_{11}CH{=}NOH$

48. $CH_3CH_2COCH_3 \xrightarrow{I_2,\ NaOH} CH_3CH_2COONa + CHI_3\downarrow$

49. $C_6H_5COCH_3 \xrightarrow{Zn\text{-}Hg\ /\ HCl} C_6H_5CH_2CH_3$

50. $C_6H_5CHO + HCHO \xrightarrow{浓NaOH} C_6H_5CH_2OH + HCOONa$

51. $(CH_3CO)_2O + o\text{-}HOC_6H_4COOH \xrightarrow{浓\ H_3PO_4} o\text{-}CH_3COOC_6H_4COOH + CH_3COOH$

52. $o\text{-}HOC_6H_4COOH + NaHCO_3 \longrightarrow o\text{-}HOC_6H_4COONa + CO_2\uparrow$

53. $C_6H_5OH + CH_3COCl \longrightarrow C_6H_5OCOCH_3 + HCl$

54. $C_6H_5NHCH_2CH_3 \xrightarrow[0\sim5℃]{NaNO_2,\ HCl} C_6H_5N(NO)CH_2CH_3$

55. 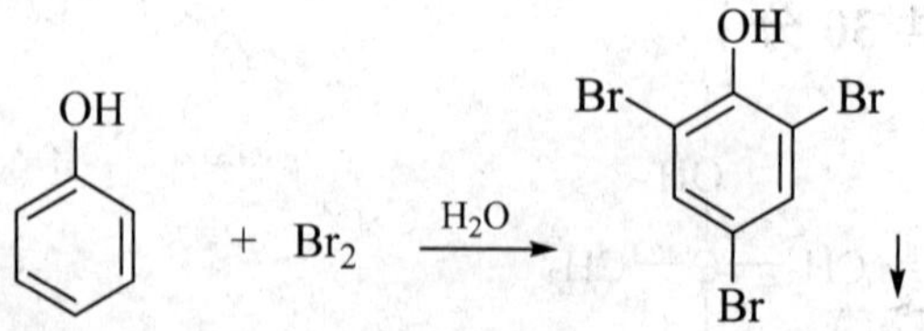 (苯酚, OH) + Br_2 $\xrightarrow{H_2O}$ 2,4,6-三溴苯酚 (OH, Br, Br, Br) ↓

56. 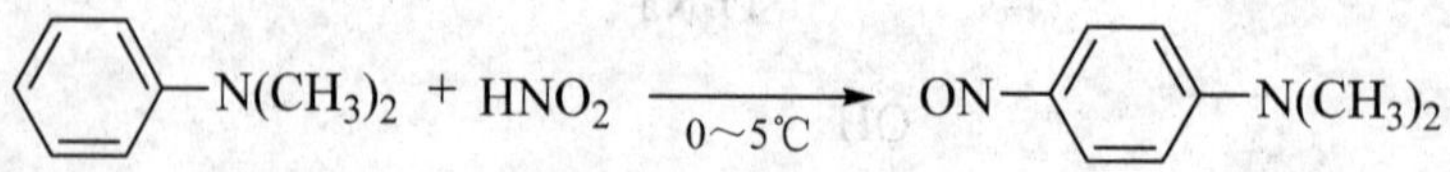 $C_6H_5-N(CH_3)_2$ + HNO_2 $\xrightarrow[0\sim5℃]{}$ $ON-C_6H_4-N(CH_3)_2$

57. 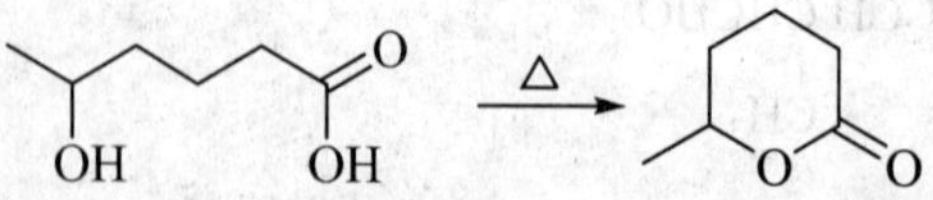 $CH_3CH(OH)CH_2CH_2CH_2COOH$ (OH, OH, O) $\xrightarrow{\triangle}$ 6-甲基-四氢吡喃-2-酮 (O, O)

58. 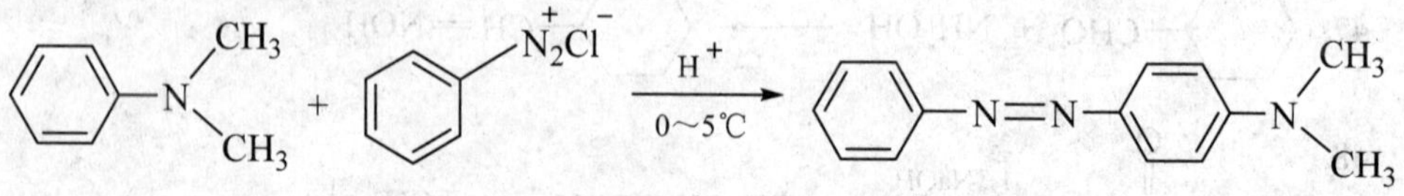 $C_6H_5-N(CH_3)_2$ + $C_6H_5-\overset{+}{N_2}\overset{-}{Cl}$ $\xrightarrow[0\sim5℃]{H^+}$ $C_6H_5-N{=}N-C_6H_4-N(CH_3)_2$

59.

CHO
H—OH
H—OH
H—OH
CH_2OH

$\xrightarrow[\triangle]{3\ NH_2NHC_6H_5}$

$CH{=}NNHC_6H_5$
$C{=}NNHC_6H_5$
H—OH
H—OH
CH_2OH

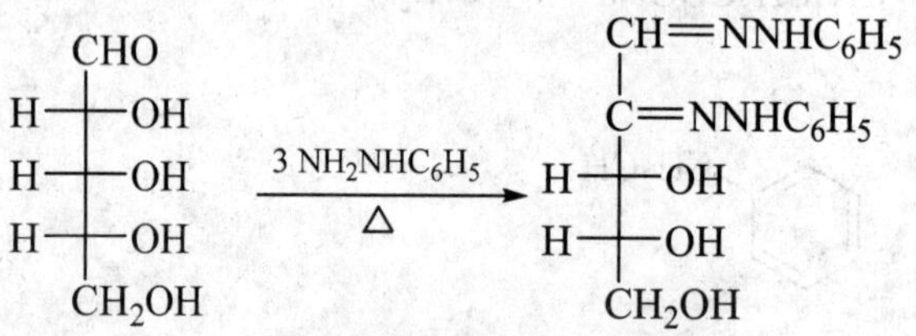

五、合成与推断题（每题 5 分，共 10 分）

60. 某化合物的分子量为 82，1mol 该化合物能吸收 2mol H_2，它与 Cu_2Cl_2 氨溶液不生成沉淀。如与 1mol H_2 反应时，产物主要是 3-己烯，此化合物的可能结构是什么？

【解答】$CH_3CH_2C{\equiv}CCH_2CH_3$

61. 化合物 A，B 分子式都为 C_6H_{10}，且都具有旋光性，但 A 可以和银氨溶液作用，B 则不能，试推测 A，B 的可能结构。

【解答】A. $CH_3CH_2\underset{}{\overset{CH_3}{|}}CH—C{\equiv}CH$ 　　B. 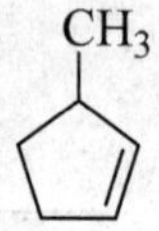 3-甲基环戊烯 (CH_3)

（胡英婕）

模拟试卷四

题号	一	二	三	四	五	六	七	总分
得分								

一、选择题（每题只有一个最佳答案；每题 1 分，共 20 分）

1. 下列化合物中碳原子杂化轨道为 sp^3 的有（　　）

A. CH_3CH_3　　B. $CH_2{=\!=}CH_2$　　C. C_6H_6　　D. $CH{\equiv}CH$

2. 下列物质分别与硝酸银的氨溶液作用时，有白色沉淀产生的是（　　）

A. $HC{\equiv}C—CH_3$　B. $CH_2{=\!=}CH—CH_3$　C. $CH_3CH_2CH_3$　D. $CH_3—C{\equiv}C—CH_3$

3. Br_2/CCl_4 在室温下可鉴别（　　）

A. 己烷和戊烷　B. 丙烯和己烷　C. 戊烷和异丁烷　D. 丙烯和异丁烯

4. 1,3-丁二烯中的共轭体系属于以下哪种（　　）

A. σ-π　B. σ-p　C. π-π　D. p-π

5. $C_6H_5CH_2CH_2CH_2\overset{O}{\overset{\|}{C}}Cl \xrightarrow{AlCl_3}$ 主要产物是（　　）

A. $C_6H_5COCH_2CH_2CH_3$

B. （1-四氢萘酮，O）

C. $C_6H_5CH_2CH_2CH_2\overset{O}{\overset{\|}{C}}C_6H_5$

D. 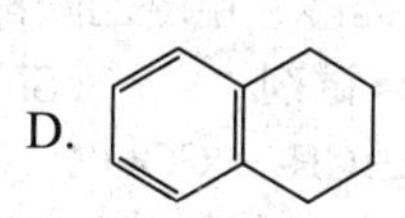

6. 傅-克反应烷基易发生重排，为了得到正烷基苯，最可靠的方法是（　　）

A. 使用 $AlCl_3$ 作催化剂　B. 使反应在较高温度下进行

C. 通过酰基化反应，再还原　D. 使用硝基苯作溶剂

7. 下列化合物中有手性的是（　　）

A. 甲苯　B. 环己烷　C. 1,2-二氯乙烷　D. 2-氯丙醛

8. 为了检验溴乙烷中含有溴元素，有以下操作，顺序合理的是（　　）

①加 $AgNO_3$ 溶液 ②加 NaOH 溶液 ③加热 ④加蒸馏水 ⑤加硝酸至溶液显酸性

A. ②①③⑤　B. ②④⑤③

C. ②③⑤①　D. ②①⑤③

9. 下列关于苯酚的叙述错误的是（　　）

A. 苯酚俗称石炭酸　B. 苯酚易发生取代反应

C. 苯酚与三氯化铁溶液作用显紫色　D. 苯酚的酸性比碳酸强

10. 下列化合物与 Lucas 试剂反应，在室温下可立即出现混浊分层的是（　　）

A. 2,2-二甲基-1-丁醇　　B. 异丁醇　　C. 仲丁醇　　D. 叔丁醇

11. 用化学方法鉴别甲醛、乙醛、丙醛和苯甲醛,应选择的试剂是哪一组：（　　）

A　Fehling 试剂，I_2/NaOH,品红亚硫酸溶液，浓硫酸

B　Tollen 试剂，羟胺，品红亚硫酸溶液，浓硫酸

C　Fehling 试剂，I_2/NaOH，品红亚硫酸溶液，羰基试剂

D　Tollen 试剂，Fehling 试剂，羟胺，品红亚硫酸溶液

12. 鉴别甲酸/乙酸/丙醛选用的试剂组是（　　）

A　Shiff 试剂/三氯化铁溶液　　B. Tollen 试剂/碳酸氢钠溶液

C. Tollen 试剂/碘液　　D. Shiff 试剂/碳酸氢钠溶液

13. 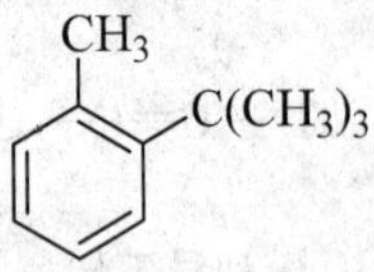 CH_3 $C(CH_3)_3$ 用 $KMnO_4$ 氧化的产物是（　　）

A. 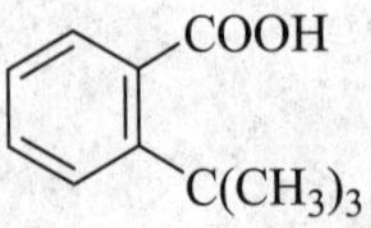 COOH $C(CH_3)_3$　　B. COOH

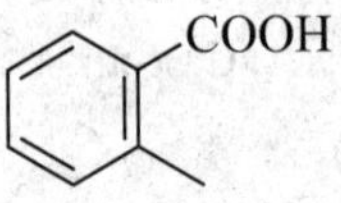

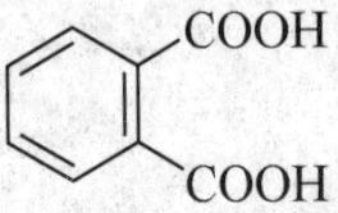

C. COOH COOH　　D. 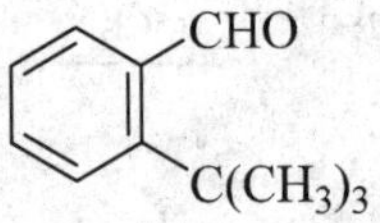 CHO $C(CH_3)_3$

14. 多糖中单糖相互连接的键是（　　）

A. 肽键　　B. 苷键　　C. 酯键　　D. 氢键

15. 下列杂环不具有芳香性的是（　　）

A. 呋喃　　B. 吡喃　　C. 噻吩　　D. 吡啶

16. 甲酸、丙酮酸、2-羟基丙酸、甲酰乙酸都可以与（　　）反应

A. Tollen 试剂　　B. Lucas 试剂　　C. Shiff 试剂　　D. Sarrett 试剂

17. 化合物：①$CH_3—CH_2—CH_2—COOH$，②$CH_3—CH_2—CHOH—COOH$，③$CH_3—CHOH—CH_2—COOH$，④$CH_3—CH_2—CO—COOH$，酸性由强至弱的顺序是(　　)

A. ①>②>③>④　　B. ④>③>②>①

C. ④>②>③>①　　D. ②>③>④>①

18. 下列化合物由不止一种单糖构成的是（　　）

A. 麦芽糖　　B. 乳糖　　C. 糖原　　D. 纤维素

19. 下列化合物中不具有还原性的是（　　）

A. 核糖　　B. 麦芽糖　　C. 蔗糖　　D. 乳糖

20. 把氢氧化钠溶液和硫酸铜溶液加入某患者的尿液中,微热时如果发现有红色的沉淀产生,说明该尿液中含有（　　）

A. 乙酸　　B. 乙醇　　C. 食盐　　D. 葡萄糖

二、命名与写结构式（请将答案填写在相应空白处；每题 1 分，共 20 分）

21. 柠檬酸　　**22.** 环已基乙酮　　**23.** D-甘油醛　　**24.** 3-碘乙苯

25. 7-甲基二环[2.2.1]庚烷　　**26.** 丙酰氯　　**27.** 苯甲醇（苄醇）

28. 乙酰苯胺　　**29.** 苯乙酮　　**30.** L-半胱氨酸　　**31.** D-核糖

32. 3-甲基环己醇　　**33.** 叔丁基氯　　**34.** 咪唑　　**35.** 氢氧化四甲铵

36. 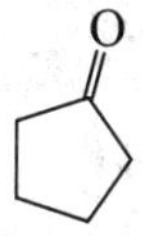 O

37. 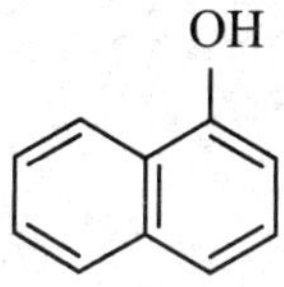 OH

38. 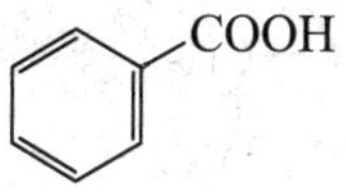 COOH

39. 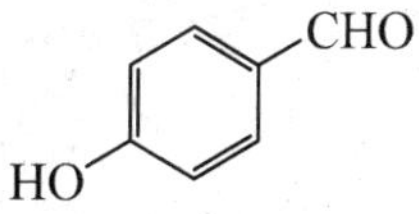 CHO HO

40. $CH_3-\overset{\overset{\displaystyle O}{\|}}{C}-CH_3$

三、简答题（请简要回答各题；每题 5 分，共 20 分）

41. 果糖是酮糖，为什么可以和 Fehling 试剂、Tollen 试剂反应，而不能与溴水反应?

42. 判断某一化合物是否具有芳香性的应用什么规则？其具体内容是什么（分三点回答）？

43. 用简便的化学方法鉴别下列各组化合物：苯乙烯、苯乙炔、苯、乙苯。

44. 为什么苯酚发生亲电取代反应比苯容易得多?

四、完成化学方程式（每题 2 分，共 30 分）

45. $CH_3CH{=}\underset{}{\overset{\overset{\displaystyle CH_3}{|}}{C}}CH_3 \xrightarrow[H_2SO_4]{KMnO_4}$

46. $CH_3\underset{\underset{\displaystyle CH_3}{|}}{CH}C{\equiv}CH + Cu(NH_3)_2Cl \longrightarrow$

47. 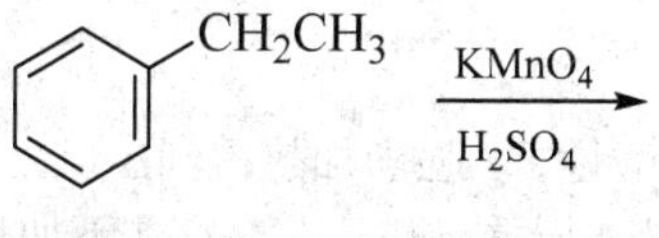 $CH_2CH_3 \xrightarrow[H_2SO_4]{KMnO_4}$

48. 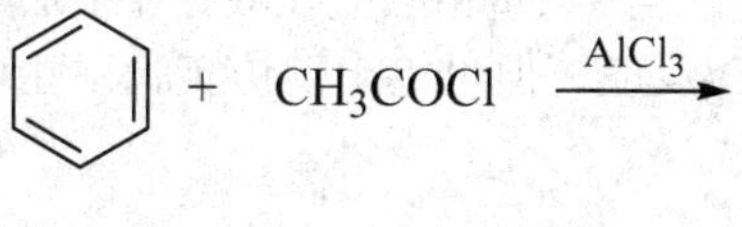 $+ \ CH_3COCl \xrightarrow{AlCl_3}$

49. 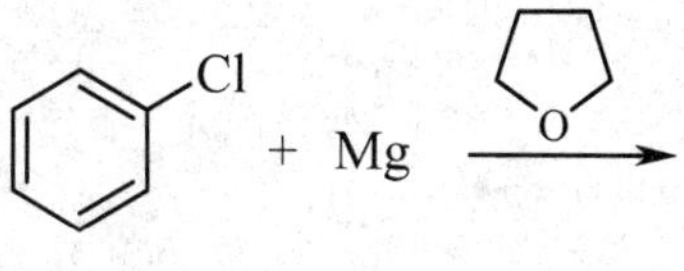 Cl $+ \ Mg \xrightarrow{\text{O}}$

50. 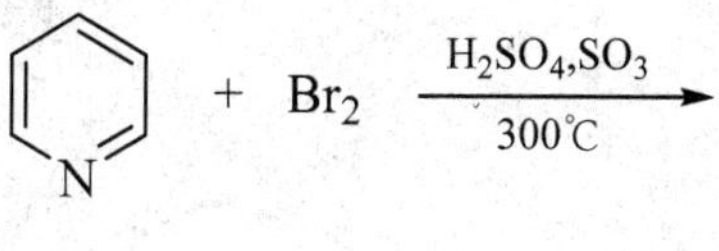 N $+ \ Br_2 \xrightarrow[300℃]{H_2SO_4,SO_3}$

51. $CH_3CH_2CH(OH)CH_3 + SOCl_2 \longrightarrow$

52. $CH_2(OH)—CH(OH)—CH_2(OH) + 3HNO_3 \longrightarrow$

53. 环己基—CHO + $H_2NOH \longrightarrow$

54. 环戊基—COOH + $CH_3CH_2OH \xrightarrow[\triangle]{H^+}$

55. β-D-吡喃葡萄糖 + $CH_3CH_2OH \xrightarrow{\text{干燥HCl}}$

56. HO—环己基—CHO $\xrightarrow{CH_2(OH)CH_2(OH)\ /\ HCl}$

57. $CH_2{=}CHCH_2CH_2OH \xrightarrow[CH_2Cl_2]{CrO_3\ /\text{吡啶}}$

58. $CH_3CH_2CHO \xrightarrow{1\%\ NaOH\ \text{溶液}}$

59. $HOOCCH_2COOH \xrightarrow{\triangle}$

五、合成与推断题（共 10 分，第一小题 4 分，第二小题 6 分）

60. 由 C_6H_5—Br 合成 C_6H_5—CH_2CH_2OH。

61. 化合物A（$C_4H_8O_3$）具有旋光活性，A的水溶液呈酸性，A强烈加热得到B（$C_4H_6O_2$），B无旋光性，它的水溶液也呈酸性，B比A更容易被氧化。当A与重铬酸盐在酸存在下加热，可得到一个易挥发的化合物C（C_3H_6O），C不容易与$KMnO_4$反应，但可给出碘仿实验正性结果，写出A、B、C的结构式。

模拟试卷四答案及评分标准

一、选择题（每题只有一个最佳答案；每题 1 分，共 20 分）

1	2	3	4	5	6	7	8	9	10	11	12	13	14	15	16	17	18	19	20
A	A	B	C	B	C	D	C	D	D	A	B	A	B	B	A	C	B	C	D

二、命名与写结构式（请将答案填写在相应空白处；每题 1 分，共 20 分）

【解答】

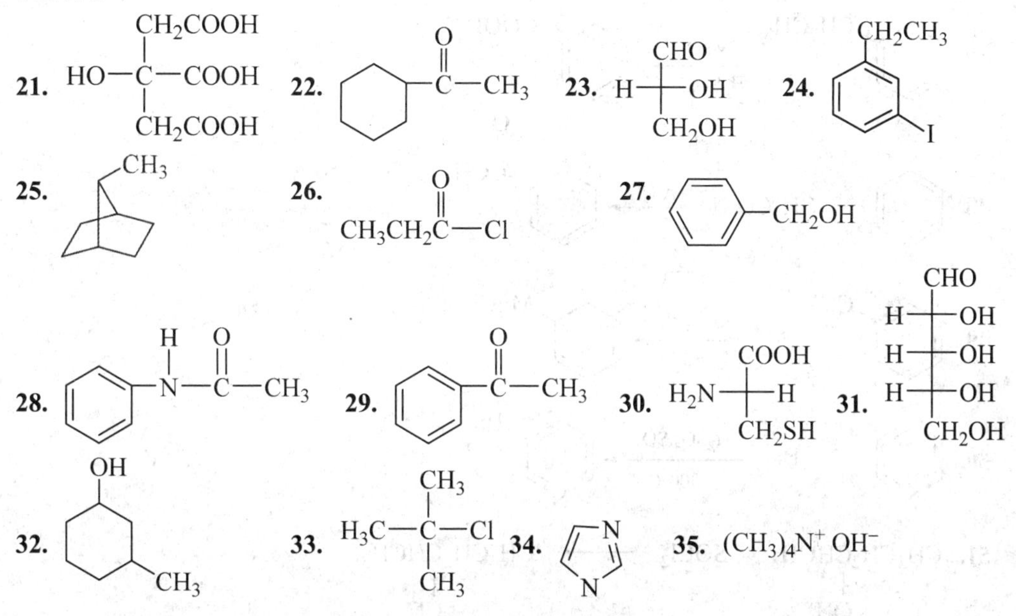

36. 环戊酮　　**37.** α-萘酚　　**38.** 苯甲酸　　**39.** 对羟基苯甲醛　　**40.** 丙酮

三、简答题（请简要回答各题；每题 5 分，共 20 分）

41. 果糖是酮糖，为什么可以和 Fehling 试剂、Tollen 试剂反应，而不能与溴水反应？

【解答】Fehling 试剂和 Tollen 试剂是碱性弱氧化剂，果糖是酮糖，酮糖在弱碱性条件下可以转变为醛糖，所以果糖可以与 Fehling 试剂和 Tollen 试剂发生氧化反应；而溴水是酸性氧化剂，酮糖在酸性条件下不能转变为醛糖，所以果糖不会与溴水反应。

42. 判断某一化合物是否具有芳香性的应用什么规则？其具体内容是什么（分三点回答）？

【解答】应用休克尔规则。按此规则，芳香性分子必须具备三个条件：①分子必须是环状化合物且成环原子共平面；②构成环的原子必须都是 sp^2 杂化原子，它们能形成一个离域的 π 电子体系；③π 电子总数为 $4n+2$（n=0，1，2，…）。

43. 用简便的化学方法鉴别下列各组化合物：苯乙烯、苯乙炔、苯、乙苯。

【解答】

苯乙烯、苯乙炔、苯、乙苯 —溴水→
- 苯乙烯：褪色；苯乙炔：褪色 —银氨溶液→ 苯乙烯：不变化；苯乙炔：白色↓
- 苯：不褪色；乙苯：不褪色 —$KMnO_4$→ 苯：不褪色；乙苯：褪色

44. 为什么苯酚发生亲电取代反应比苯容易得多?

【解答】由于酚羟基中的氧原子可以和苯环发生 p-π 共轭，p 电子云向苯环转移。这种作用可使苯环上的电子云密度大为增加，则发生亲电取代反应比苯容易得多。

四、完成化学方程式（每题 2 分，共 30 分）

【解答】

45. $$\mathrm{CH_3CH{=}C(CH_3)CH_3 \xrightarrow[H_2SO_4]{KMnO_4} CH_3COOH + CH_3COCH_3}$$

46. $$\mathrm{CH_3CH(CH_3)C{\equiv}CH + Cu(NH_3)_2Cl \longrightarrow CH_3CH(CH_3)C{\equiv}CCu}$$

47. $$\mathrm{C_6H_5CH_2CH_3 \xrightarrow[H_2SO_4]{KMnO_4} C_6H_5COOH}$$

48. $$\mathrm{C_6H_6 + CH_3COCl \xrightarrow{AlCl_3} C_6H_5COCH_3}$$

49. $$\mathrm{C_6H_5Cl + Mg \xrightarrow{THF} C_6H_5MgCl}$$

50. $$\mathrm{C_5H_5N\,(pyridine) + Br_2 \xrightarrow[300^\circ C]{H_2SO_4,SO_3} 3\text{-}bromopyridine}$$

51. $$\mathrm{CH_3CH_2CH(OH)CH_3 + SOCl_2 \longrightarrow CH_3CH_2CH(Cl)CH_3}$$

52. $$\mathrm{CH_2(OH)\!-\!CH(OH)\!-\!CH_2(OH) + 3HNO_3 \longrightarrow CH_2(ONO_2)\!-\!CH(ONO_2)\!-\!CH_2(ONO_2)}$$

53. $$\mathrm{C_6H_{11}\!-\!CHO + H_2NOH \longrightarrow C_6H_{11}\!-\!CH{=}N\!-\!OH}$$

54. $$\mathrm{C_5H_9\!-\!COOH + CH_3CH_2OH \xrightarrow[\triangle]{H^+} C_5H_9\!-\!COOCH_2CH_3}$$

55. 吡喃糖（OH） $\xrightarrow[\text{酸催化剂}]{\mathrm{CH_3CH_2OH}}$ 糖苷（$\mathrm{OCH_2CH_3}$）

56.【解答】HO-(环己基)-CHO $\xrightarrow{\text{HOCH}_2\text{CH}_2\text{OH} / \text{HCl}}$ 2-(4-羟基环己基)-1,3-二氧戊环

57.【解答】$CH_2{=}CHCH_2CH_2OH \xrightarrow[CH_2Cl_2]{CrO_3\ /吡啶} CH_2{=}CHCH_2C(=O){-}H$

58.【解答】$CH_3CH_2CHO \xrightarrow{1\%\ NaOH溶液} CH_3CH_2CH(OH){-}CH(CH_3)CHO$

59.【解答】$HOOCCH_2COOH \xrightarrow{\triangle} CH_3COOH + CO_2$

五、合成与推断题（共 10 分，第一小题 4 分，第二小题 6 分）

60. 由 $C_6H_5{-}Br$ 合成 $C_6H_5{-}CH_2CH_2OH$。

【解答】$C_6H_5{-}Br \xrightarrow[无水乙醚]{Mg} C_6H_5{-}MgBr \xrightarrow[②\ H_2O]{①\ 环氧乙烷} C_6H_5{-}CH_2CH_2OH$

61. 化合物A（$C_4H_8O_3$）具有旋光活性，A的水溶液呈酸性，A强烈加热得到B（$C_4H_6O_2$），B无旋光性，它的水溶液也呈酸性，B比A更容易被氧化。当A与重铬酸盐在酸存在下加热，可得到一个易挥发的化合物C（C_3H_6O），C不容易与$KMnO_4$反应，但可给出碘仿实验正性结果，写出A、B、C的结构式。

【解答】A. $CH_3CH(OH)CH_2COOH$　B. $CH_3CH{=}CHCOOH$　C. CH_3COCH_3

（胡英婕）